场地与景观设计图解

（原著第五版）

[美] 戴维·A·戴维斯
西奥多·D·沃克 著
蔡 红 译

中国建筑工业出版社

著作权合同登记图字：01－2001－1543号
图书在版编目(CIP)数据

场地与景观设计图解（原著第五版）/(美)戴维斯等著；蔡红译.
北京：中国建筑工业出版社，2010
ISBN 978-7-112-11863-2

I.场… Ⅱ.①戴… ②蔡… Ⅲ.景观－园林设计－图解 Ⅳ.TU986.2-64

中国版本图书馆CIP数据核字(2010)第032187号

责任编辑：董苏华
责任设计：董建平
责任校对：陈晶晶　王雪竹

场地与景观设计图解

（原著第五版）

[美] 戴维·A·戴维斯　西奥多·D·沃克 著

蔡　红 译

*

中国建筑工业出版社出版、发行(北京西郊百万庄)
各地新华书店、建筑书店经销
北京嘉泰利德公司制版
北京云浩印刷有限责任公司印刷

*

开本：787×1092毫米　横1/16　印张：14　插页：24　字数：333千字
2010年4月第一版　2010年4月第一次印刷
定价：69.00元
ISBN 978-7-112-11863-2
(19125)

场地与景观设计图解

（原著第五版）

目 录

前　言

从事设计专业成功的重要条件，就是具备独到的眼光及表达观点的能力。虽然观察力的形成需要长期的学习与积累，但是，我们可以在职业生涯中不断改变并完善我们的绘图技术，以形成独特的风格。在设计过程中，我们渴望以长期积累的理念及来自主客观资源的灵感去弥补观察力的不足。本书恰恰在高品质设计图的绘制技巧方面给设计业人士带来某些启迪，书中所表现的图形图像技术有助于你形成自己的图像表现风格。在此，我要感谢为本书花费了时间和精力的人们，感谢您们的耐心以及您们所提供的高品质的作品。感谢伊丽莎白·戴维斯（Elizabeth Davis），感谢您永远的支持以及在本书整理过程中给予的帮助。

戴维·A·戴维斯

第一章

平面制图及创作过程

绪论

长期以来，我始终认为，设计的过程如同在错综复杂的小路上旅行，路上有难以辨认的十字路口、复杂的地形及障碍。时而，这趟旅行好似没有结束的时候，因为克服障碍的办法难以设想，甚至难以实施；时而，它又会变成一次惬意的散步——在你经过研究和探索得到设计构思并将其整理成册时。无论如何，这是一趟有意义的旅行。它似乎是一条始终上升的道路——这并不是说，困难会永远伴随你，每当你到达某个高度再回望来路时，你将发现它远比你想像的要容易得多。以自身的努力来探索绘制高品质图形所需的构思及方法需要大量的技巧、训练及实践，而接触并参考其他专家的作品则是一条理想、有效的捷径，它将有助于激发你的设计灵感——这也是本书之所以成为设计者的有用工具的原因。书中编录的作品充分体现了具有特定背景及经验的设计者们的绘图手法。

在你进军顶峰的过程中回首自己的设计进程，你也许会看到不同形式的绘图文件，这些文件经过处理，组成了新的“地形图”。设计进程中的每一主要片段都被它记录下来，用于总结旅行的进程并对所遇到的问题提出解决的办法。本书的编排顺序类似于此，首先由山脚开始，收集经研究和分析所获得的资料；并在旅行的途中制作方案及构思草图；接近山顶之时，则需完成施工文件及精美的效果图。本书第二章择录了各创作阶段的彩色范图。

开始之前

在开始你的旅程前，请先阅读以下内容，以便了解平面制图开始阶段的步骤。当你着手准备作图时，请先思考以下问题，并思考一下，自己将在作品中如何体现它们。获得这些问题的答案及相关论点将帮助你在设置画面形式及风格时形成必要的判断。

你在画面中表达的主要思想是什么?

高品质设计图最精妙的特征之一是：通过清晰的图形表达，令看

绘图工具与材料对照一览表

材料类型	工具：彩色											黑白							
	彩色马克笔	彩色铅笔	蜡笔/彩色粉笔	拼贴艺术	水彩颜料	彩色相纸	图表及表格	彩色胶片	喷墨	油画/丙烯画	计算机软件	墨水笔(硬头)	墨水笔(毛毡笔头)	石墨	炭笔	黑/灰色马克笔	屏蔽胶片	磁带	计算机软件
不透明文件纸		●	●	●		●	●	●			●	●	●	●	●	●	●	●	●
透明文件纸		●	●	●		●	●	●			●	●		●	●		●	●	●
聚酯薄膜	●	●	●	●		●	●	●	●	●	●	●	●	●	●	●	●	●	●
深褐色绘图纸	●	●	●	●		●	●	●				●	●	●	●	●	●	●	
墨线底图		●	●	●		●	●	●			●	●	●	●	●	●	●	●	●
黑线轮廓图	●	●	●	●		●	●	●				●	●	●	●	●	●	●	●
棕线轮廓图	●	●	●	●		●	●	●				●	●	●	●	●	●	●	●
水彩纸		●	●		●					●	●	●	●	●	●	●	●	●	●
图表纸		●	●	●	●	●			●	●		●	●	●	●	●		●	
牛皮纸	●	●	●	●		●	●	●	●		●	●	●	●	●		●	●	●
羊皮纸		●	●	●		●	●	●	●		●	●	●	●	●		●	●	●
描图纸	●	●	●					●				●	●	●	●	●	●	●	
蜡光纸		●	●	●		●	●	●			●	●	●	●	●		●	●	●
帆布画布	●	●	●	●	●				●	●	●	●	●		●	●			●
蓝色轮廓线		●	●	●			●	●				●	●	●	●		●	●	
相纸	●			●		●		●					●			●	●	●	
卡纸板	●	●	●	●		●		●	●			●	●	●	●	●	●	●	
粗纸板	●	●	●	●		●		●	●			●	●	●	●	●	●	●	
米纸		●	●	●	●	●	●	●			●	●	●	●	●		●	●	●
醋酸纤维制品	●			●		●	●	●	●							●	●	●	
泡沫芯板	●	●	●	●		●	●	●	●			●	●			●	●	●	
用你的想像	●	●	●	●	●	●	●	●	●	●	●	●	●	●	●	●	●	●	●

以这张对照一览表为准则，选择适合你图形风格的材料及工具。每个实心圆代表材料间对应的关系

图者领会画面的主旨。因此，请清晰地表达自己的主要思想，而不要去强调无关的事物。

图形成像的视点在何处？

这一点至关重要，你必须知道作图的视点及画面距你的远近，是小于5英尺(约1.5m)？还是介于5英尺(约1.5m)与15英尺(约4.6m)之间？或是大于15英尺(约4.6m)？另一个问题是：画面将以何种方式来表现？是呈现其原貌，还是以幻灯片或录像的形式来展示？图幅的大小、文字的尺寸和间距以及细部说明的总量将会依视点的远近而不同。一般来说，视点距画面越近，预计的细部总量就越大。

谁是观众？

观众的定义在这儿是指那些图纸的用户。请问一下自己，画面中所传达的信息是面向谁的？是委托你工作的客户（代表某团体的门外汉），还是学生、承包商，或是其他的专业设计人员？任何一类观众群体对设计的步骤都有不同的理解方式，相应地，也会有不同的期待。为了能有效地传递画面信息，设计图必须根据用户的理解力及相应的期待值而量身定做。

该图形属于设计的哪个阶段？

在早期的设计评估阶段所绘制的图形虽然需要准确，但其精度要求仍低于技术图。概念图的根本目标是具有准确的基本数据，并以"随意"的格式展开画面。概念图不仅要表达设计方案的意图，而且要体现该项目形象或其设计者的基调。用于实施和存档的施工图则需细致和精确，以表达施工的可行性意图。

图纸的未来使用期限有多长？

你的图纸是否有机会获得比别的图纸更长的"保质期"，或者它是否会被当作后续图的基础？如果是的话，在这样的图纸上花费更多的时间也许是明智的，因为，只有这样，它才能适应现在和将来的需要。

你是否仔细研究了各种绘图材料及现成的工具？

若要考虑如何形成自己的制图风格，这儿至少有两种训练方式。一方面，你可以不断地利用同样的绘画工具和材料，探索一种易于识别的流行技术，这往往会成为你自成一格的著名"品牌"。另一方面，也许你有机会运用任何数量的最适合该项目类型风格的绘图材料及工具。例如，你可能在家用一张废纸手工绘制某环境展示的总平面图，或为某高科技的客户选择用艺术类软件来绘制所有的图纸。

利用现成的绘画材料的例子有很多，其中，手绘图可以用羊皮纸、聚酯薄膜、文件纸、蜡光卡纸、描图纸、牛皮纸为材料，偶尔也可用画布来完成；计算机图形则可输出在文件纸、聚酯薄膜、羊皮纸、相纸以及特殊的彩印文件纸上；手绘透视图则可利用黑色或棕色线条的轮廓图、claycote、图表卡片、水彩纸以及上面提过的所有材料；还可将注解、纹理或胶片印在（或粘在）航拍图、照片以及轮廓图上。而今，利用数字环境为基础的介质材料正日益成为一种流行趋势。通过文字或图形软件可在计算机上完成设计图，并将非数字化作品经摄影和扫描进行数字化处理并存档。转印电子作品是有效地向其他用户或观众传递信息的最佳途径。在转印电子文件前先明确版权合同往往是个好主意。

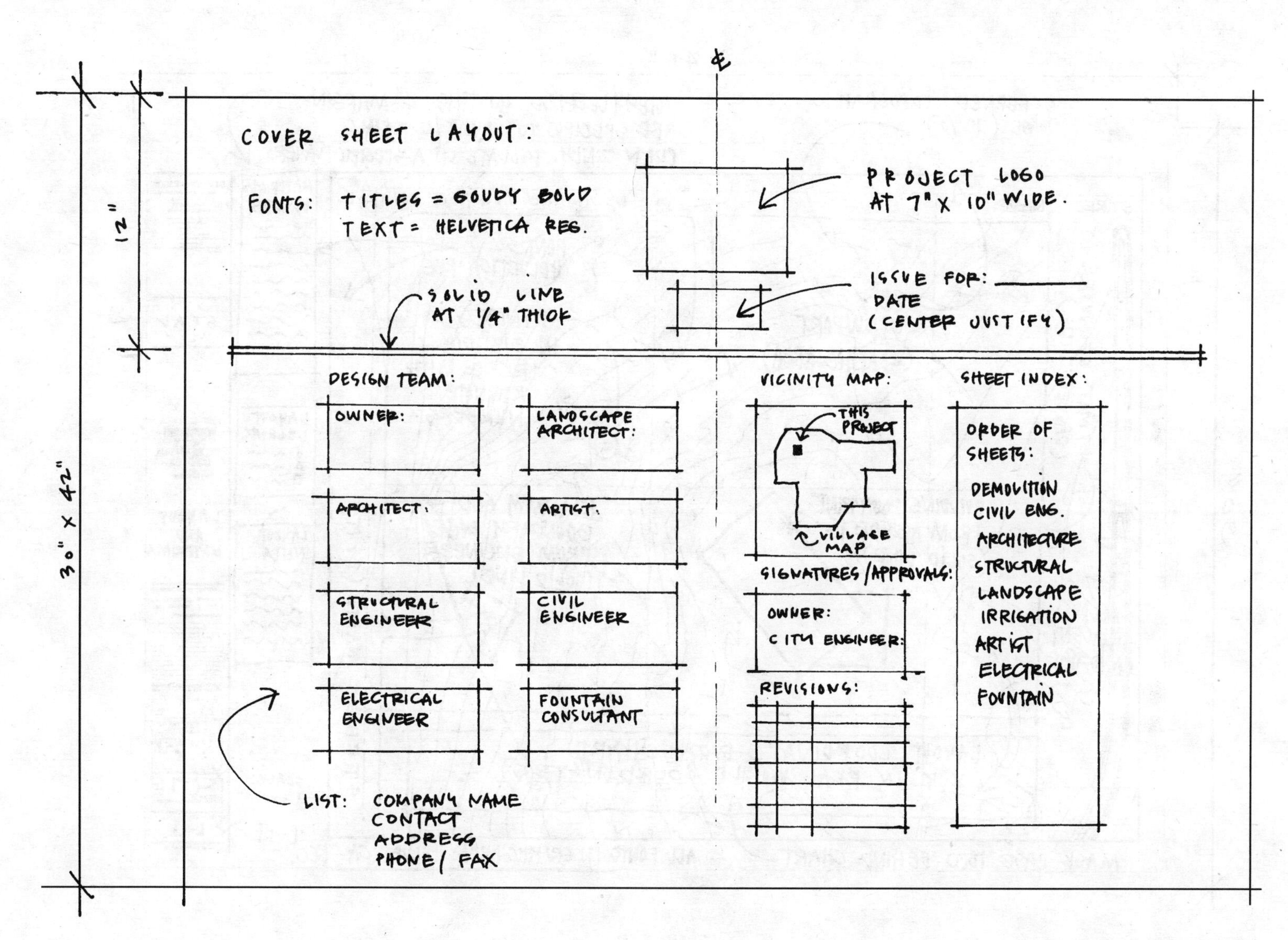

▌(设计文件)封面设计示意图

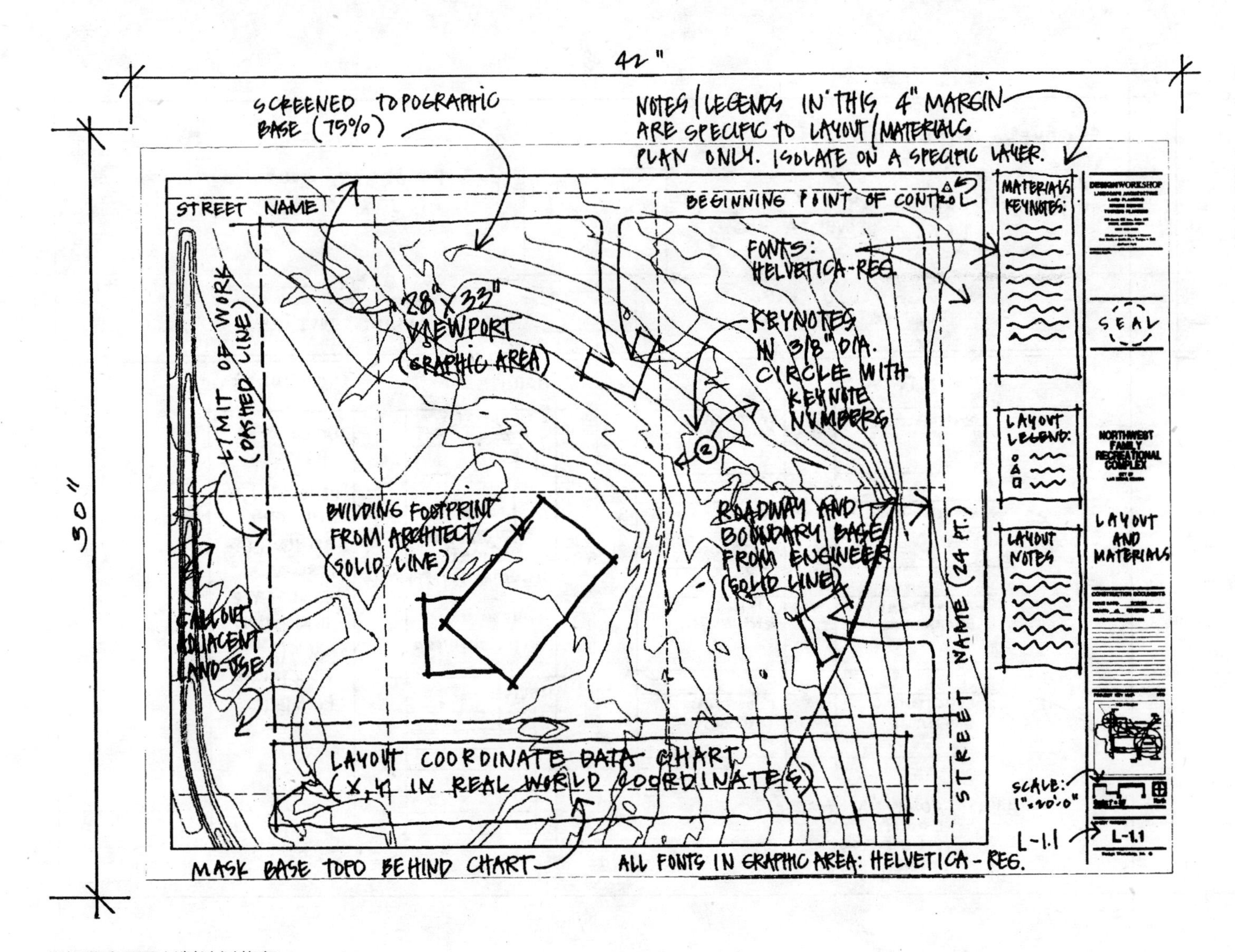

▌场地布置及材料计划草案

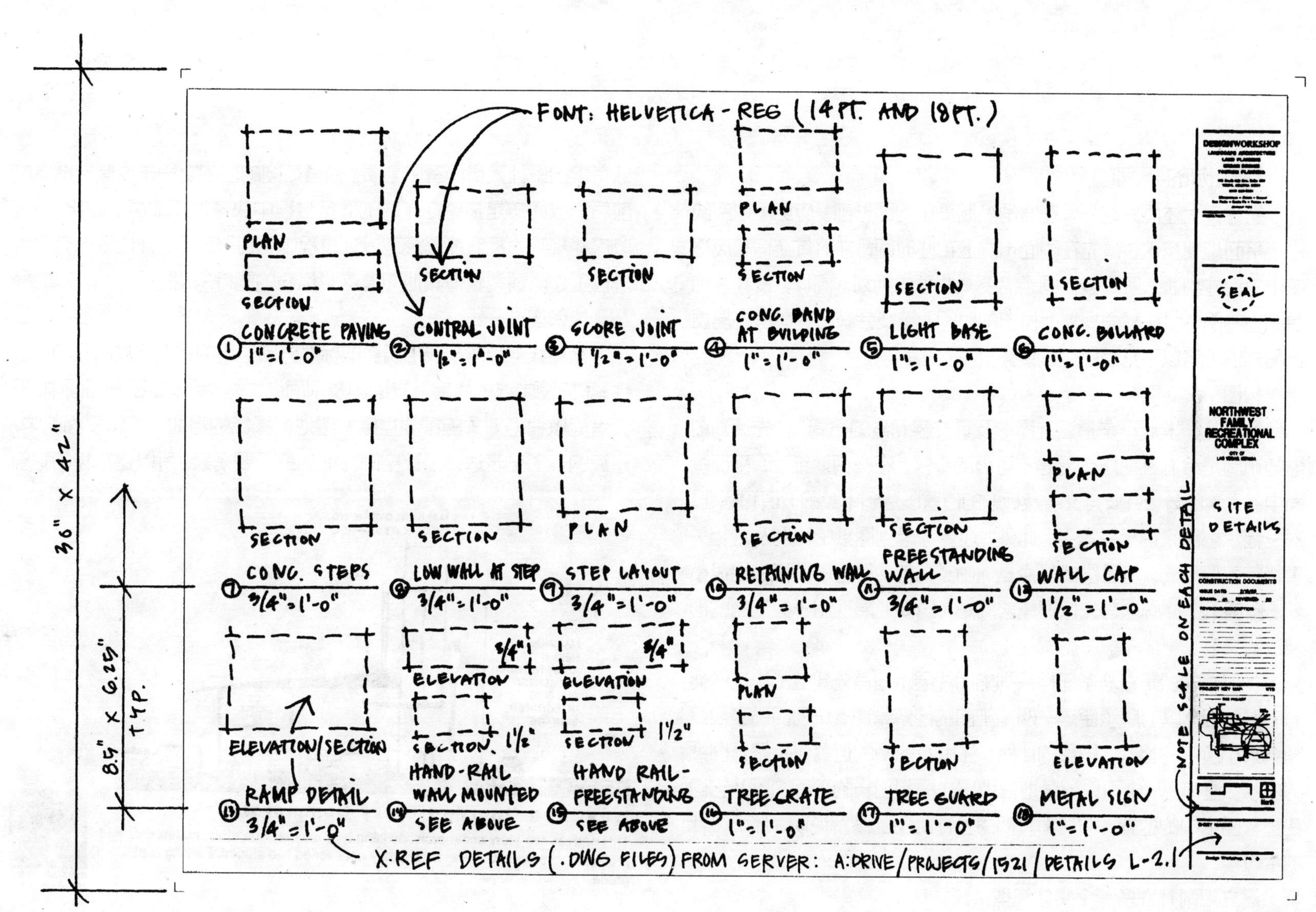
FONT: HELVETICA - REG (14 PT. AND 18 PT.)
PLAN
SECTION
① CONCRETE PAVING 1" = 1'-0"
SECTION
② CONTROL JOINT 1 1/2" = 1'-0"
SECTION
③ SCORE JOINT 1 1/2" = 1'-0"
PLAN
SECTION
④ CONC. BAND AT BUILDING 1" = 1'-0"
SECTION
⑤ LIGHT BASE 1" = 1'-0"
SECTION
⑥ CONC. BOLLARD 1" = 1'-0"
SEAL
NORTHWEST FAMILY RECREATIONAL COMPLEX
SITE DETAILS
SECTION
⑦ CONC. STEPS 3/4" = 1'-0"
SECTION
⑧ LOW WALL AT STEP 3/4" = 1'-0"
PLAN
⑨ STEP LAYOUT 3/4" = 1'-0"
SECTION
⑩ RETAINING WALL 3/4" = 1'-0"
SECTION
⑪ FREESTANDING WALL 3/4" = 1'-0"
PLAN
SECTION
⑫ WALL CAP 1 1/2" = 1'-0"
ELEVATION/SECTION
⑬ RAMP DETAIL 3/4" = 1'-0"
3/4"
ELEVATION
SECTION 1 1/2"
⑭ HAND-RAIL WALL MOUNTED SEE ABOVE
3/4"
ELEVATION
SECTION 1 1/2"
⑮ HAND RAIL-FREESTANDING SEE ABOVE
PLAN
SECTION
⑯ TREE GRATE 1" = 1'-0"
SECTION
⑰ TREE GUARD 1" = 1'-0"
ELEVATION
⑱ METAL SIGN 1" = 1'-0"
NOTE SCALE ON EACH DETAIL
X-REF DETAILS (.DWG FILES) FROM SERVER: A:DRIVE/PROJECTS/1521/DETAILS L-2.1
36" X 42"
8.5" X 6.25" TYP.

▍详图示意草案

建构你的画面

考虑完上述问题之后，在准备绘制真正的图形前，应更多地实践一下平面规划技术。请先在画面布局上花些时间，并对其结构和风格做出关键性判断。解决设计问题需要一些预先规划，同样，设计图的绘制也不例外。在预先规划上付出的时间，无疑会获得相应的高品质作品。请思考以下几点制图的要素。

构图

在这儿，“构图”是指二维图形及其文字元素的布局。预先计划图形的布局是绘制高品质作品必不可少的步骤。在一页薄纸上，平衡画面中各元素的分量并安排文字及标题的位置以达到审美的价值和标准，对一幅示意图来说至关重要。此外，还要考虑到图纸的比例及各相关事物的表现形式。施工图的重点是清晰、有效。尽管审美情趣也很重要，但施工文件必须首先保证能够清楚、扼要地展现用于实施的图形及说明文字。

“图解草图”是在准备任何系列的图片展示前首先建立的小比例情节串联图板。以上所示便是一例施工图的图解草图。草图明确了根据图纸大小所定的格式、图形的比例、注解及图例的位置以及整套图纸的次序。还有，从中可以清楚地辨别出详图和加长的平面图以及它们在整套图纸中的位置。你可将其视为设计队伍的图解说明，伴随设计的全过程。

建立规则并准备一个实体模型

准备一个逼真的实体模型并在作图前预先制定绘图标准是一名训练有素的设计人员必备的素质。预备范图的目的之一是要保持图纸的前后一致而不是指望在作图的准备过程中快速地在扉页上做出判断。以这些规则为标准能够规范设计过程中的每张图纸，并能令你有效地进行工作，还能获得其他知道这些标准的同行的帮助。

线条图

衡量线的厚薄及线形质量的标准分别是线的粗细及其前后的一致性。平面图中线的厚薄与立面图及剖面图中略有不同，在平面图中，设计者可以根据对象的重要程度灵活地选择线的粗细。在总平面图中，建筑的外形是表达该设计空间特征的最重要元素，所以建筑物的轮廓

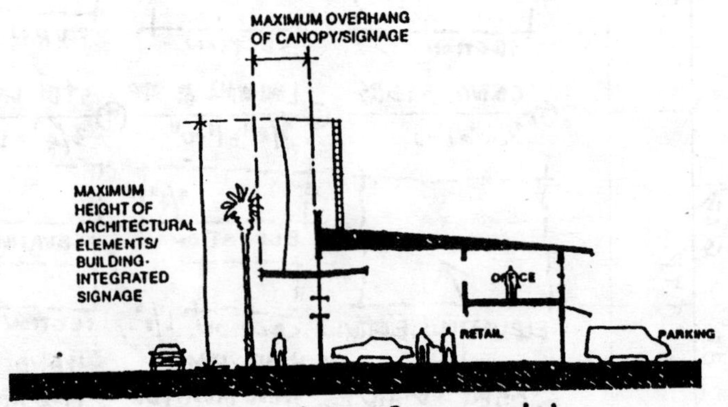

▌这张简单的剖面图有效地利用文字及纹理展示了清晰、平衡的构图

手绘的设计图案令画面富于技巧和热情。清晰、一致的线条则使画面一目了然

线必须清晰并伴有阴影。在绘制绿化规划图时，图形的焦点变成了树木和灌木丛，建筑物的轮廓及阴影反而退居其次。在立面图和剖面图中，选择线形厚薄的依据是物体的视觉深度，较粗的线或物体的轮廓线往往根据物体的深度而改变。

所谓线形质量实际上主要与手绘图有关。如果你能正确使用电脑绘图，那么，获得高质量线形应该不是一件困难的事，其线形不但厚薄一致，而且搭接准确、清晰。对手绘图来说，须要特别细心地保证线条粗细变化均匀，并在搭接处略有重叠。你可利用活动铅笔来获得粗细一致的线条，并可在画图时试着转动铅笔，这样既可保持笔尖的锋利，又节约了你削铅笔的时间。此外，略有重叠的搭接可以保证图形的正确与清晰。

纹理及图例

画面中的图例可以表示地平面的改变或标记正／负的关系。利用剖面线、点画法、彩色胶片或彩色马克笔和铅笔可以有效、清晰地勾画出局部的凹凸感。记住，图例不能主宰画面（除非你让它看起来像是画面中的一个片断），但它必须与画面的构图、平衡及线形相协调。图例必须保持轻淡，而不致影响画面中的重要信息或引起画面的混乱。

给画面添加纹理往往适用于示意类作品，它们需要加深细部刻画来表达构思或提高渲染的艺术质量。例如，屋顶的纹理或建筑物的“帽子”，它们都为画面增添了完美品质及真实感觉。此外，当你用彩色铅笔、彩色粉笔、炭笔或石墨绘制渲染图时，你可选择一种带纹理的底板，当你使用这种工具绘图时，能显示出对比效果，纹理的突出部分被加强，而凹陷部分则几乎被淡化了。示范卡片、水彩纸以及粗纸板都是很好的纹理底板。

阴影

阴影往往使二维图形具有准三维的品质。你必须仔细考虑阴影的位置、深度及亮度。几乎没有不需要使用几种阴影模式的平面图。决定了如何强调画面中必需的阴影后，还要仔细研究可供选择的方案，以获得预期的效果。阴影长度的准确性与真实物体的实际高度相关，但这只是一个图形效果，它绝不能掩盖设计的本质元素。你必须探索一条既能提供有效阴影，又不影响画面清晰度的方法。阴影的长度必须视画面的大小和复杂程度而定。

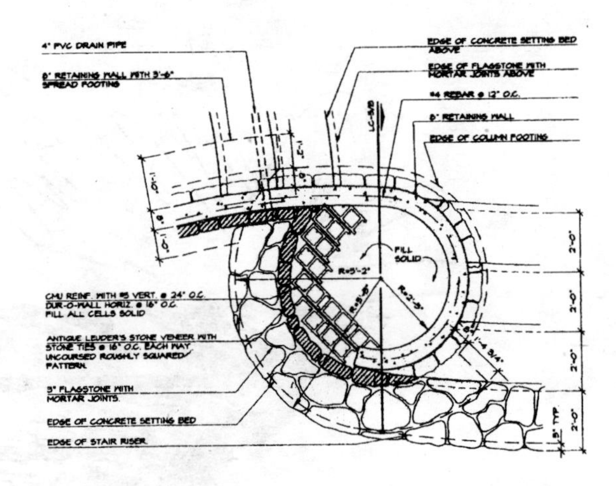

C LOWER ENHANCED COLUMN PLAN SECTION
SCALE: 1/2"=1'-0"

▌这张技术设计详图利用文字来形成图面的框架

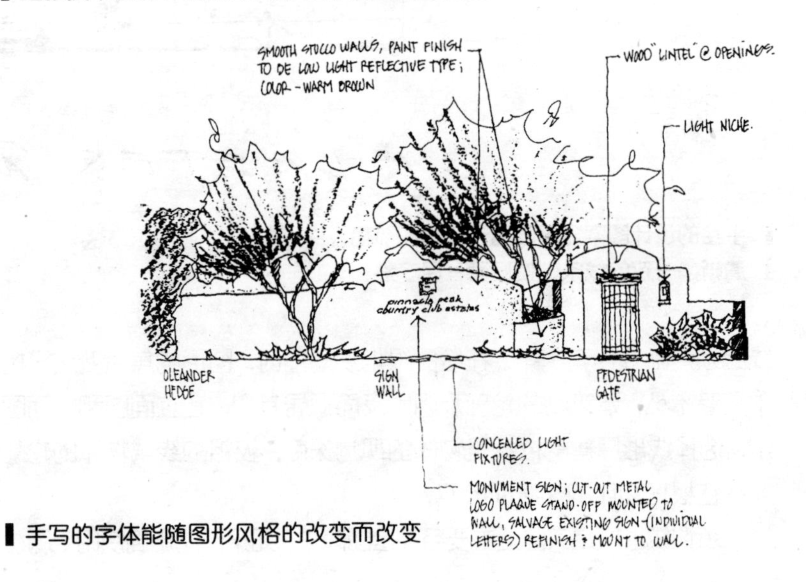

▌手写的字体能随图形风格的改变而改变

文字及书法

本书择图的根据是其在构图、色彩、线形、轮廓的清晰度，以及文字的字形和布局方面的品质。尽管给人第一印象的往往是被当作首要信息的图像，但是其中标注的说明却能加深细部的信息，并传递图像所不能表达的内容。大多数情况下，如果图中需要注解，那么我们就应考虑如何在整个构图中安排文字或文字块。譬如，当一个段落看起来具有几何形状时，它就构成了一个正面的图形，你需要小心地将它与平面图形相结合。再譬如标题在构图中的双重作用。当然，最重要的是它明确了项目内容，但它还有另一个作用：它有可能成为平面构图的一个元素。有时，字形或色彩也能有效地形成正面的第一印象。我们在书中从始至终向大家证明：重要的不仅是图形，还有其中的文字。

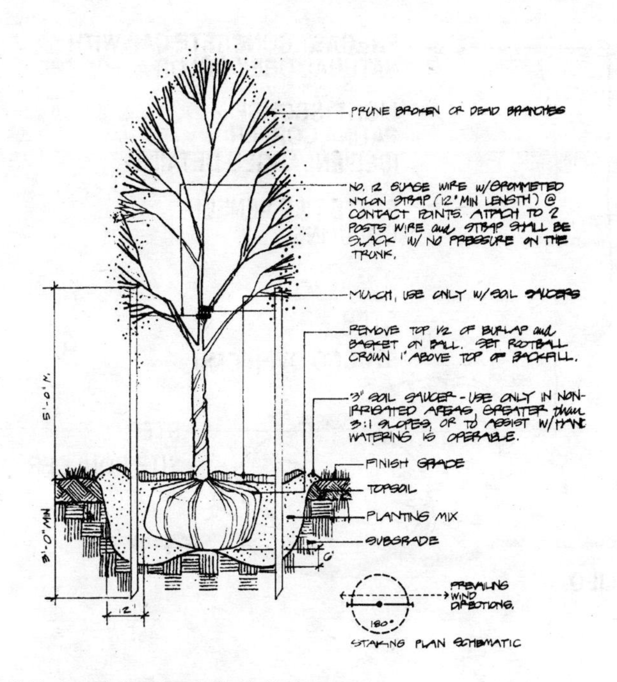

▌手绘的技术图有赖于清晰有效的信息表达

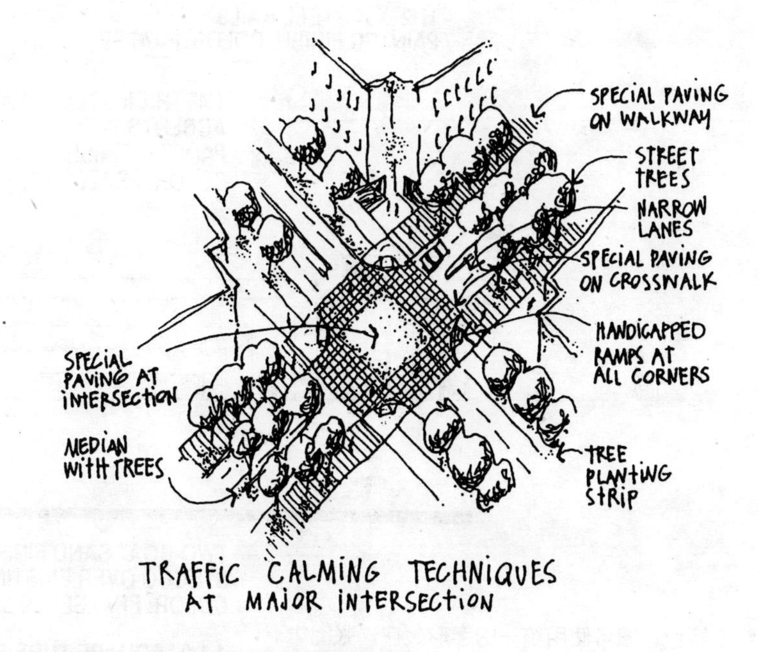

▌风格随意的示意图成图迅速而不失清晰

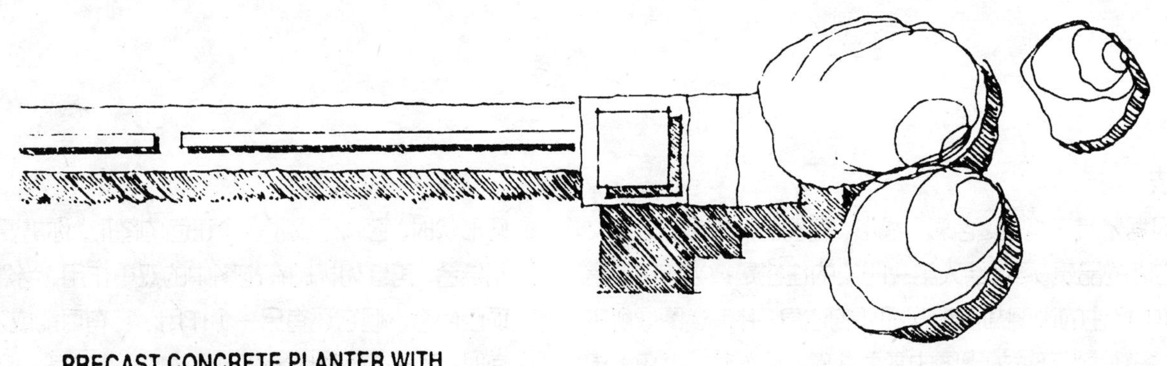
PRECAST CONCRETE PLANTER WITH
NATURAL GREY COLOR

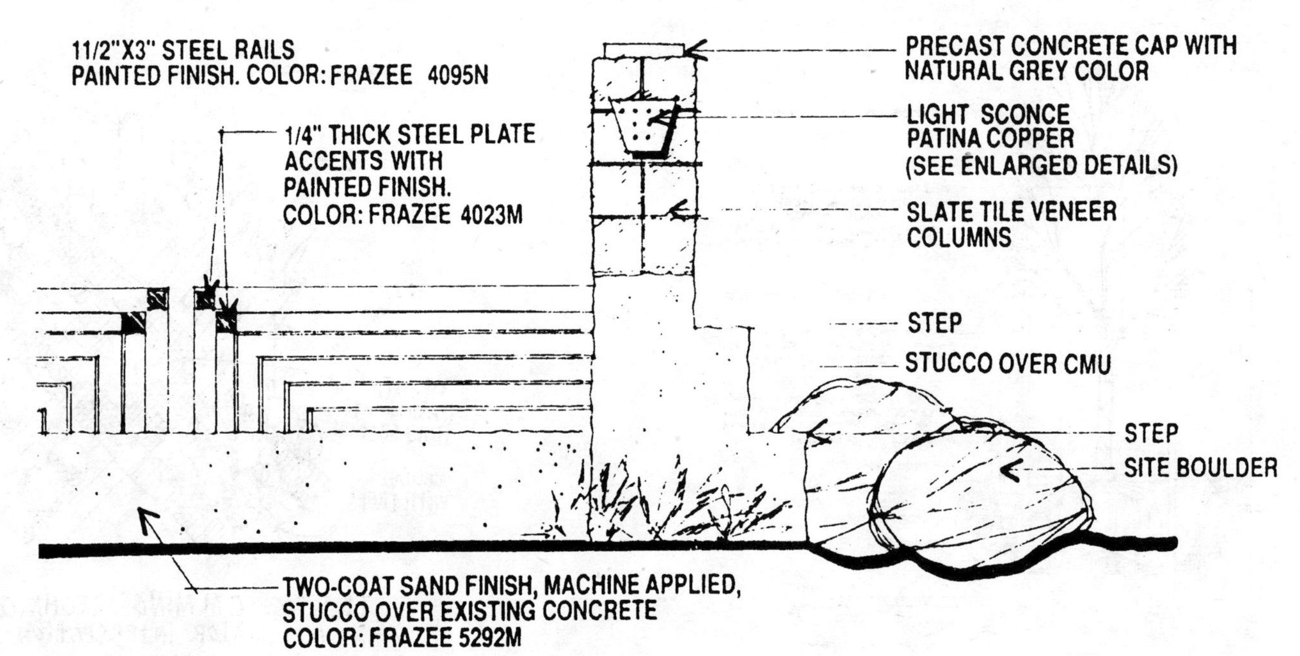
11/2"X3" STEEL RAILS
PAINTED FINISH. COLOR: FRAZEE 4095N
1/4" THICK STEEL PLATE
ACCENTS WITH
PAINTED FINISH.
COLOR: FRAZEE 4023M
PRECAST CONCRETE CAP WITH
NATURAL GREY COLOR
LIGHT SCONCE
PATINA COPPER
(SEE ENLARGED DETAILS)
SLATE TILE VENEER
COLUMNS
STEP
STUCCO OVER CMU
STEP
SITE BOULDER
TWO-COAT SAND FINISH, MACHINE APPLIED,
STUCCO OVER EXISTING CONCRETE
COLOR: FRAZEE 5292M
1 1/2" SQUARE TUBE STEEL RAIL WITH
PAINTED FINISH COLOR: FRAZEE 4095N

手绘设计图可使用统一的字形。在这张图中，
文字的结构规范整齐，与图形风格形成对比

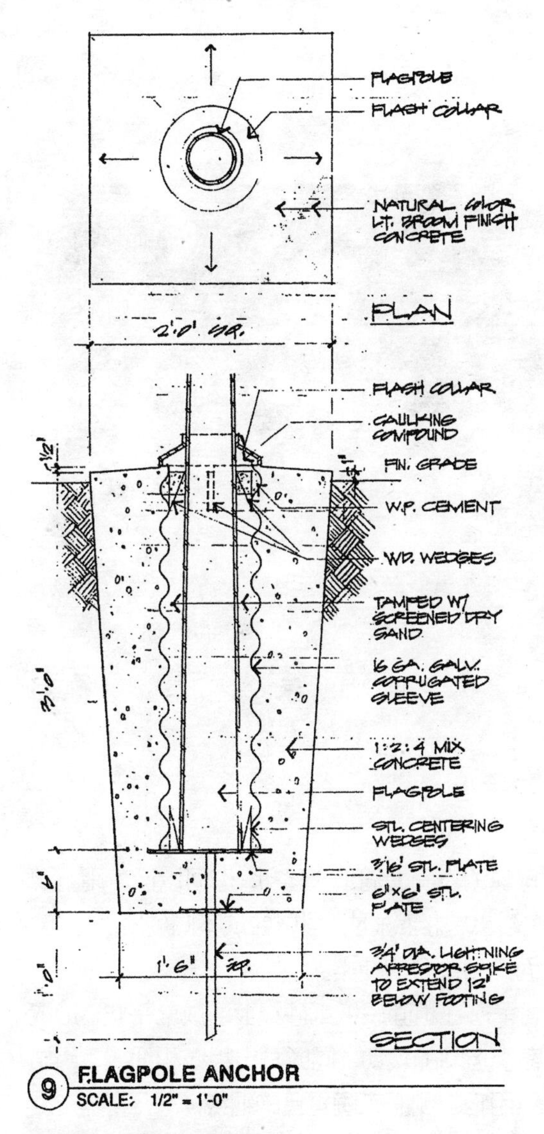

9 F.LAGPOLE ANCHOR
SCALE: 1/2" = 1'-0"

▌某手绘详图的风格

以下段落将集中探讨书法的技巧。在开始为你的作品添加注解前，请先花点时间确定这些注解在图中的作用。通常，在概念图或技术设计图中，它们往往结构松散、用词准确，并且这些注解在图中的位置是确定最终构图的元素之一。相反地，在施工文件或详图中的注解往往以直尺来规范稳定的格式。无论哪种情况，注解的布局必须与整体构图相协调。

请选择与你的目的最相称的绘图材料。一般来说，用石墨或塑料铅笔在聚酯薄膜或羊皮纸上作画是草绘施工文件的最佳选择，因为其运笔迅速并便于擦除。用墨水绘图则轮廓清晰、线条干净，并且图纸在复印后比用石墨绘制的图纸更清楚，因此它成为示意类作品的最佳选择。

此外，还须确定你将使用何种书写格式（是草书还是硬笔？）以及相应的字高。对于概念图和技术设计图而言，往往没有规律可循，草书、硬笔或数字化文字都能适合。在选择字形时应先考虑一下作品的风格，一般来说，草书运笔流畅，较适合风格随意的作品；而所有的施工文件及最后的详图则须使用风格精细的硬笔书法或数字化文字。文字的尺寸将根据它在图中的重要性及画面的清晰度由设计者决定。

最后要考虑的是：什么样的注解是必要的，以及应将它放在图中的什么位置？这个问题主要与示意类作品有关。为解决上述问题，简单的做法就是将描图纸覆在整张平面图上，并标出注解，这样，你可以在图形元素的周围设计文字的布局，并加强画面的整体构图。书中随处可见这样的例子：通过调整文字块来完善整体构图。

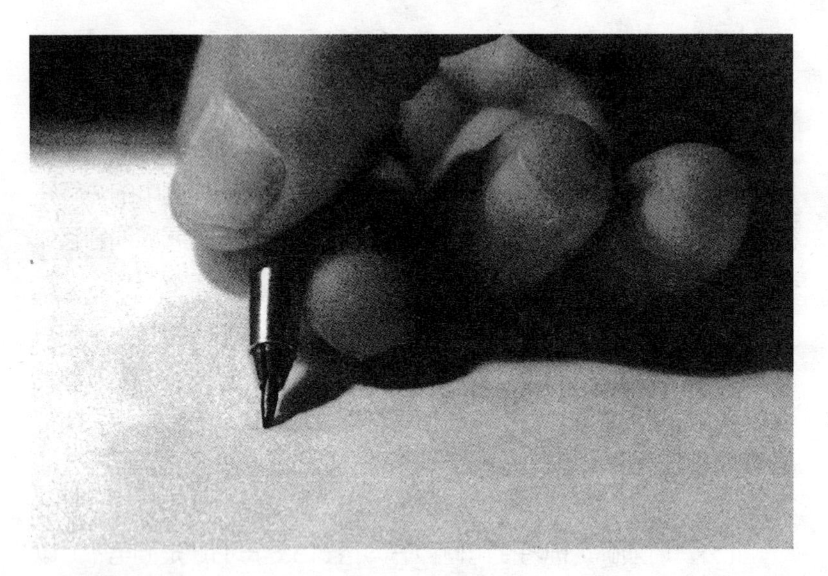

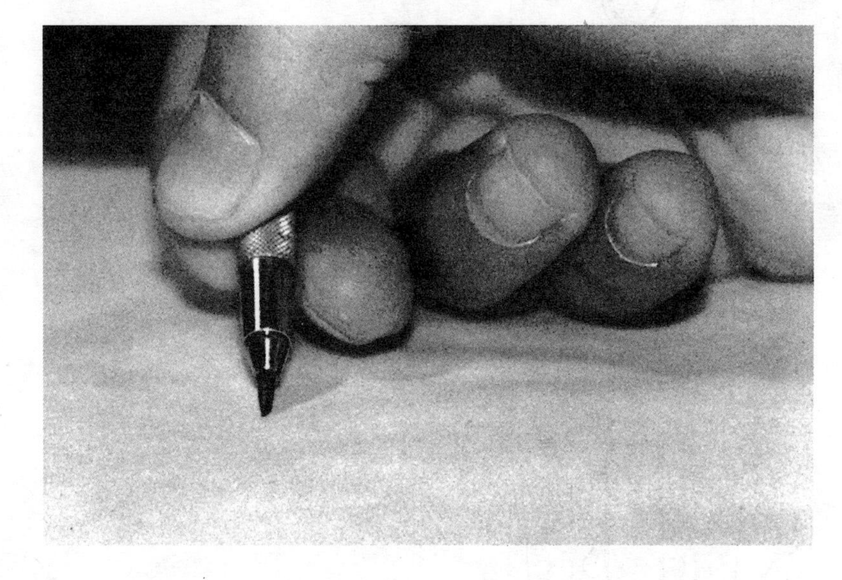

在笔尖形成凿尖

请记住:“一致性”是手写体成功的关键因素。一旦确定了文字的字形、尺寸及位置,就应该在整个画面中保持这些书法要素的一致性。

最佳的整体技术之一是利用标线来获得清楚、一致的字体。标线是用较硬的(3H或4H)铅笔或non-photo pencil轻轻画出的水平线和垂直线,它们将有助于构造文字及数字的结构。其中,non-photo pencil更为适合,因为重要的是不留痕迹。

最好选择笔芯较软的铅笔来写字,因为它较硬笔芯更容易控制,也更容易在纸张或聚酯薄膜的表面上滑动。起初,你可以试着用H或HB的铅笔,随后,当你变得更加熟练时,可以尝试不同硬度的笔芯,并最终为不同的材质表面找到适合的种类。

开始作画前,请先将笔芯在粗面废纸或砂纸上磨成扁平状,形成凿尖。你可以通过铅笔在手指间的转动,同时画出粗线和细线。用凿尖的扁平面来画粗线,再用它的侧面来画垂直的细线。

在书法中,非常重要的一点是:要形成自己独特的字体及特定的

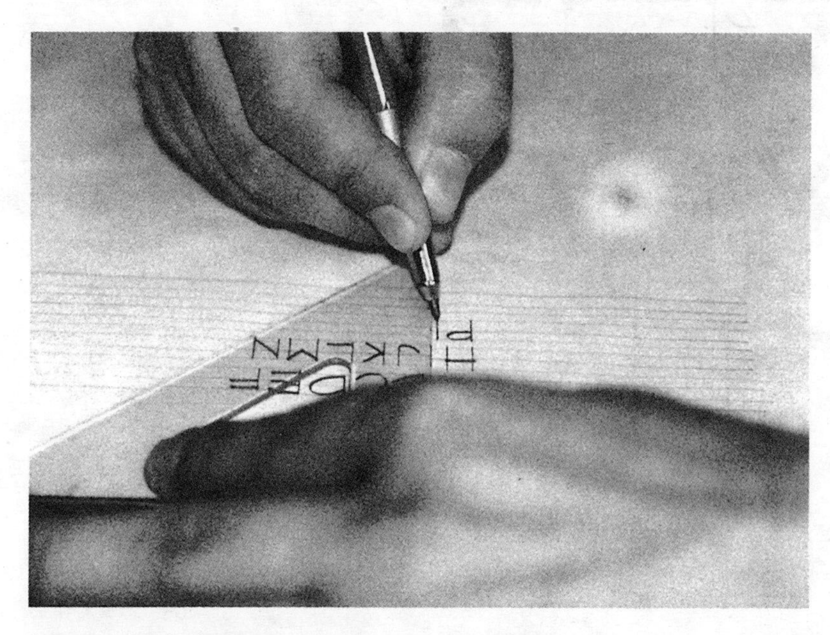

▌用凿尖的薄边来绘垂线，并用宽边绘制其他的线条

字母间距（包括字母出头的部分）。请尝试根据自己的视觉关系迅速确定字母的出头部分。大多数字母必须保持相同的高度以获得一致的感觉。字母“C、G、O、S和Q”则须略微高出标线，以免让它们看起来太小。

为了让每个字母都能符合标准字高，可以经常利用水平标线。当设计者为字母、单词或句子设置了恰当的间距时，手写的说明就变得简单易读了。

另一个非常成功的技术是保证所有字母的横线互相连接时位于同一点。开始时，你可以用三根水平标线来做练习，先画出上下两根标线，然后将第三根标线画在先前那两根线中间偏上的位置。所有的字母横线都必须落在中间的标线上。

你在书写时的愿望是能够保证注解的正确性及清晰度。因此你必须理解上下文的含义并经常检查拼写错误以保证文字的正确性。一个普遍存在的问题是字迹的模糊势必影响画面的清晰。为避免弄污墨迹，

一例手写字体

如果可能的话，最好由画面的顶端开始由左至右地书写。但是甚至在这种情况下，也会因手臂或三角尺在新鲜墨迹上的托动而引起字迹的模糊。为避免出现上述状况，在练习时应将三角尺置于铅笔右侧（与左侧相对）——这一做法对右撇子来说看似非常自然，然后裹住你的左臂简单地放在顶端的水平尺上，并用大拇指和食指控制三角尺的顶部，在书写的同时沿水平尺方向拖动它。

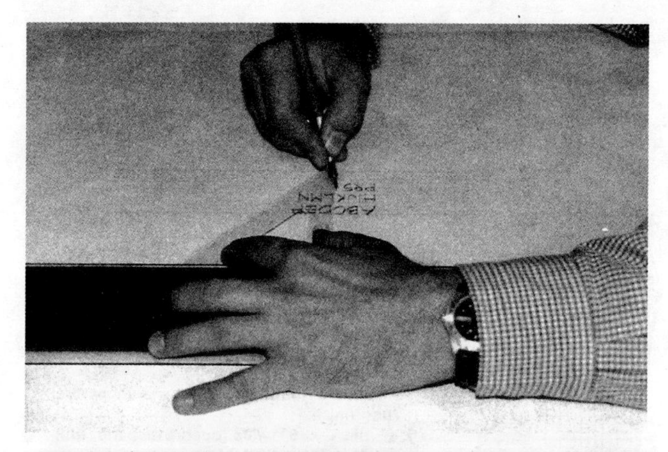

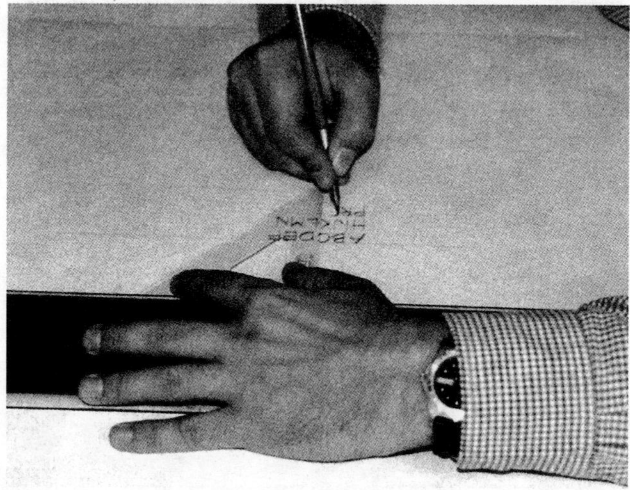

▍右撇子使用平行尺及直角尺时的手势

将文字归纳成组也将提高画面的整体性，这不仅提供了构图模块，

SMOOTH MASONRY FINISH. PAINT
TO MATCH SIGNAGE & PLANTER
WALL. COLOR TO BE APPROVED
BY LANDSCAPE ARCH/OWNER

HAND TROWELLED CONTROL JOINT
1/4" RADIUS FROM EDGE - SEE PLAN
FOR PATTERN AND LOCATION

8"x8" #8 W.W.M CENTERED, 12" MIN.
FROM EDGES.

1 1/2" HIGH DENSITY RIGID BOARD INSULATION

1/2" PREFORMED FIBER EXPANSION JOINT
W/ BACKER ROD AND SEALANT.

6" CONCRETE SLAB W/ BROOM FINISH
6" COMPACTED ROADBASE.
COMPACTED SUBGRADE

HYDRONIC SNOWMELT COIL, TIE TO W.W.M
2" MAX. FROM TOP OF CONCRETE, LOOP
UNDER JOINTS. SEE MECHANICAL DRAWINGS
FOR PIPING LAYOUT AND SYSTEMS
SPECIFICATIONS.

也令读者能够轻易地找到所需的信息，而不必为了几个“流动”的单词找遍整张图纸。

在所有的图形表达中（包括手写的文字），线条是最基本的元素。在画任何线条时，其重点往往在线的端点。为了避免在笔划的端部出现或深或淡的现象，可用细线来画垂线，而用轮廓清晰的粗线来画水平线。在书写时转动你的笔尖就能获得这样的线形。当你的经验有所增长时，你将发现，使用这项技术——用较软的笔芯并保持它的凿尖，将使削铅笔的次数减到最少。

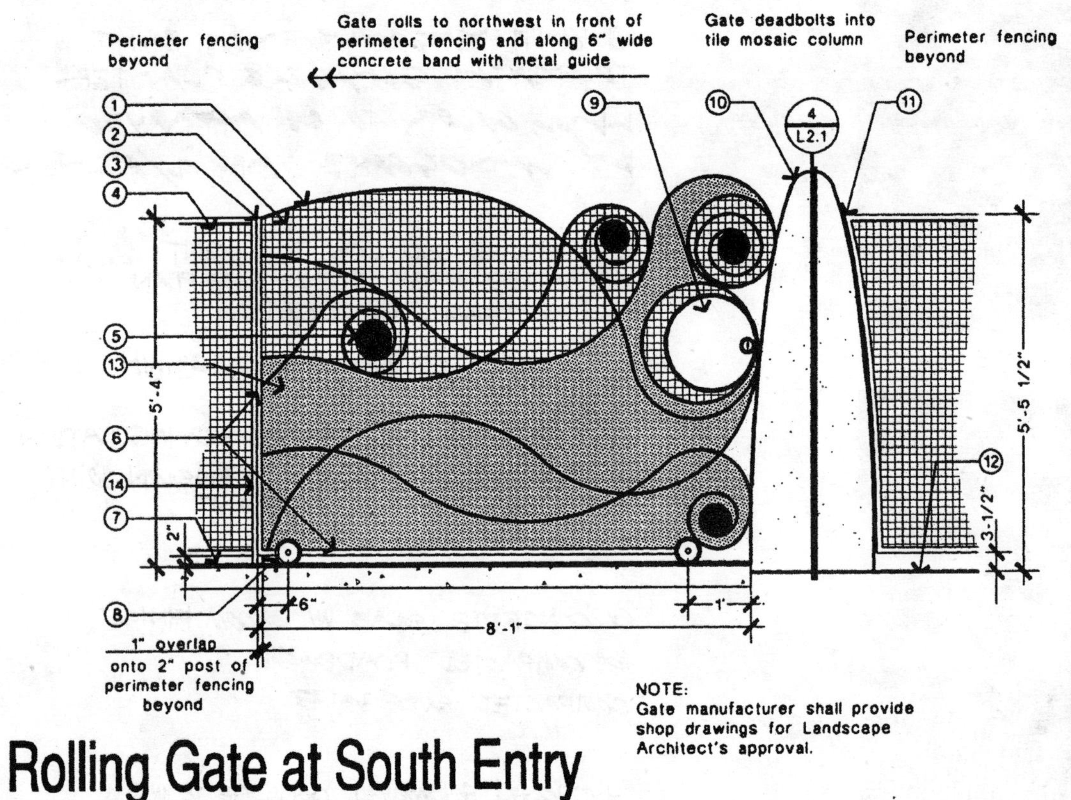

1. 1" wide x 1/4" thick strap steel with natural rust finish.
2. McNichols welded wire cloth, 11 gauge with 1" square openings, natural rust finish.
3. Steel end cap with natural rust finish.
4. Perimeter fencing beyond, refer to detail 3 this sheet.
5. Colored glass disks formed from glass rods. Landscape Architect to specify colors from samples provided by Contractor.
6. 1" square tube steel frame with natural rust finish.
7. 4" thick x 6" wide concrete band with metal guide per ADA guidelines for gate wheels. See plans for length.
8. Gate wheel (typ). Contractor shall provide sample for Landscape Architect's approval.
9. 1/4" thick solid steel disk for future signage. Signage not included in this contract. Provide stainless steel deadbolt to lock into column.
10. Cast-in-place, tile mosaic column, see detail 4 sheet L2.1. Contractor to coordinate with gate manufacturer to provide deadbolt connection on gate side and fence connection on opposite side.
11. Perimeter fencing, connect into column.
12. Finished grade of landscaped area.
13. Solid steel panel, 1/4" thick, natural rust finish.
14. 2" post of perimeter fencing beyond.

▌为求画面清晰，将其中的数字圈出来，并不降低其信息表达的水平

A B C D E F G H I J K L M N O P Q R S T U V W X Y Z

1 2 3 4 5 6 7 8 9 0   ℄ ℄ # and/or

abcdefghijklmnopqrstuvwxyz 1234567890

american society of landscape architects

ABCDEFGHIJKLMNOPQRSTUVWXYZ 1234567890

AMERICAN SOCIETY OF LANDSCAPE ARCHITECTS

ABCDEFGHIJKLMNOPQRSTUVWXYZ 12345678910

AMERICAN SOCIETY of LANDSCAPE ARCHITECTS

REMOVE SECONDARY WALLS, ORNAMENTATION & LIGHT FIXTURES — REFINISH WALL TO MATCH PROPOSED IMPROVEMENTS.

RELOCATED PLANTER FOR BETTER VEHICULAR ACCESS. w/ LOW PLANTINGS & SPECIMEN TREE.

NEW MASONRY SIGN WALL TO MIMIC EAST SIDE OF ENTRY DRIVE.

PAINTED LANE DIVIDER.

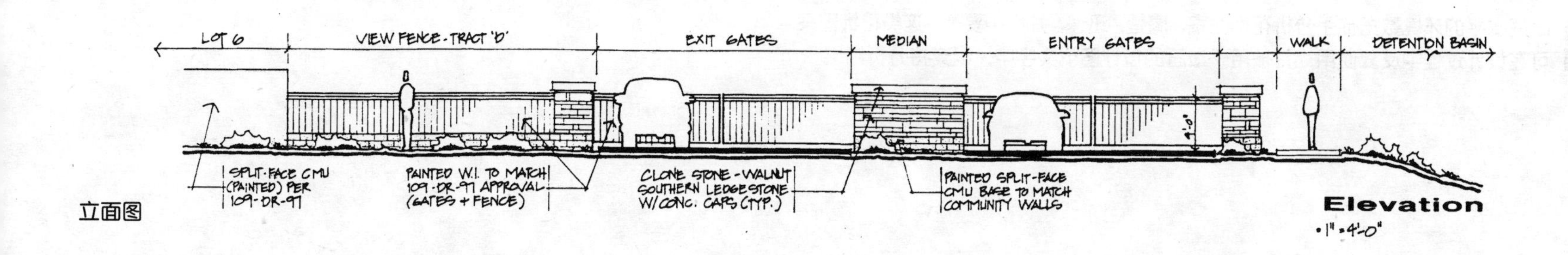

立面图

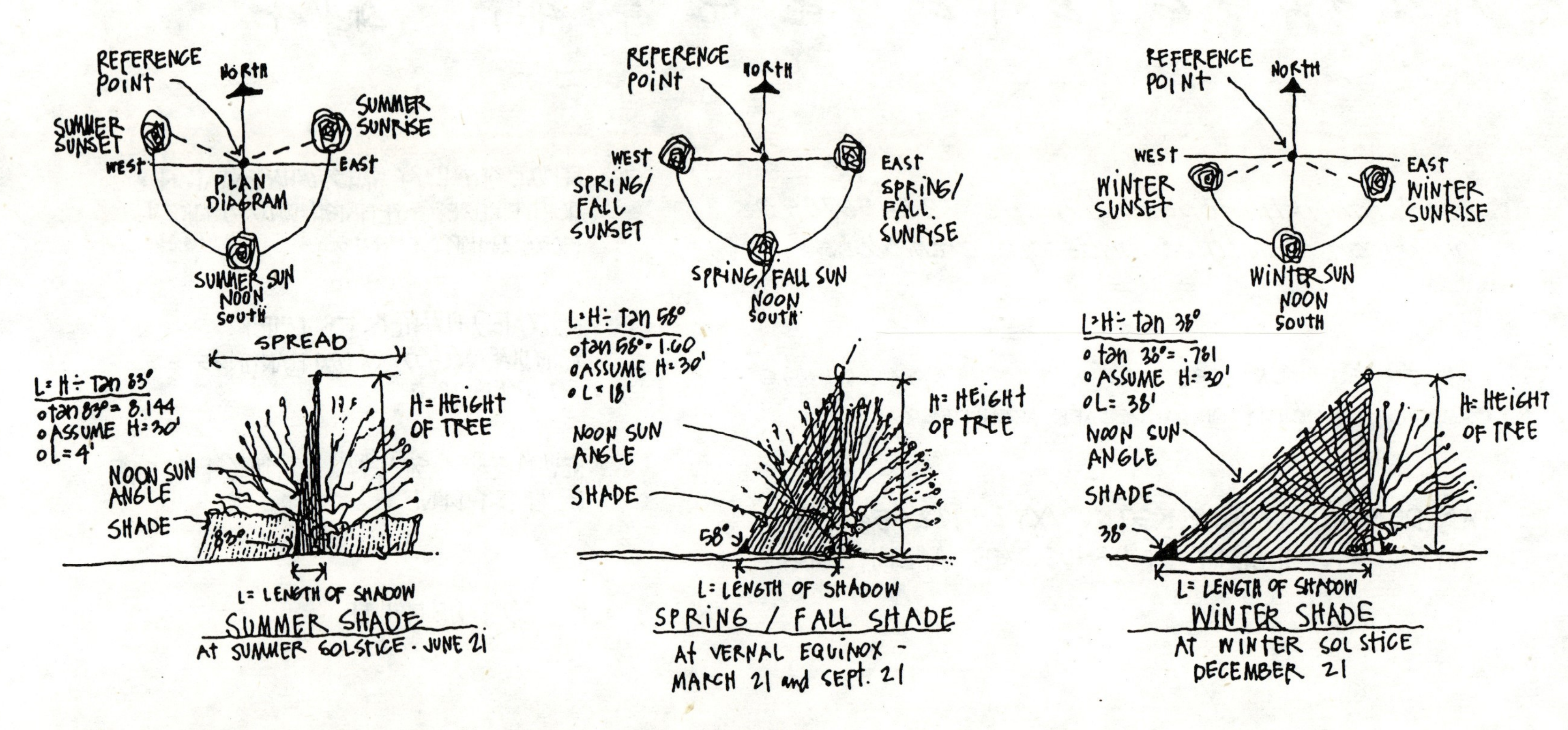

以高水平的环境数据徒手分析花饰图案，清楚、迅速，并切中要害。这类花饰图案可在设计过程中反复使用，并被用于最后的设计图或文字中，以支持分析结果

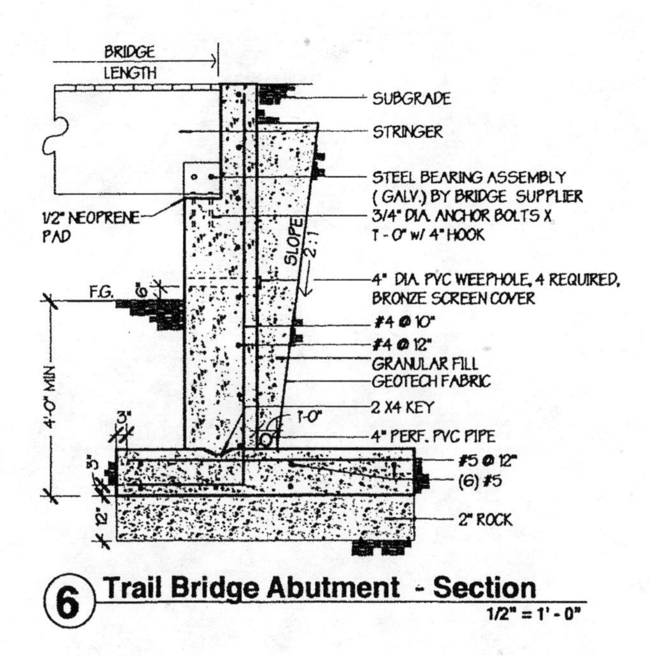

▌计算机生成的详图，左侧标注尺寸，右侧添加注释

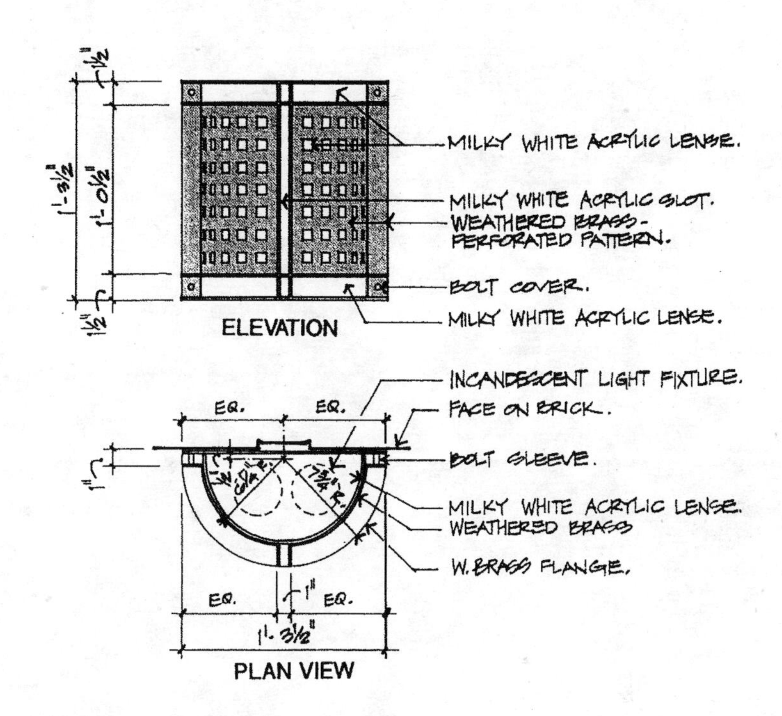

▌将文字与尺寸分得清清楚楚的手绘详图

第 二 章

彩 色 图

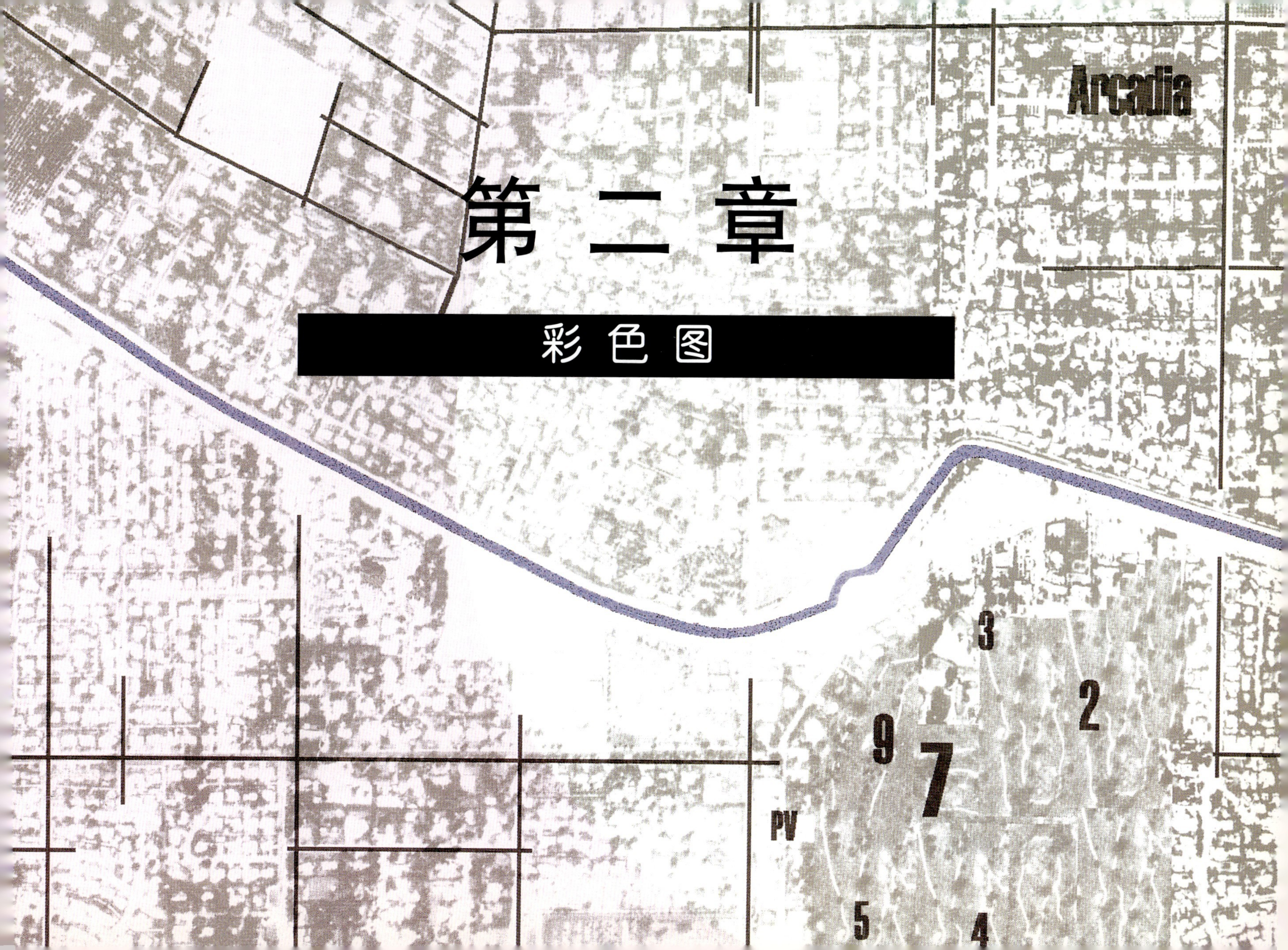

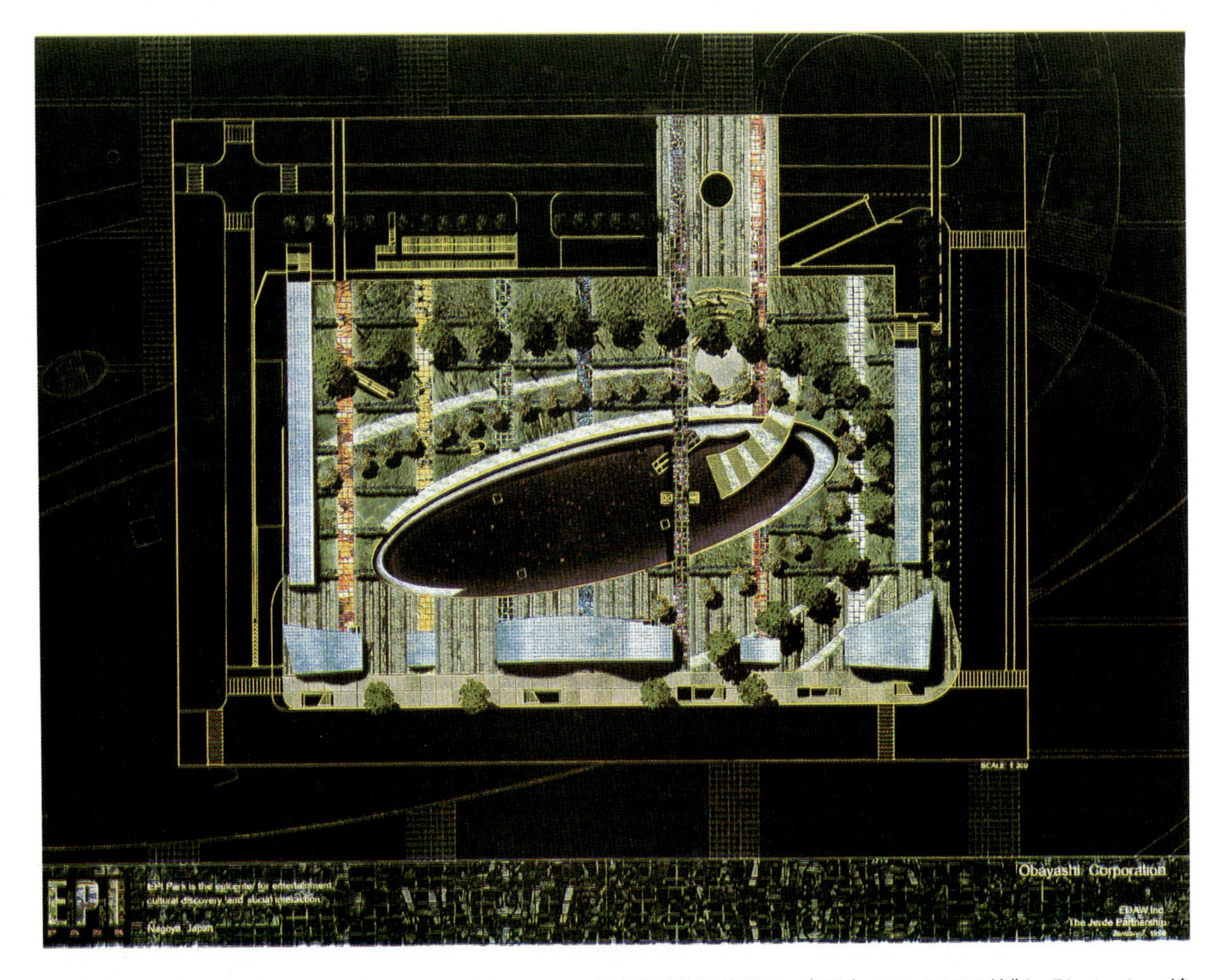

大林公司（Obayashi Corporation)。Quark Express 输出的计算机效果图。底图由 AutoCADD 绘制，Photoshop 渲染。存盘后的渲染图最后被输入 Quark Express 中添加文字及标题

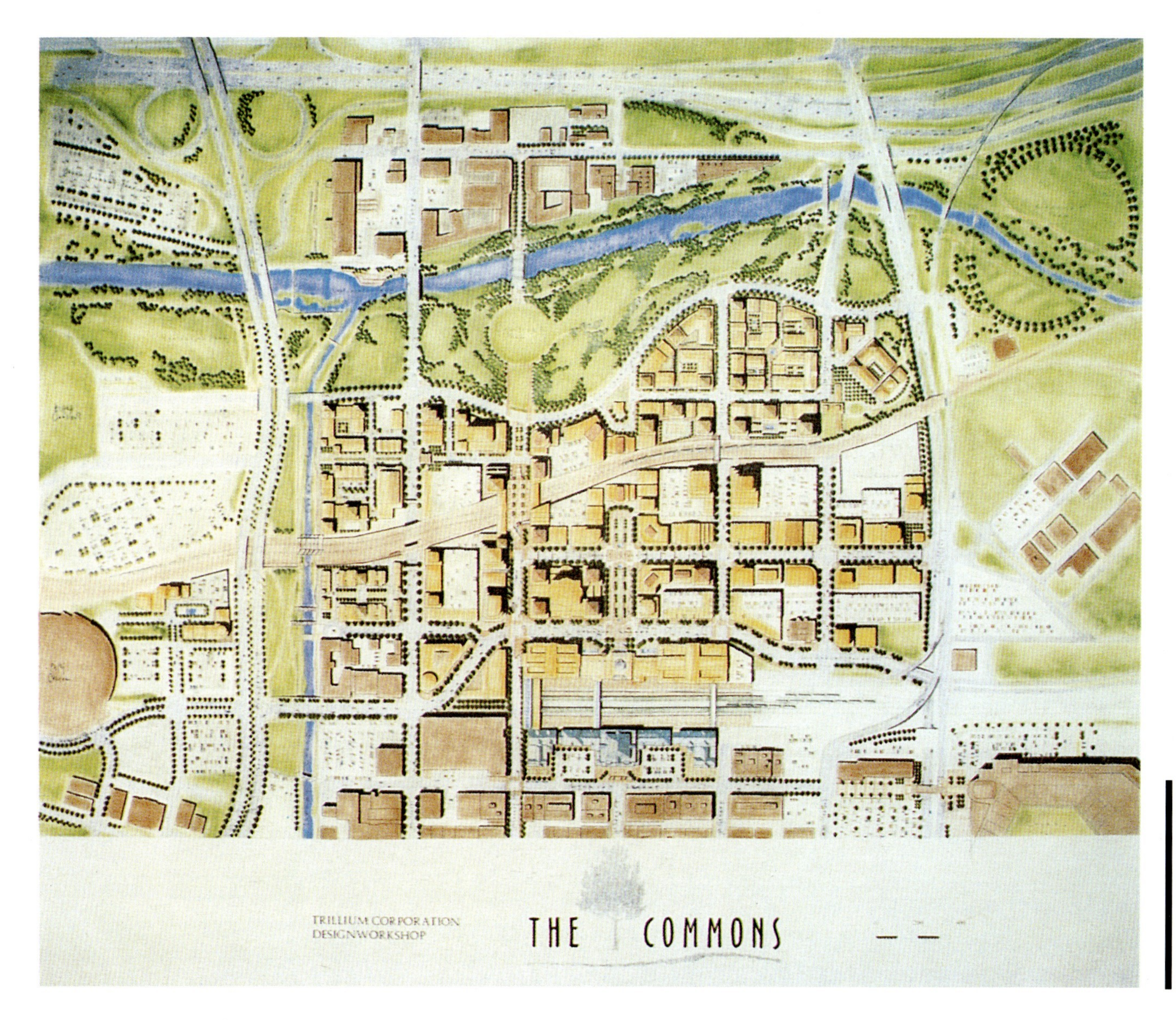

丹佛（Denver）社区。以印刷在文件纸上的黑色轮廓线为底，彩铅及蜡笔渲染。其中，蜡笔负责大面积的基本色块，彩铅则负责局部区域，以强调主要元素

圣歌乡村俱乐部（Anthem Country Club）。材料：彩铅及牛皮纸。先在纸上打印机制的标题栏，再以墨水笔手绘基本轮廓，最后将机制的标注胶粘于图纸上。值得一提的是它清晰的绘画风格，这得益于保持一致的笔触及阴影

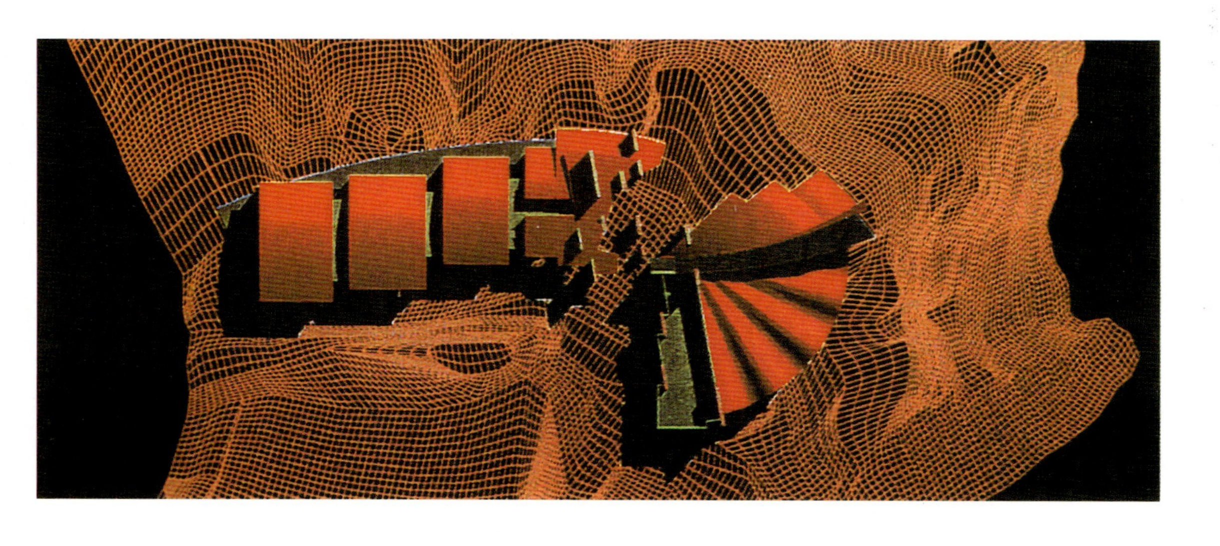

科克尼诺社区大学（Coconino Community College）。在苹果机上以AutoCADD三维建模和渲染

里伯克河湾（Reebok/W.G.Hook ）。先将手绘的设计图扫描输入AutoCADD，并与原地貌图相合，再将合成后的数字文件输入ArcView做渲染处理

RIO SALADO CROSSING

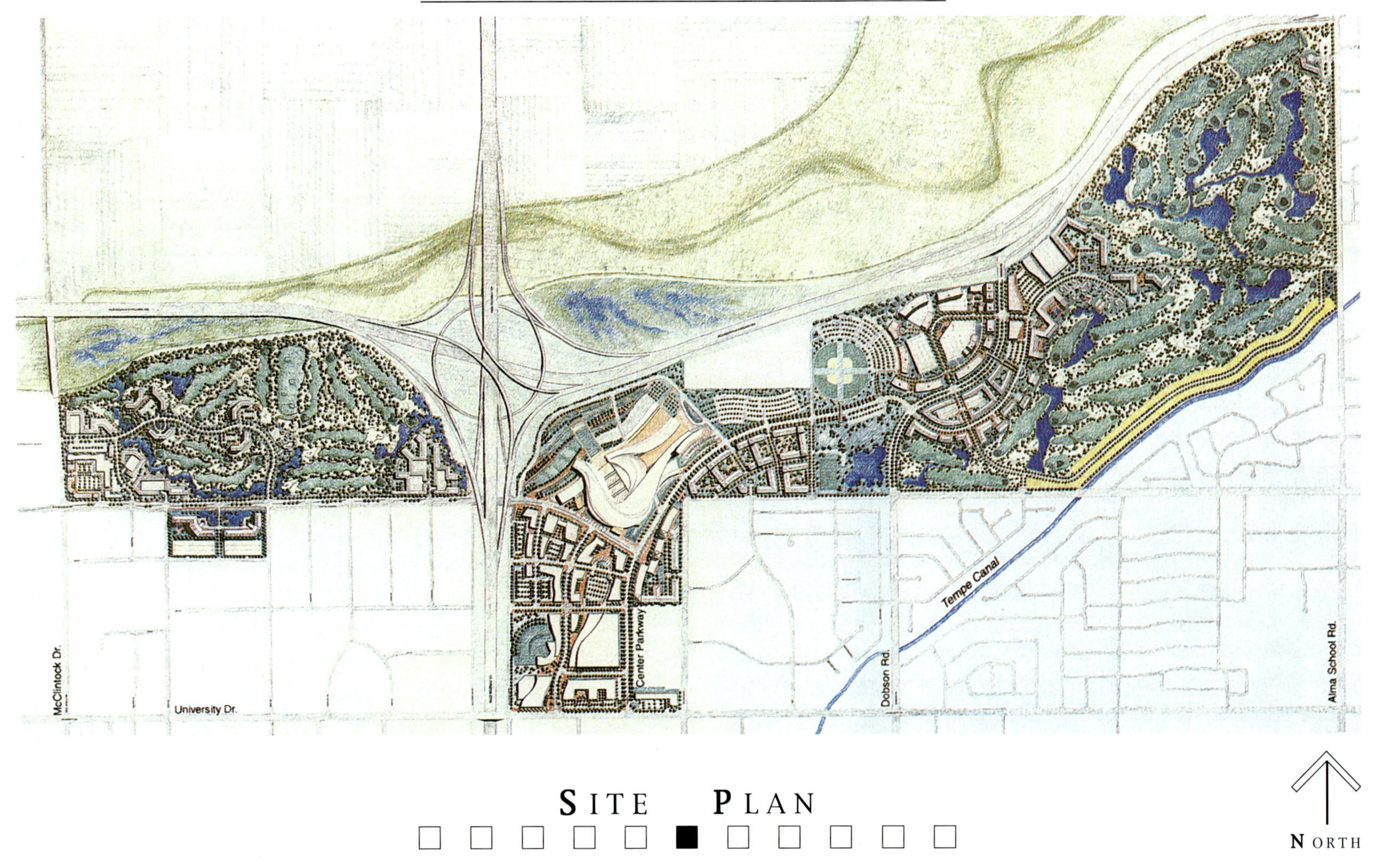

SITE PLAN

NORTH

里奥沙拉多立交桥（Rio Salado Crossing）。材料：彩铅及白色文件纸。在PC机上用AutoCADD软件建立基本图形，由喷墨打印机输出，并在上面手绘渲染，再将渲染后的图形扫描输入Quark Express中进行修饰，并添加文字。原文件的尺寸为：宽6英尺(约1.8m)、高3英尺(约0.9m)

Rio Salado Crossing

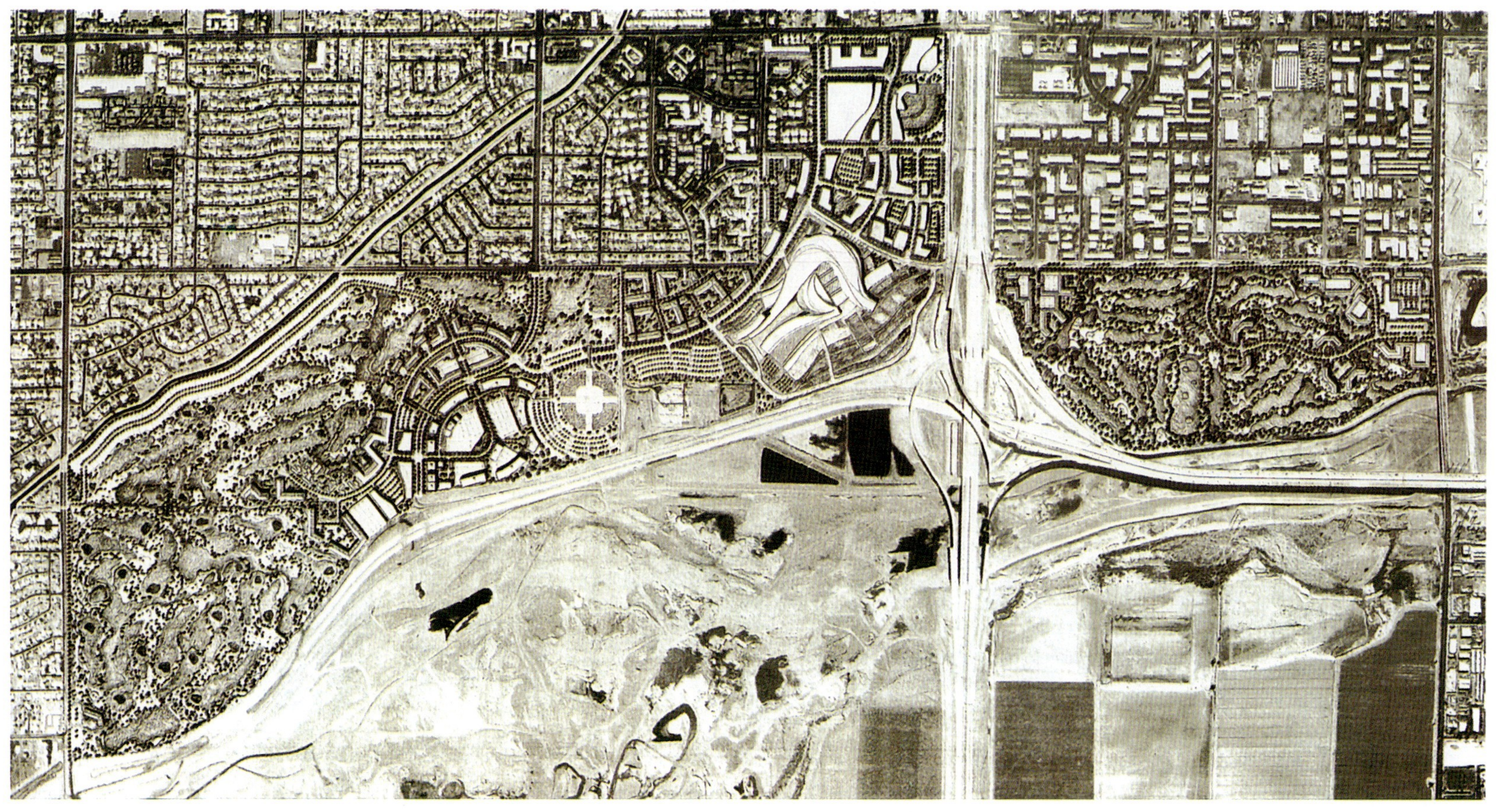

Context Plan

☐ ☐ ☐ ☐ ☐ 4 ☐ ☐ ☐ ☐ ☐

里奥沙拉多立交桥。先在 Adobe Photoshop 中将扫描输入的彩铅渲染图与环境鸟瞰图合二为一，再将合成后的图像输入 Quark Express 中添加标题栏

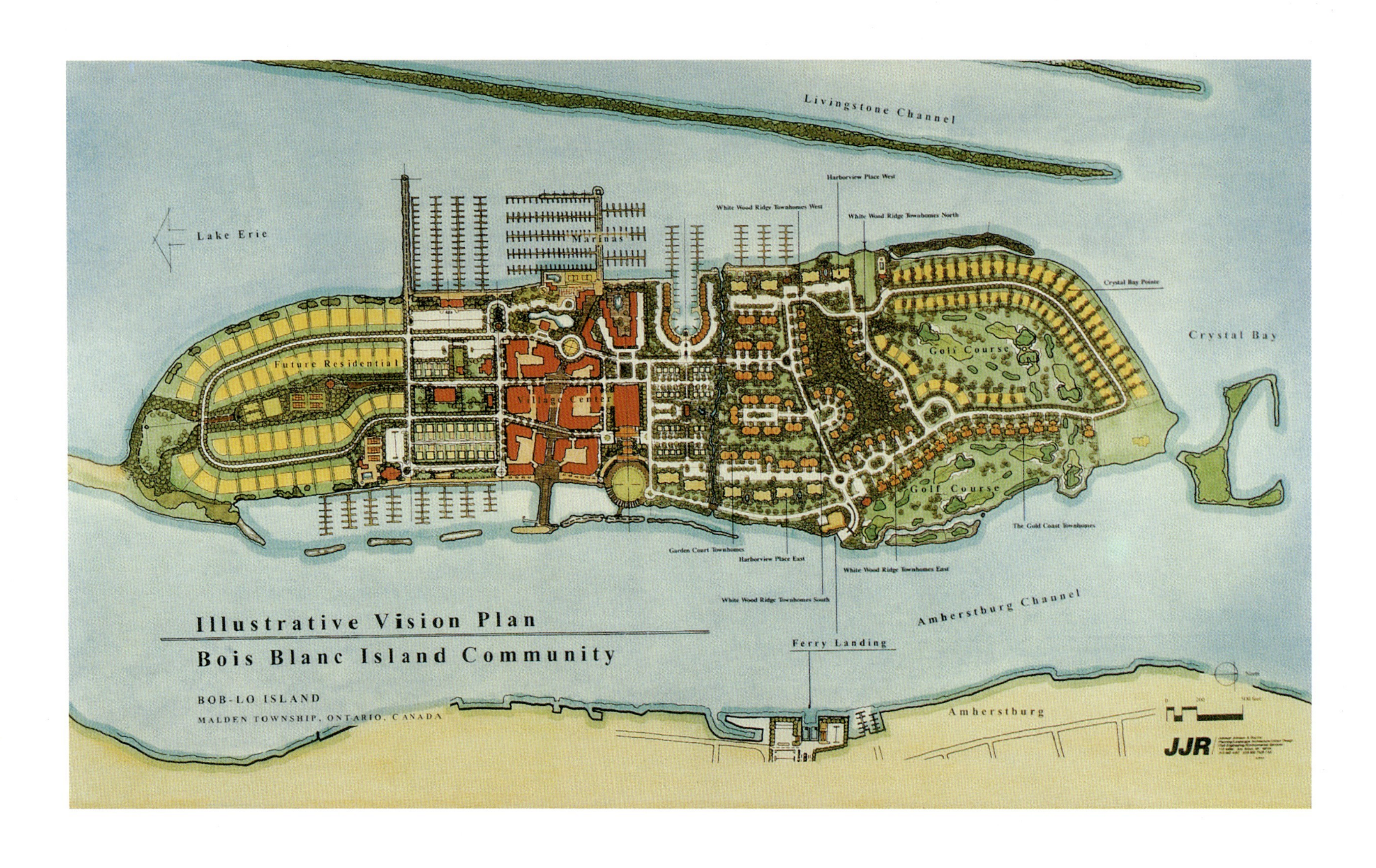

布瓦布朗岛（Bois Blanc Island）。材料：彩色马克笔与羊皮纸。基本图形由手绘的总平面与机制的文字及标题组成。其中，标注文字是在出图前由手工粘贴上去的

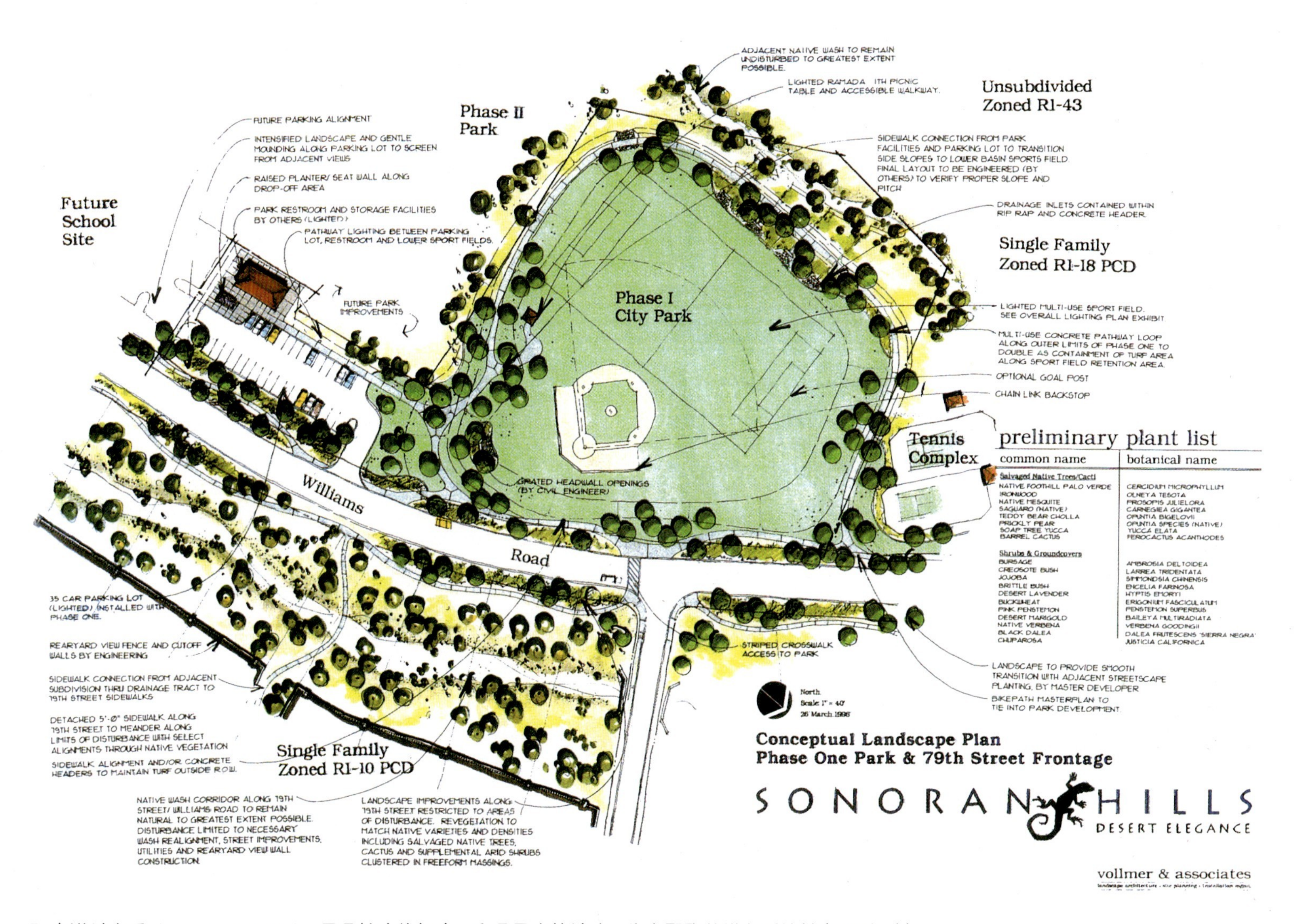

索诺兰山丘（Sonoran Hills）。黑色轮廓线打底，彩色马克笔渲染。先在聚酯薄膜上手绘基本图形，并手工粘贴文字及标题。松散随意的画风与整齐划一的字形构成鲜明对比，增加了画面的构图效果及特色

▌故乡的村庄。这是一幅打印在文件纸上的、由Microstation生成的计算机效果图

Future Exhibits and Cool Zones

空旷的植物园。以印制在文件纸上的黑色轮廓线为基础，彩色铅笔渲染。先以地形图为基础徒手勾画线条轮廓，再将渲染后的总平面扫入 Quark Express 中添加主要说明、图例及标题

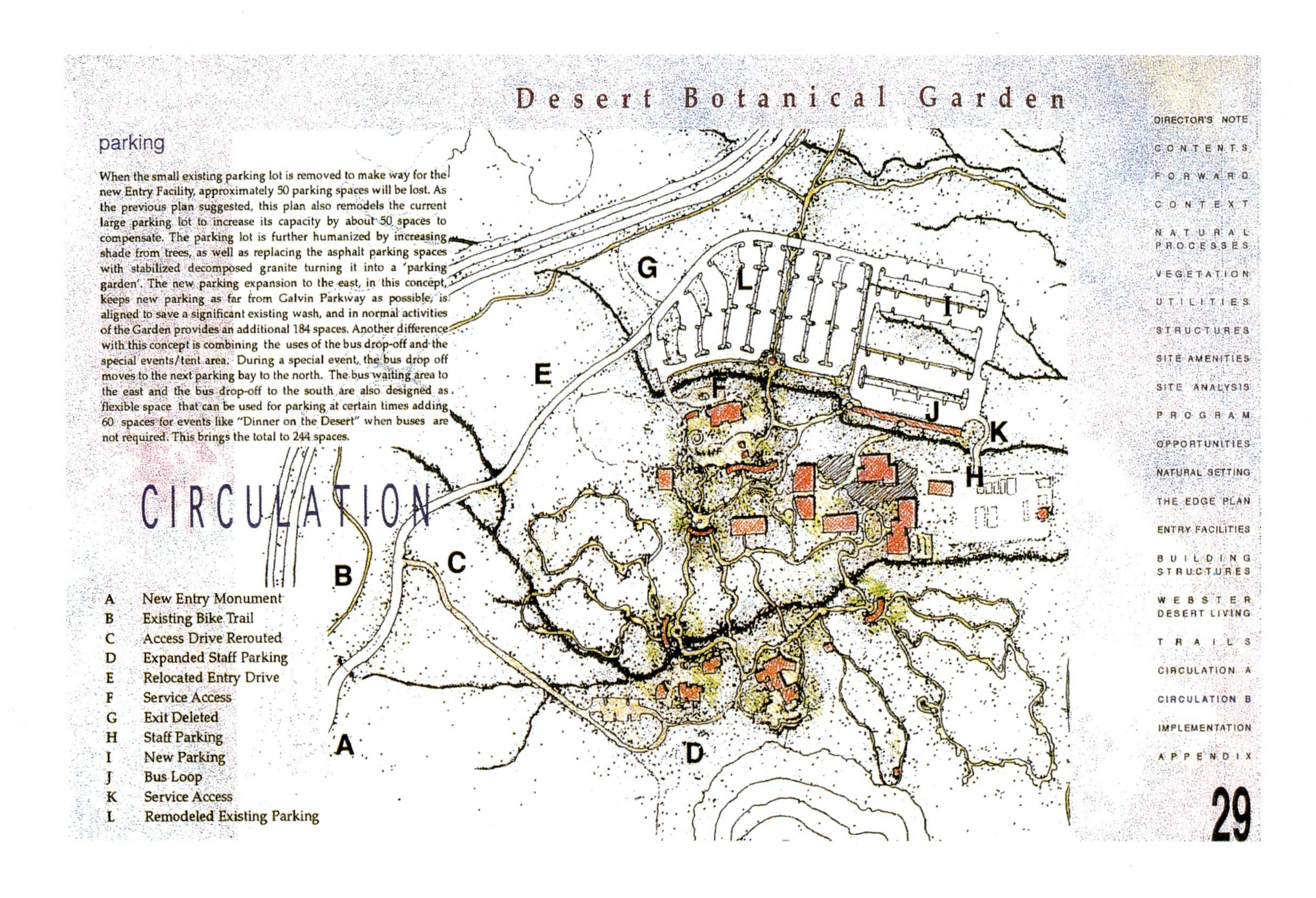

空旷的植物园。以印制在文件纸上的黑色轮廓线为基础，彩色铅笔渲染。先以地形图为基础徒手勾画线条轮廓，再将渲染后的总平面扫入Quark Express中添加主要说明、图例及标题。请注意，这仅是一套包含大量的示意图、列表及说明的总平面文件中的一张图纸。在图面的右侧简单列出了图纸的目录，并以蓝色墨水强调本图图名

VILLAGE CORE

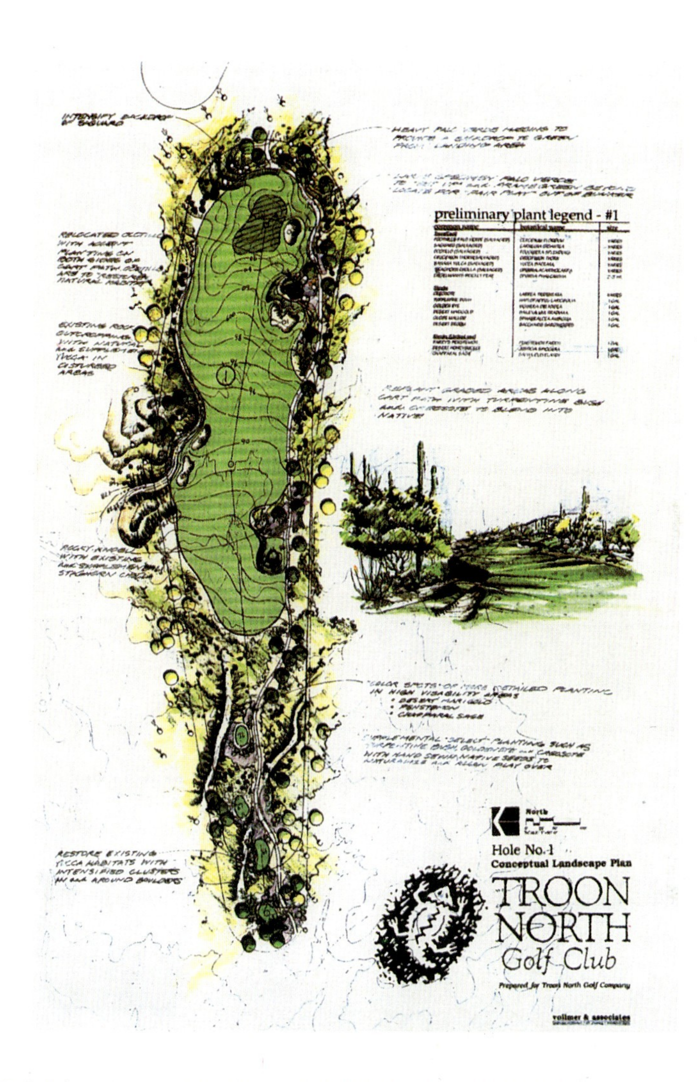

希灵顿村庄（Killington Village）。黑色轮廓线打底，彩色铅笔渲染。以地形图为基础，在聚酯薄膜上手绘基本轮廓，渲染后将其扫入Quark Express中统一添加规范的标题栏

特伦北部（Troon North）高尔夫球俱乐部。黑色轮廓线为底，彩色马克笔渲染。在聚酯薄膜上手绘基本轮廓，并手工粘贴图例及标题，最后添加手绘的透视图及文字

蜜蜂园。白纸，彩铅。设计图与轮廓线均为手工绘制，手写的文字及标题则令其工艺水准更进一步

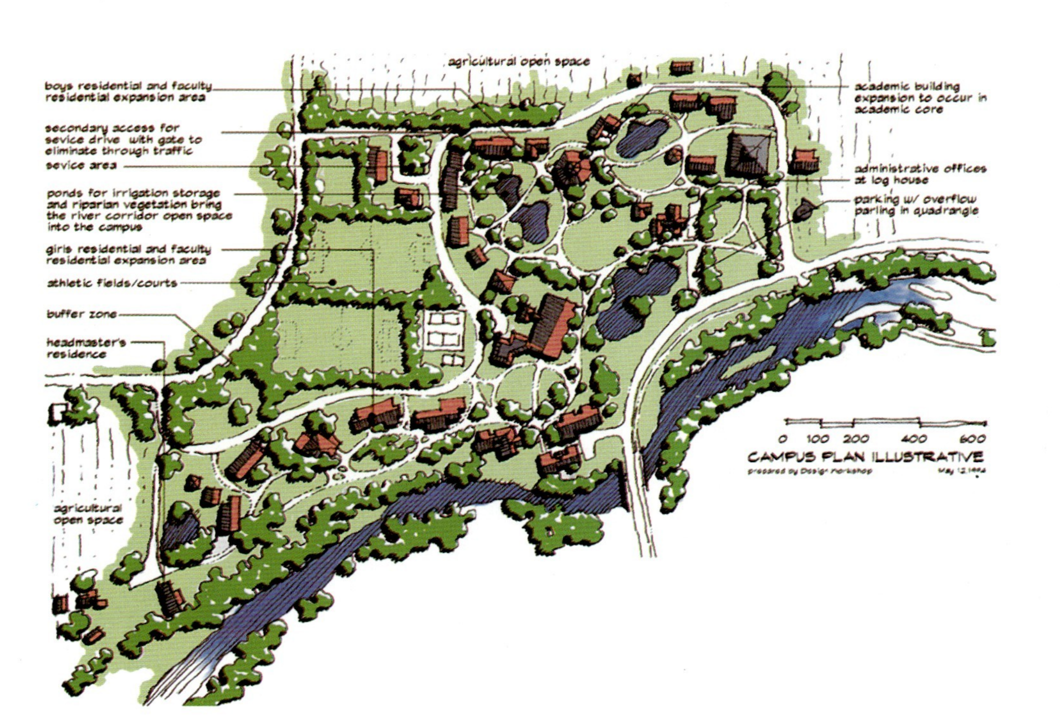

科罗拉多落基山学校（Colorado Rocky Mountain School）。蓝色轮廓线打底，彩色马克笔渲染。渲染后的图形（无文字）被扫描输入AutoCADD中添加注释及标题，以完成整体构图

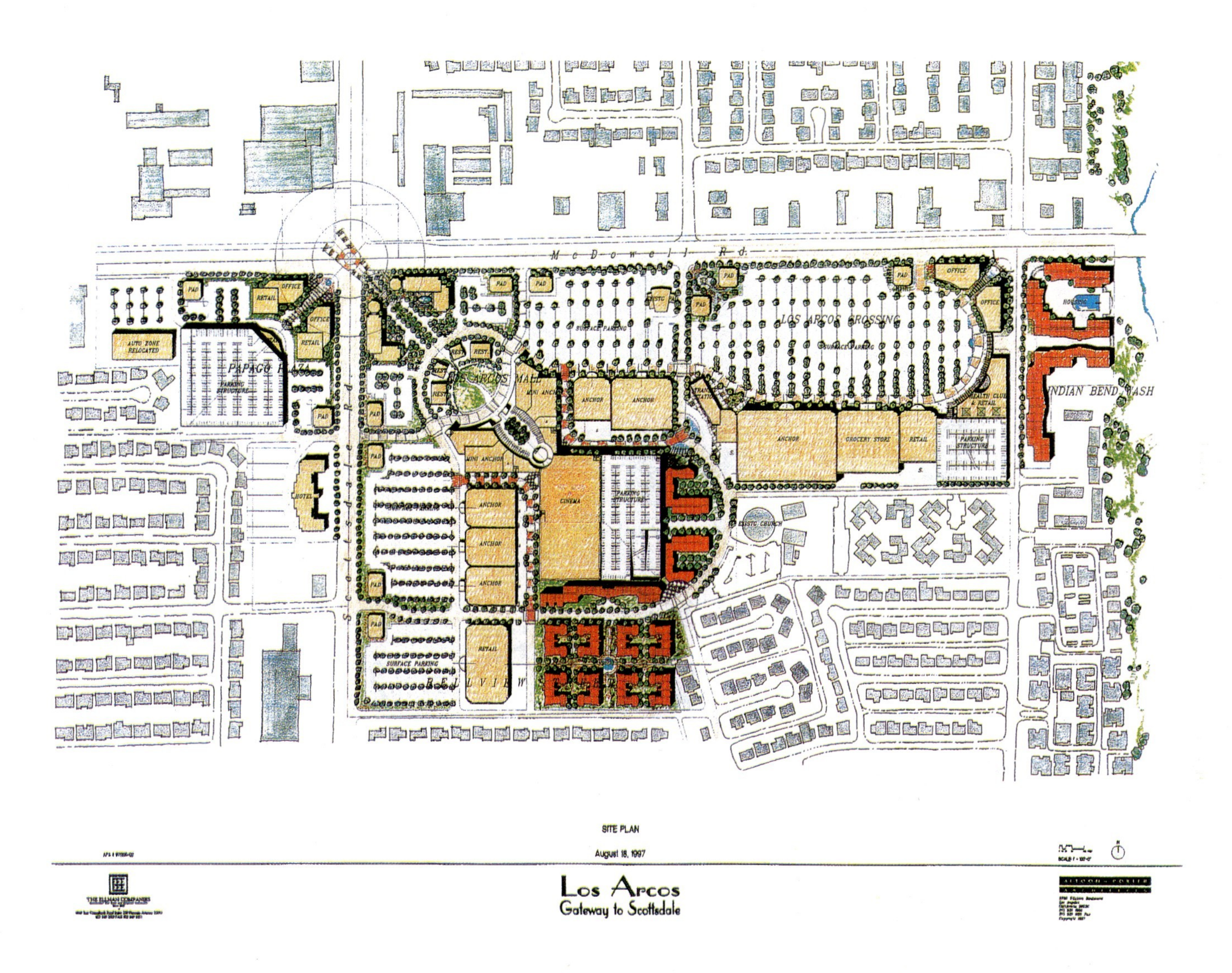

洛斯阿尔科斯（Los Arcos）。蓝色轮廓线打底，彩色马克笔渲染，扫描后由喷墨打印机输出。这一做法有效地满足了多次输出的需要

洛斯阿尔科斯。这张透视图对应的是上一页的总平面图。蓝色轮廓线打底，彩色马克笔渲染。值得一提的是，这是一张以硬笔线条为轮廓的徒手画

拉斯韦加斯海特饭店嬉水池(Hyatt at Lake Las Vegas)。材料 蜡笔、彩铅、黑色马克笔及白色文件纸。先由AutoCADD绘制图形的基本轮廓，后在羊皮纸上手绘完成设计方案。蜡笔的色彩是用柔软的面巾纸手工添加上去的

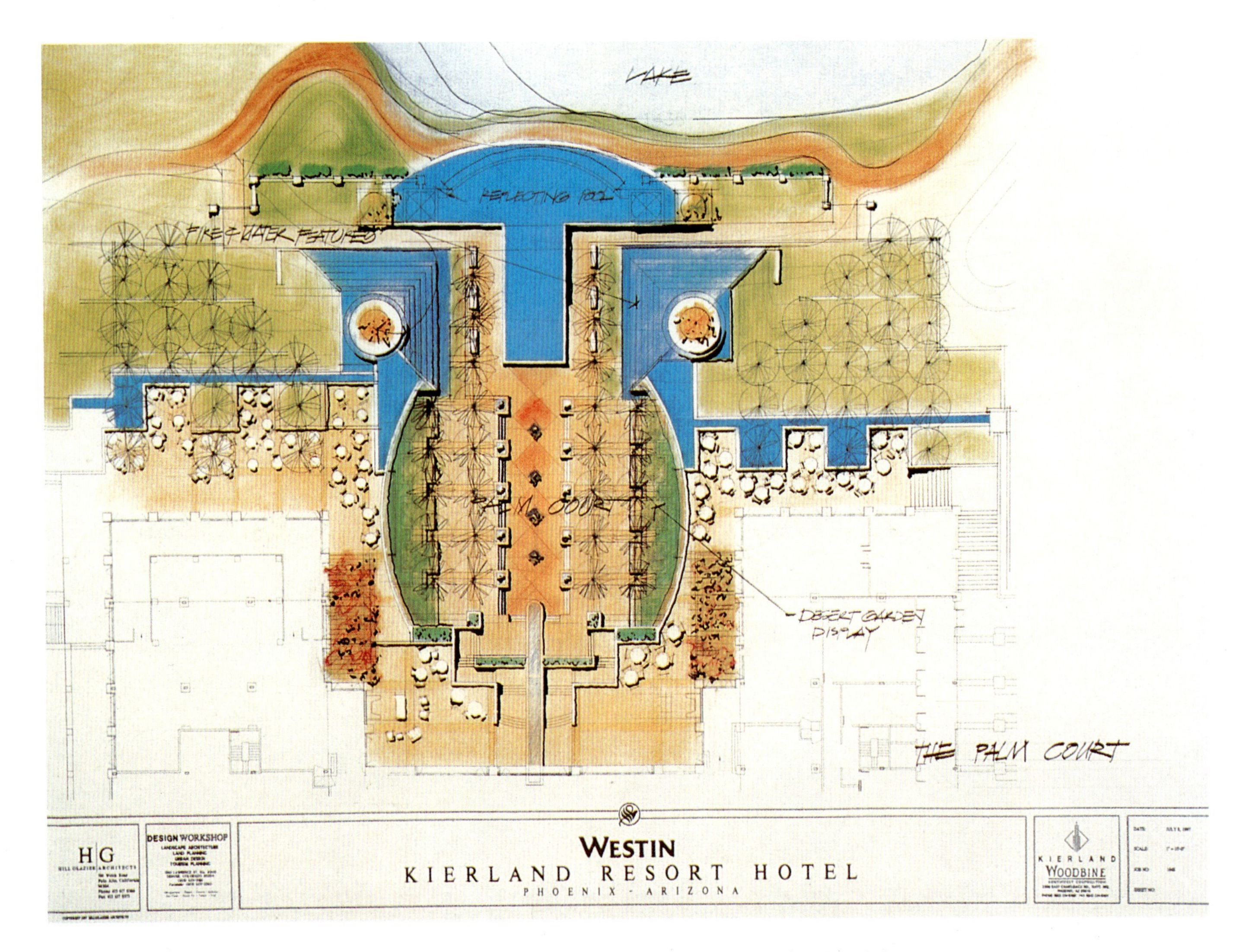

基尔兰德度假村(Kierland Resort Hotel)。材料：蜡笔、彩铅、黑色马克笔及白色文件纸。先由AutoCADD绘制图形的基本轮廓，后在羊皮纸上手绘完成设计方案。蜡笔的色彩是用柔软的面巾纸手工添加上去的

基尔兰德度假村。黑色轮廓线打底，蜡笔、彩铅及黑色马克笔渲染。这张图是在黑色线条的建筑总平面图基础上着色而成。请注意其中手写的标注大而又少，仅仅示意了几个主要空间

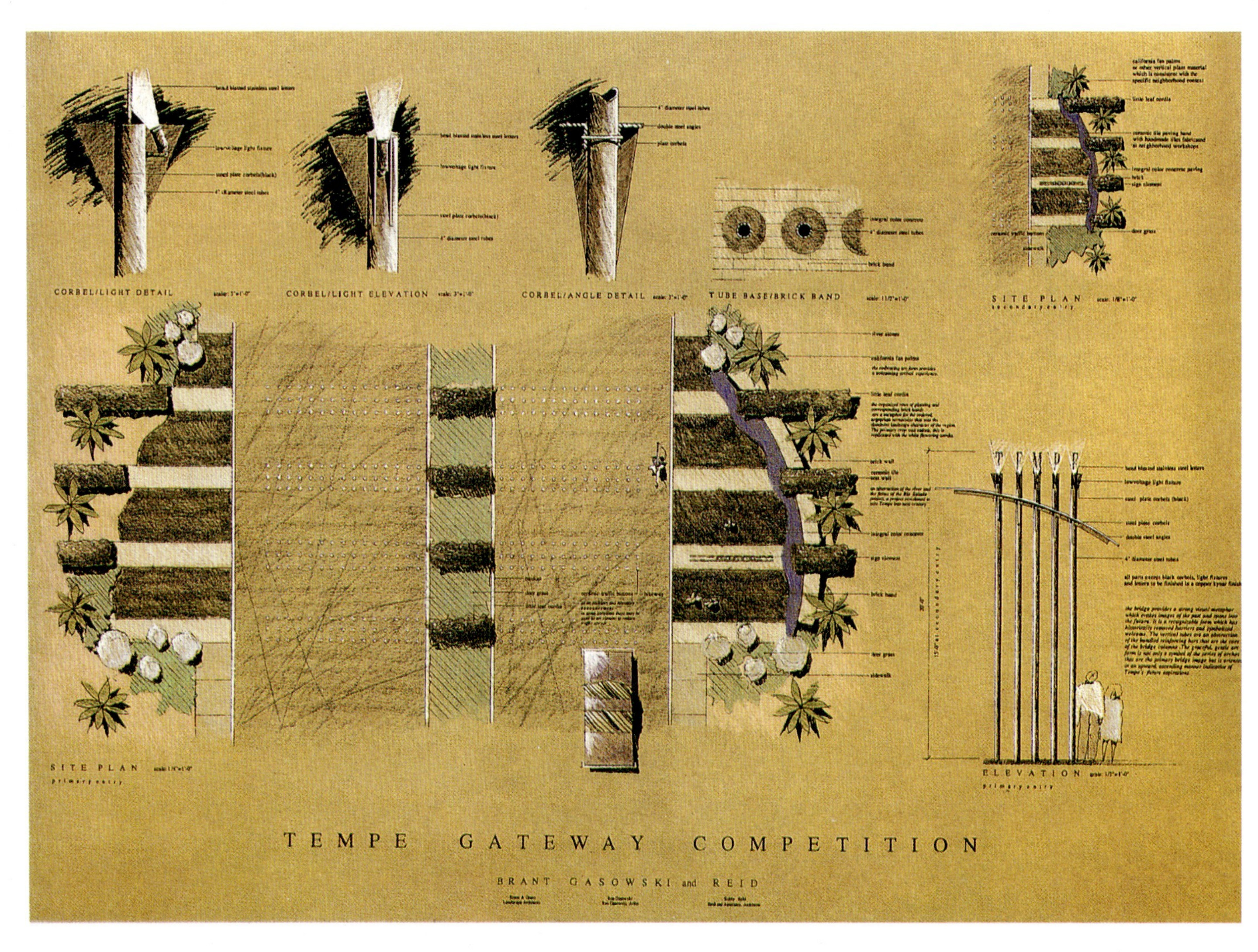

坦帕市入口（Tempe Gateway）。材料：彩色铅笔与牛皮纸。在印有机制标题栏的牛皮纸上手绘墨线打底，并在最后将机制的文字胶粘于图纸上。值得一提的是，白色和浅色铅笔的运用使画面显得更加明亮

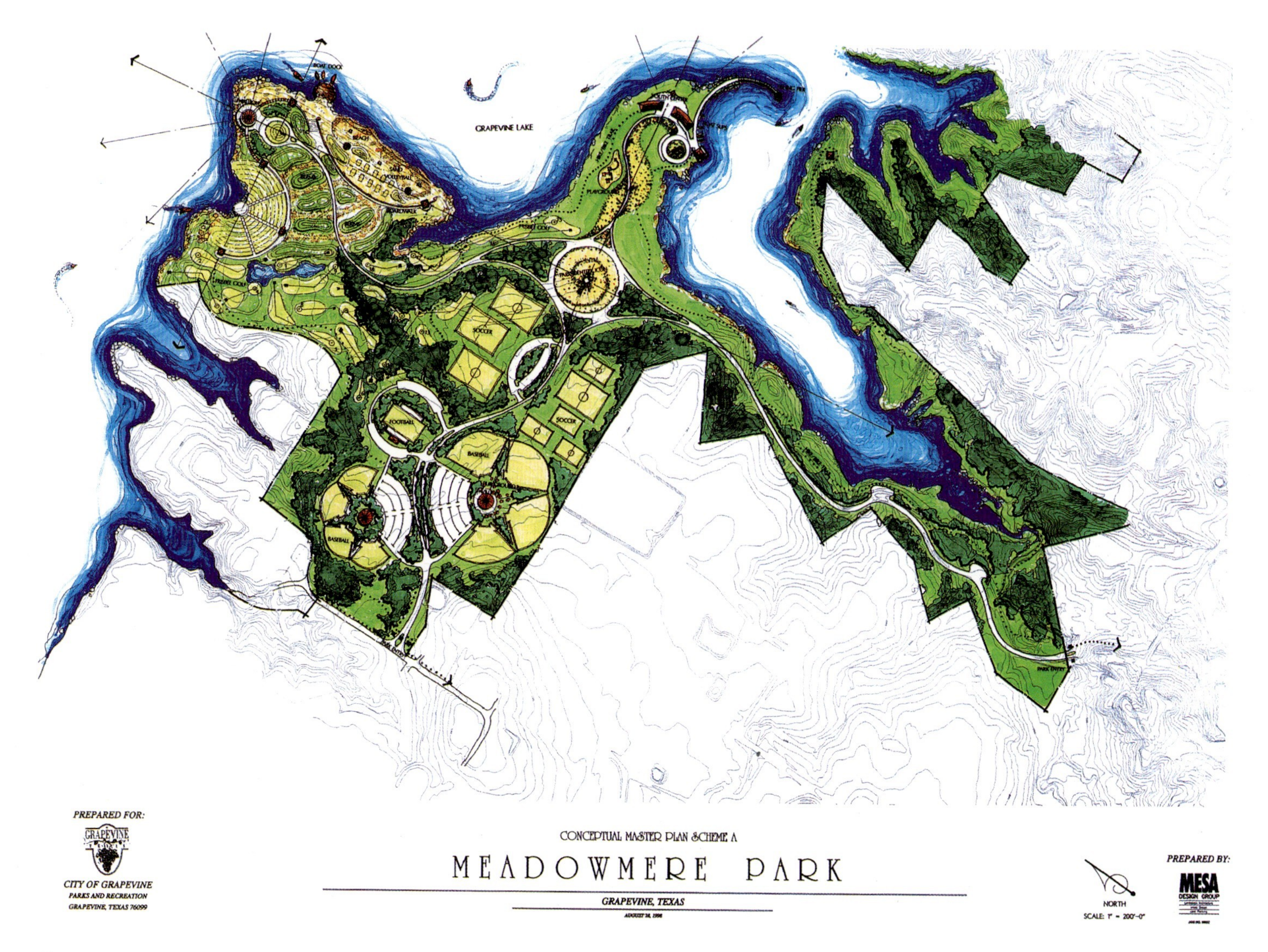

▌绿地公园（Meadowmere Park）。以计算机图为底，在白色描图纸上用马克笔渲染

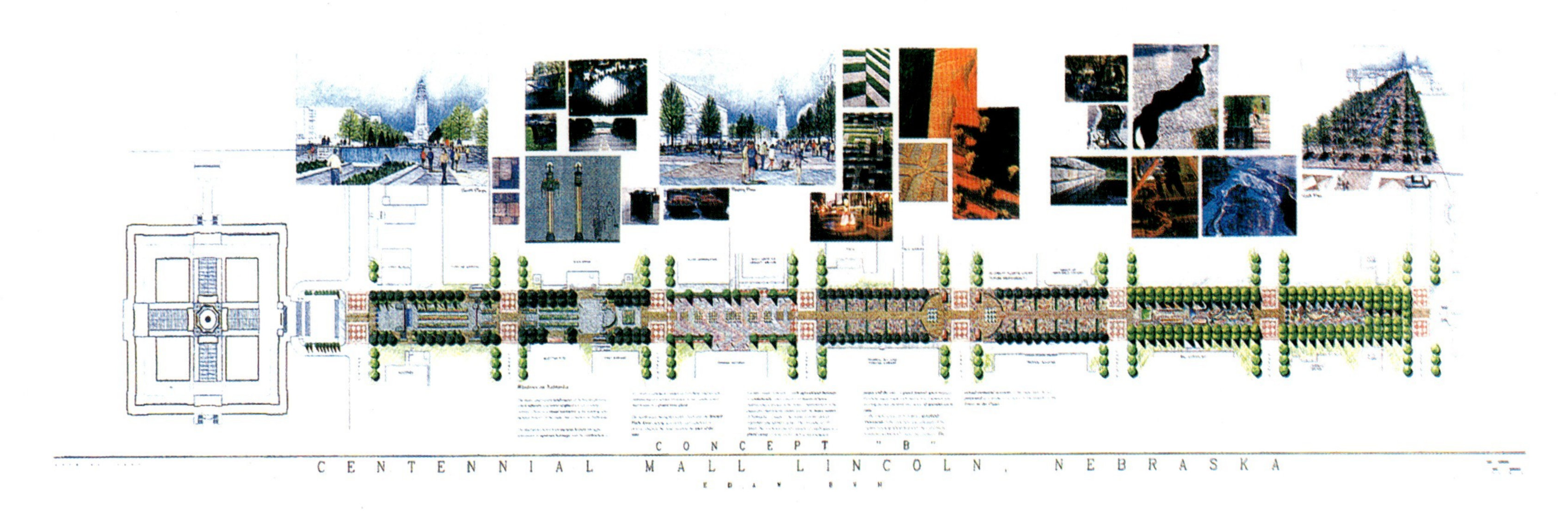

百年大道（Centennial Mall）。黑色轮廓线打底，彩铅渲染，并伴有直接贴在图上的彩色画片。渲染图的轮廓是以CADD生成的图形为底稿，徒手描摹而成

坦帕的棕榈饭店（Tempe Mission Palms）。牛皮纸上的彩色铅笔画。也许其中的立面图并不直接对应于平面图，但它的布局格式依然非常简单。请注意立面图的图名，它们在任何方向上都保持一致

金银岛度假村（Treasure Island Resort）。黑色轮廓线打底，彩色马克笔及彩色铅笔渲染。以AutoCADD 绘制并打印的图形为底稿（其中包括文字、标题栏及被屏蔽的轮廓线），徒手绘制而成

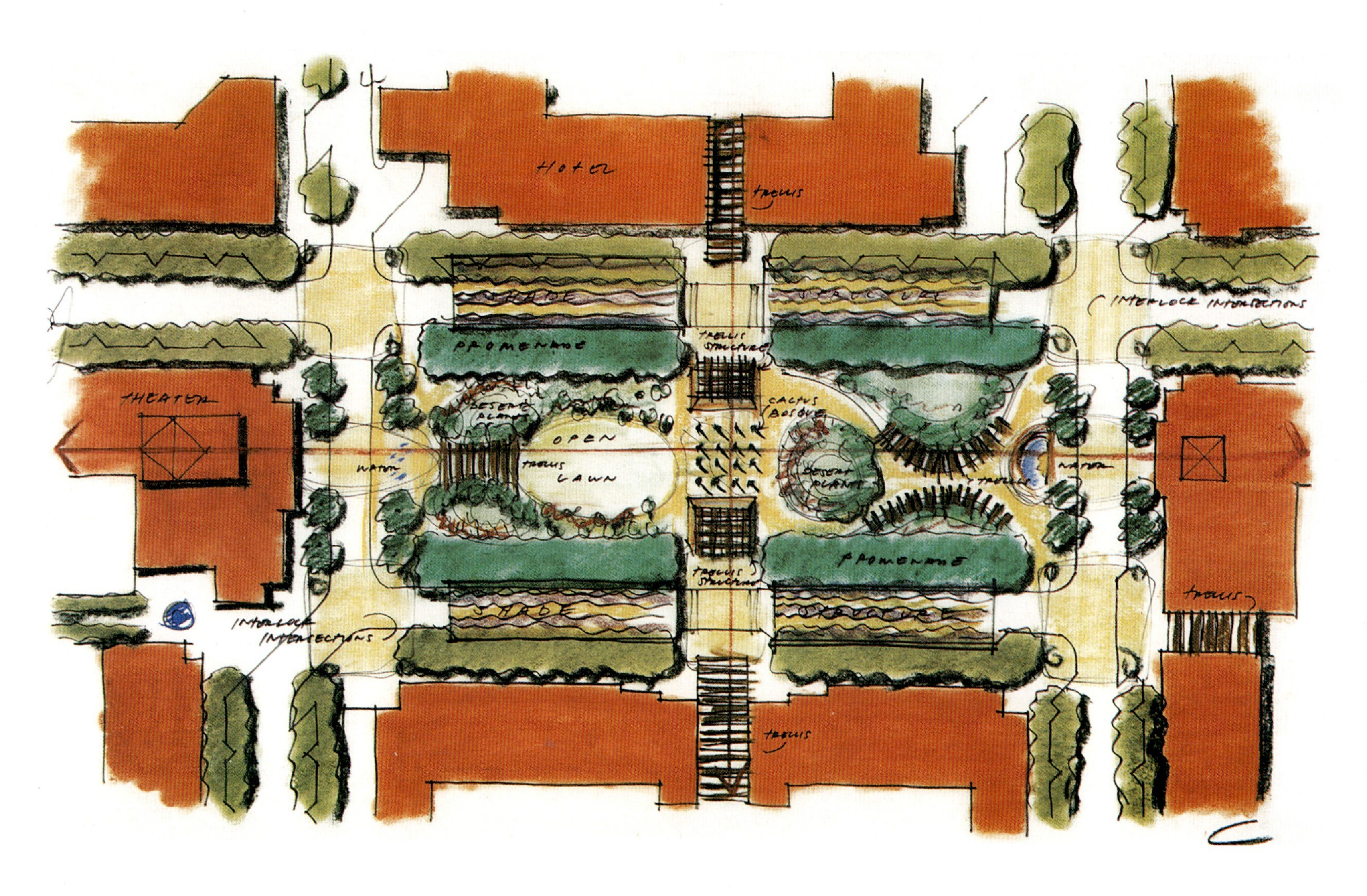

基尔兰德社区。材料：黑色马克笔、蜡笔及白色描图纸。以建筑的总平面图为底图，在描图纸上用黑色马克笔精确描摹图形的轮廓。深色的阴影令画面产生进深感，即使它非常简略

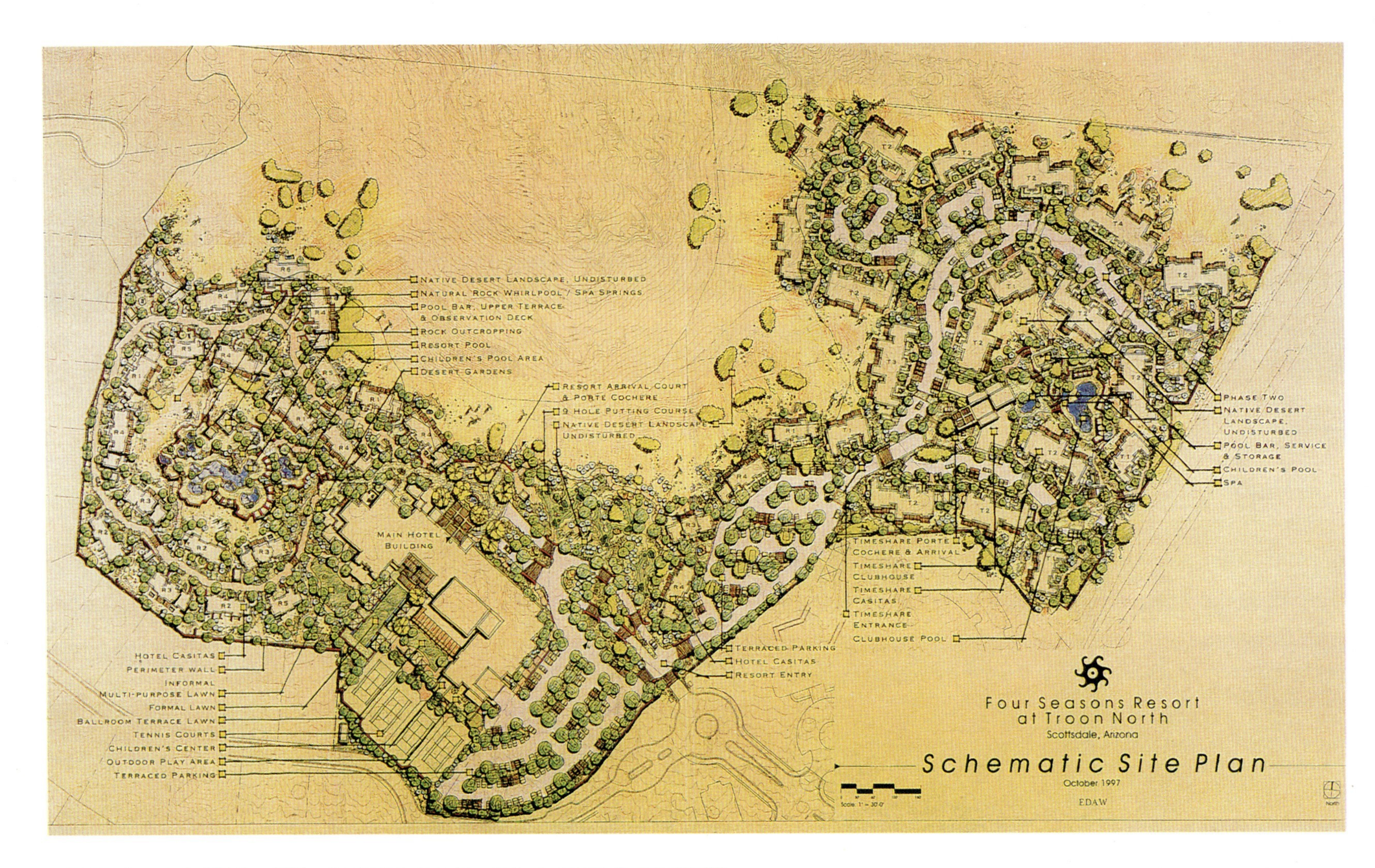

特伦北部四季旅游胜地。材料：彩色铅笔与牛皮纸。由AutoCADD生成的底图精确表现了地形及工程的方方面面。方案设计图则以黑色墨线手绘而成。图中的文字由AutoCADD生成；而引线则是在渲染后由手工添加上去的

特伦北部四季度假村。材料：彩色铅笔与牛皮纸。徒手绘成的剖面图被扫描输入AutoCADD中。分布于效果图上的照片调节了画面的色彩。其中的文字由AutoCADD生成，而引线则是在渲染后由手工添加上去的

▌比格霍恩总平面图（Bighorn Site Plan）。CADD 绘制，Adobe Photoshop 渲染

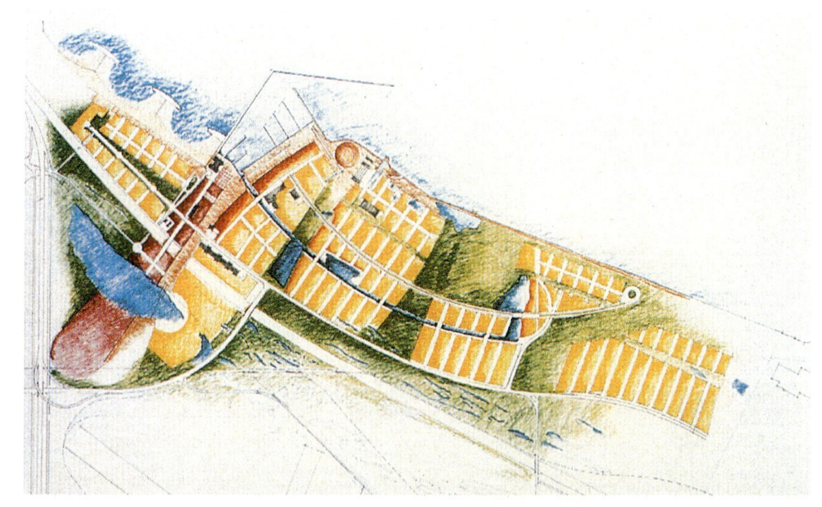

格雷海滨（Gary Waterfront）。材料：羊皮纸与彩色铅笔。利用直尺、圆规和曲线板等工具以墨线打底，并在上面直接着色。请你留意这两幅画的弱点：它们均缺少文字及标题

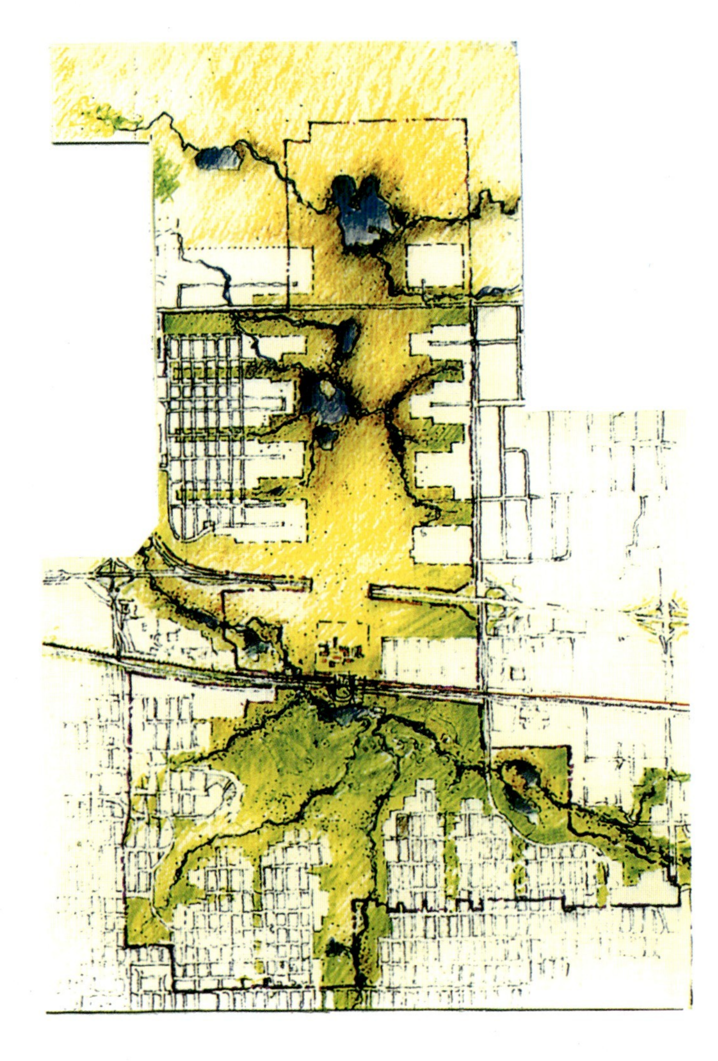

斯泰普尔顿（Stapleton）改建区。徒手绘制的黑色轮廓线打底，彩色铅笔渲染。通过描摹鸟瞰图上的道路网来勾画图形轮廓。渲染图示意了已建项目间的开阔地带

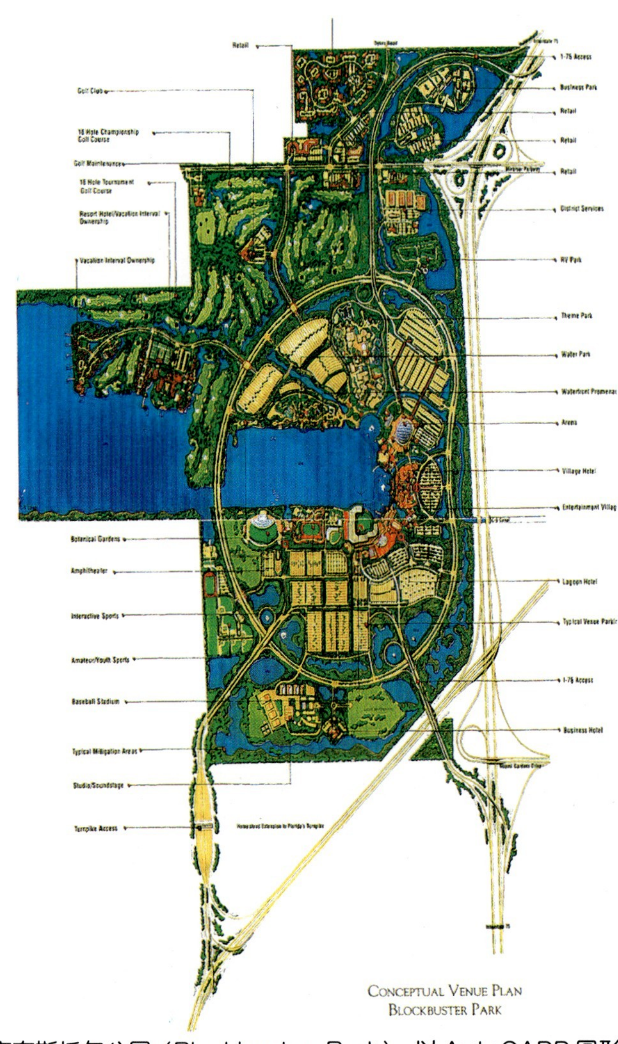

布洛克布斯托尔公园（Blockbuster Park）。以AutoCADD图形为基础的计算机效果图

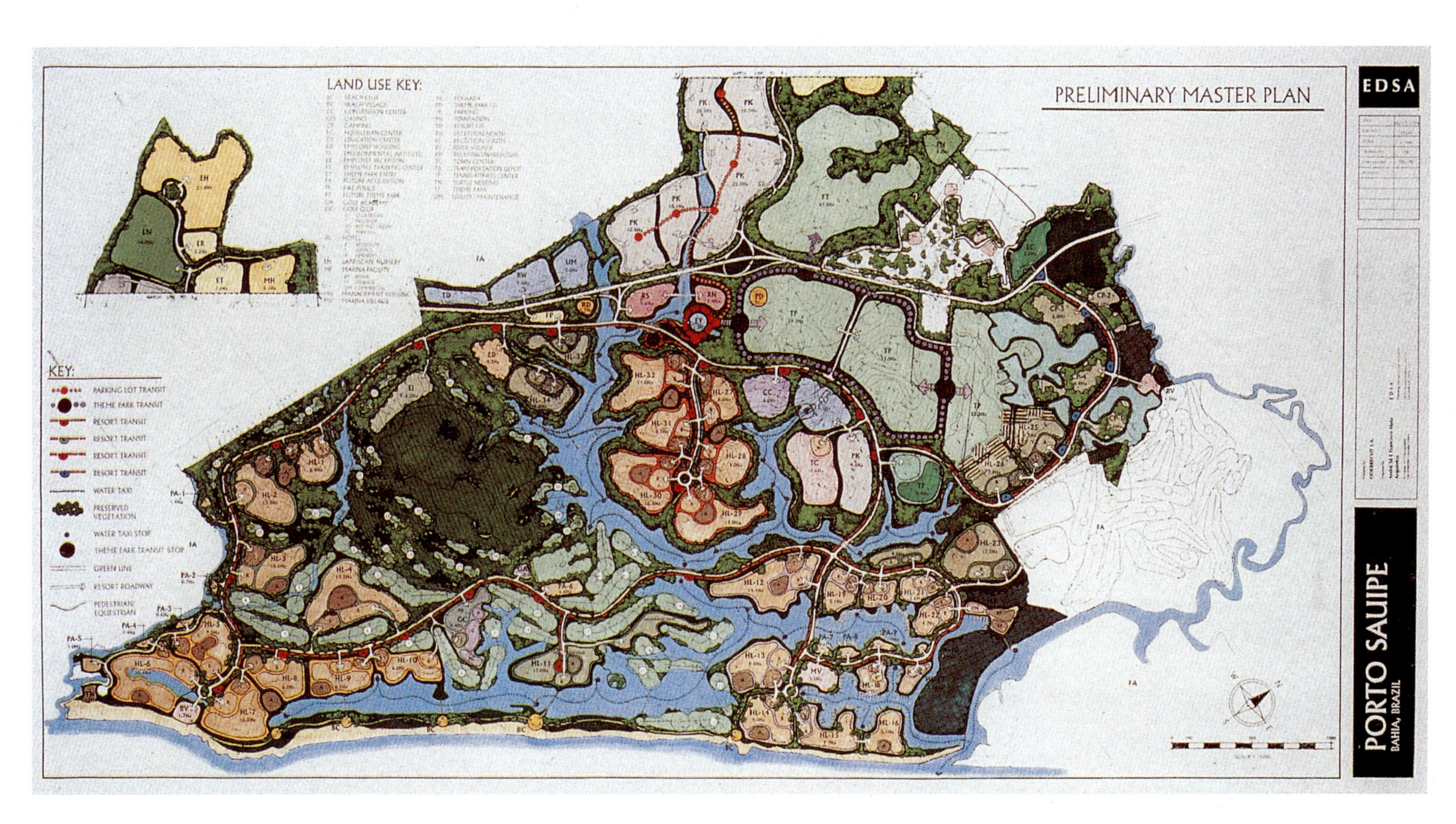

▌Porto Sauipe。以计算机生成的黑色轮廓线打底，彩色马克笔渲染

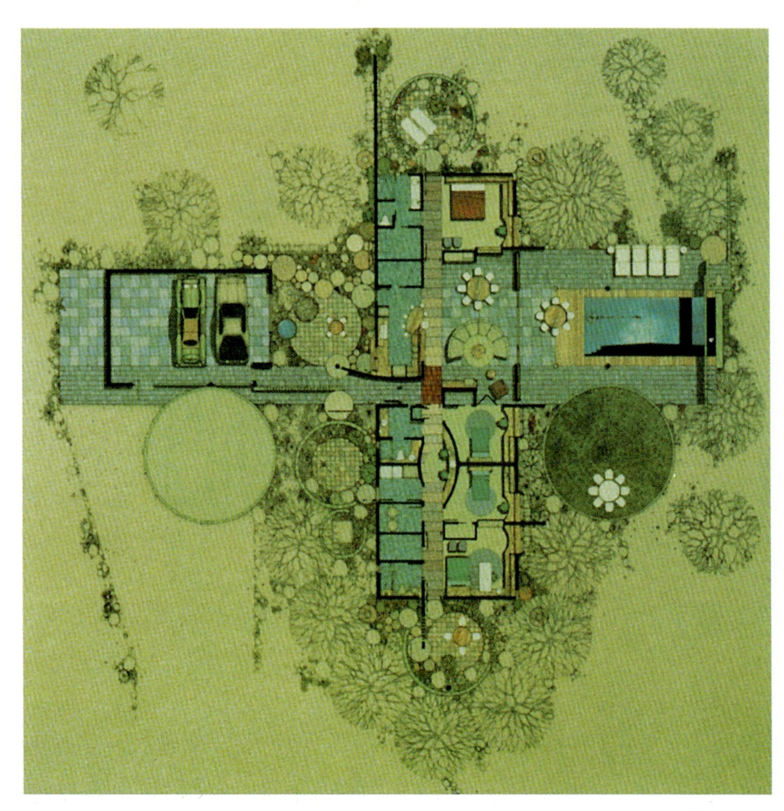

▌APS 示范住宅。以 AutoCADD 生成的棕色轮廓线为底，彩色铅笔渲染

▌APS 示范小区。以打印在文件纸上的 AutoCADD 图形为底，彩色铅笔渲染

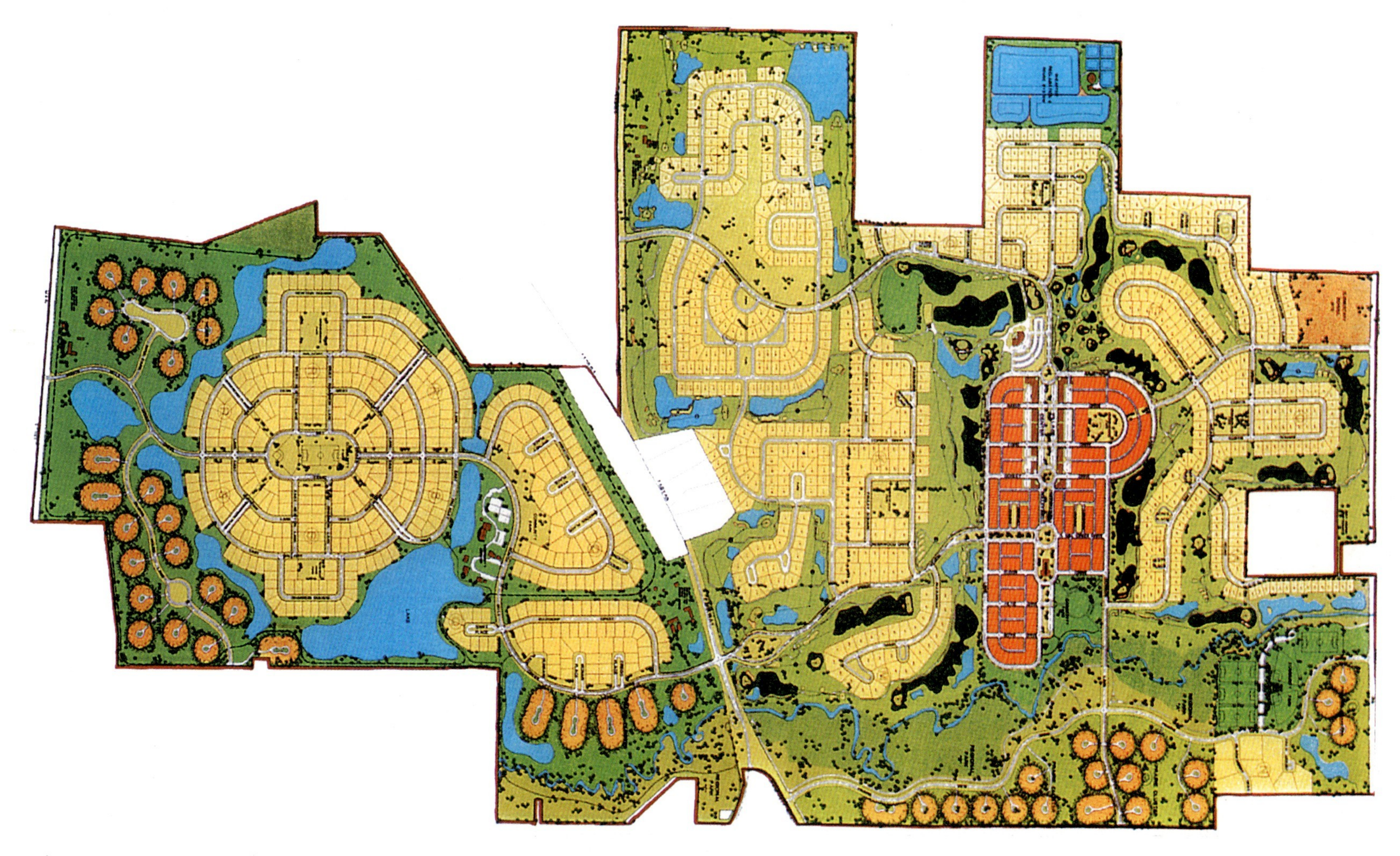

米尔克里克（Mill Greek）村庄。黑色轮廓线打底，彩色马克笔渲染

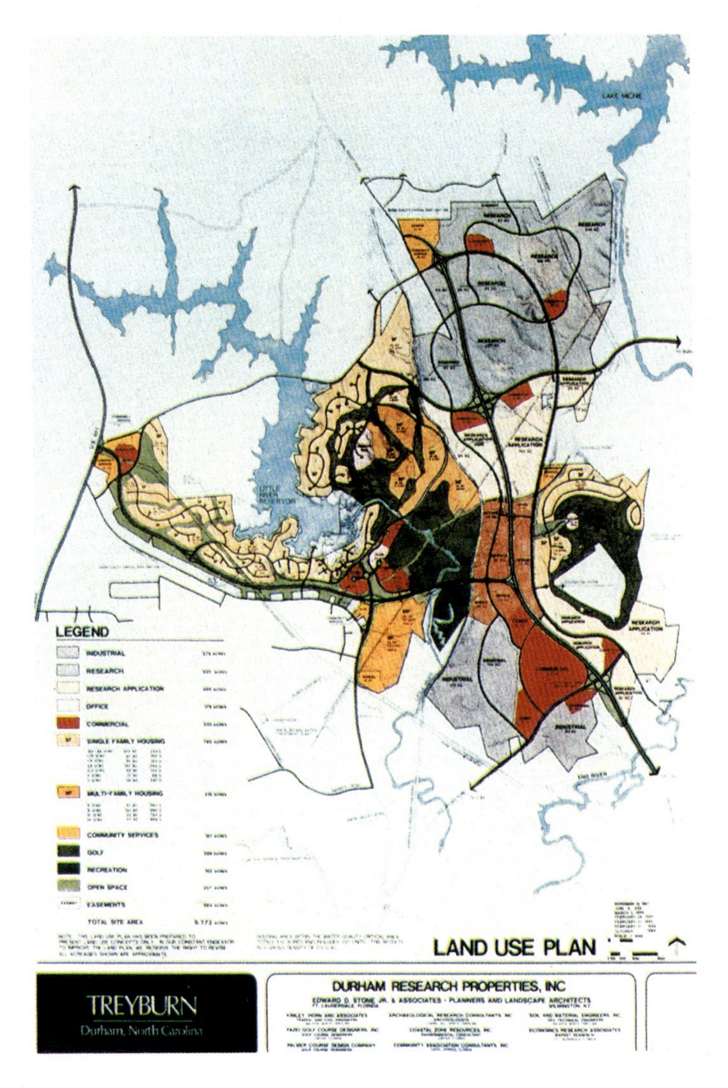

特雷本（Treyburn）。以AutoCADD生成的黑色线条图为基础，彩色马克笔渲染

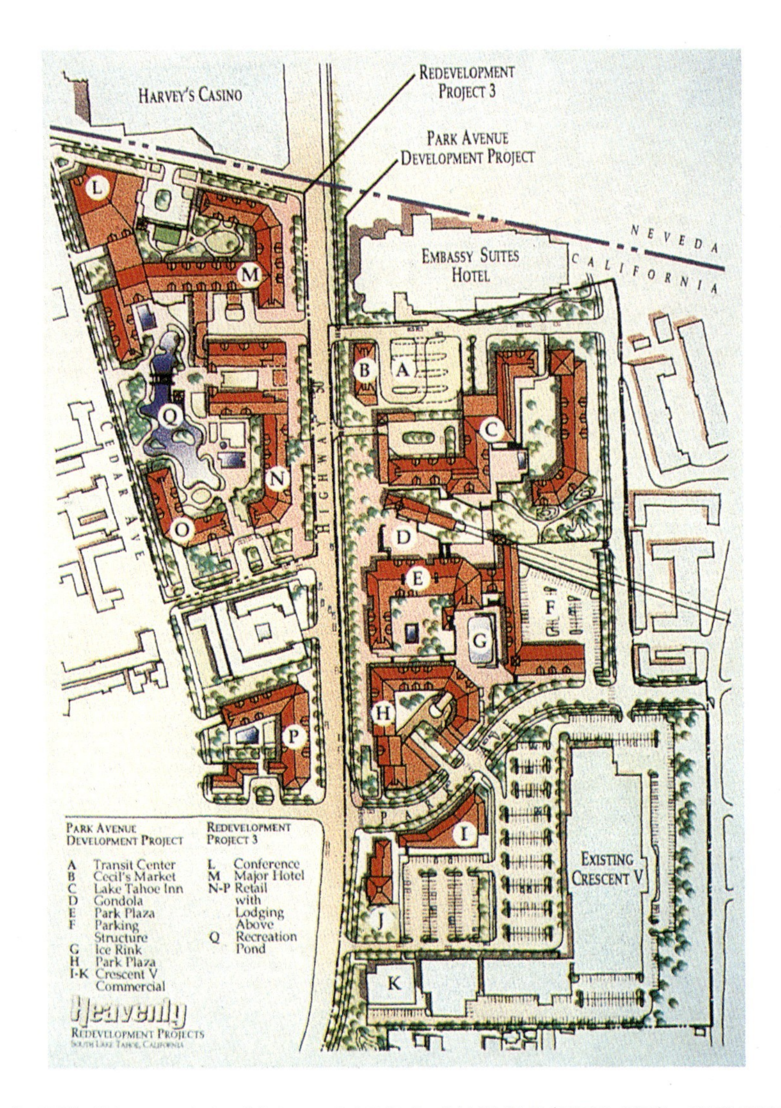

天堂（Heavenly）。以AutoCADD生成的黑色线条图为基础，彩色马克笔渲染

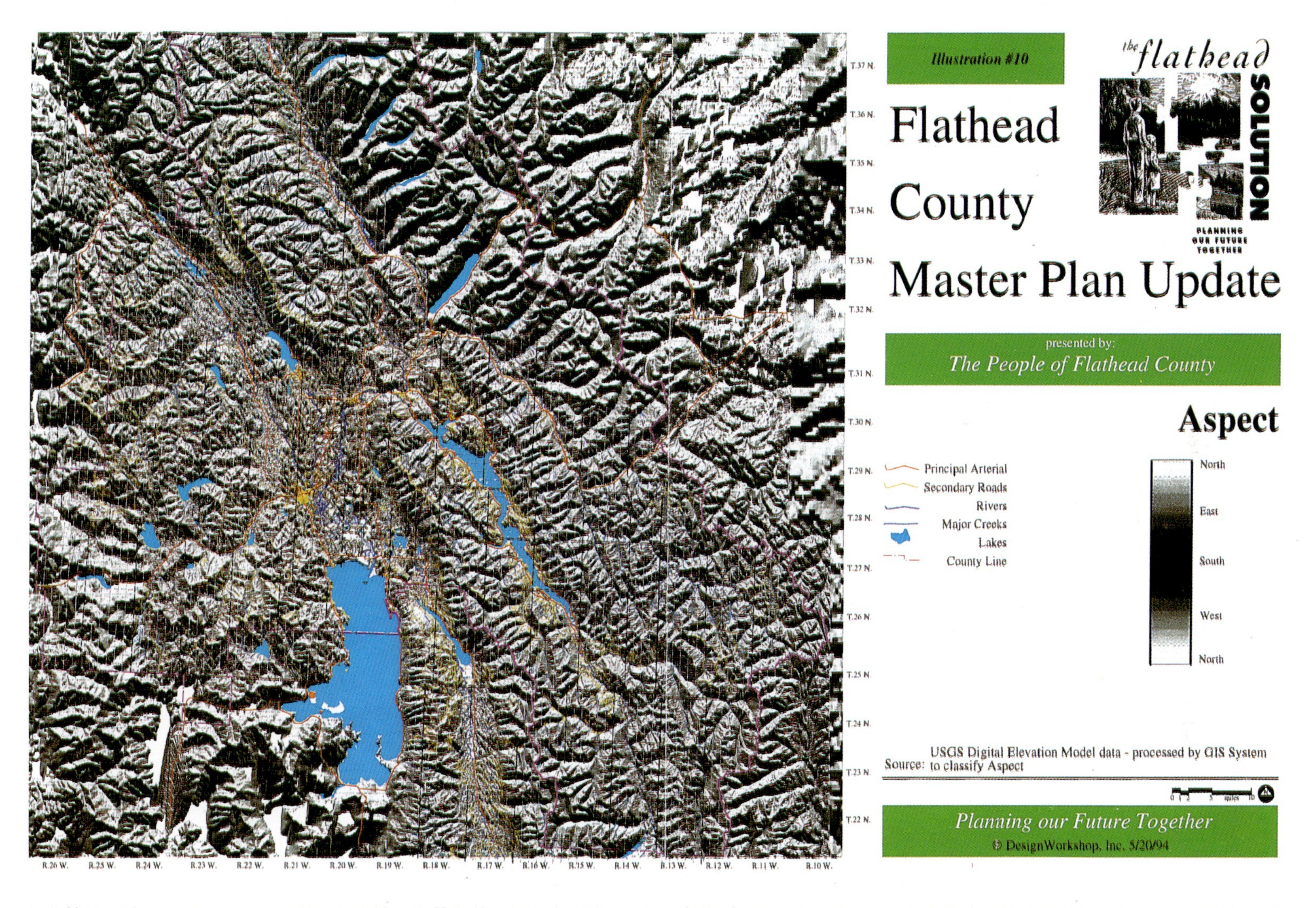

弗拉特黑德（Flathead）县。以下三张地图均是在苹果机上完成的。因为研究范围巨大、地形情况复杂并要收集大量信息以便将这些数据在绘制过程中表达出来，因此，设计师利用了两个软件程序：MacGIS 和 MiniCAD，并根据真实数据创建了一系列分析结果、资源调查列表及地形规划图

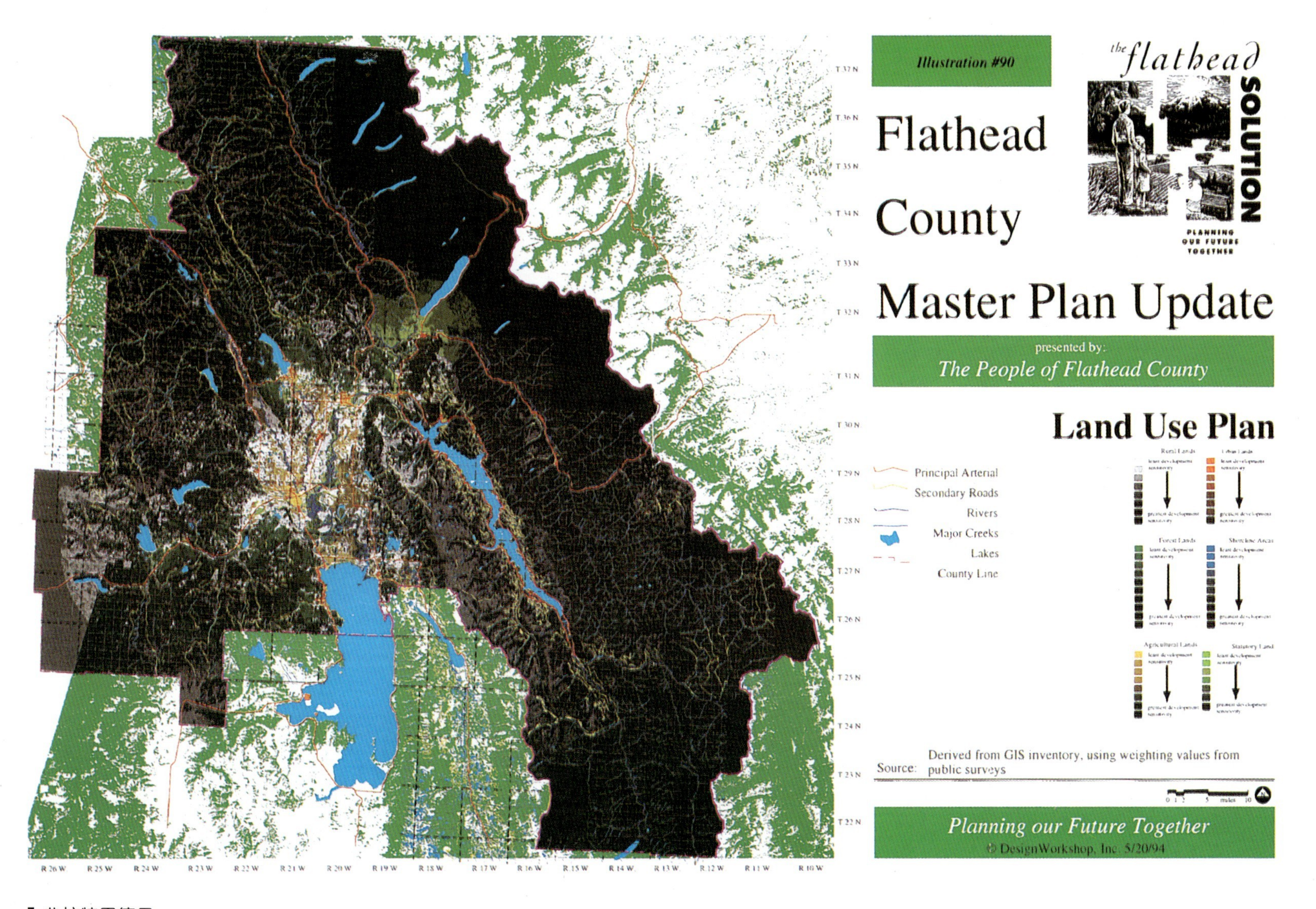
Illustration #90
the flathead SOLUTION
PLANNING OUR FUTURE TOGETHER
Flathead
County
Master Plan Update
presented by:
The People of Flathead County
Land Use Plan
Principal Arterial
Secondary Roads
Rivers
Major Creeks
Lakes
County Line
Source: Derived from GIS inventory, using weighting values from public surveys
Planning our Future Together
© DesignWorkshop, Inc. 5/20/94

▌弗拉特黑德县

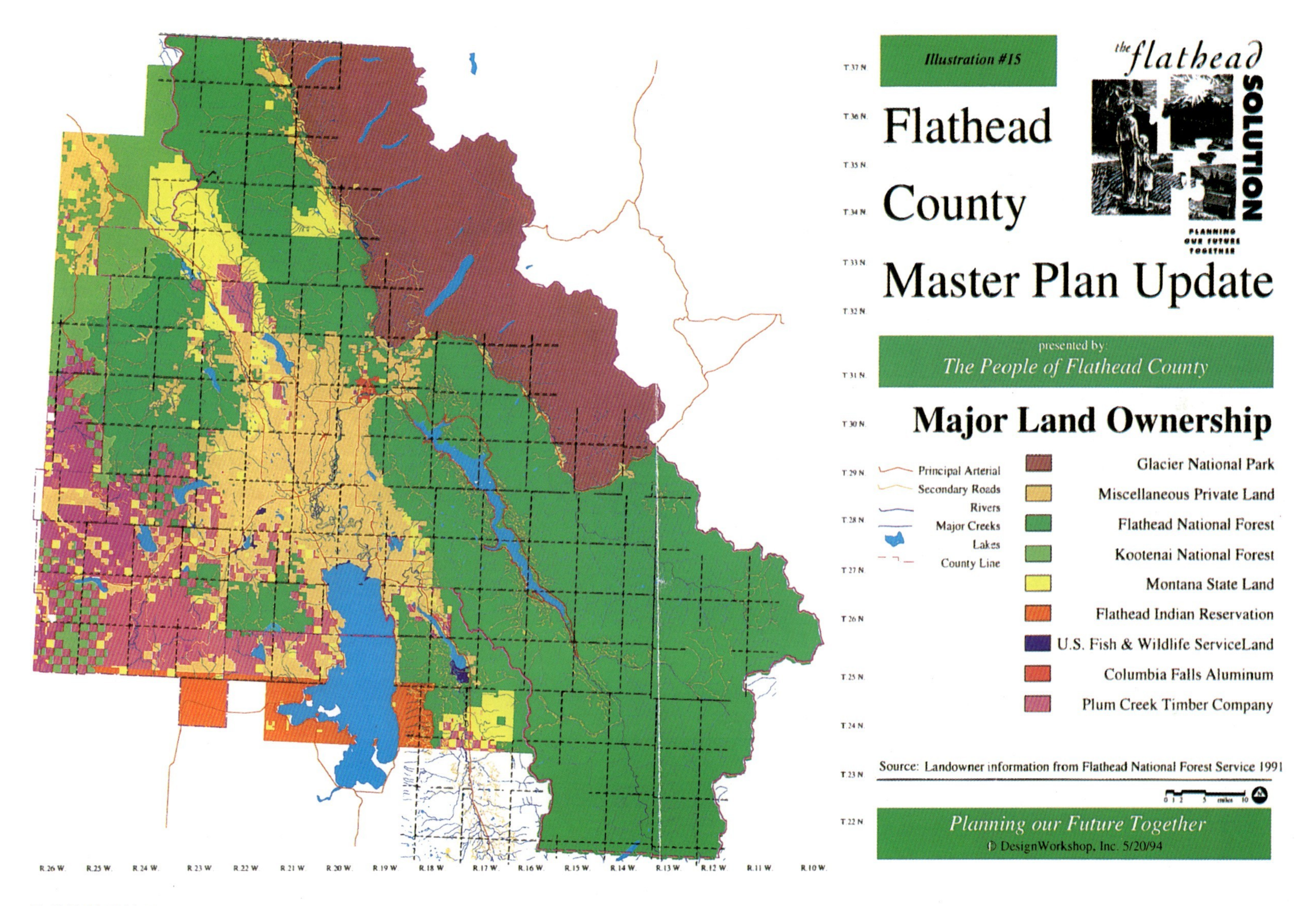

Illustration #15
Flathead County Master Plan Update
the flathead SOLUTION
PLANNING OUR FUTURE TOGETHER
presented by:
The People of Flathead County
Major Land Ownership
Principal Arterial
Secondary Roads
Rivers
Major Creeks
Lakes
County Line
Glacier National Park
Miscellaneous Private Land
Flathead National Forest
Kootenai National Forest
Montana State Land
Flathead Indian Reservation
U.S. Fish & Wildlife ServiceLand
Columbia Falls Aluminum
Plum Creek Timber Company
Source: Landowner information from Flathead National Forest Service 1991
Planning our Future Together
© DesignWorkshop, Inc. 5/20/94

▌弗拉特黑德县

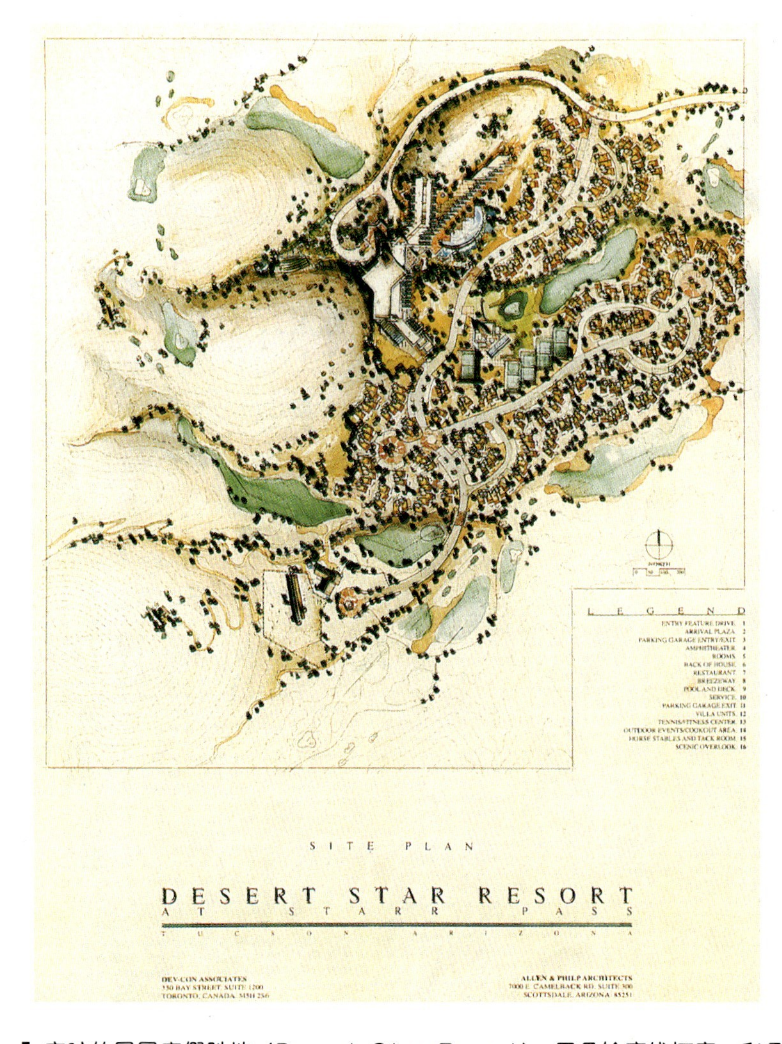

空旷的星星度假胜地（Desert Star Resort）。黑色轮廓线打底，彩色马克笔渲染。画面中心聚集的色彩及详图突出了这张方案总图的核心内容，并使看图者全神贯注于设计的核心构思

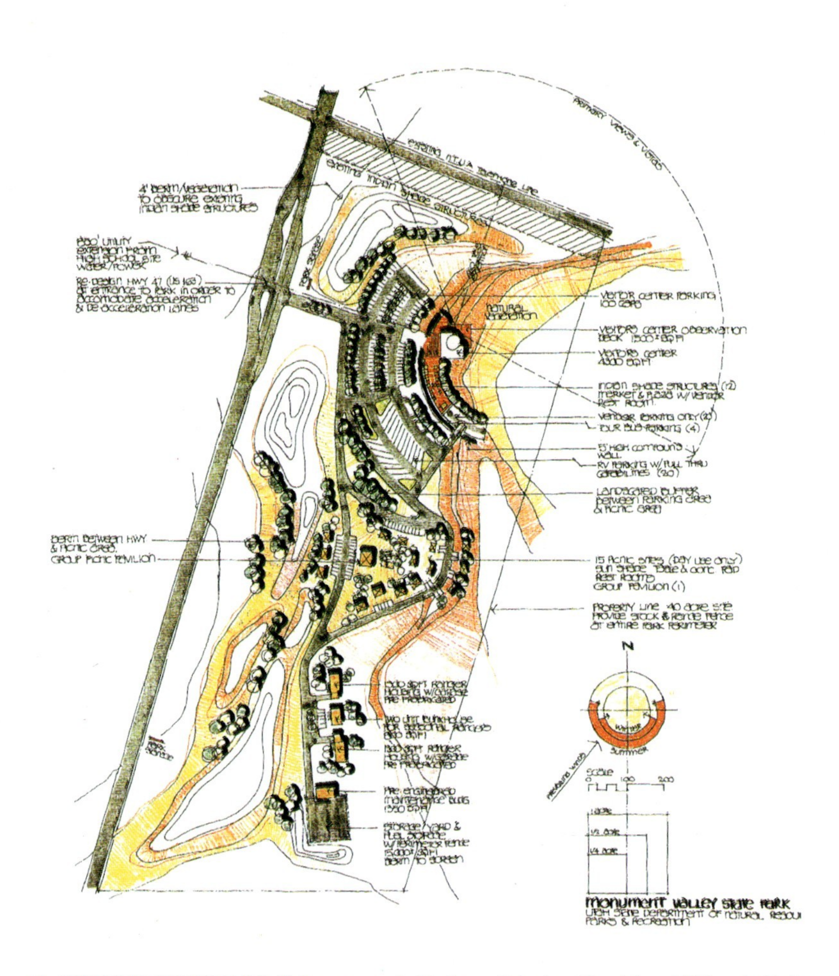

莫纽门特谷国家公园（Monument Valley State Park）。材料：白色文件纸；特色：彩铅渲染及手写字体

韦伯州立大学（Weber State University）。材料：聚酯薄膜；渲染：彩色马克笔（背面）及彩色铅笔（正面）。基本轮廓由AutoCADD生成后打印于砂面聚酯薄膜（单面）上。墨线轮廓打底，背面（即光洁面）以彩色马克笔渲染，正面（即砂面）则以彩色铅笔渲染

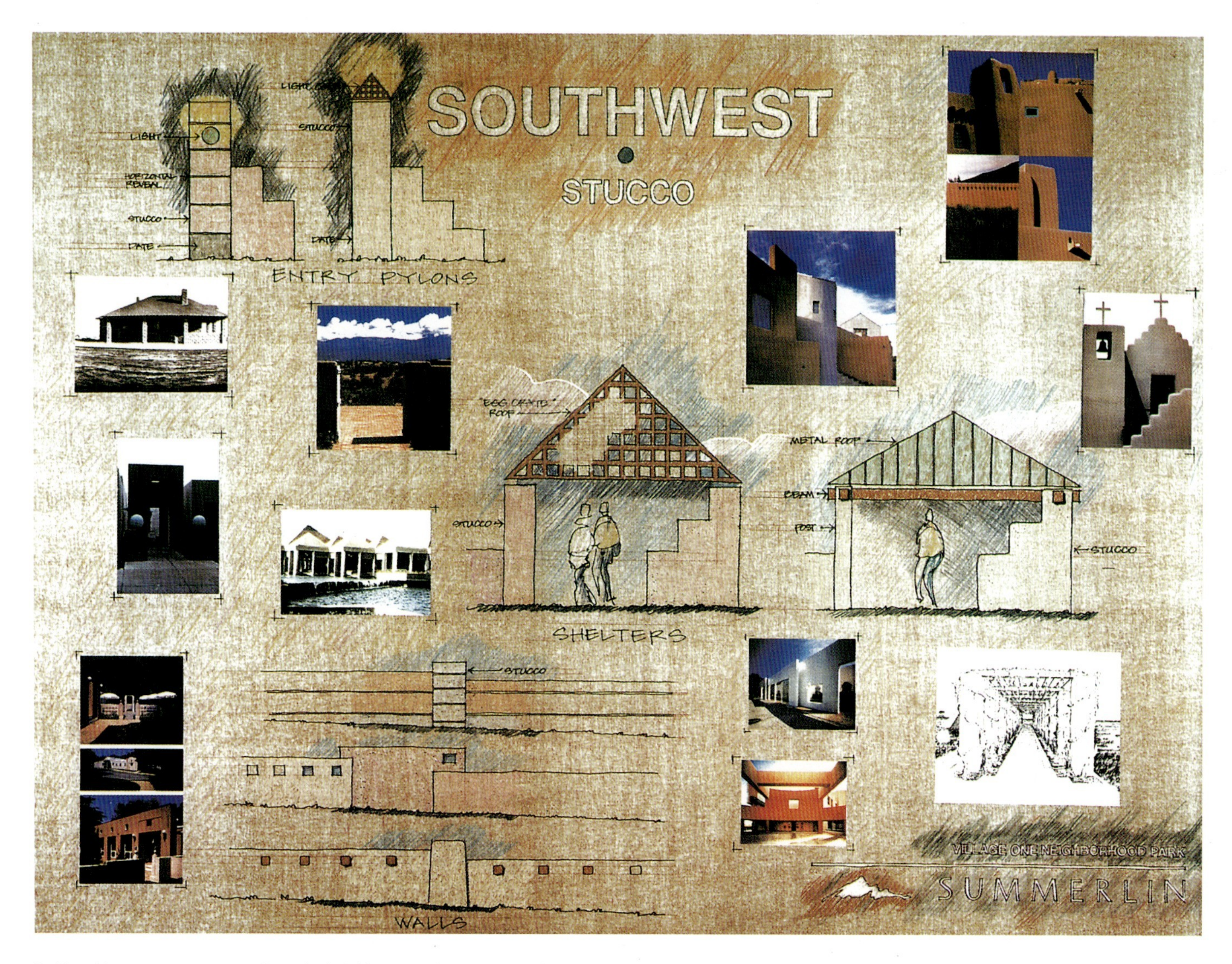

▌萨墨林（Summerlin）。在曝光过度的深褐色纸上以彩铅渲染。渲染后，再将照片及打印的图片手工粘贴在画面上

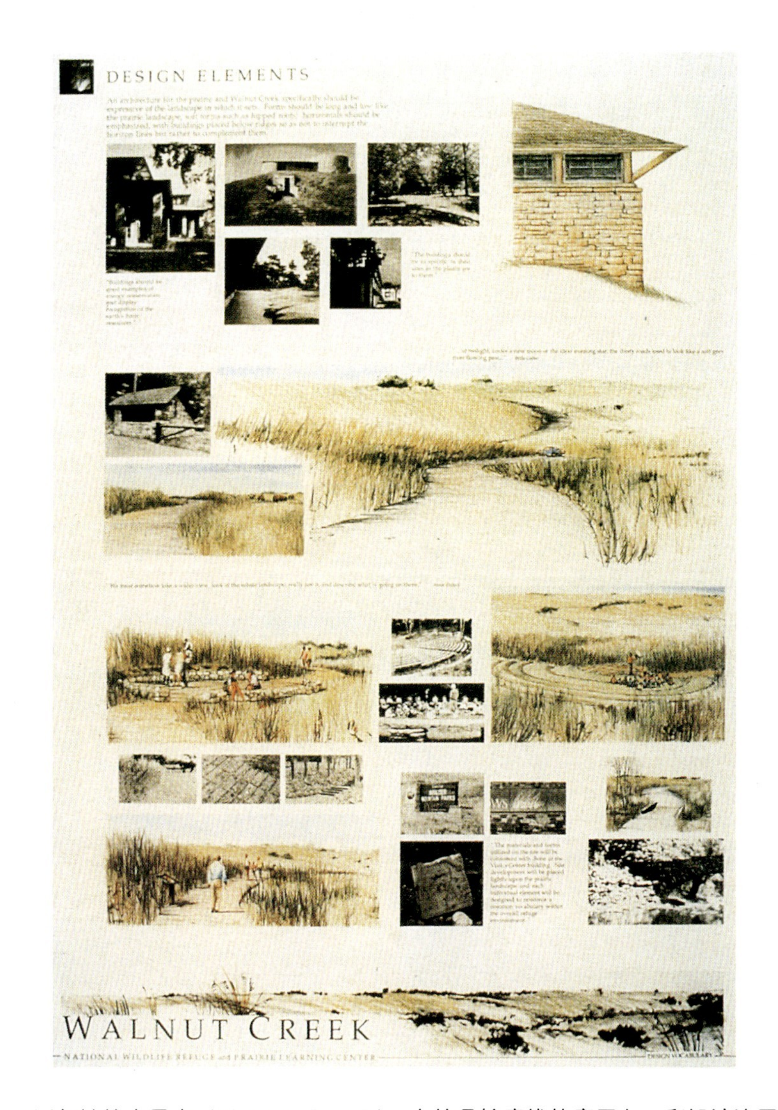

沃尔纳特克里克（Walnut Greek）。在棕色轮廓线的底图上，彩铅渲染图与照片构成了一幅拼贴画

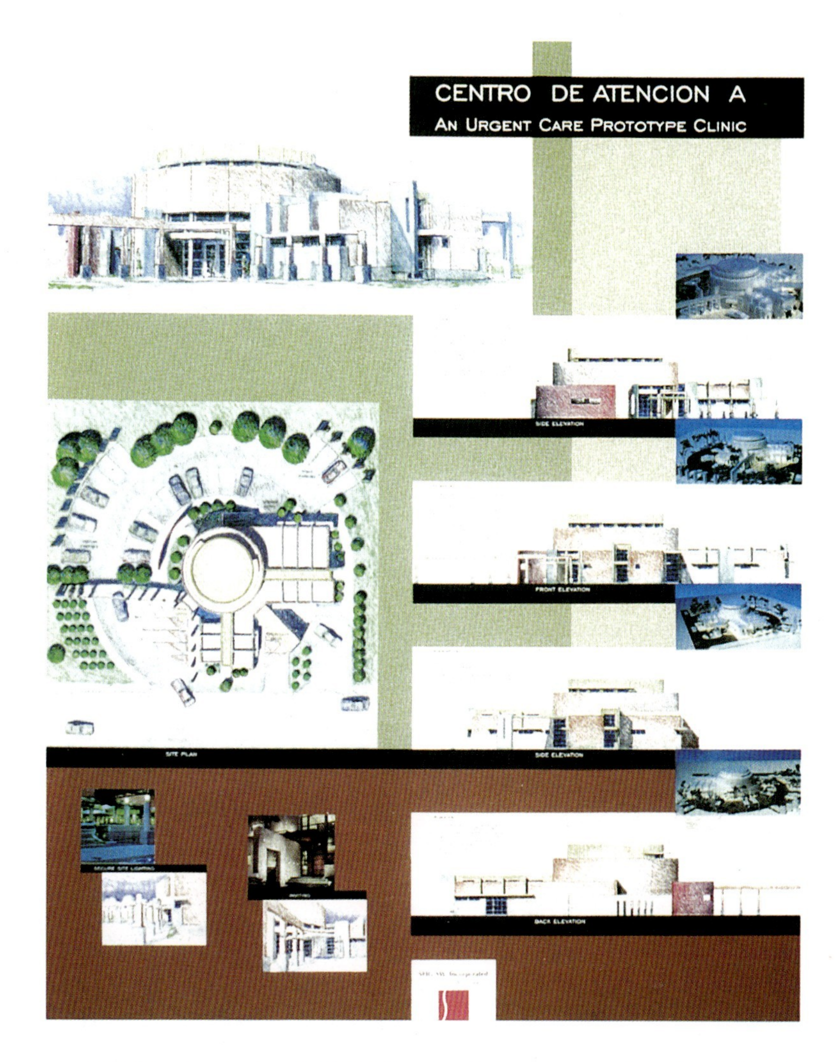

急诊中心样本。彩铅渲染图被扫描输入Adobe Pagemaker中，排版后再被打印于特殊的纸张上

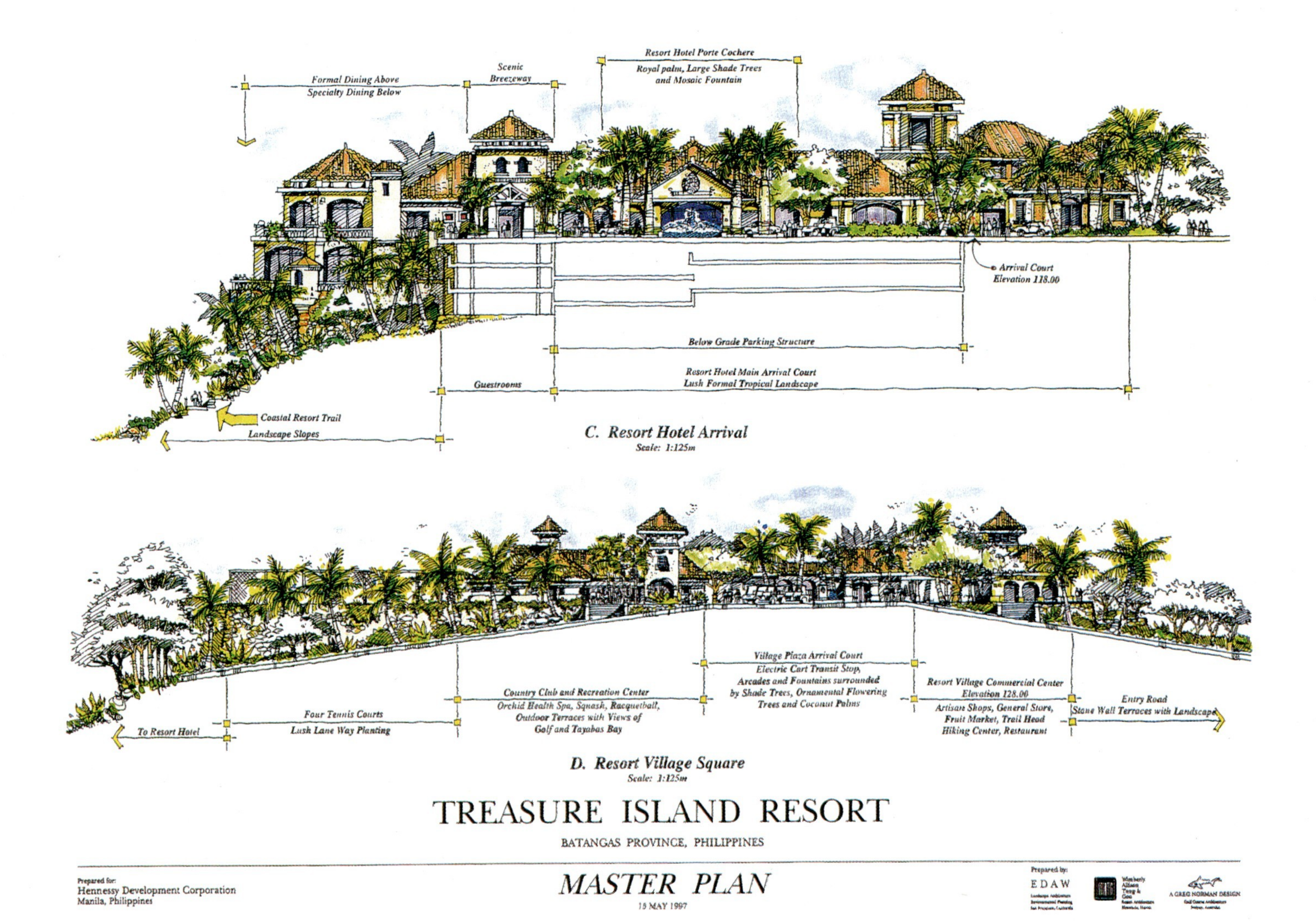

金银岛度假村(Treasure Island Resort)。黑色轮廓线打底，彩色马克笔和彩色铅笔上色。该图是以打印的 AutoCADD 图形（其中包括注解、标题栏及被屏蔽的轮廓线）为基础，徒手描摹而成

里奥沙拉多公园。将徒手绘成的彩铅渲染图扫描输入AutoCADD后，再为其添加彩色的标题栏

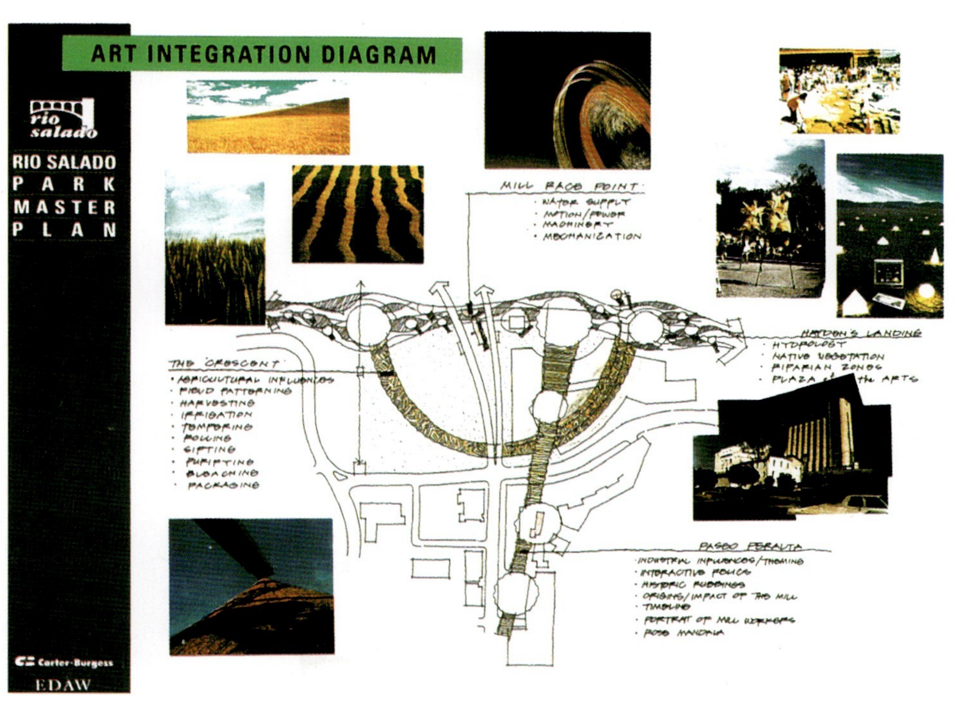

里奥沙拉多公园。将徒手绘成的彩铅渲染图扫描输入AutoCADD后，再为其添加彩色的标题栏。其中的照片是被扫描输入 AutoCADD 后，与彩色的方案图同时打印出来的

NBBJ
VHB
McNamara/Salvia
Cosentini
EDAW
Turner

Aerial View

“锐步”(鞋业)世界总部。这是一幅以线框图打底的、绘于水彩纸上的水彩画。用CADD程序建立的三维线框图创建了预期的透视场景，并帮助绘制了正确的白描线图

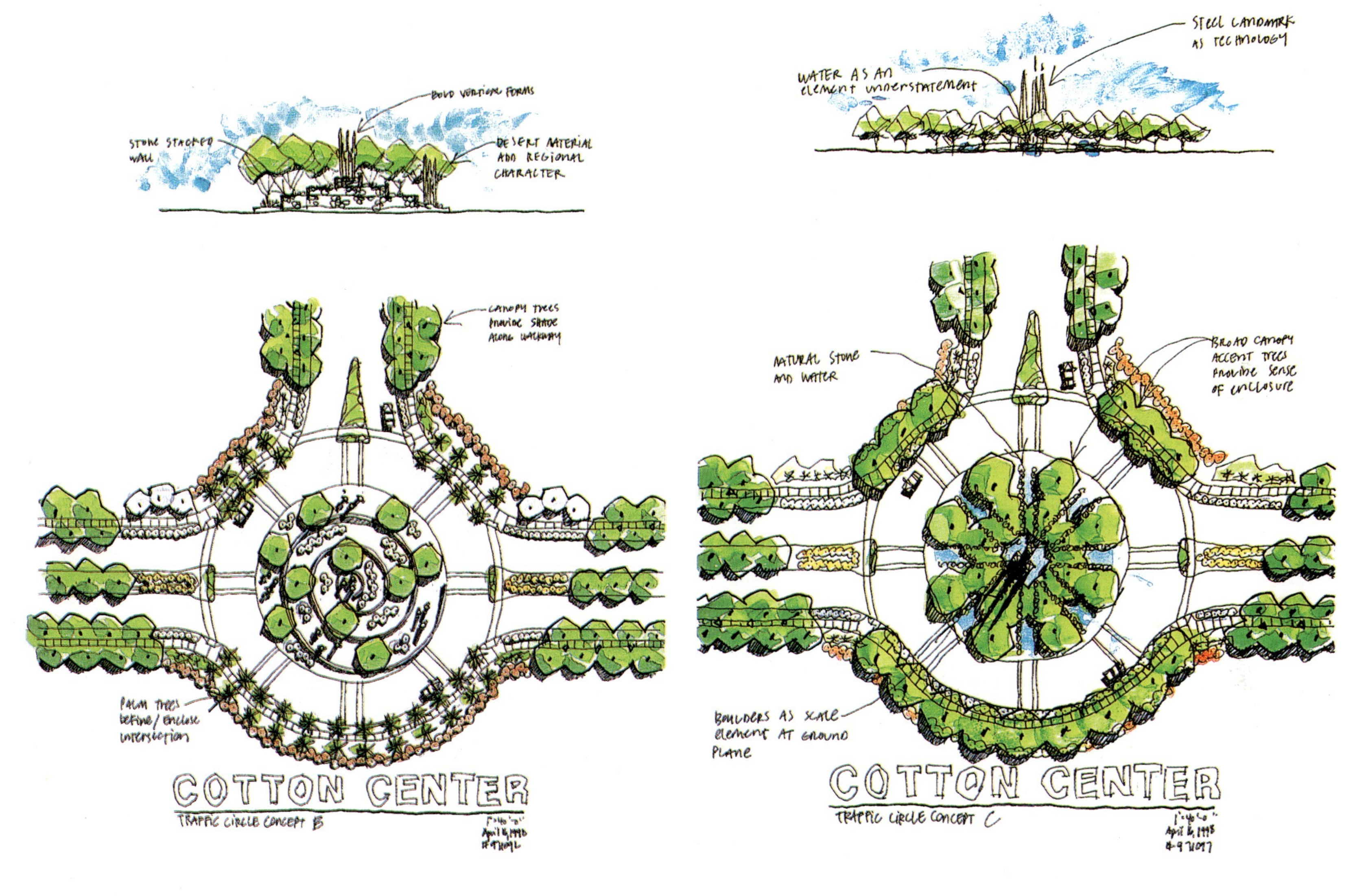

▌棉花中心。先在描图纸上徒手勾画墨线轮廓，再以彩色马克笔进行渲染

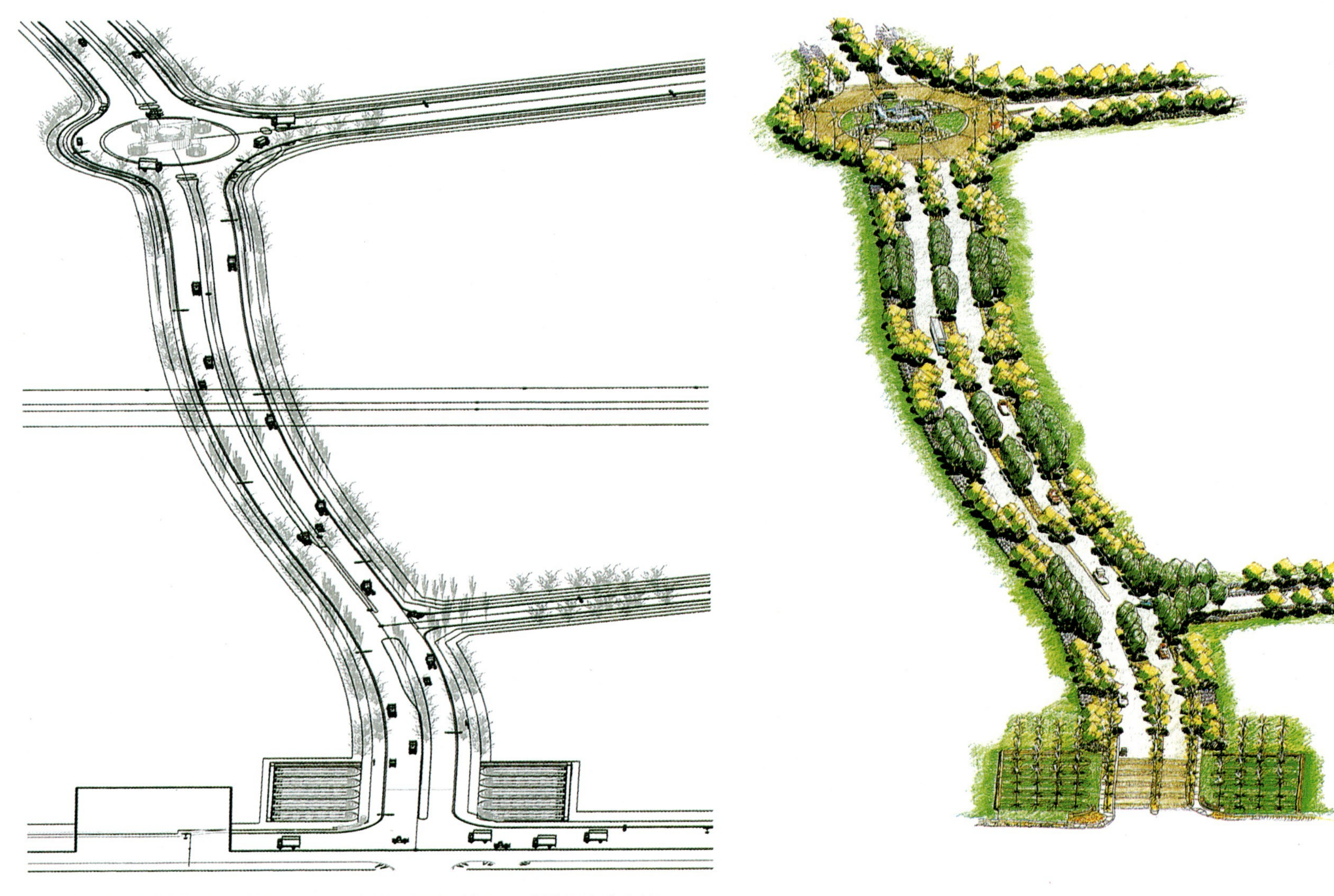

棉花中心。黑线轮廓，彩铅渲染。用 AutoCADD 的 3-D 建模程序建立基本图形，并在渲染前将它的鸟瞰视图打印输出，并徒手描摹其黑线轮廓

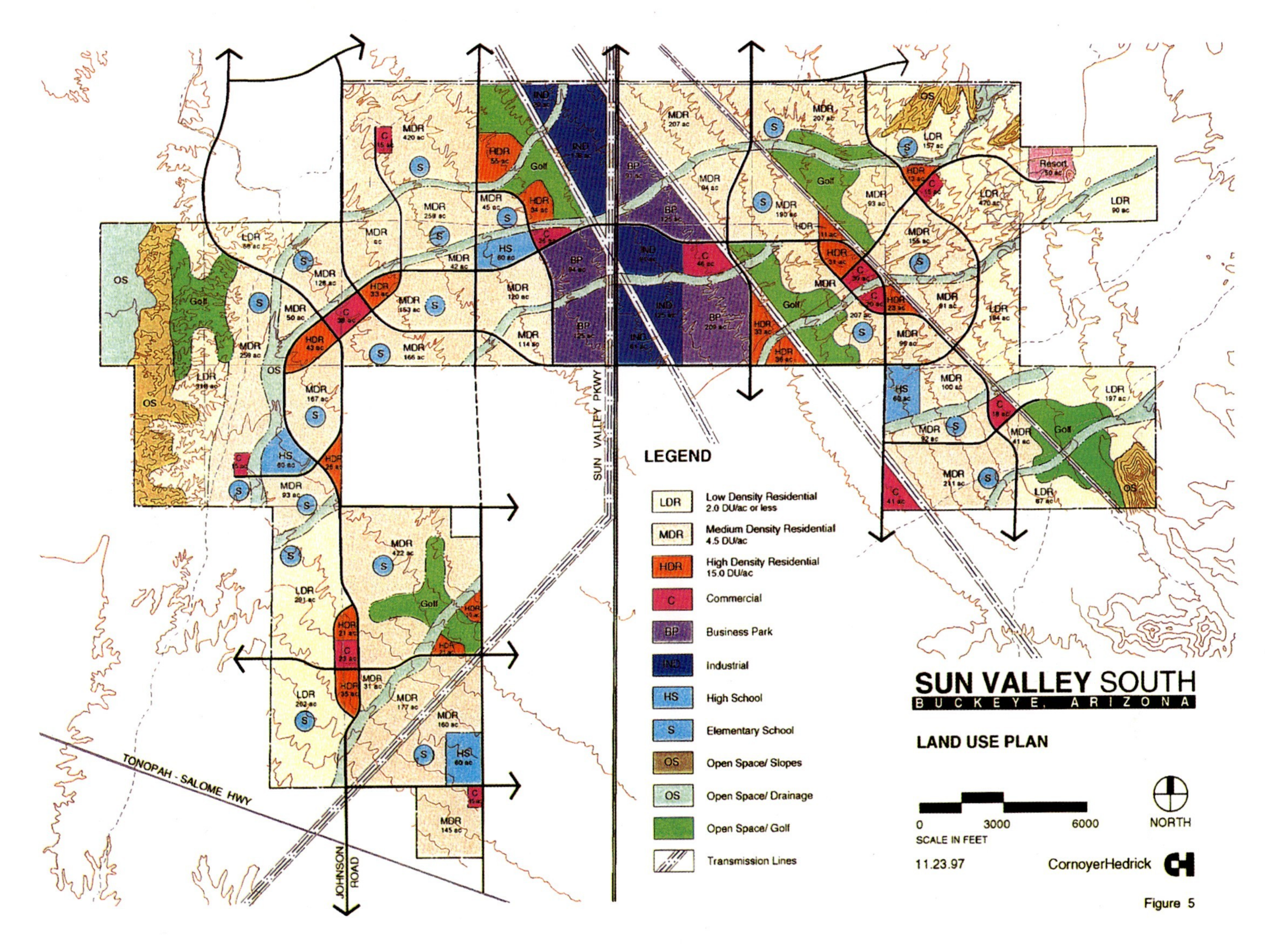

▌森瓦利（Sun Valley）南部。以AutoCADD图形为基础，用Adobe Illustrator进行渲染

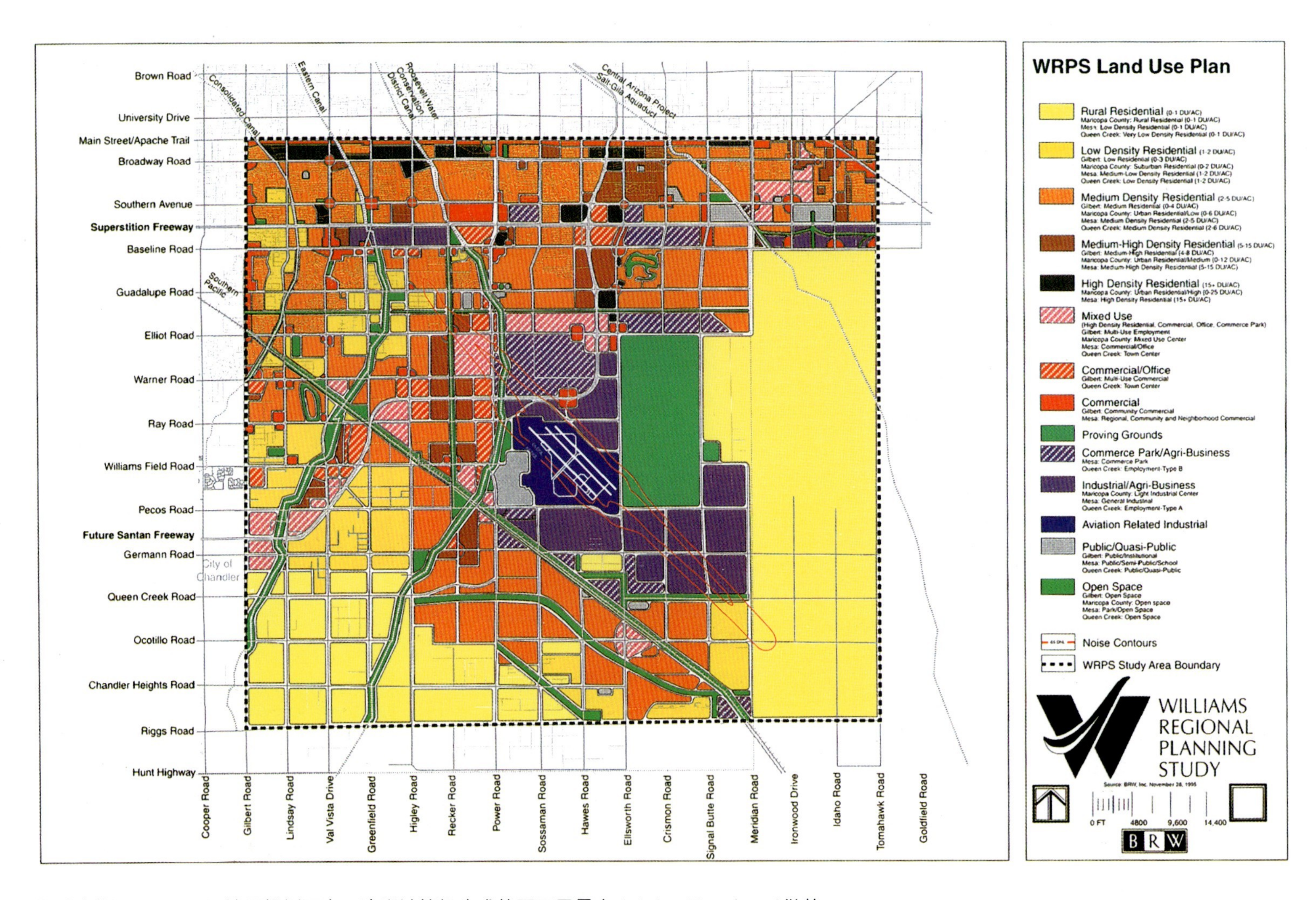

威廉斯（Williams）地区规划研究。这张计算机生成的平面图是由 Adobe Freehand 做的平面处理。其基本图形则是根据众多的原始资料由 AutoCADD 生成的。生成后的文件利用“Cadmover”软件转入 Adobe Illustrator，并在最后进入 Adobe Freehand 中

第三章

场地分析

项目研究及场地分析通常属于设计过程的第一阶段。场地分析的目的是收集、修改和测试所有可能获得的与场地项目有关的数据，这些数据涉及物理、环境、文化及法律。了解场地与周围环境的关系是研究的重要部分。在确定地图的基本范围时，必须确保其中包含所有可能影响到场地开发的相邻区域。一张表示场地分析的图片也许会附有较详细的资料，其中涉及文化、社会、经济及市场分析等领域。场地分析平面图的主要目标之一是明确该项目潜在的发展机遇及制约因素。

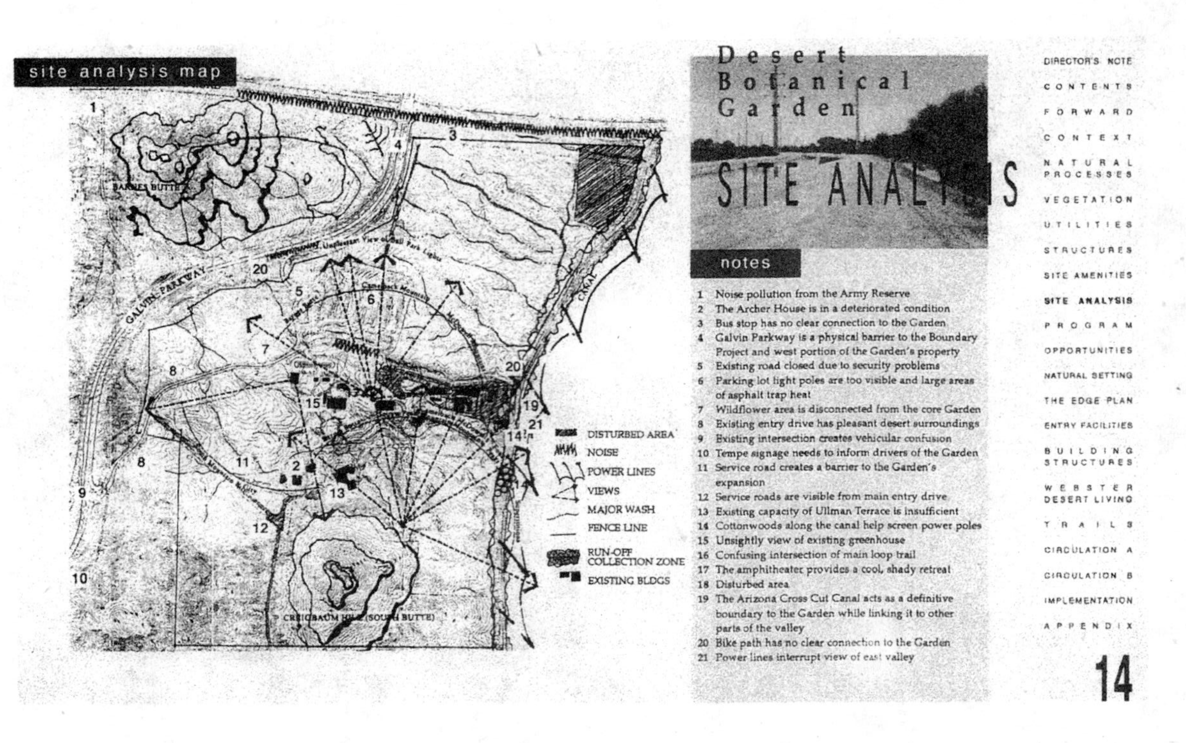

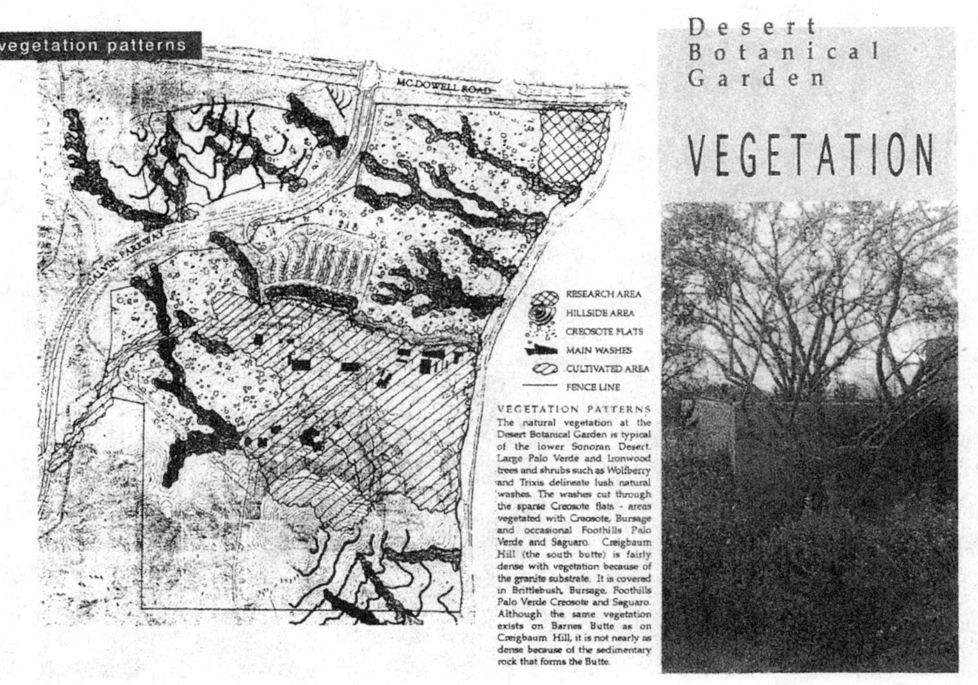

空旷的植物园。这是一张打印在聚酯薄膜上的、以地形图为基础的手绘分析图。该图被扫描输入Quark Express后，与照片、说明、图例及标题相结合

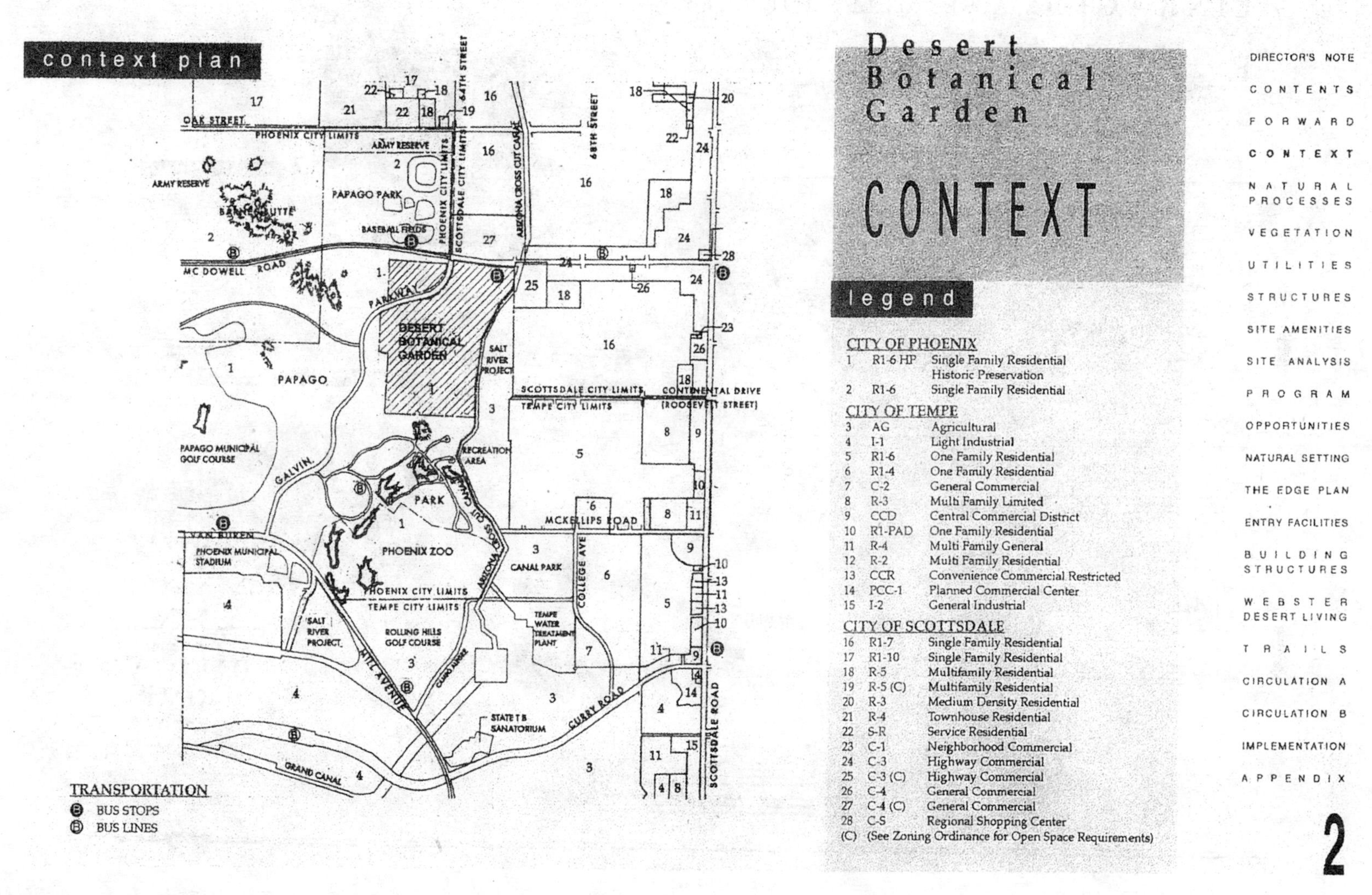

▌空旷的植物园。手绘的基本图形及胶粘于聚酯薄膜上的文字。该图被扫描输入Quark Express后，与说明、图例及标题相结合

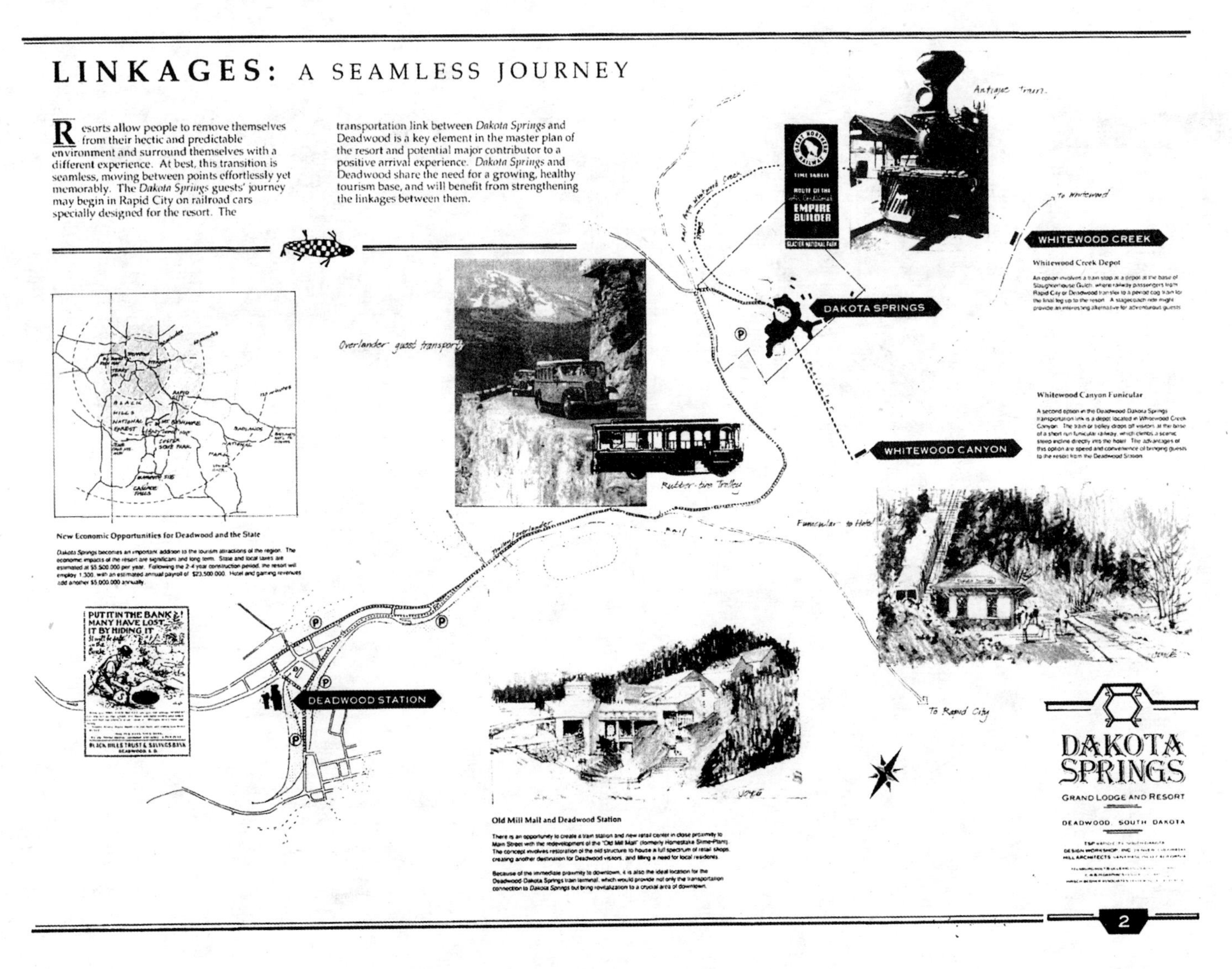

▌达科他（Dakota）的春天。彩色渲染图与照片通过地图承接转起，并被印制成棕色图案

INFLUENCES OF THE LAND: SITE ANALYSIS

The development philosophy for *Dakota Springs* grows out of utmost respect for the land -- making an effort to fit the manmade environment into the existing natural environment. To that end, the land's natural systems are important to analyze and understand. If ignored, their influences on architecture and site development can significantly increase the cost of development, which in turn adversely effect the aesthetic impact on the land.

Regional Landscape Context

The topographic and vegetative patterns of the region present a remarkable contrast of character. The site is located at the edge of the Black Hills Forest and The Centennial Prairie with portions of the site in a position to view both mountains and plains.

Land Form

The undulating form of the land organizes the site into zones. We define these as the front slope, ridge, plateau and interior valley. The topography prevents viewing the site from corner to corner or edge to edge. As one approaches the site only the front slope is presented. This improves our ability to control the visitors' view and experiences.

Developable Land

Certain criteria are applied to the characteristics of the site which define the areas more appropriate for development than others. These criteria include slope, drainages, soil characteristics, wetlands, geology and depth to ground water.

This diagram represents a preliminary analysis and includes drainages, topography and the additional right of way necessary for the highway expansion.

When combined these criteria further define those areas of the site more suitable for development of this type.

VIEWS TO MOUNTAINS & PLAINS

RIDGE LINE

TO DEADWOOD

DISTANT VIEWS TO PLAINS

COMBINED VIEWS

INTERIOR VIEWS

DISTANT VIEWS TO MOUNTAINS

EXISTING SITE ENTRY

VIEWS TO PLAINS

MOUNTAIN VIEWS

Site Concept Synthesis

The natural systems of the site encourage simple and straightforward solutions to the siting of buildings, circulation and revegetation.

Through analysis of the information illustrated on the Land Form, Views and Developable Land diagrams logical conclusions may be reached regarding the organization of the site development.

The predominant feature of this site is the ridge line which bisects the site along its east west axis. This ridge line separates the front slope from the interior valley, provides a platform for distant and dramatic amenity views and defines the view sheds which organize the site.

Views

This site's unique location at the edge of the Black Hills formation affords a variety of views to and from the site, telling a dramatic story of the geology of the region and a memorable experience for visitors. These views play an important role in the siting and the orientation of the hotel, trails and other functions.

Vegetation

The existing vegetation can be categorized into the following groups: Evergreen, Deciduous, Mixed, Native grasses and the area disturbed by construction. The pattern of these vegetation types are connected to those which surround the site. Evergreen, deciduous and mixed overstory trees enter the site at its lowest points and follow along the drainages to the upper portions of the site. Native grasses occupy the highest portions of the site. It is presumed that these grasses were the dominant vegetation on the area disturbed by construction. Understanding these types and their patterns will provide a basis for establishing revegetation concepts which fit the site.

DAKOTA SPRINGS

GRAND LODGE AND RESORT

DEADWOOD SOUTH DAKOTA

3

达科他的春天。配有机制说明及标题的小幅徒手画以拼贴画的形式组成画面。其中的文字与标题栏是预先打印在聚酯薄膜上的，而小幅的墨线徒手画是后加上去的。印制的棕色线框图则以彩铅及黑色马克笔渲染

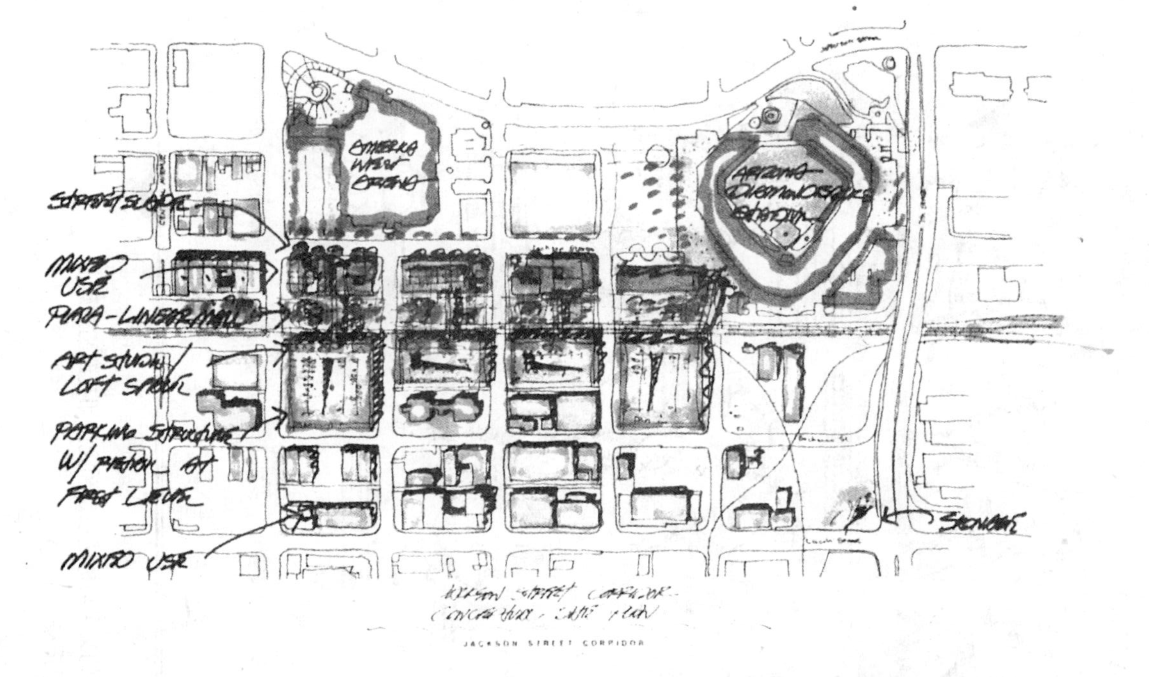

杰克逊（Jackson）街道流通图。11″ × 17″ 蜡光卡纸，墨线轮廓及彩色马克笔渲染。其基本图形被预先打印在配有标题栏的便携式场地卡片上，以便在现场考察时，随时记录分析的结果

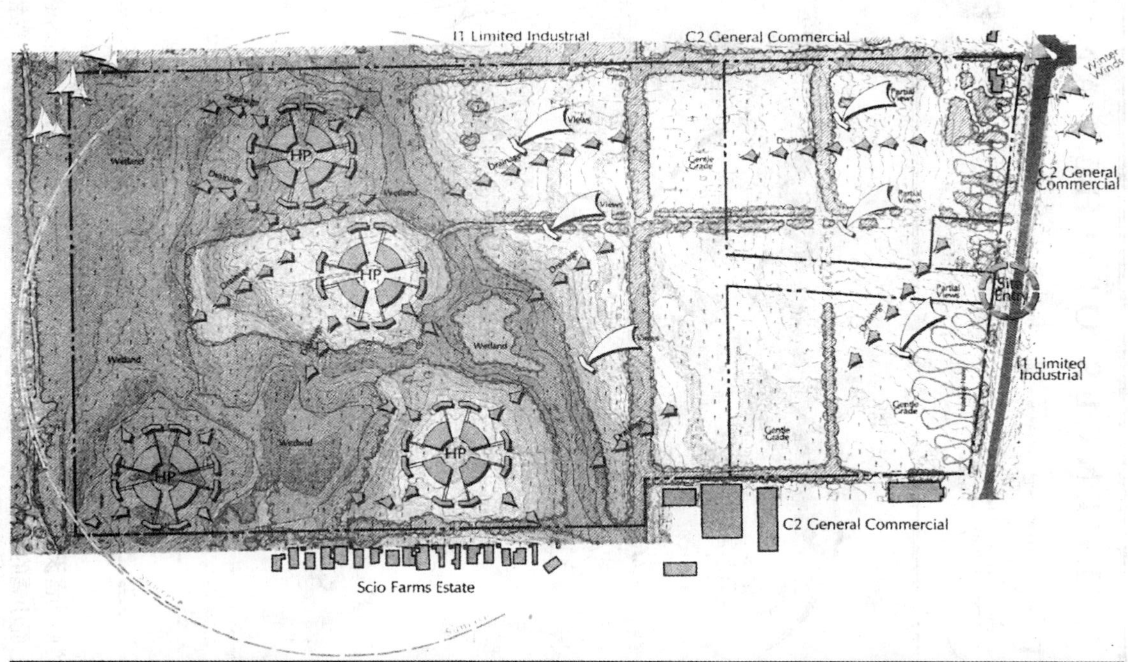

故乡的村庄。由Microstation生成、打印在文件纸上的计算机渲染图

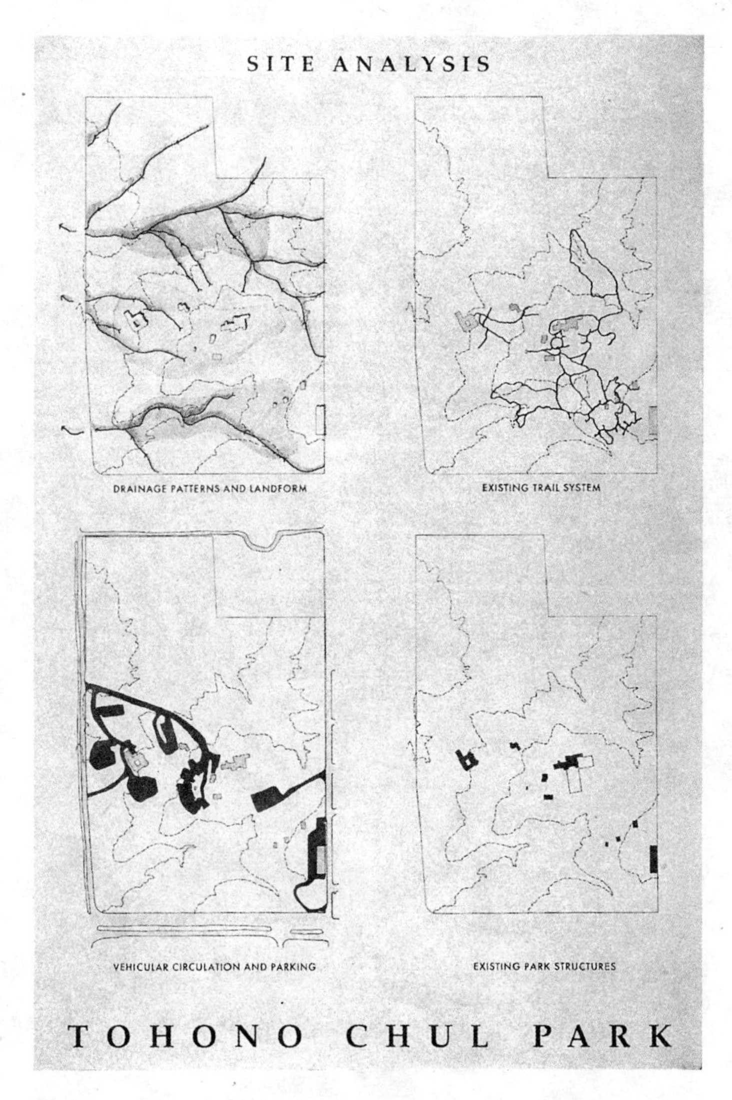

Tohono Chul 公园。徒手轮廓线打底，彩色铅笔渲染。材料：白色文件纸

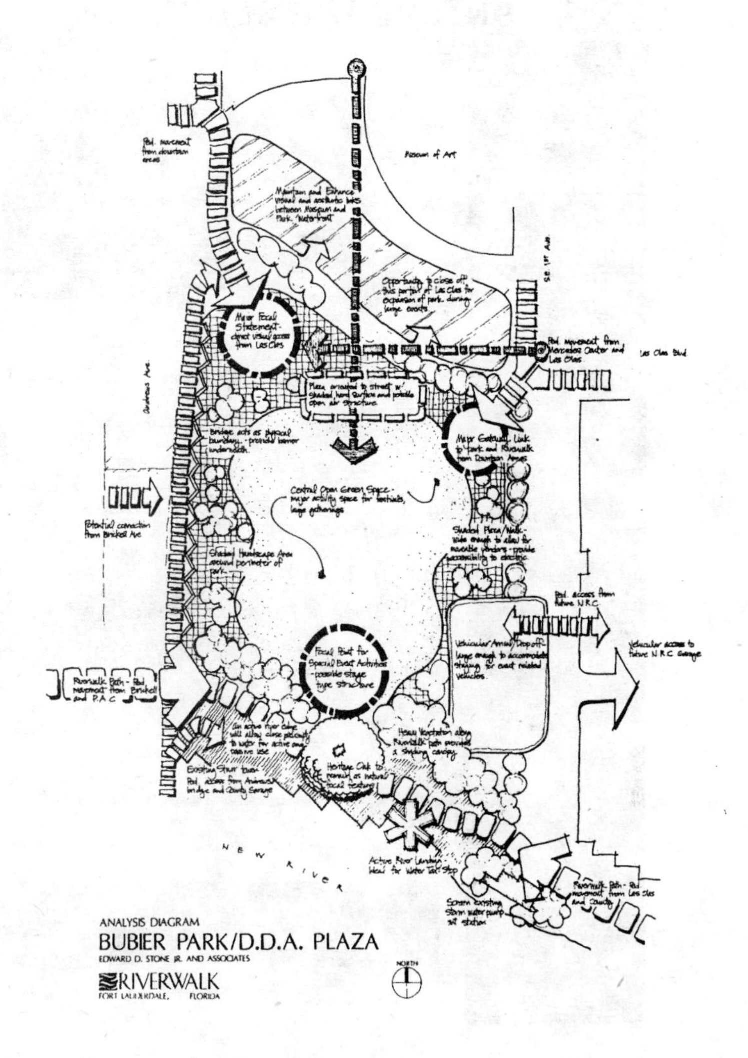

Bubier 公园。聚酯薄膜上的墨线图

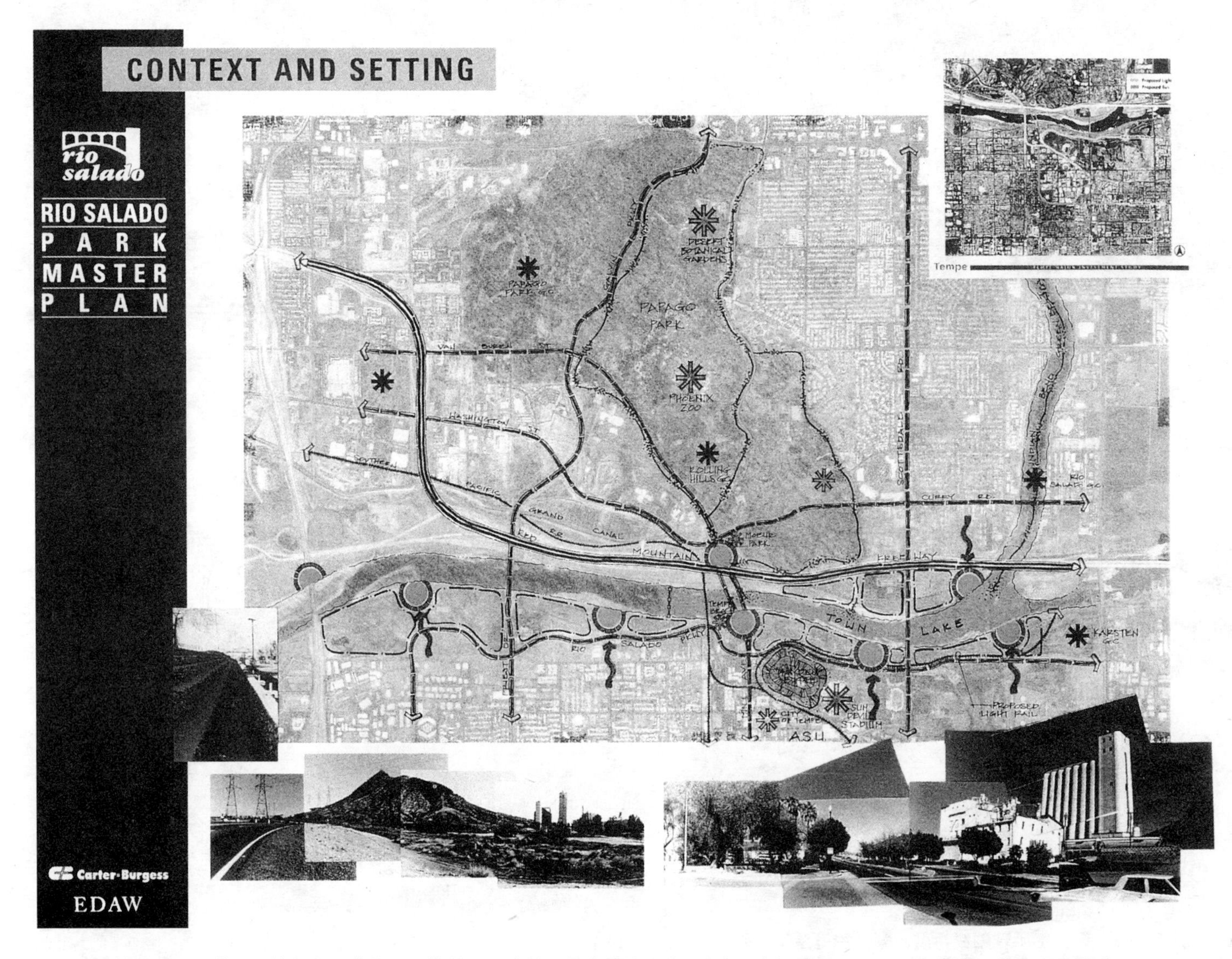

▌里奥沙拉多公园。徒手墨线加彩铅花饰；一批裁切得当的图片直接镶嵌在配有标题栏（由 AutoCADD 制作）的彩色画面中

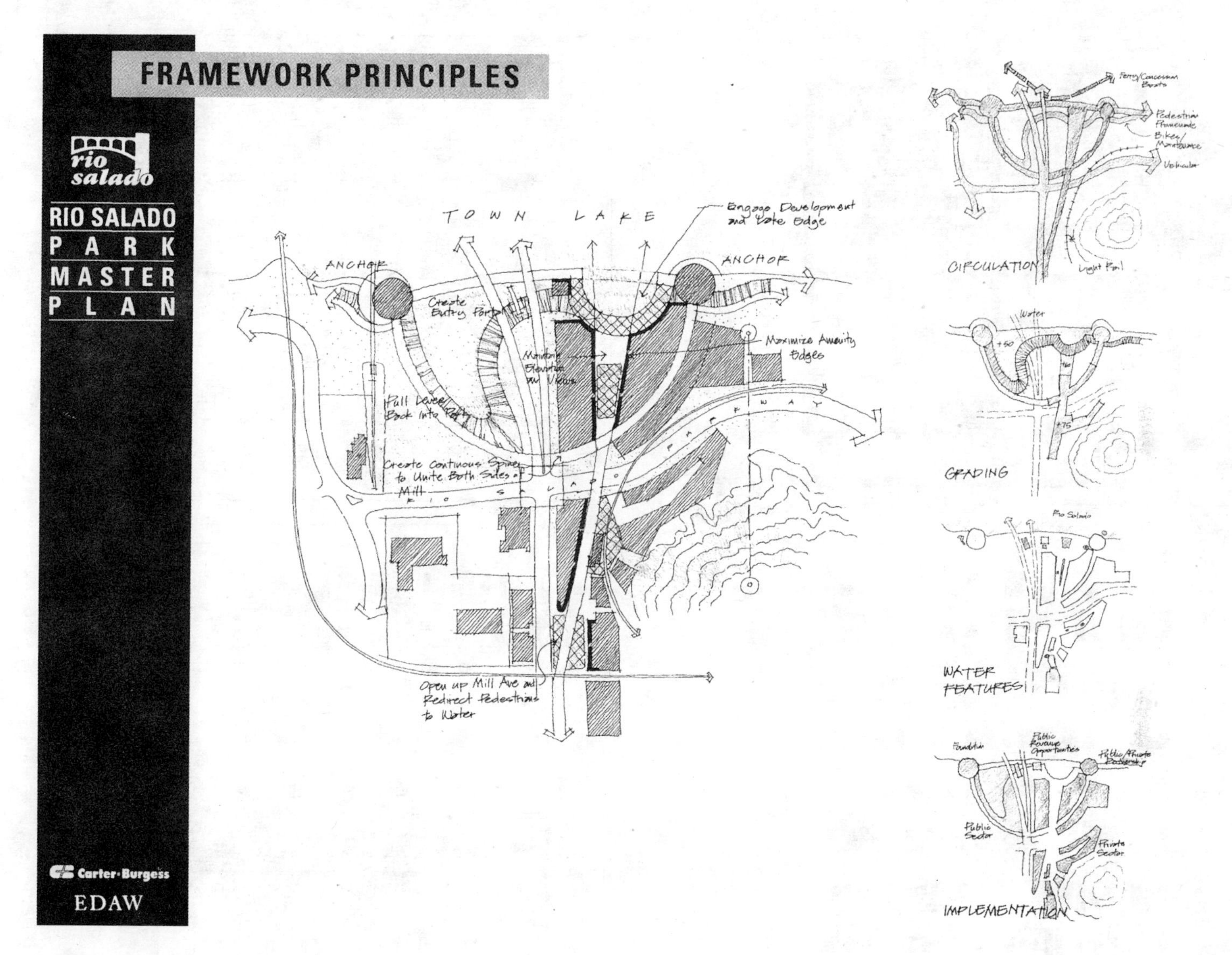

▌里奥沙拉多公园。徒手墨线加彩铅花饰

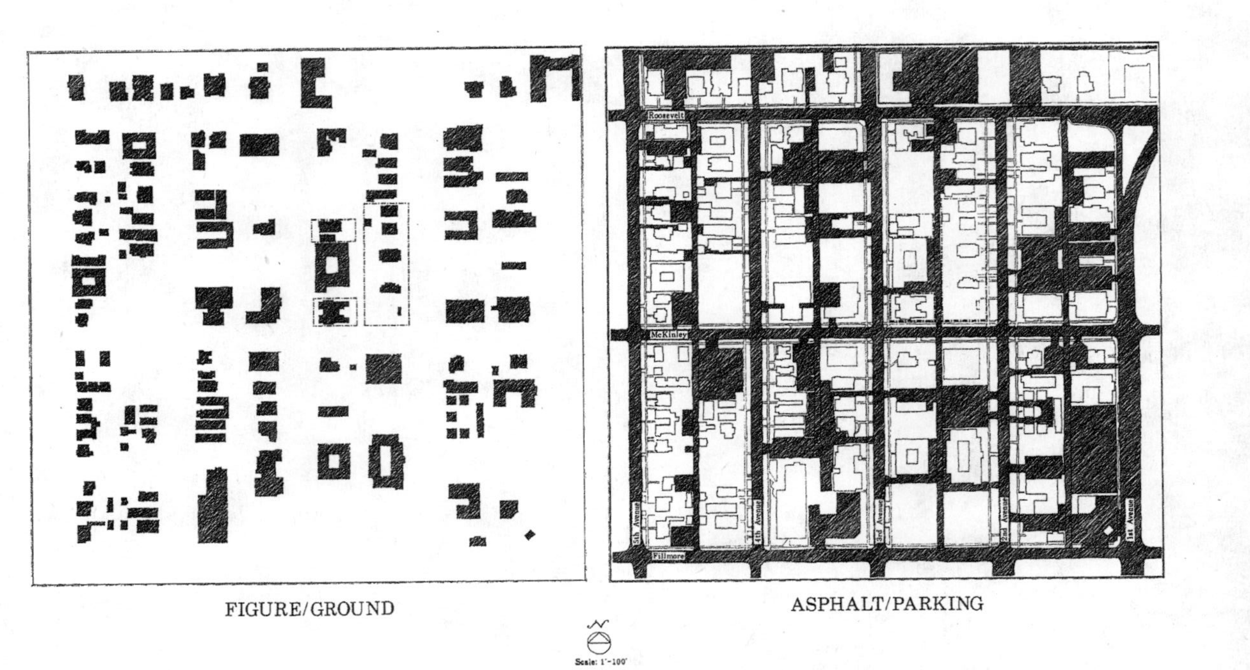

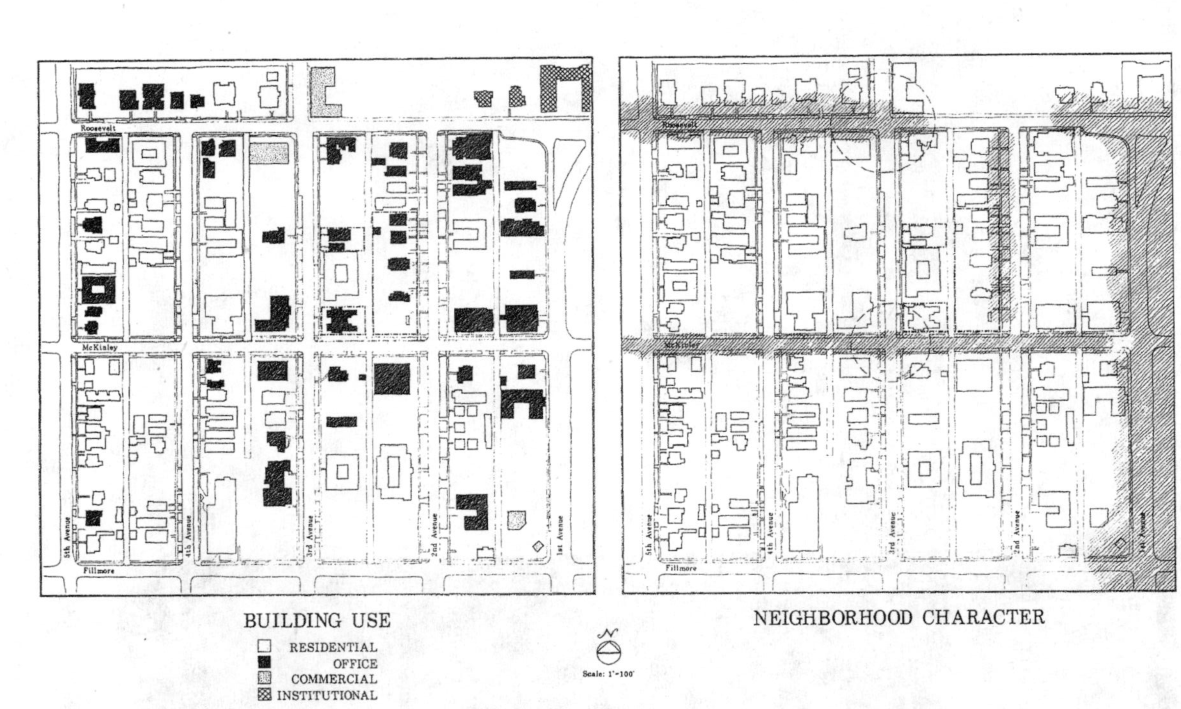

拉斯安提瓜（Las Antiguas）。聚酯薄膜上的墨线徒手画。将聚酯薄膜覆盖在实际状况的鸟瞰图上绘制而成

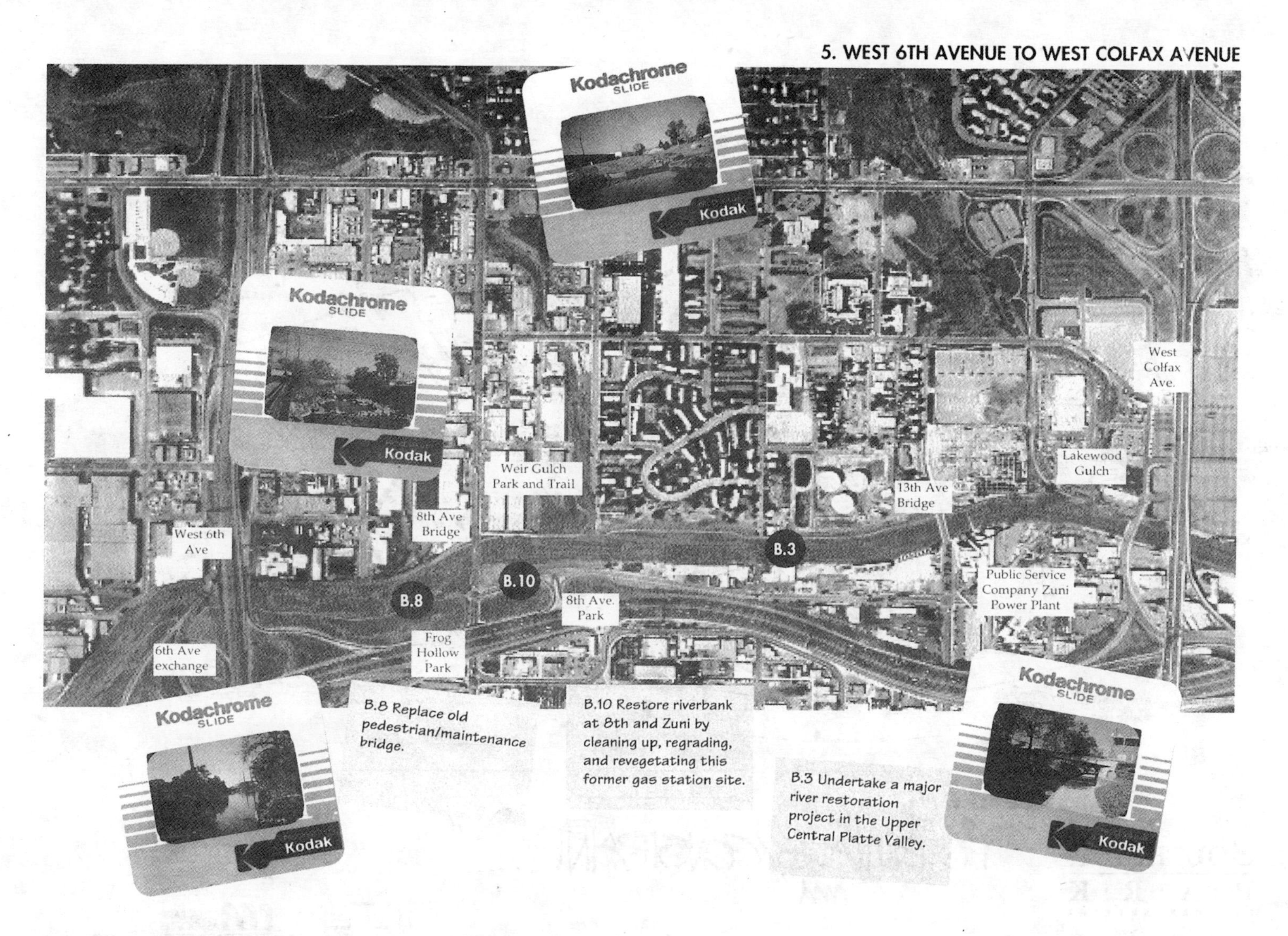

南普拉特（South Platte）改建区。在航拍照片中附上彩色的透明胶片及裁剪后的说明

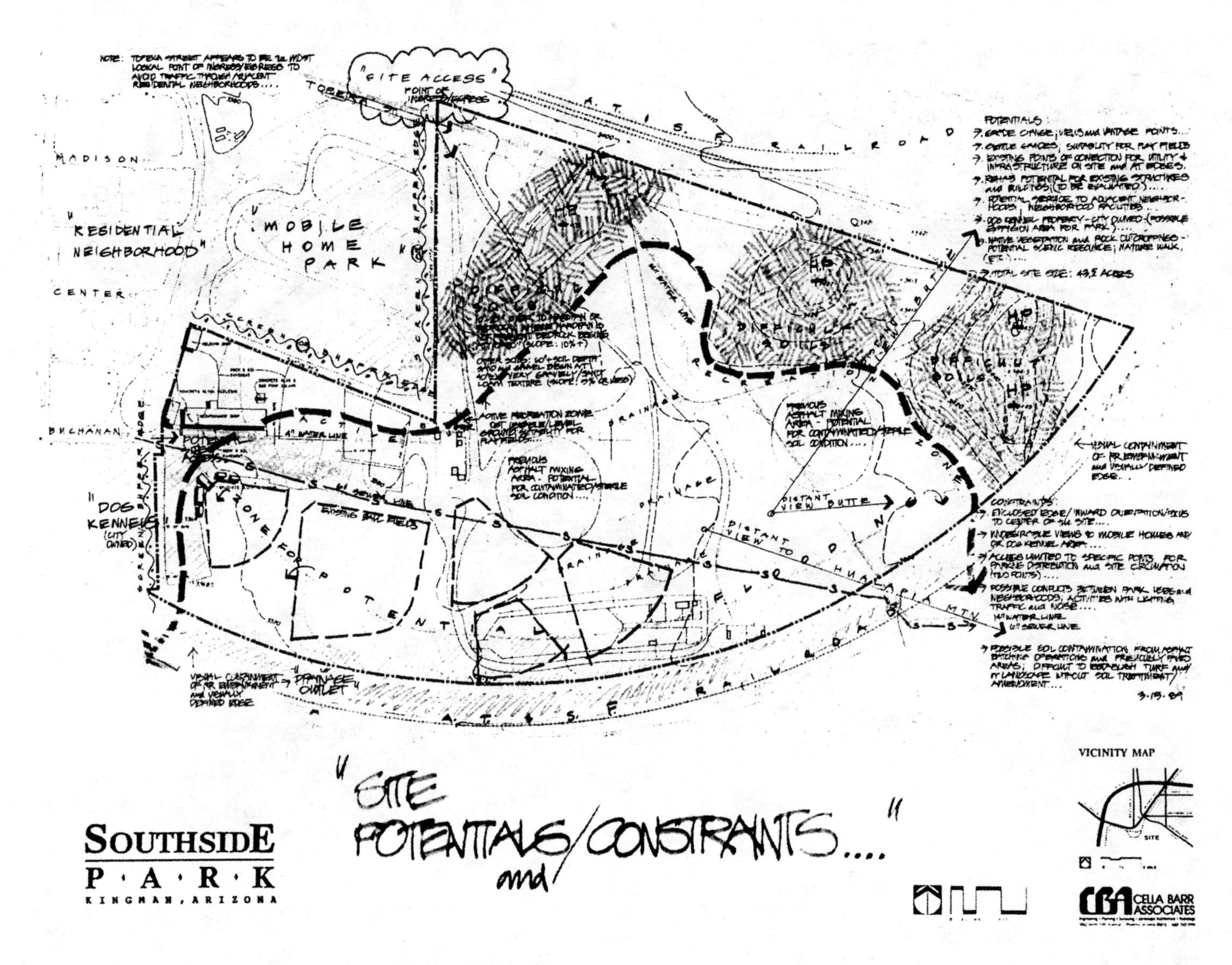

▌绍斯赛德公园（Southside Park）。聚酯薄膜，徒手墨线

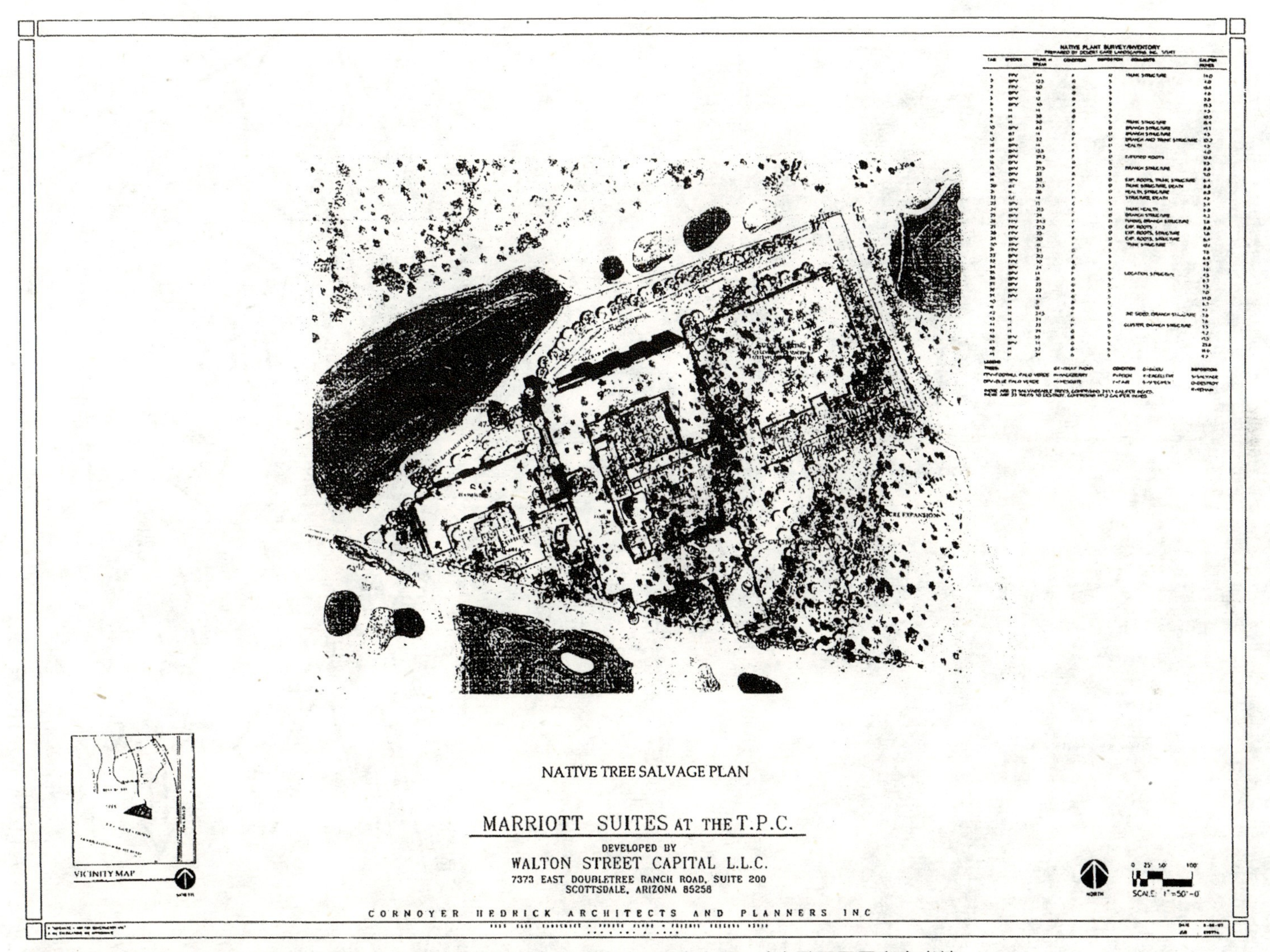

马里奥特（Marriott）系列。计算机生成的、以航拍照为基础的总平面方案图。该鸟瞰图用于考察当地必须挽救或移植的天然植物资源，它被扫描后输入 AutoCADD，并添加了 X 方向的标题栏及图例

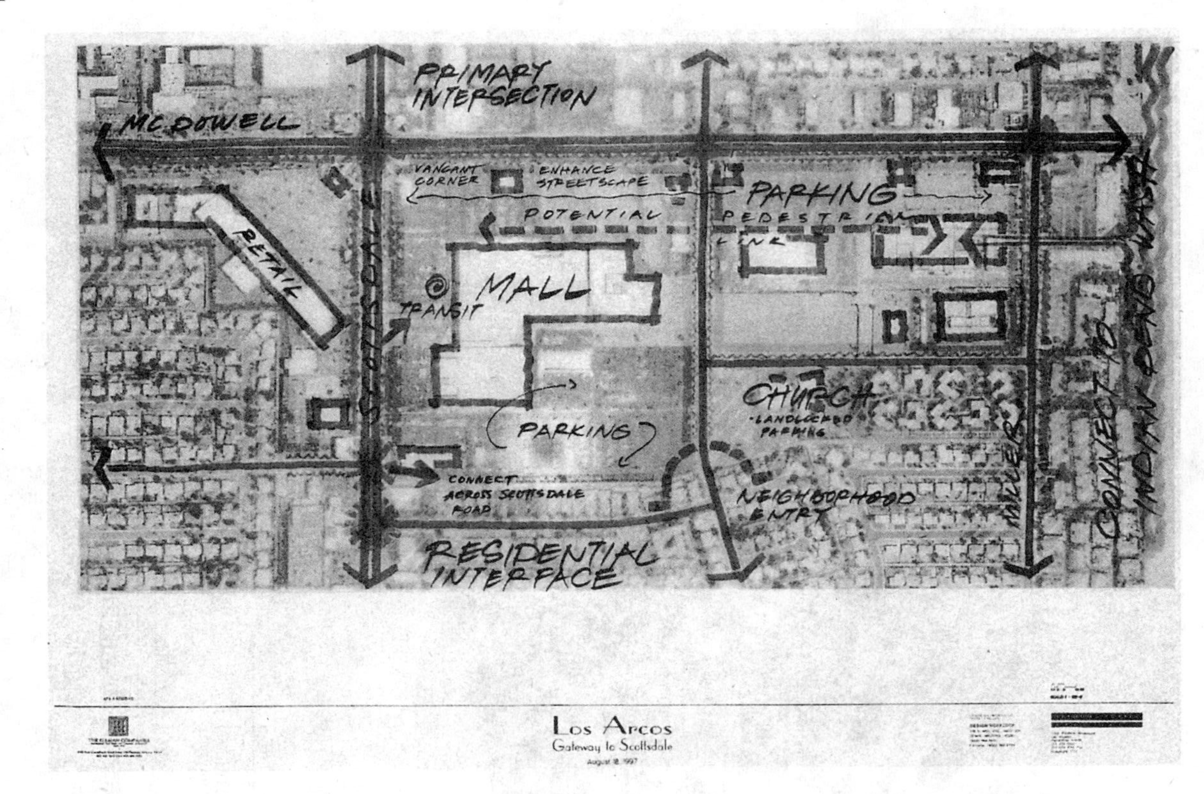

洛斯阿尔科斯。将描图纸覆在航拍照片上，以彩色马克笔绘制

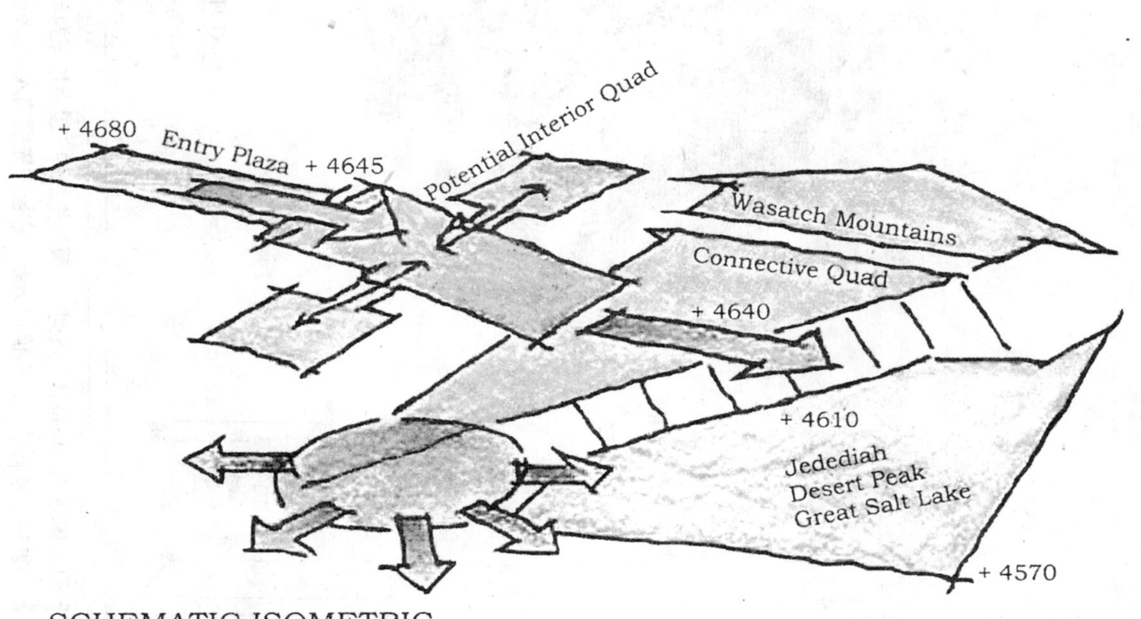

韦伯州立大学。牛皮纸、彩色铅笔及文字即时贴

WESTERLY CREEK CORRIDOR AND SURROUNDINGS·

A birds-eye view looking south along a 1 1/2 mile length of Westerly Creek between Sand Creek and Montview Boulevard. This segment of the corridor contains the following elements:

A) Excavation and restoration of the natural stream corridor where aircraft runways previously constricted local and regional storm flows;

B) major urban park adjacent to the District II employment neighborhood·

C) District III residential neighborhood;

D) learning golf course adjacent to Westerly Creek and the District I residential neighborhood;

E) tree-lined local drainage corridor connecting adjacent urban neighborhood flows through to Westerly Creek;

F) hierarchy of surface channels and canals convey stormwater from larger urbanized basins to water quality treatment areas;

G) ponds and wetlands where stormwater is temporarily detained allowing for biological uptake and sedimentation of pollutants and nutrients;

H) a series of grade control drop structures stabilize the stream bed, preventing further erosion; and

I) wetlands at the edge of Sand Creek valley provide wildlife habitat and improve Westerly Creek stormwater quality before entering Sand Creek.

斯泰普尔顿改建区。先在羊皮纸上以墨线勾画这张透视分析图的基本轮廓，再将其扫描输入图形软件中，并插入关键字母及说明。值得一提的是，画面中为避免文字遮挡其重要信息，使用了单个的字母以减少文字的数量

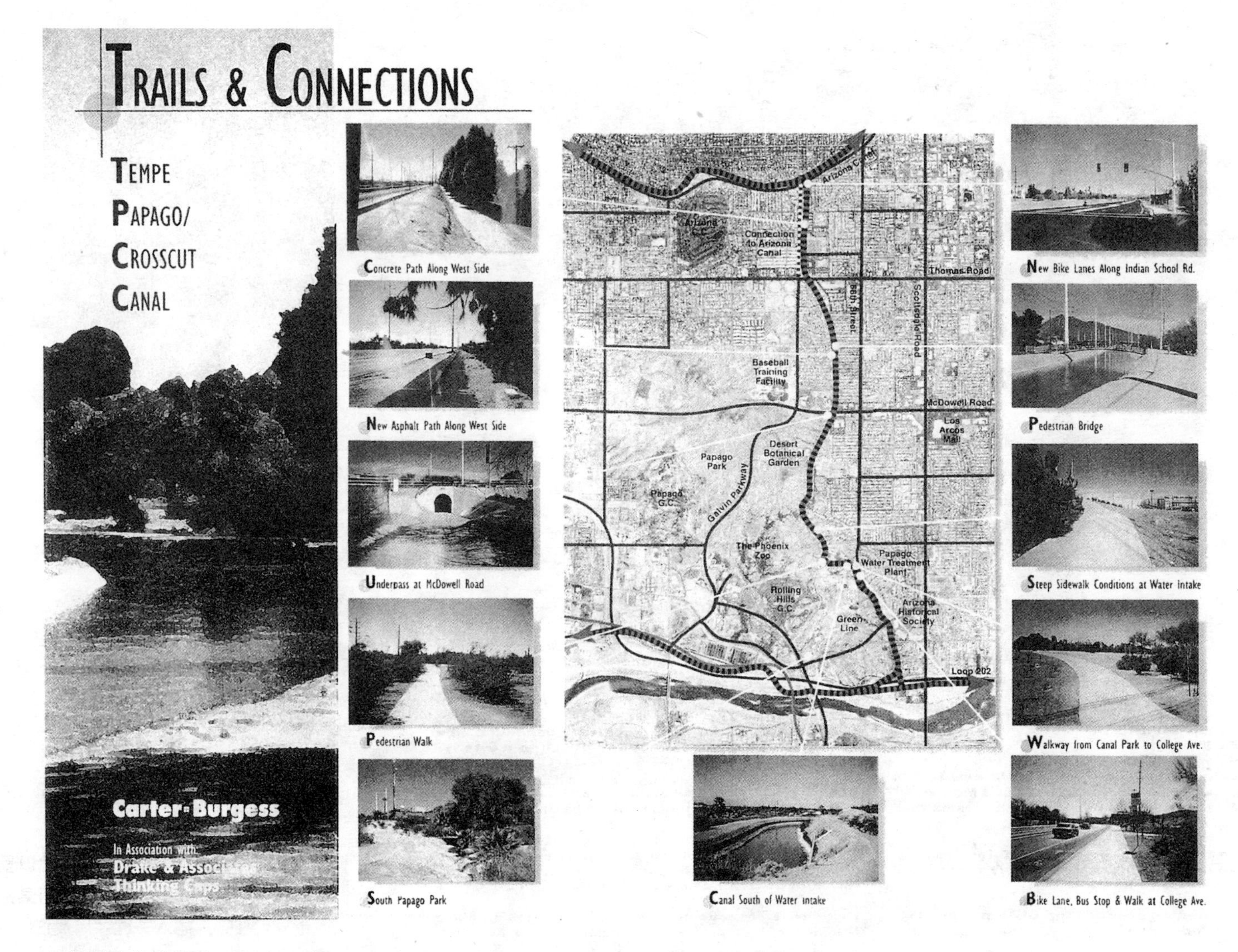

坦帕市的帕帕戈（Tempe Papago）／运河与道路立交体系。将地图、照片及图像数字化拼贴后打印在特殊的纸上。其中的图像被扫描输入 AutoCADD 后，添加了文字及标题.

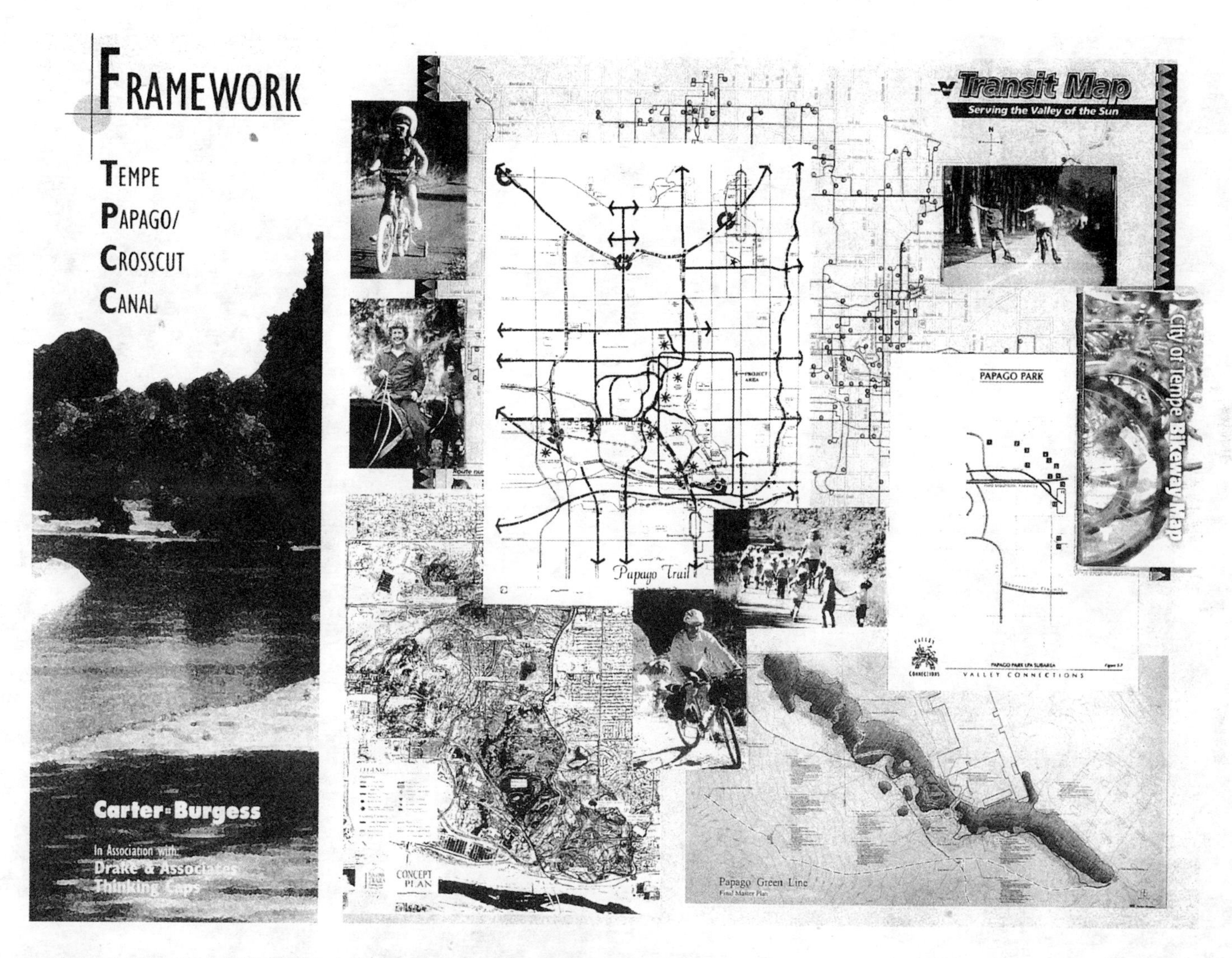

坦帕市的帕帕戈/运河与道路立交体系。将地图、照片及图像数字化拼贴后打印在特殊的纸上。其中的图像被扫描输入 AutoCADD 后，添加了文字及标题

▌五县地图。将 MiniCad 生成的道路网基本图形叠加到卫星图像上

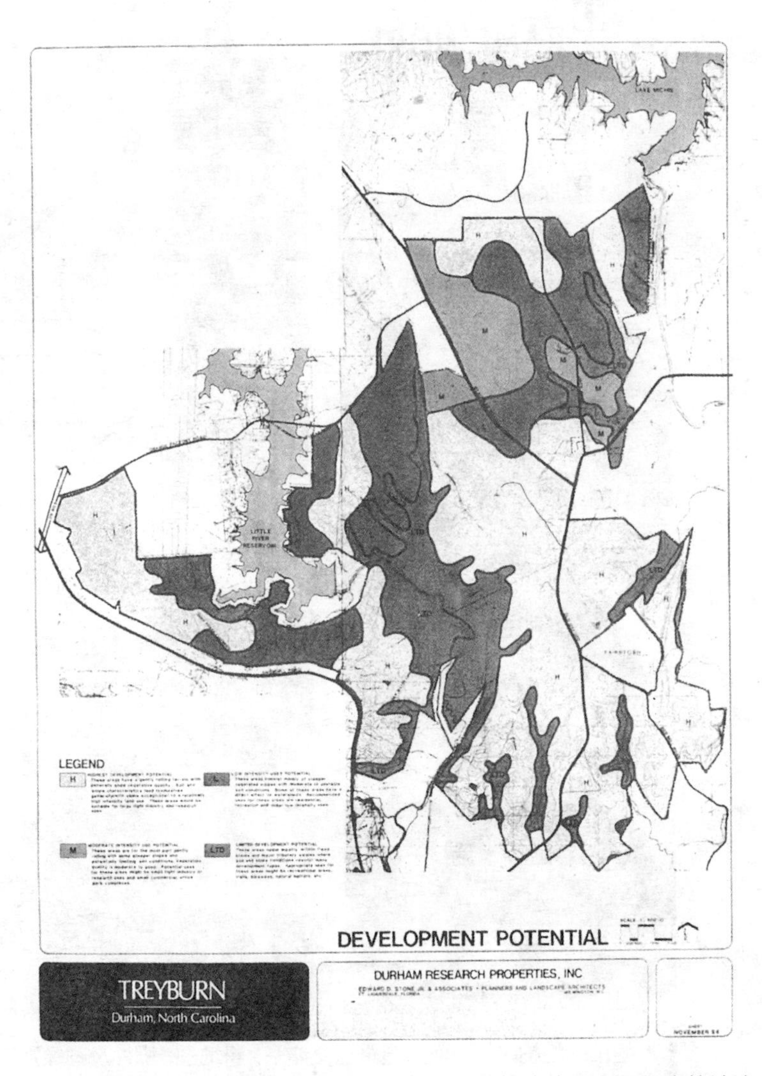

▌特雷本。以 AutoCADD 图形为基础的黑色轮廓线及彩色马克笔渲染

第四章

概念设计

研究设计方案的利弊主要是为了寻求能够满足用户及社会需要的最佳开发机遇，并通过物理的、环境的及经济的透视，判断项目的可行性。概念图主要用于确立设计的利弊及标准、示范开发项目的可行性及建构决定后续设计的框架图。概念构思的意图是要提出新的举措、解答疑难问题并相应提高客户及公众的收益。一张概念设计图必须尽量清楚地表现这些举措、问题及收益。

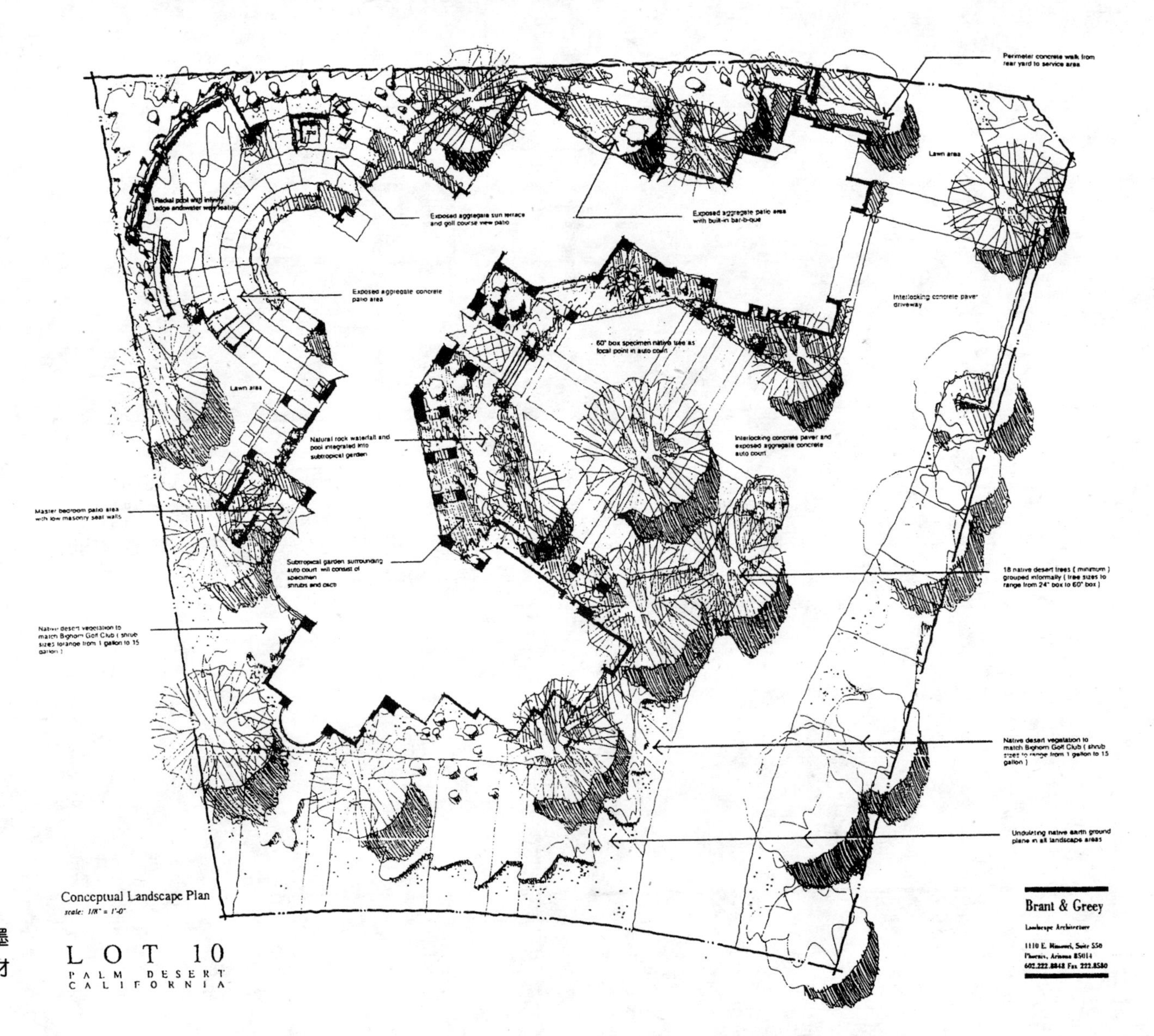

棕榈旷地的10号地块。手绘墨线图及标准文字(即时贴)。材料：羊皮纸

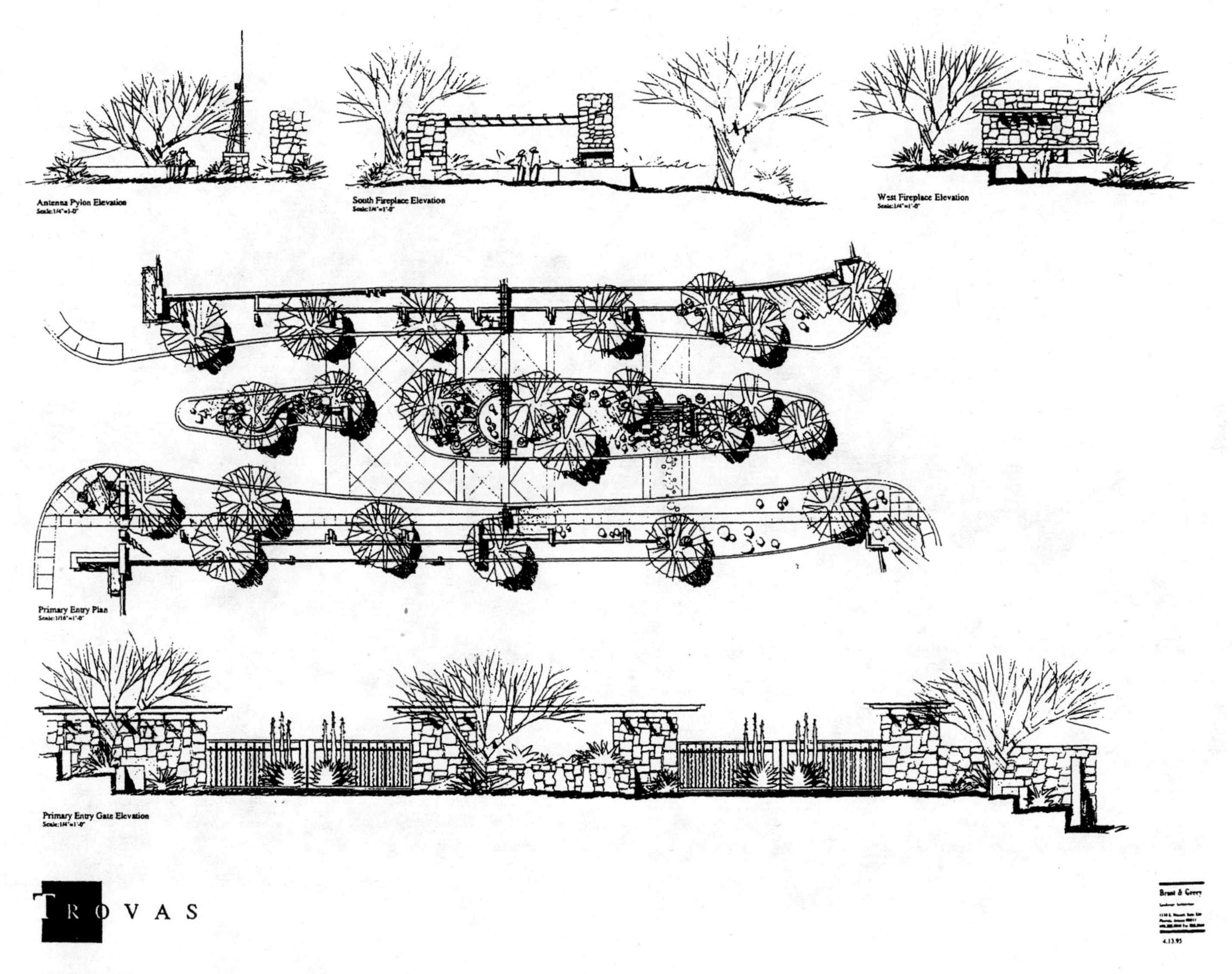

特罗瓦的设计。羊皮纸，手绘墨线

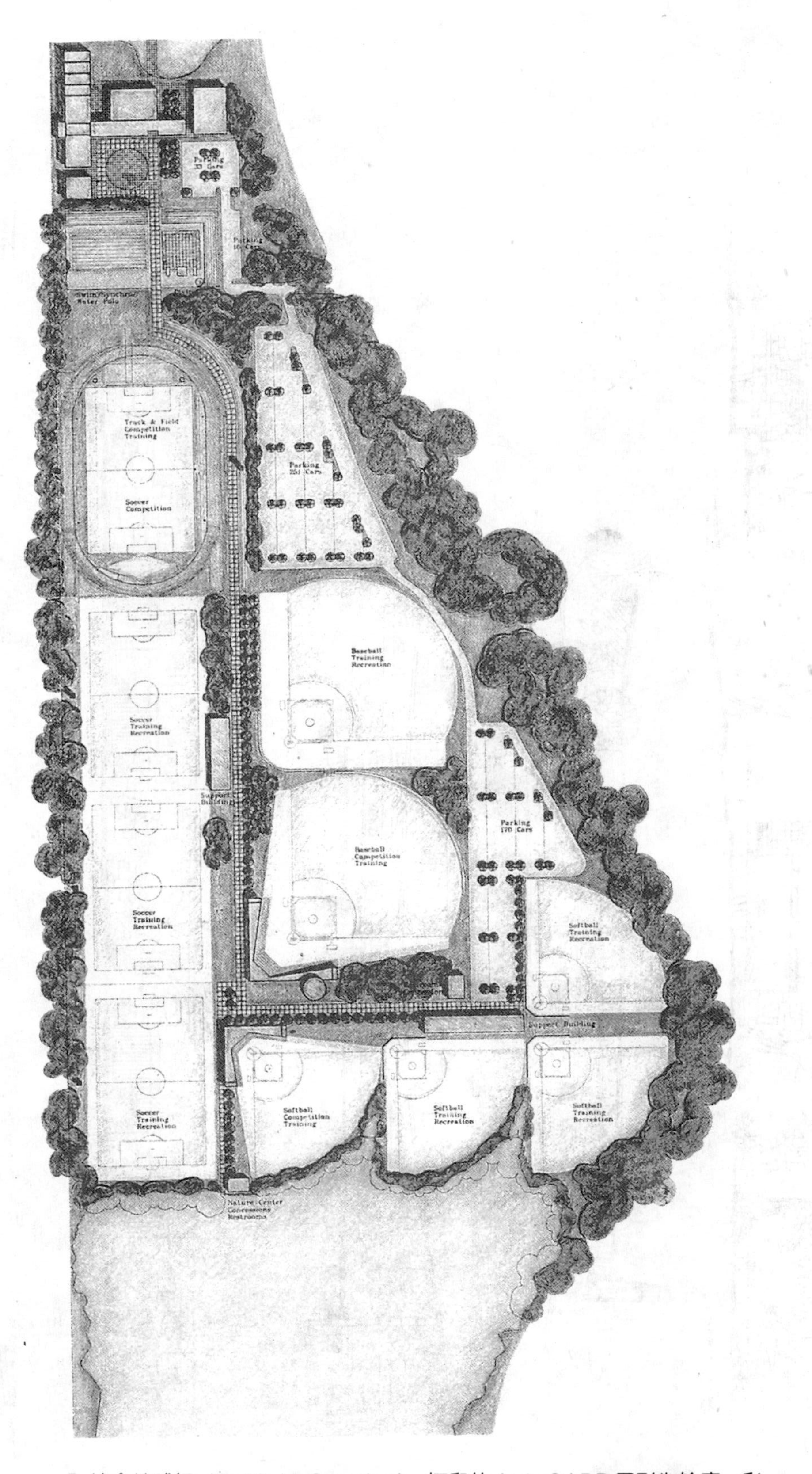

综合性球场（Ballfield Complex）。打印的AutoCADD图形为轮廓，彩色铅笔做渲染。材料：文件纸

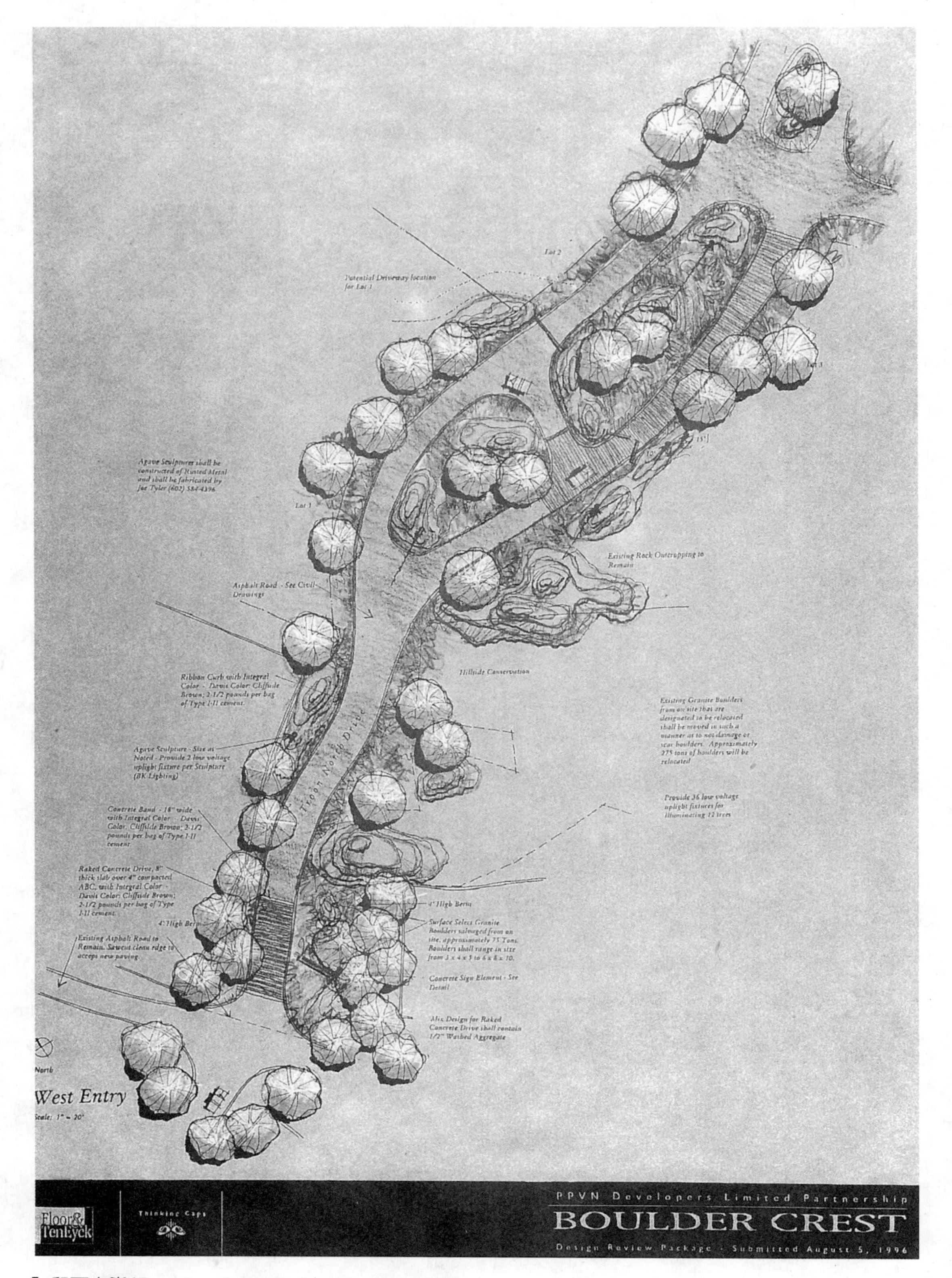

卵石山脊(Boulder Crest)。以AutoCADD图形为基础，手绘彩铅渲染。材料：牛皮纸

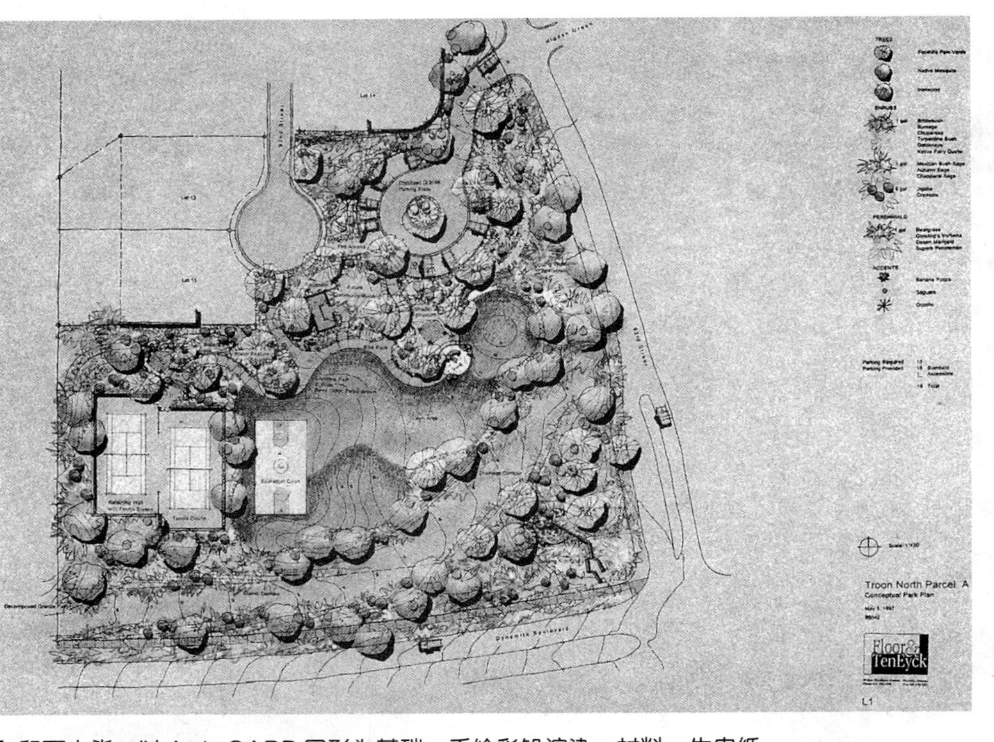

▌卵石山脊。以 AutoCADD 图形为基础，手绘彩铅渲染。材料：牛皮纸

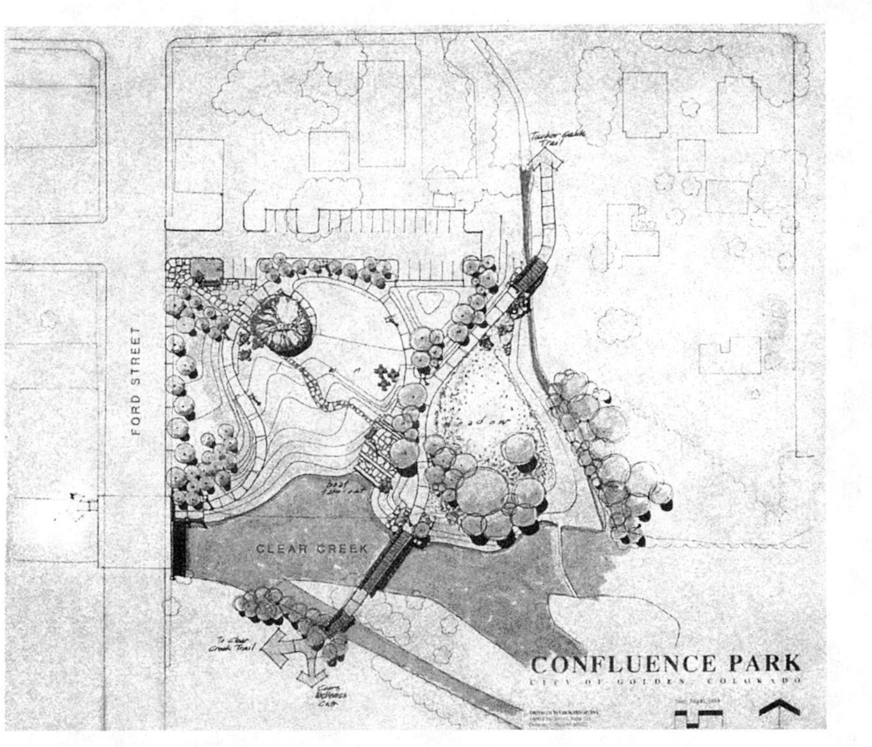

▌交汇公园(Confluence Park)。手绘轮廓，彩色马克笔渲染。
材料：描图纸

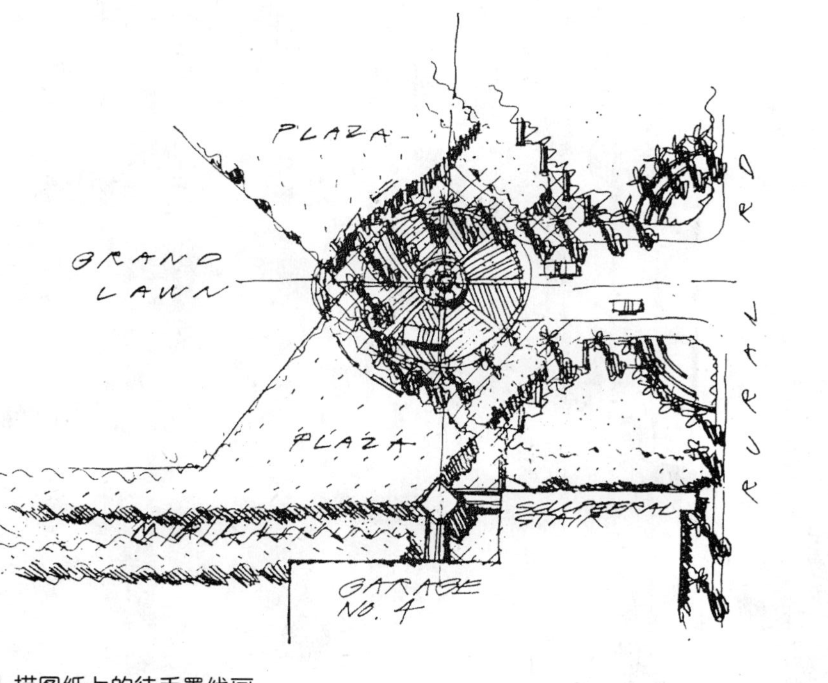

描图纸上的徒手墨线画

特科洛特（Tecolote）。黑色线条打底，彩色马克笔和铅笔渲染。其基本图形由 AutoCADD 绘制，并以徒手墨线绘制周围配景

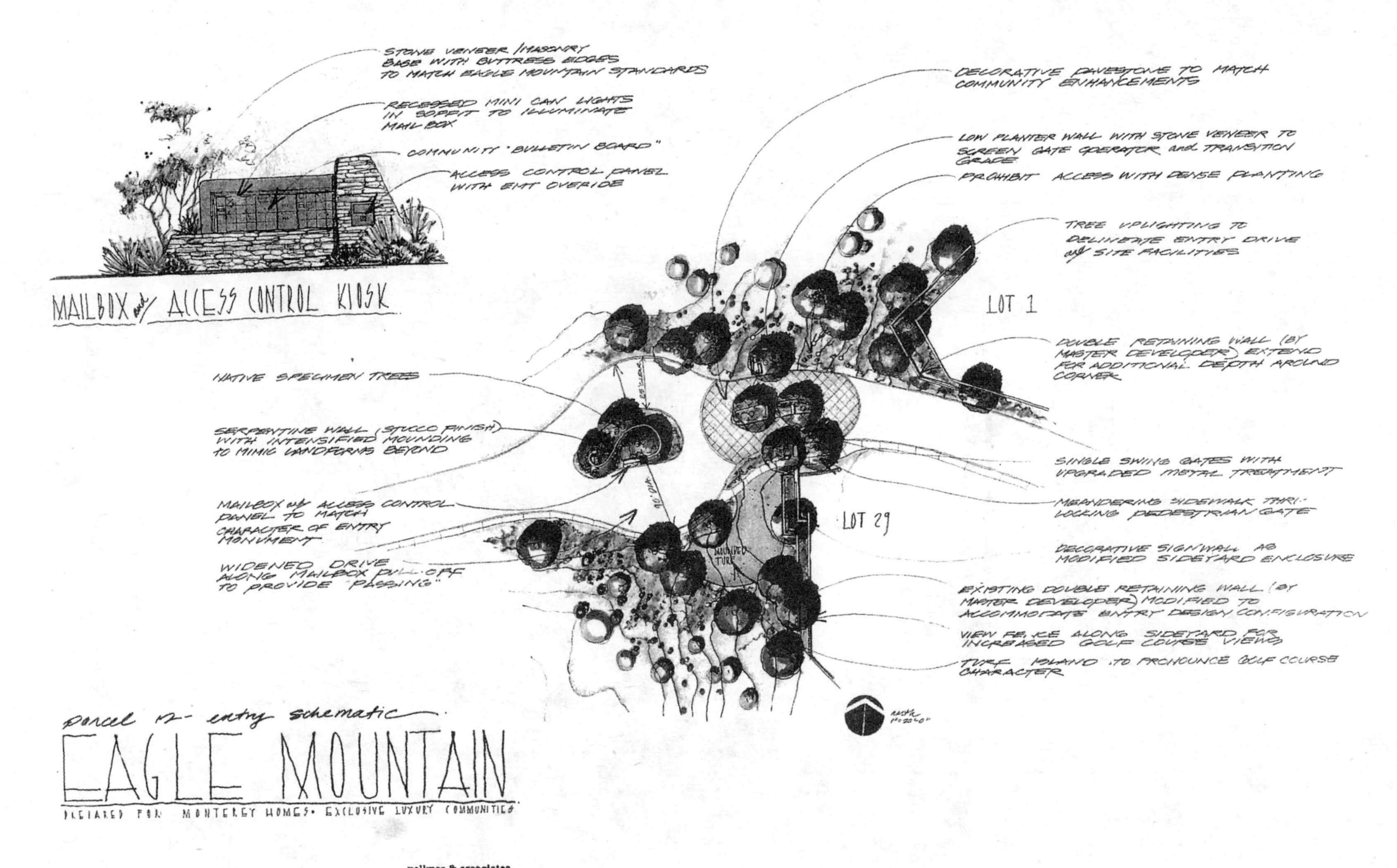

伊格尔山（Eagle Mountain）。在打印的黑色轮廓线底图上，徒手添加墨线及彩色马克笔渲染。材料：羊皮纸

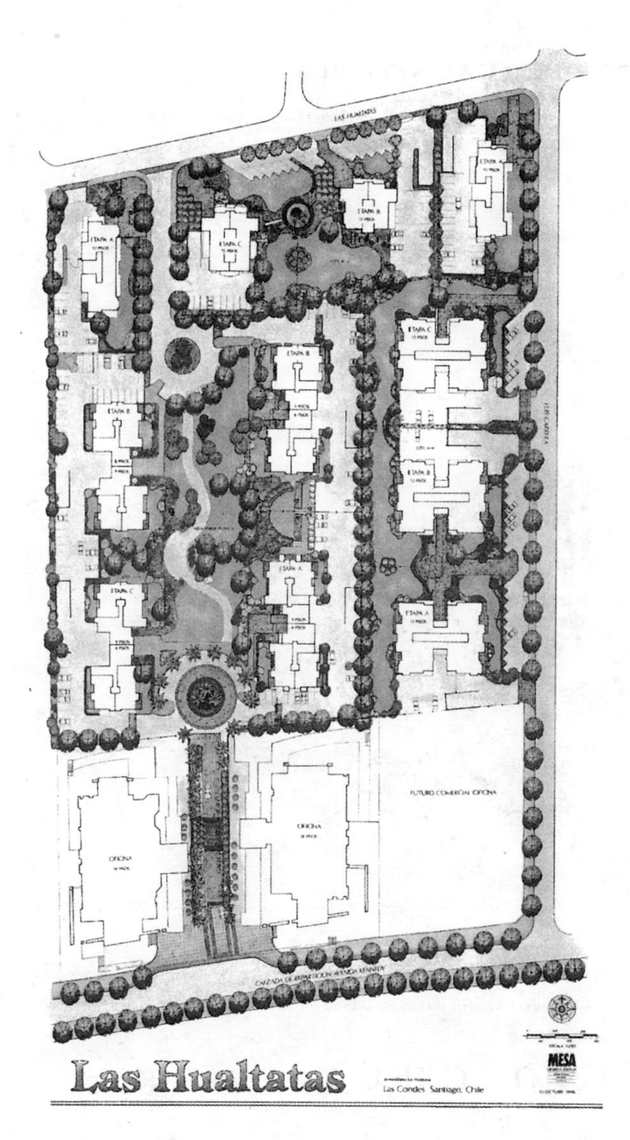

▌Las Hualtatas。手绘黑色轮廓线打底，彩色马克笔渲染

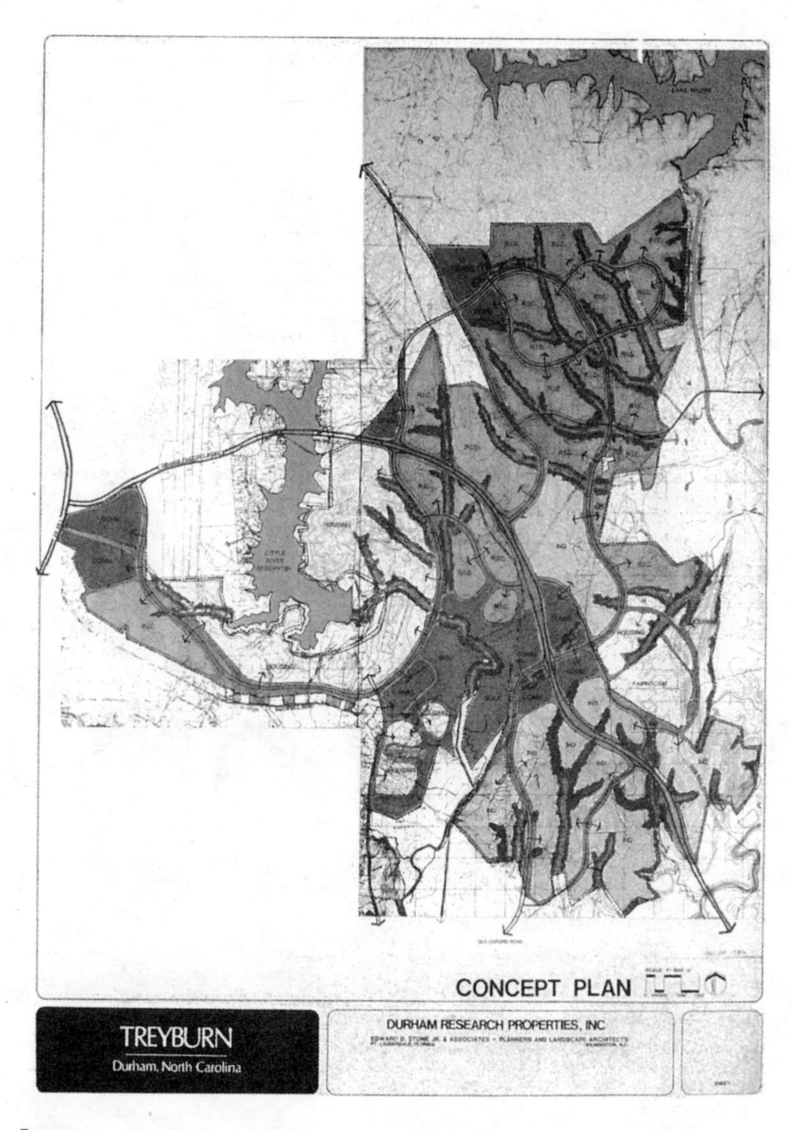

▌特雷本(Treyburn)。AutoCADD黑色轮廓线打底，彩色马克笔渲染

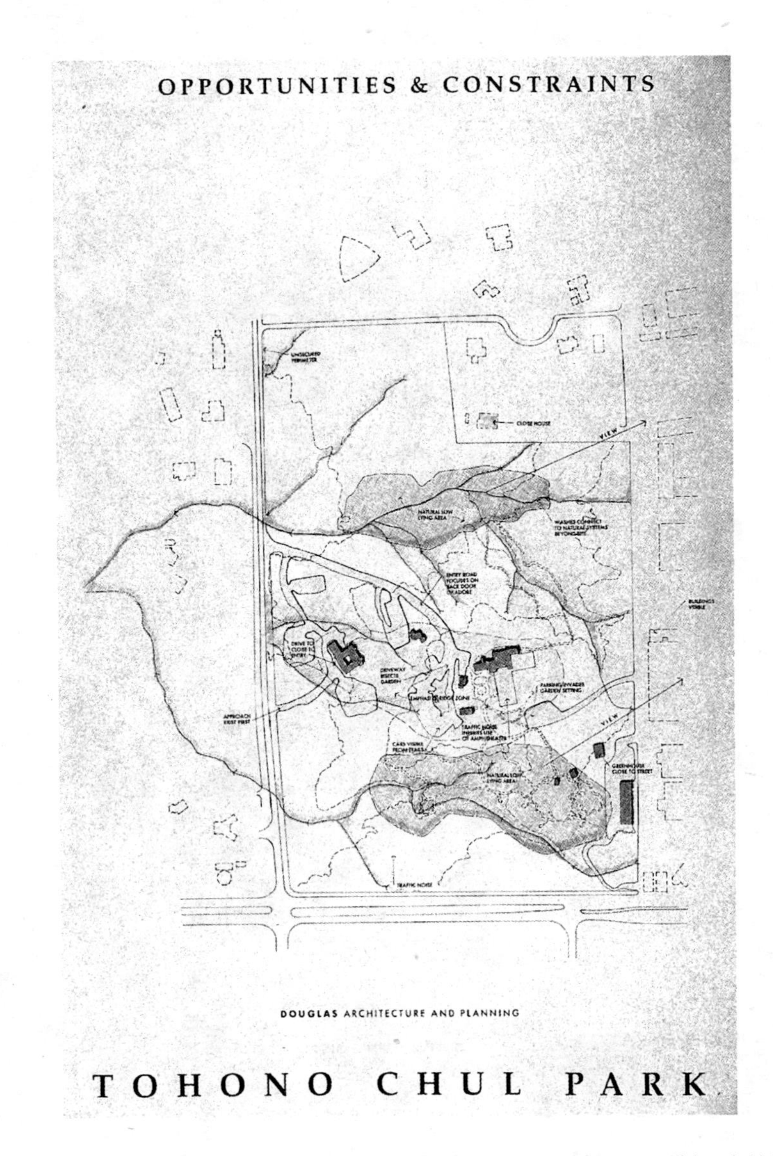

▌Tohono Chul 公园。徒手轮廓线打底，彩色铅笔渲染。材料：文件纸

▌Tohono Chul 公园。徒手轮廓线打底，彩色铅笔渲染。材料：文件纸

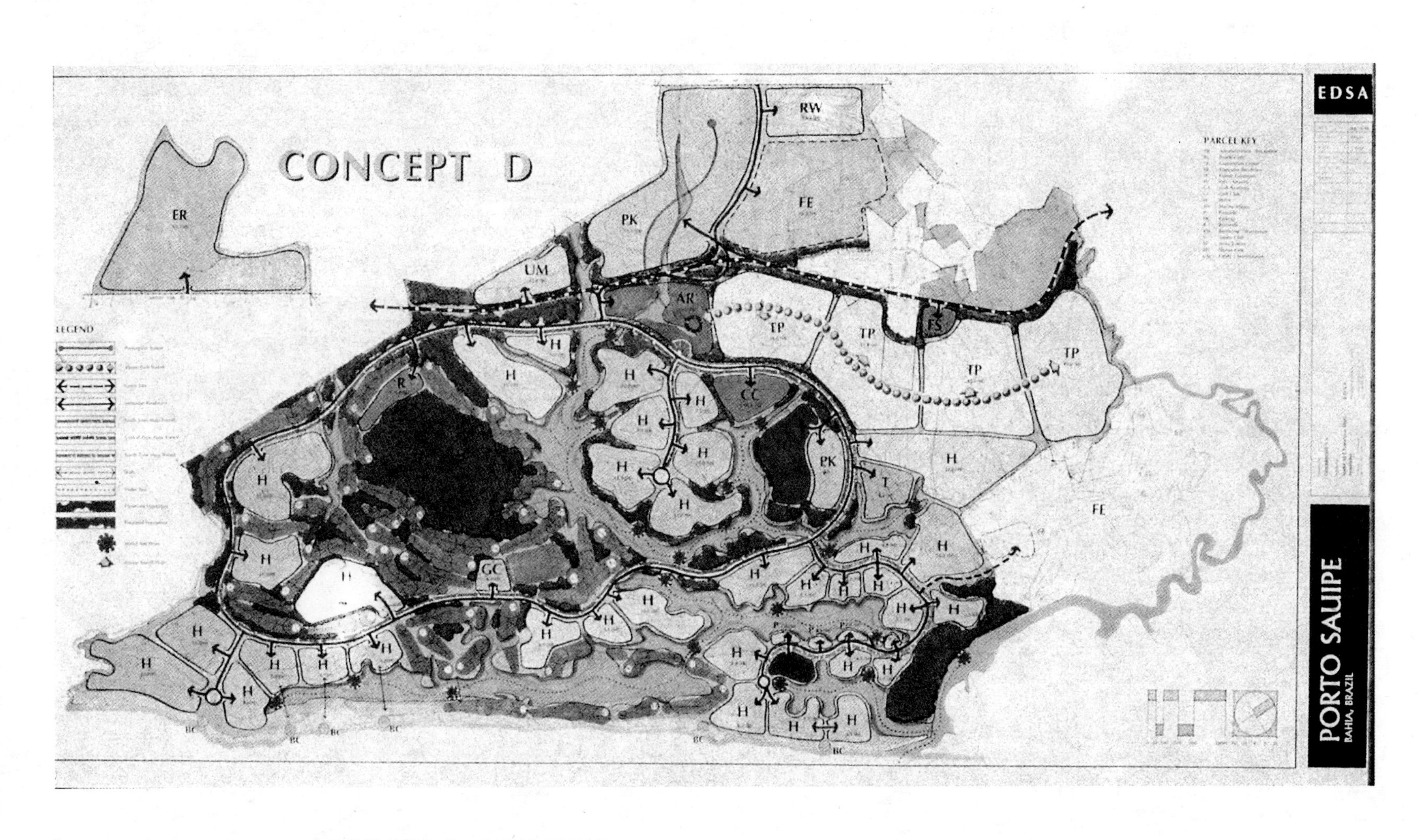

▌Porto Sauipe。AutoCADD黑色轮廓线打底，彩色马克笔渲染

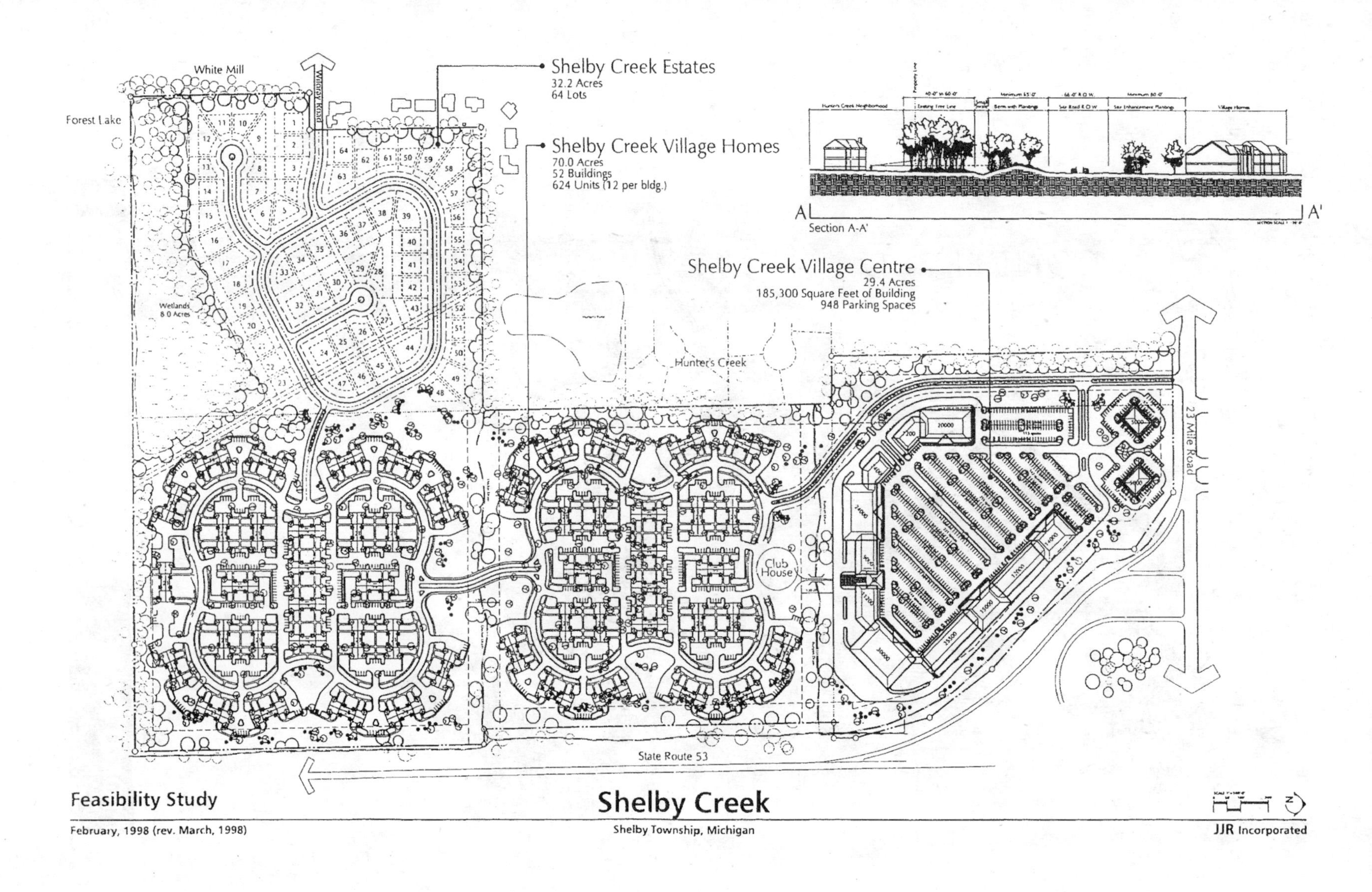

▌谢尔比（Shelby）小港湾。打印在文件纸上的CADD平面图及剖面图

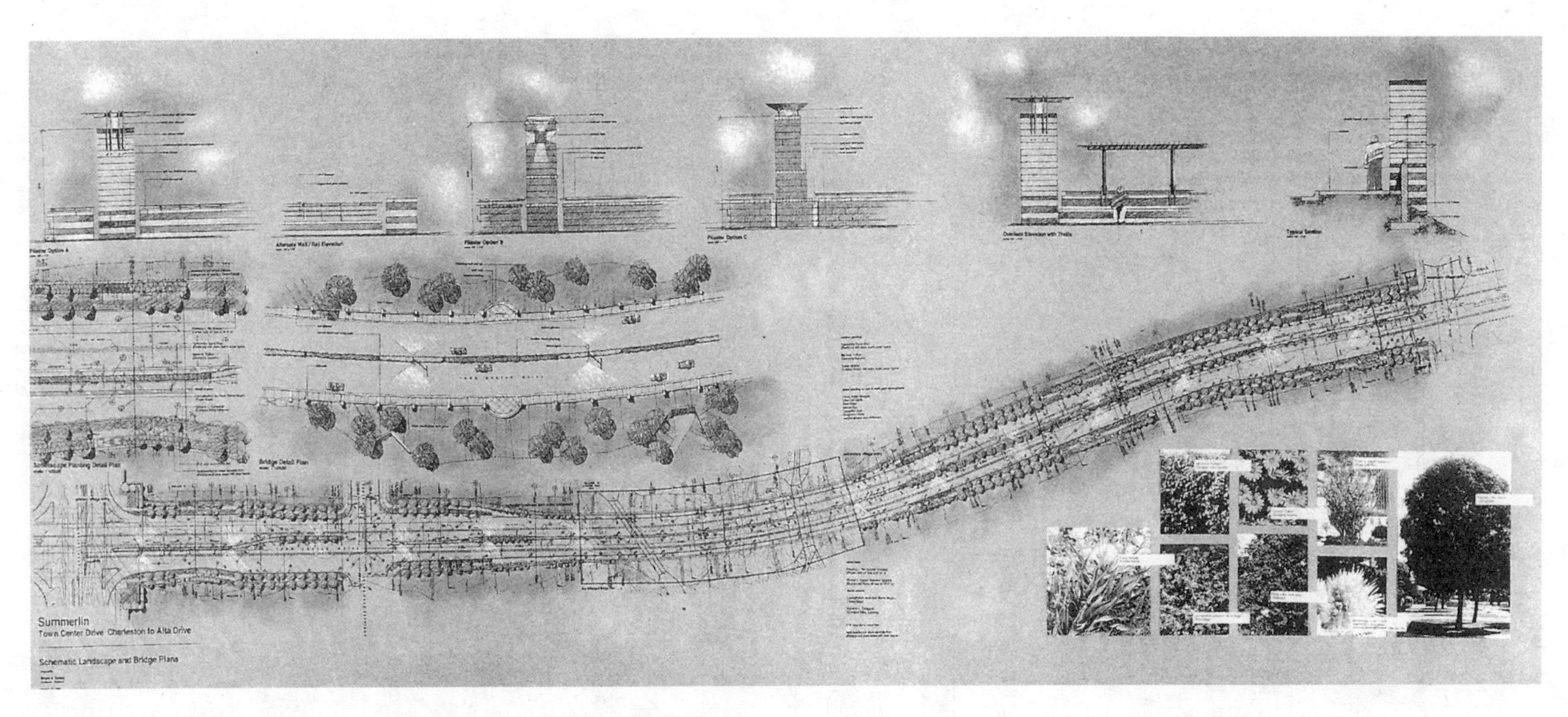

萨墨林(Summerlin)。牛皮纸上，彩铅渲染图与照片以拼贴画的形式组成画面。其中的立面图与照片布局简单，使画面清晰而平衡

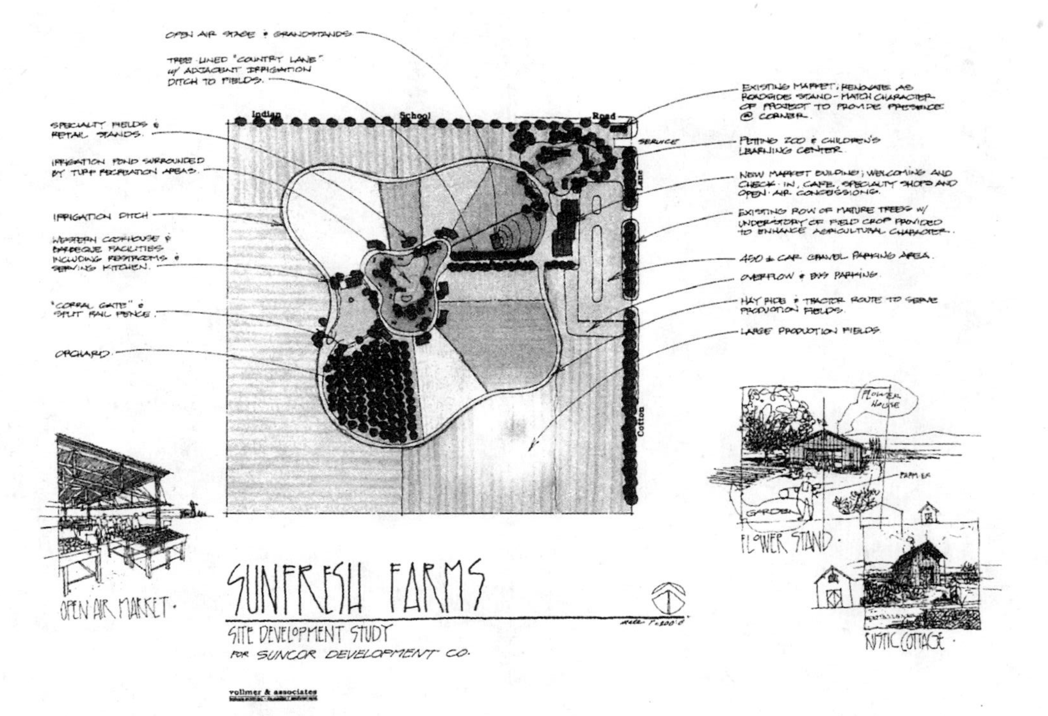

新阳光农场。手绘的黑色轮廓线加彩色马克笔渲染。此方案图风格随意、类似卡通，并且在设计的初始阶段充分表达了设计思想

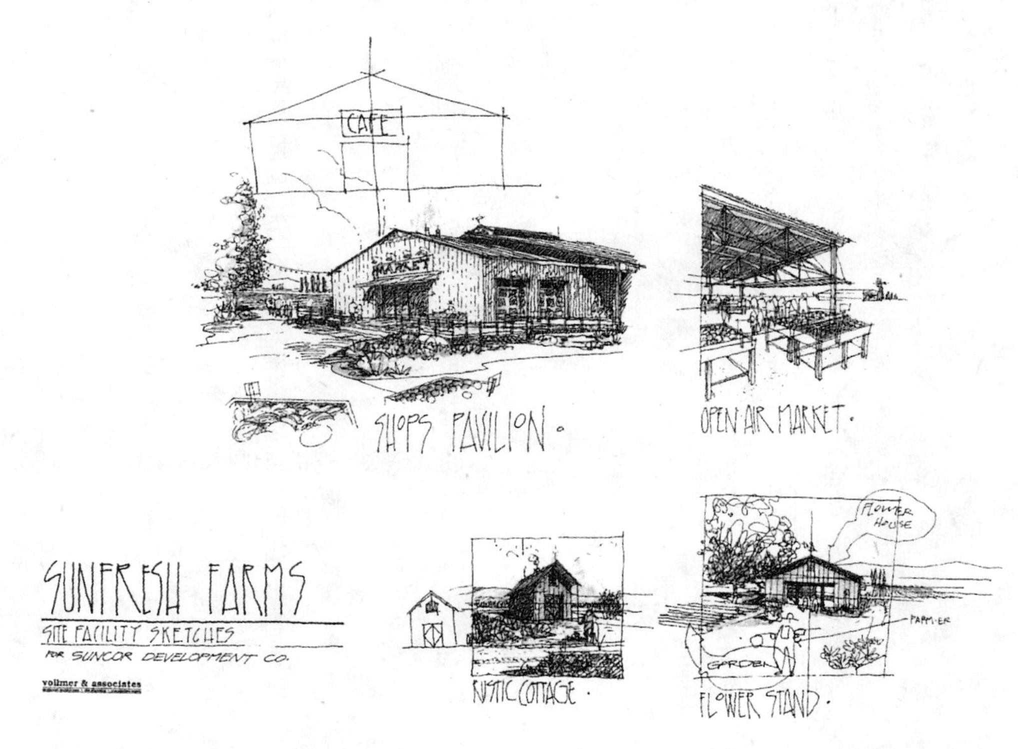

新阳光农场。牛皮纸上的徒手墨线画

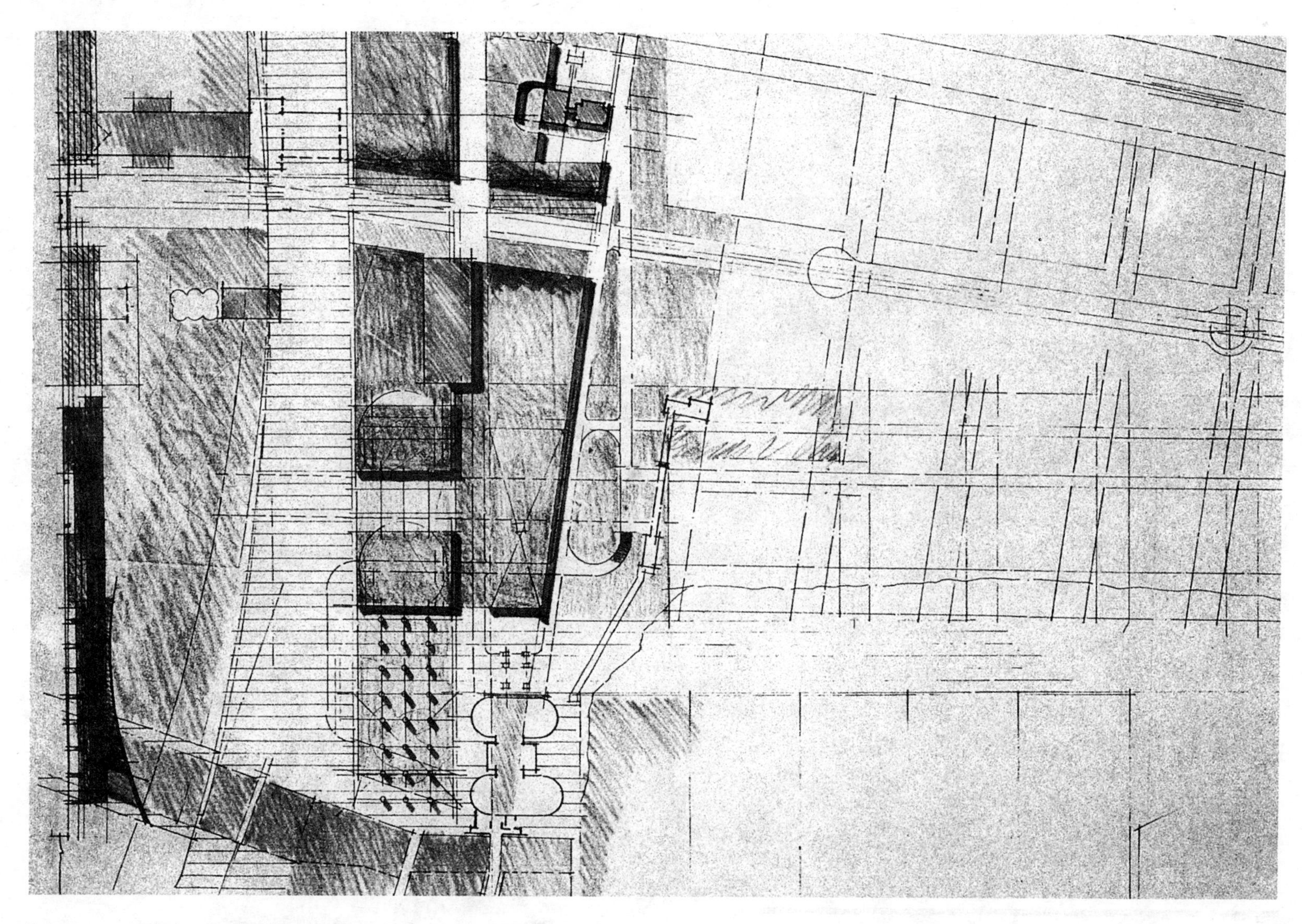

▌格雷(Gary)海滨。徒手硬笔墨线加彩铅渲染。材料：描图纸

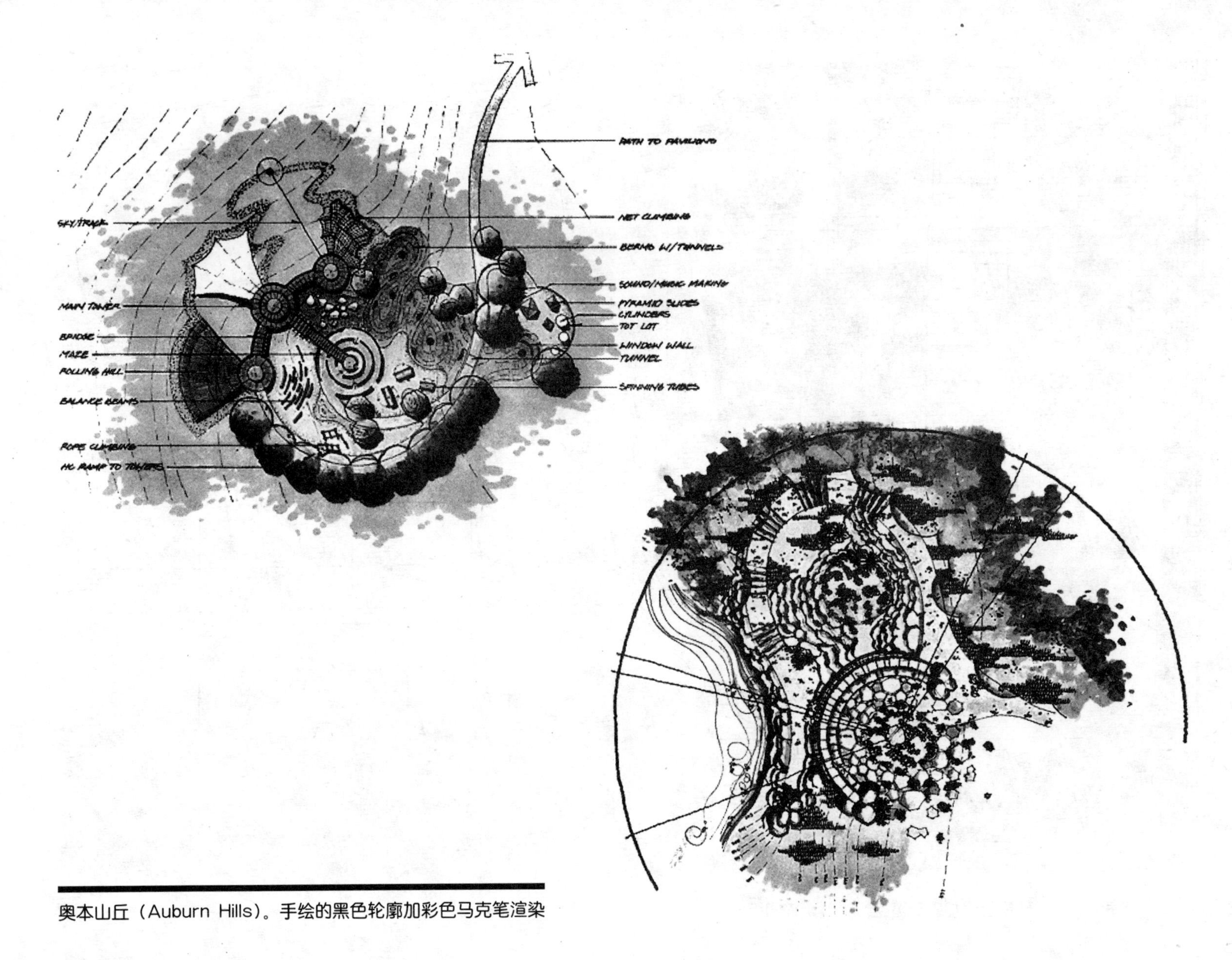

奥本山丘（Auburn Hills）。手绘的黑色轮廓加彩色马克笔渲染

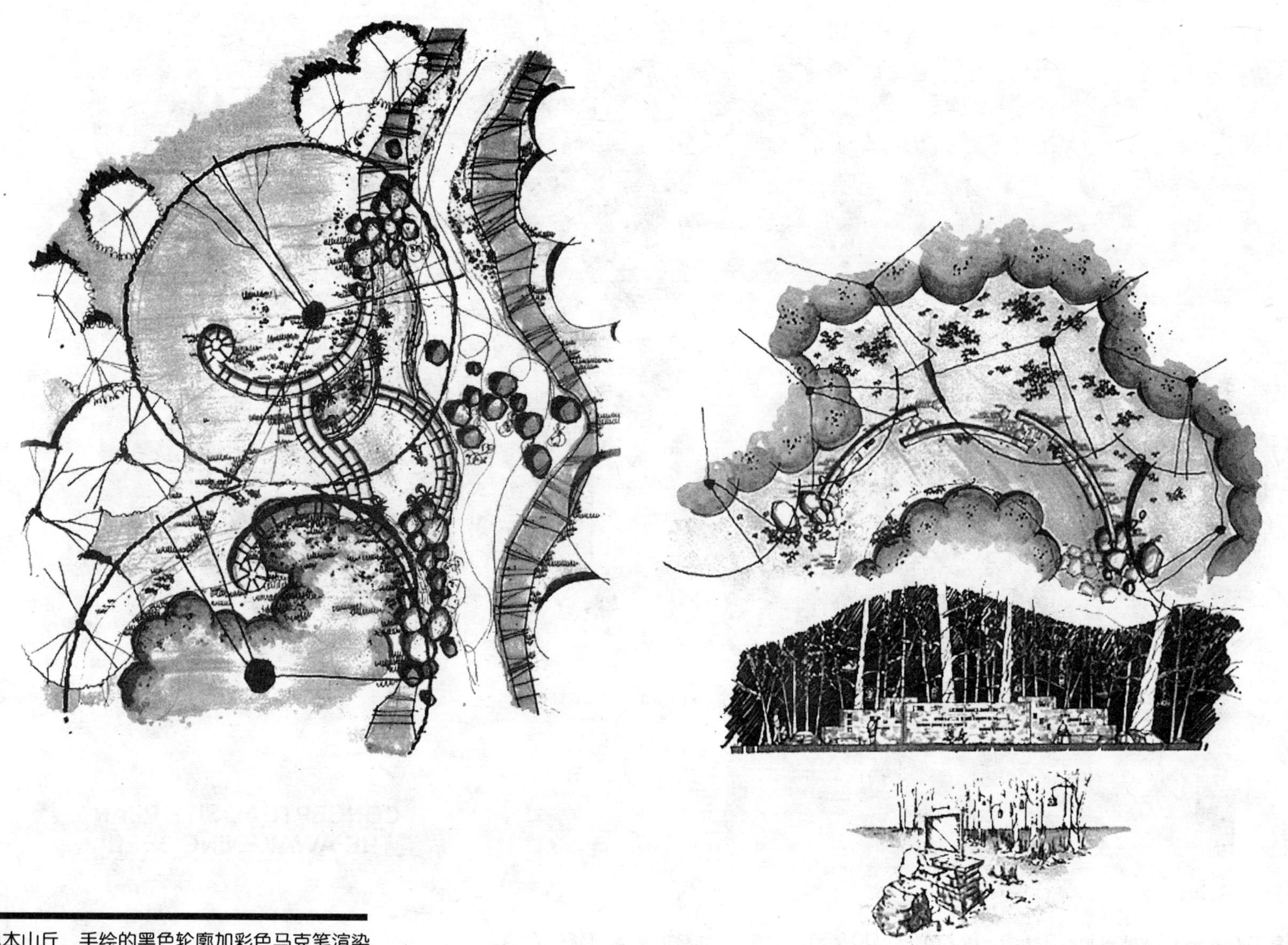

奥本山丘。手绘的黑色轮廓加彩色马克笔渲染

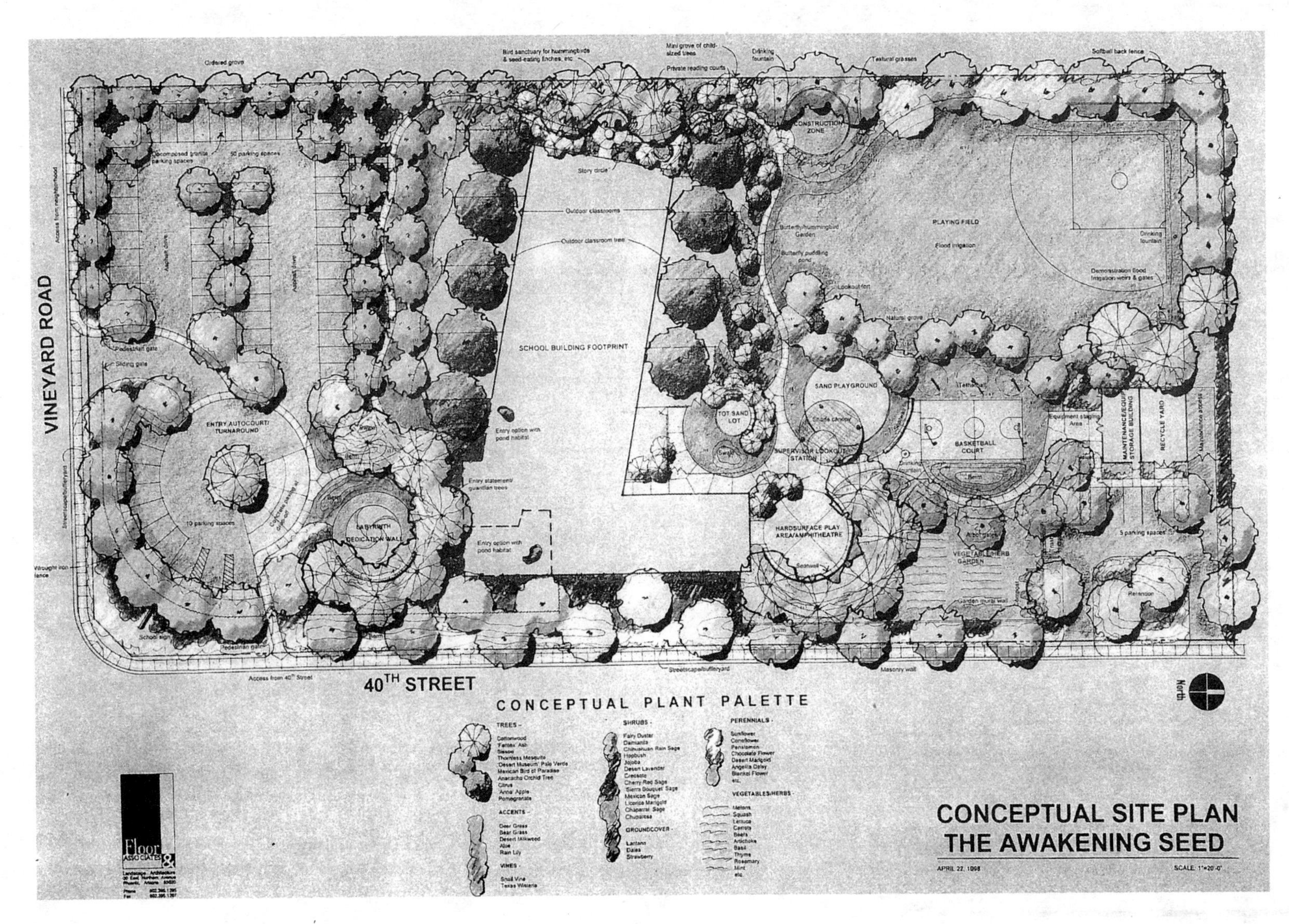

▌萌芽中的苗圃（Awakening Seed）。以AutoCADD图形为基础，手绘彩铅渲染。材料：牛皮纸

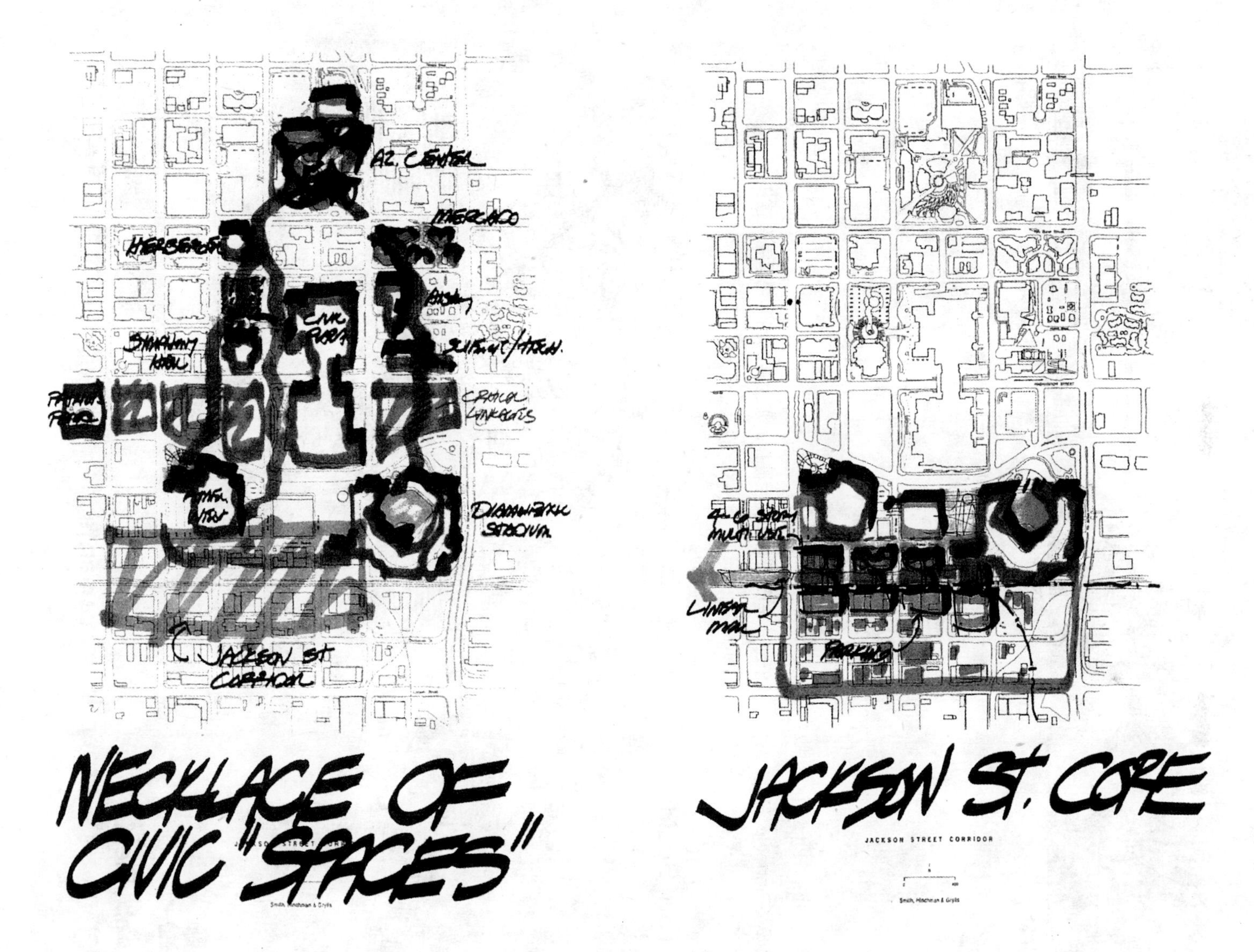

▌杰克逊大街（Jackson Street）。材料：11″ × 17″ 蜡光卡纸、彩色马克笔及墨水笔

SMOOTH STUCCO WALLS, PAINT FINISH TO BE LOW LIGHT REFLECTIVE TYPE; COLOR - WARM BROWN

"WOOD" LINTEL @ OPENINGS.

LIGHT NICHE.

SIMPLE BEAM & LATILLA CROSS-PIECES @ EXIT LANE.

EXISTING GUARDHOUSE; REMOVE TILE ROOF & STRUCTURE, REMOVE FACADE ORNAMENTATION. CONSTRUCT NEW ROOF STRUCTURE, RESTUCCO, REPAINT, INSTALL NEW WINDOW SYSTEM, INSTALL NEW SWINGARM GATES AS SHOWN.

OLEANDER HEDGE

SIGN WALL

PEDESTRIAN GATE

GATEHOUSE

OVERSIZE VEHICLE INGRESS/EGRESS

CONCEALED LIGHT FIXTURES.

MONUMENT SIGN; CUT-OUT METAL LOGO PLAQUE STAND-OFF MOUNTED TO WALL, SALVAGE EXISTING SIGN-(INDIVIDUAL LETTERS) REFINISH & MOUNT TO WALL.

RAISED PLANTER.

WINDOW, DOOR FRAMES, GATES & FENCES TO BE PAINTED FINISH - BLUE GREEN.

PINNACLE PEAK
COUNTRY CLUB ESTATES

vollmer & associates

▌顶峰（Pinnacle Peak）乡村俱乐部。羊皮纸上的徒手墨线，加上背面的彩色马克笔渲染

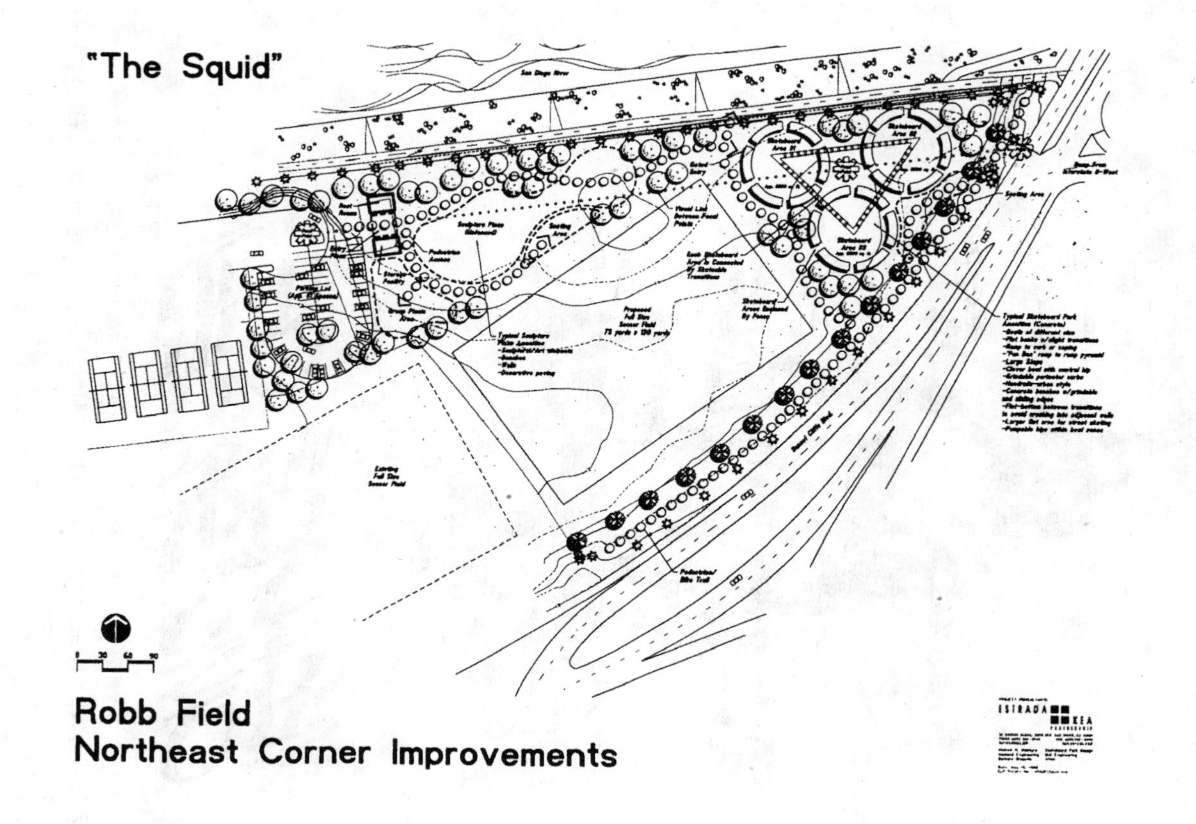

▌罗布区（Robb Field）。喷墨打印机输出的 AutoCADD 图形

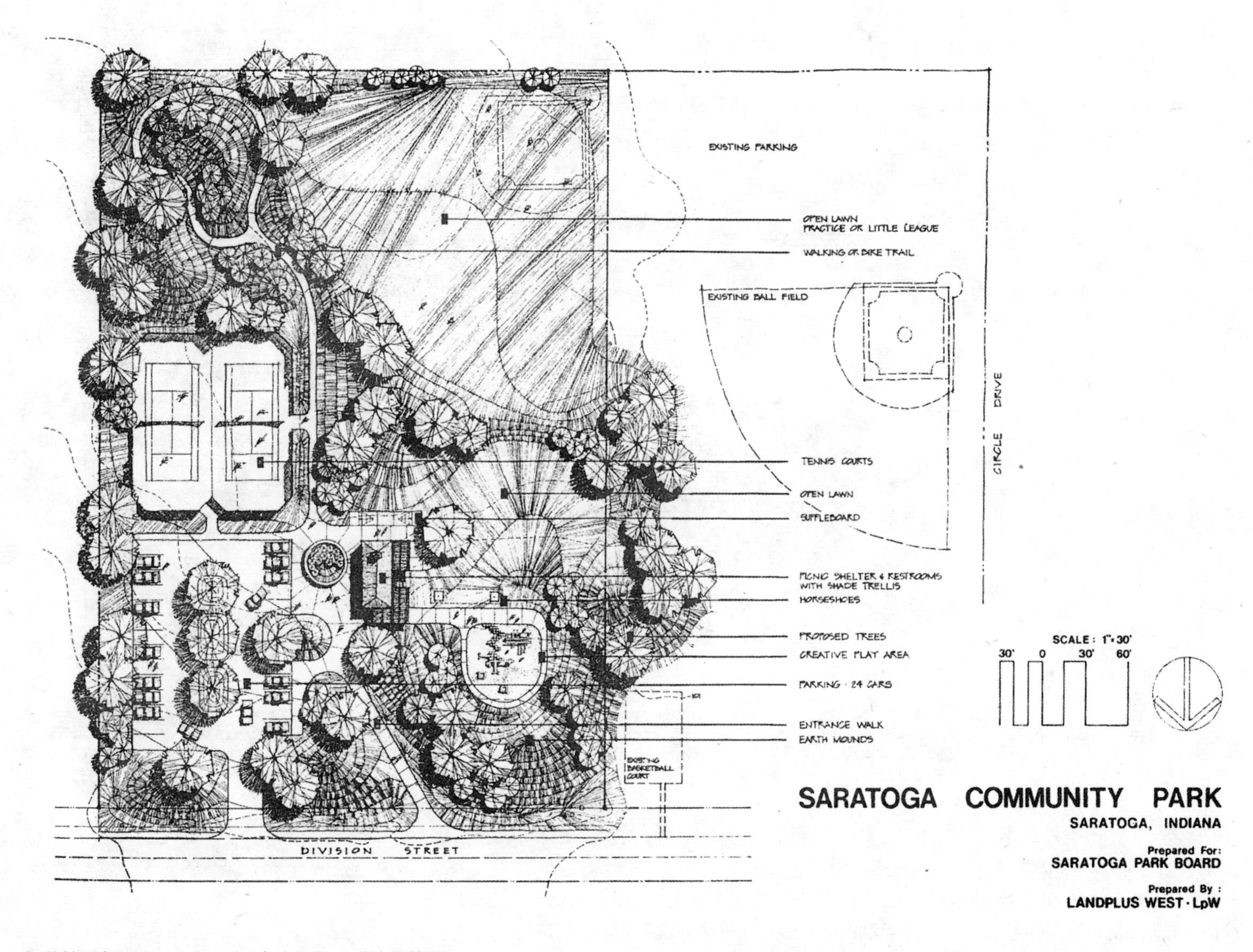

▌萨拉托加（Saratoga）社区公园。手绘墨线图

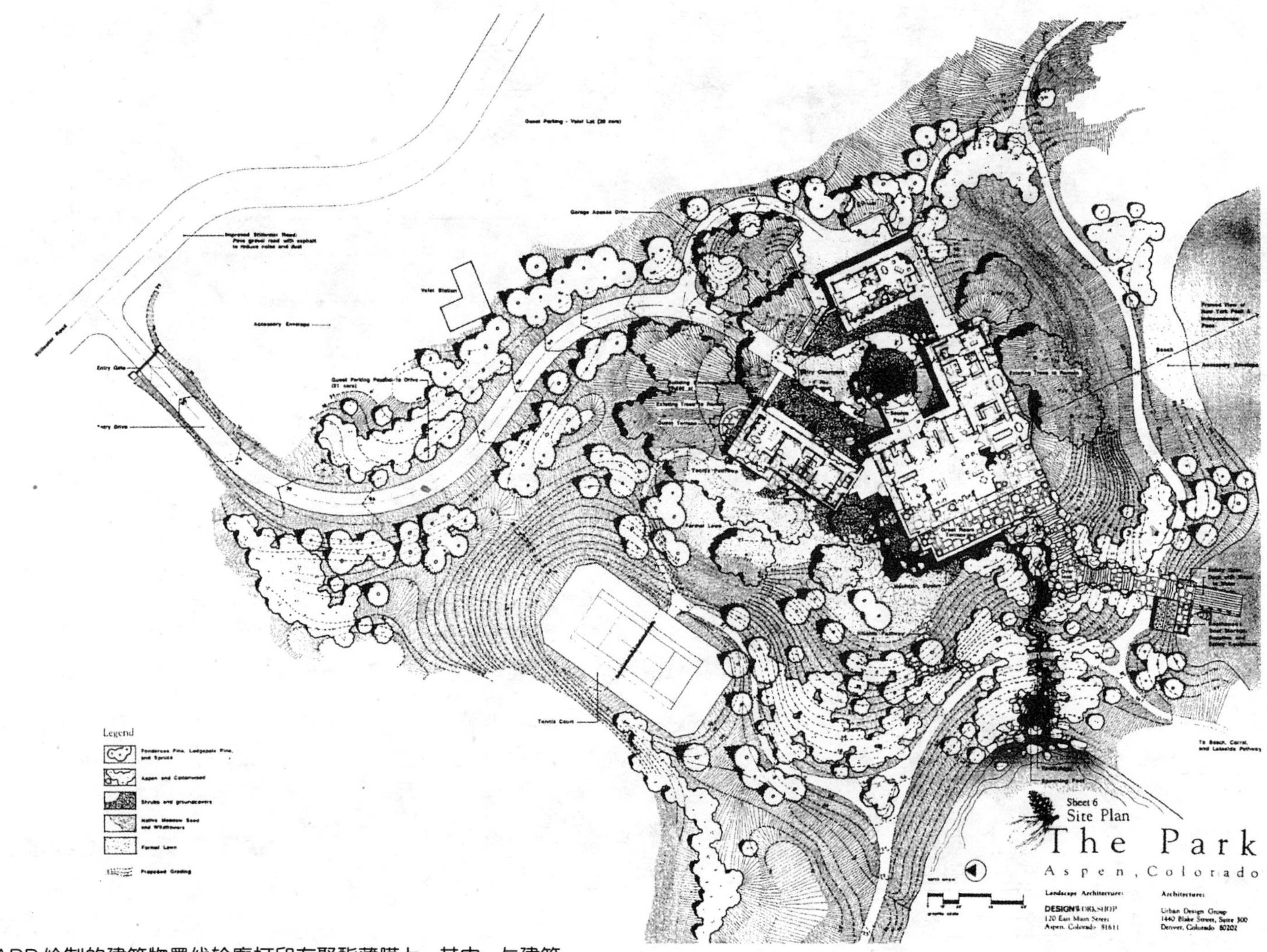

某公园。将AutoCADD绘制的建筑物墨线轮廓打印在聚酯薄膜上。其中，与建筑图一起输出的还有同样用AutoCADD绘制的标题栏。图中的其他文字和图例则是用双面胶贴上去的。所有纹理和图案均以墨线徒手绘制而成

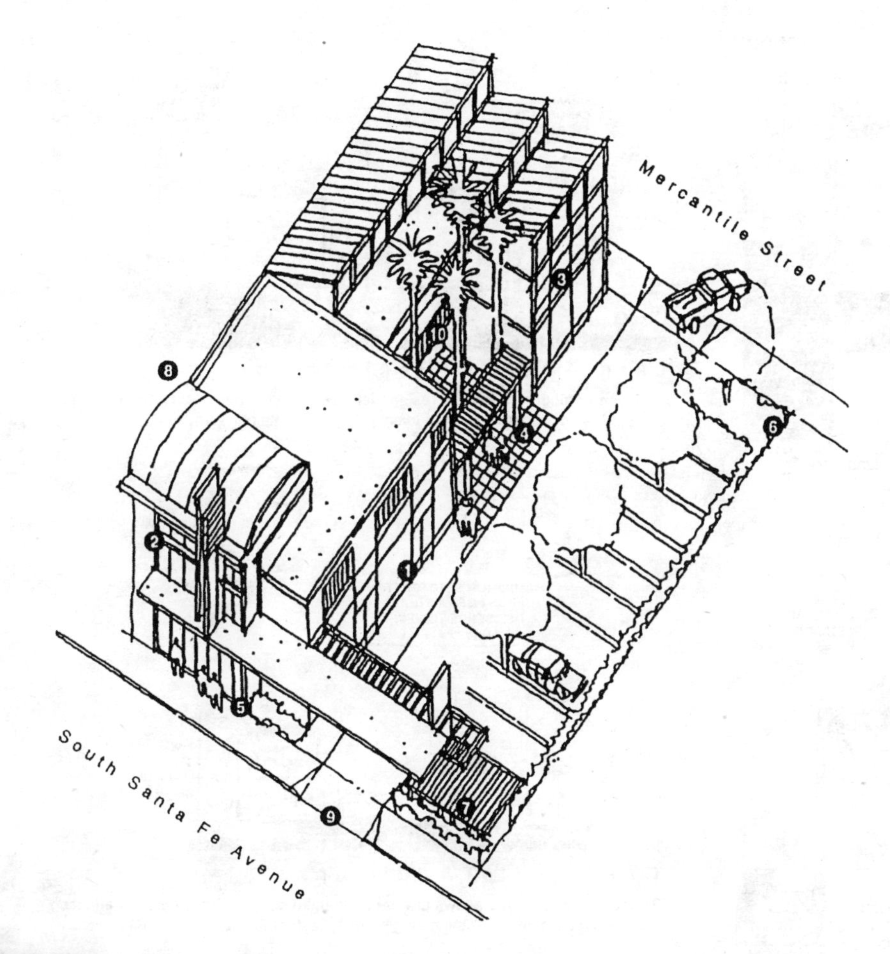

DEVELOPMENT GUIDELINES

Development Concept

The drawing at left illustrates the development of a 100 x 140 foot parcel between South Santa Fe Avenue and Mercantile Street for a mix of commercial and artisan live/work space.

Uses

1. Restaurant/retail at 1st Floor.
2. Offices at 2nd Floor.
3. Artisan studios (live/work space) on two stories.
4. Access to 2nd Floor from courtyard.

Site Requirements

5. Five-foot maximum setback from street-fronting property lines allowed for 50% of frontage.
6. Required landscaped setback at Mercantile Street frontage.

Building Massing/Bulk

7. Mandatory architectural element at South Santa Fe Avenue property line
8. Maximum height three stories. Building massing shall follow topography.

Parking

9. Maximum of one curb cut per 100 feet of South Santa Fe Avenue frontage. No curb cuts allowed on parcels narrower than 100 feet.

Residential Guidelines

10. Provide usable exterior space (balcony or yard space) for each unit.

PROTOTYPE SITE B • SOUTH SANTA FE / MIXED ARTISAN RETAIL
Vista Village Specific Plan

CITY OF VISTA
California
COTTON/BELAND/ASSOCIATES
Urban and Environmental Planning
ANDREW SPURLOCK MARTIN POIRIER
Landscape Architects

▌维斯塔村庄（Vista Village）。聚酯薄膜、徒手墨线及正规的字体

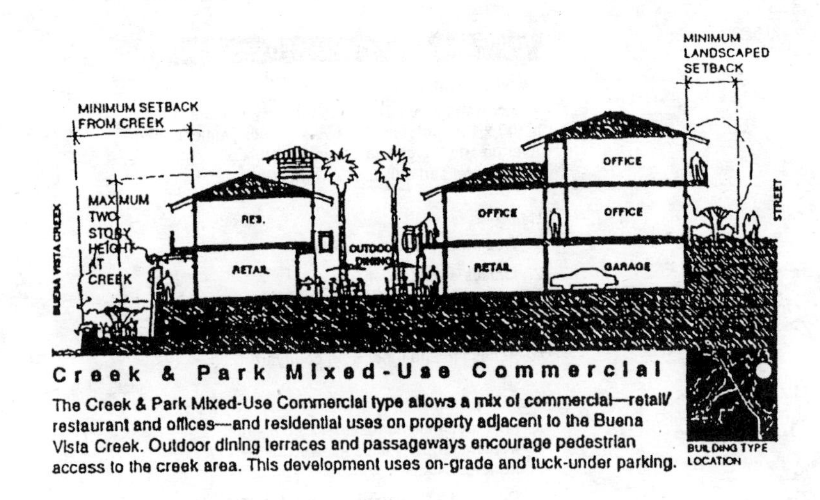

Creek & Park Mixed-Use Commercial

The Creek & Park Mixed-Use Commercial type allows a mix of commercial—retail/restaurant and offices—and residential uses on property adjacent to the Buena Vista Creek. Outdoor dining terraces and passageways encourage pedestrian access to the creek area. This development uses on-grade and tuck-under parking.

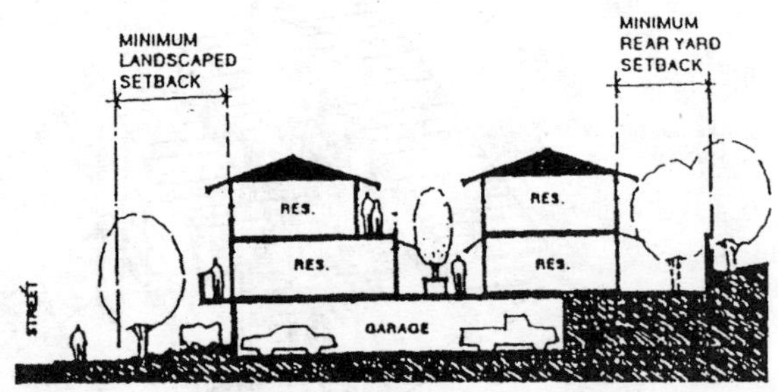

Large-Parcel Residential

This type of moderate-density residential development may occur where larger parcels are zoned to allow up to twenty dwelling units per acre.

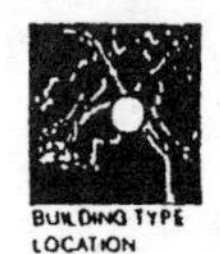
BUILDING TYPE LOCATION

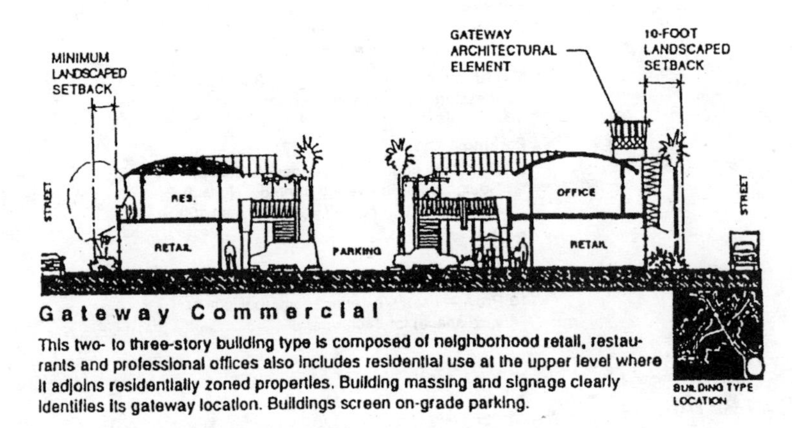

Gateway Commercial

This two- to three-story building type is composed of neighborhood retail, restaurants and professional offices also includes residential use at the upper level where it adjoins residentially zoned properties. Building massing and signage clearly identifies its gateway location. Buildings screen on-grade parking.

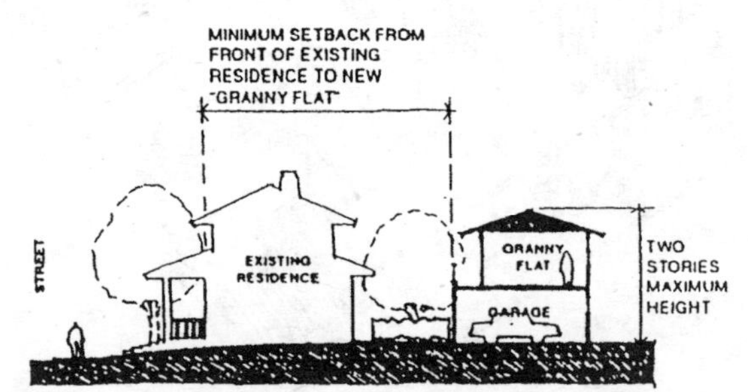

Granny Flat Addition

The "Granny Flat" type allows greater residential density without greatly affecting the visual character of existing single-family residential neighborhoods.

BUILDING TYPE LOCATION

BUILDING TYPES
Vista Village Specific Plan

CITY OF VISTA
California
COTTON/BELAND/ASSOCIATES
Urban and Environmental Planning
ANDREW SPURLOCK MARTIN POIRIER
Landscape Architects

▌维斯塔村庄。聚酯薄膜、徒手墨线及正规的字体

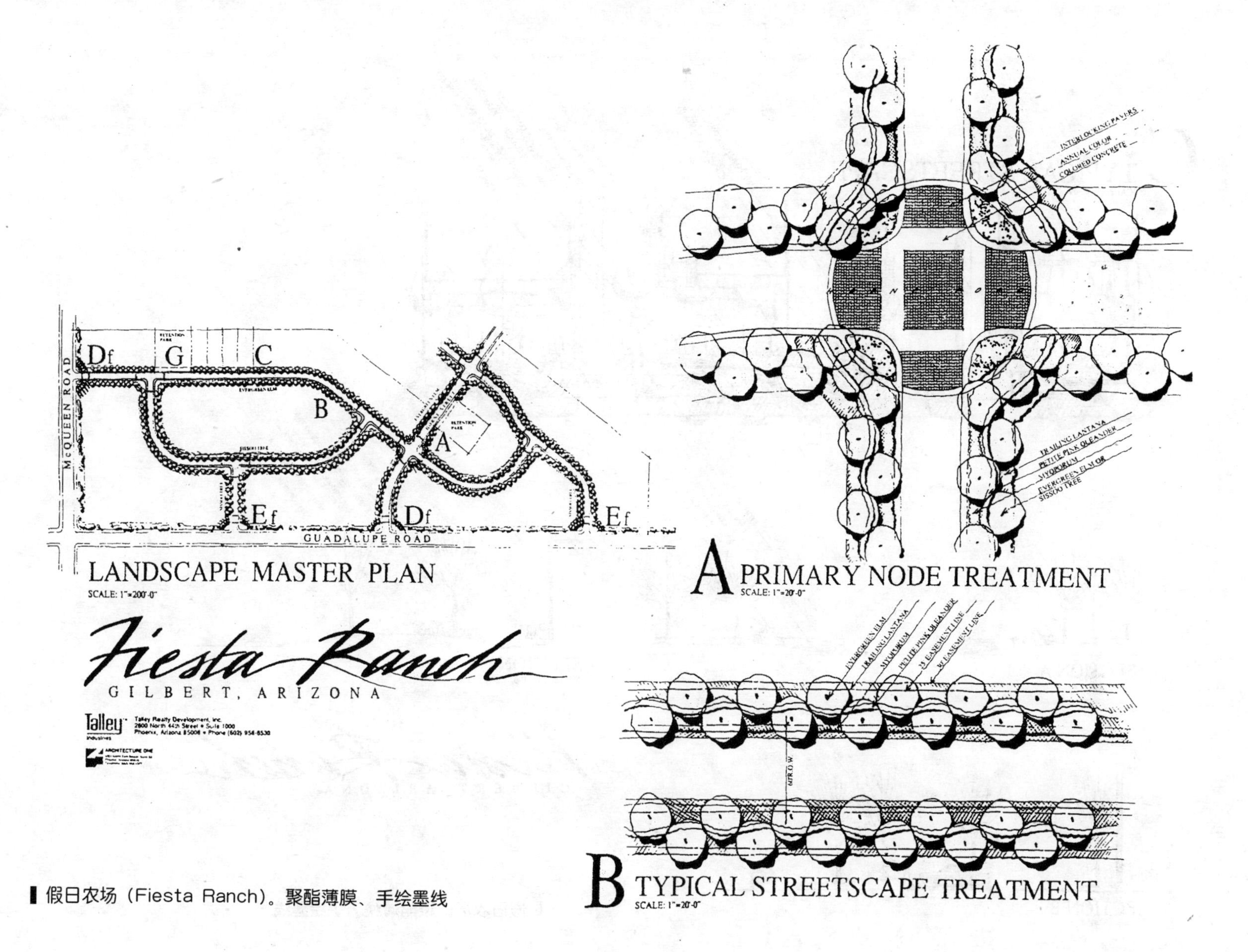

■ 假日农场（Fiesta Ranch）。聚酯薄膜、手绘墨线

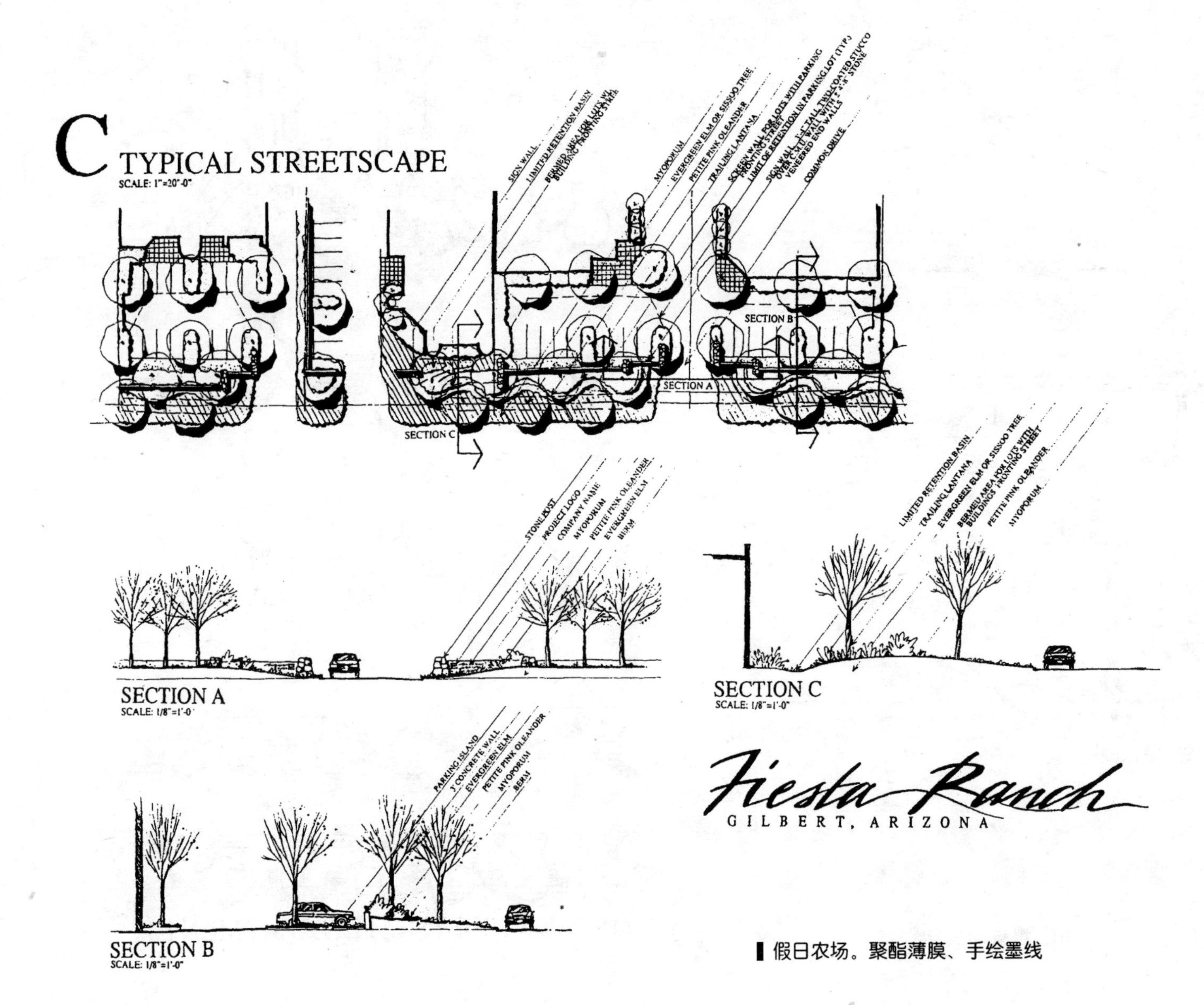

▌假日农场。聚酯薄膜、手绘墨线

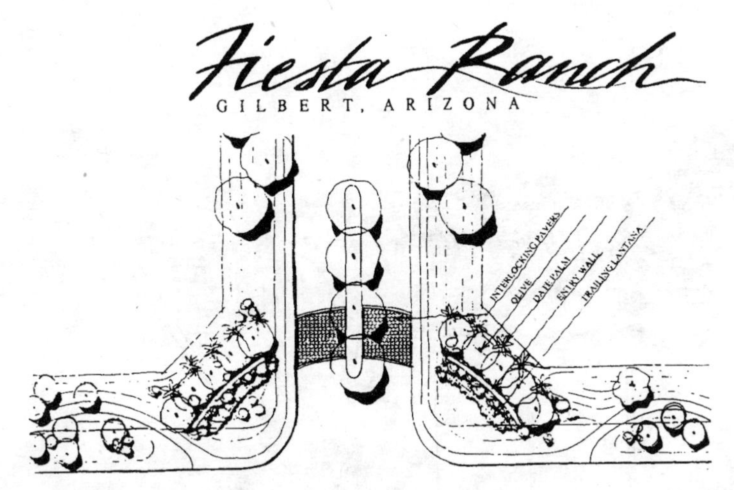

D PRIMARY ENTRY TREATMENT

SCALE: 1"=20'-0"

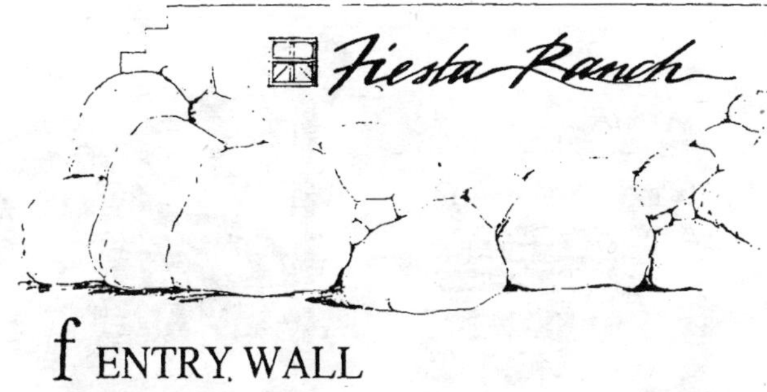

f ENTRY WALL

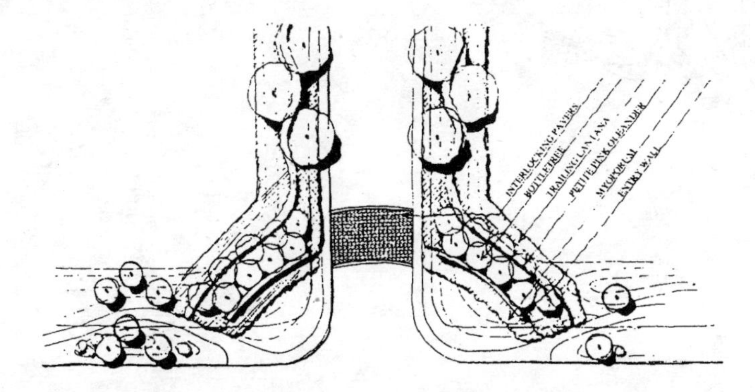

E SECONDARY ENTRY TREATMENT

SCALE: 1"=20'-0"

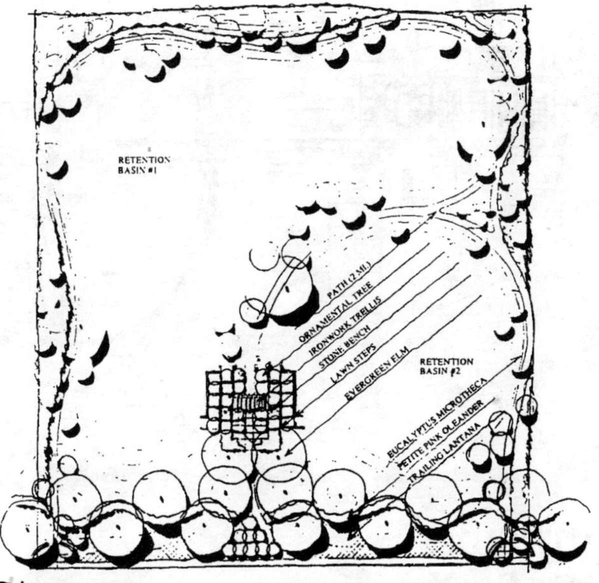

G PARK DEVELOPMENT CONCEPT

▌假日农场。聚酯薄膜、手绘墨线

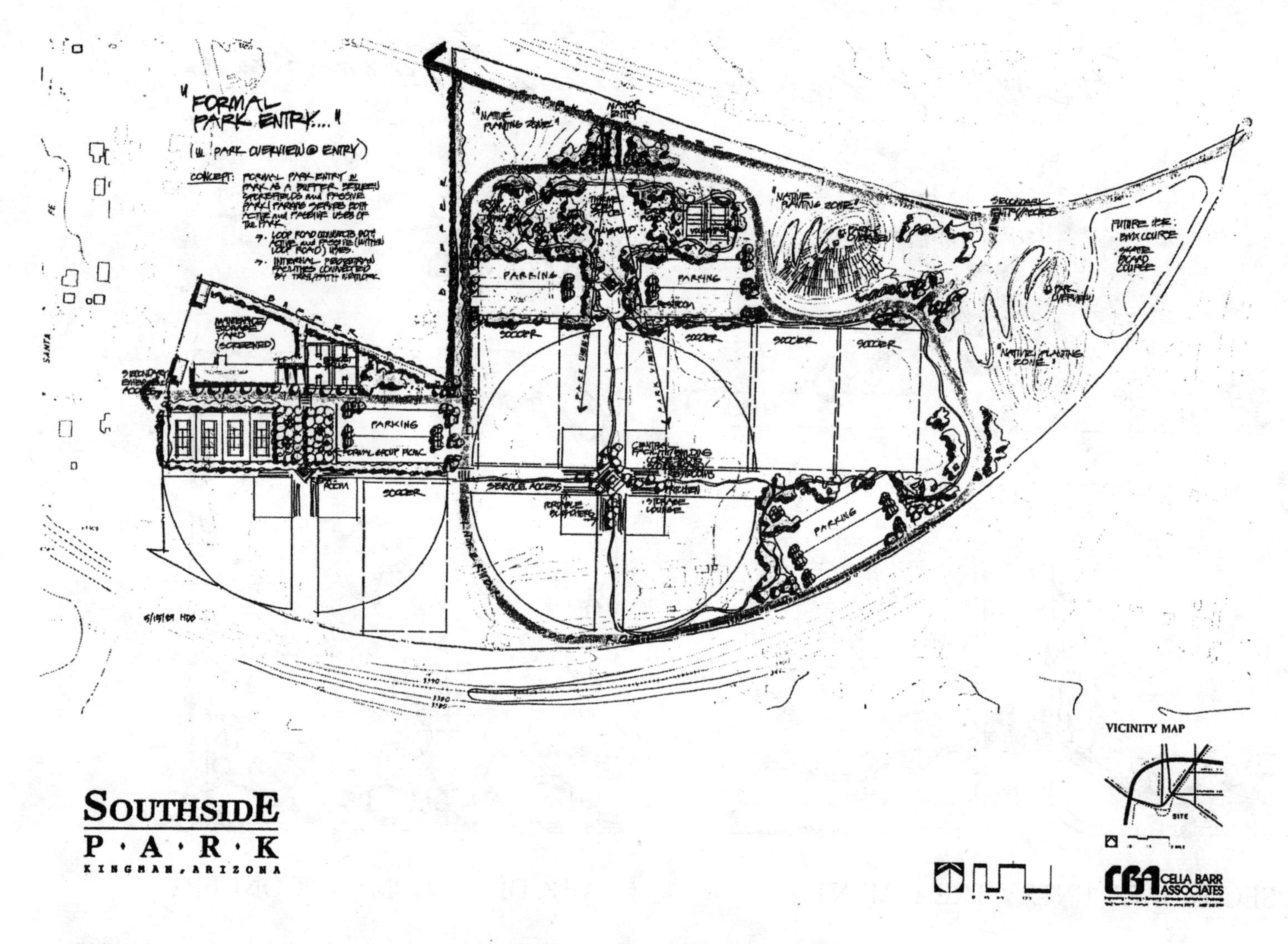

绍斯赛德(Southside)公园。以AutoCADD绘制的地形图为基础的手绘墨线图，材料为聚酯薄膜。请注意，画面中为了减少与信息表达间可能存在的冲突，将基本图形做了屏蔽处理

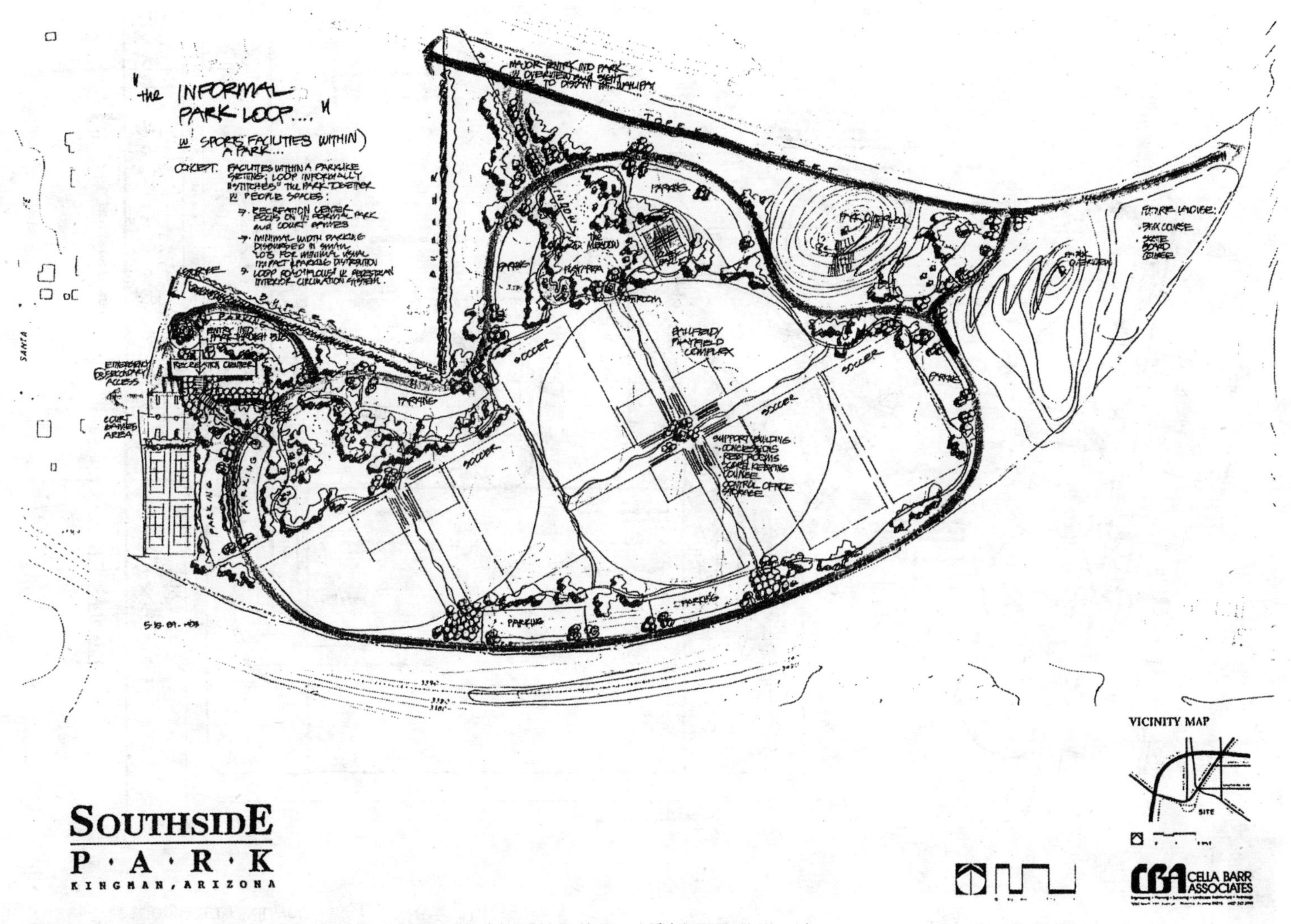

绍斯赛德公园。以AutoCADD绘制的地形图为基础的手绘墨线图，材料为聚酯薄膜。请注意，画面中为了减少与信息表达间可能存在的冲突，将基本图形做了屏蔽处理

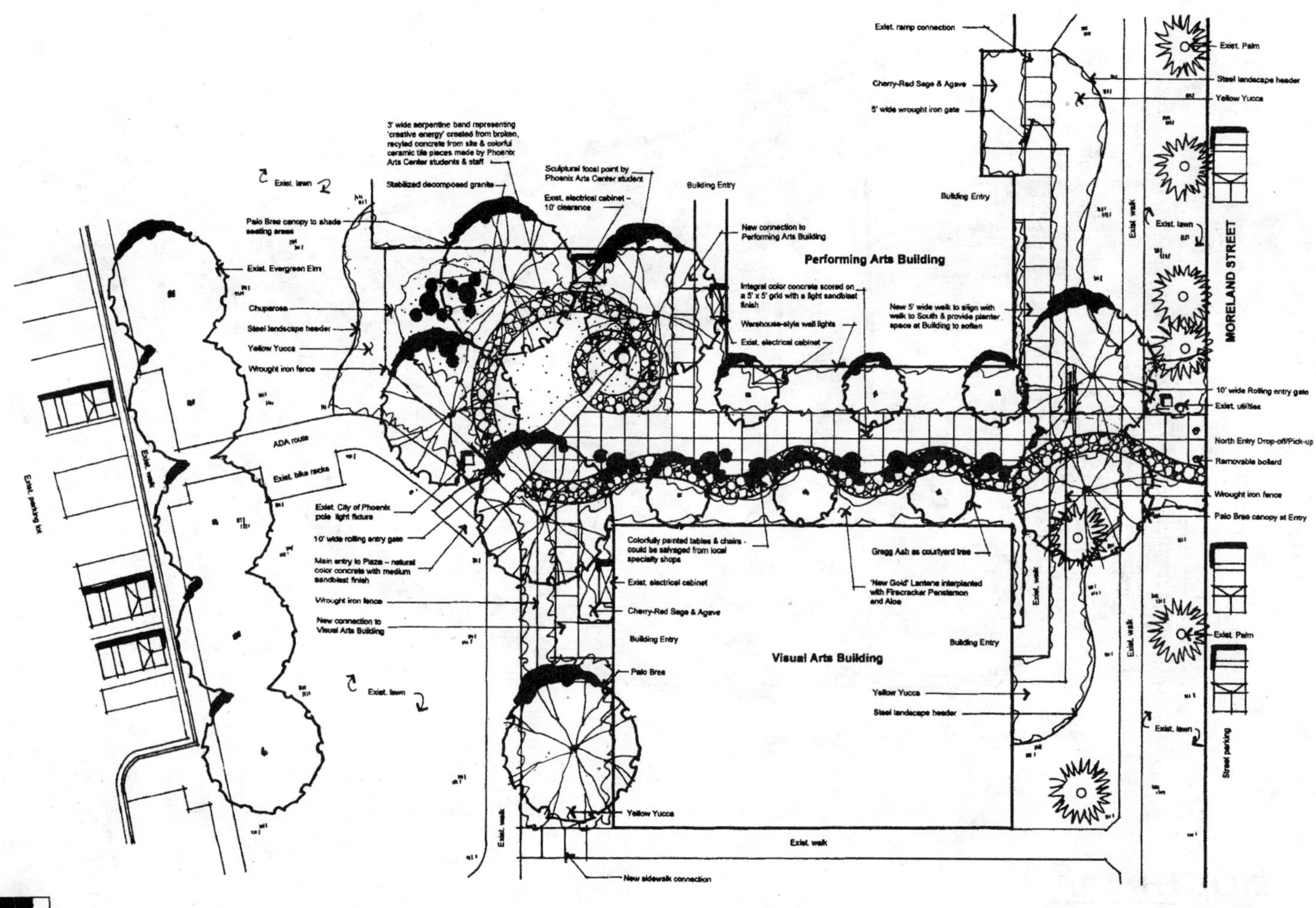

CONCEPTUAL LANDSCAPE PLAN FOR
PHOENIX ARTS CENTER PLAZA
February 24, 1998 Scale: 1"=10'-0"

菲尼克斯艺术中心广场（Phoenix Arts Center Plaza）。以AutoCADD图形为基础的手绘墨线图。其中的文字及标题栏均与基本图形一起由AutoCADD绘制，而标注的引线则是手绘的

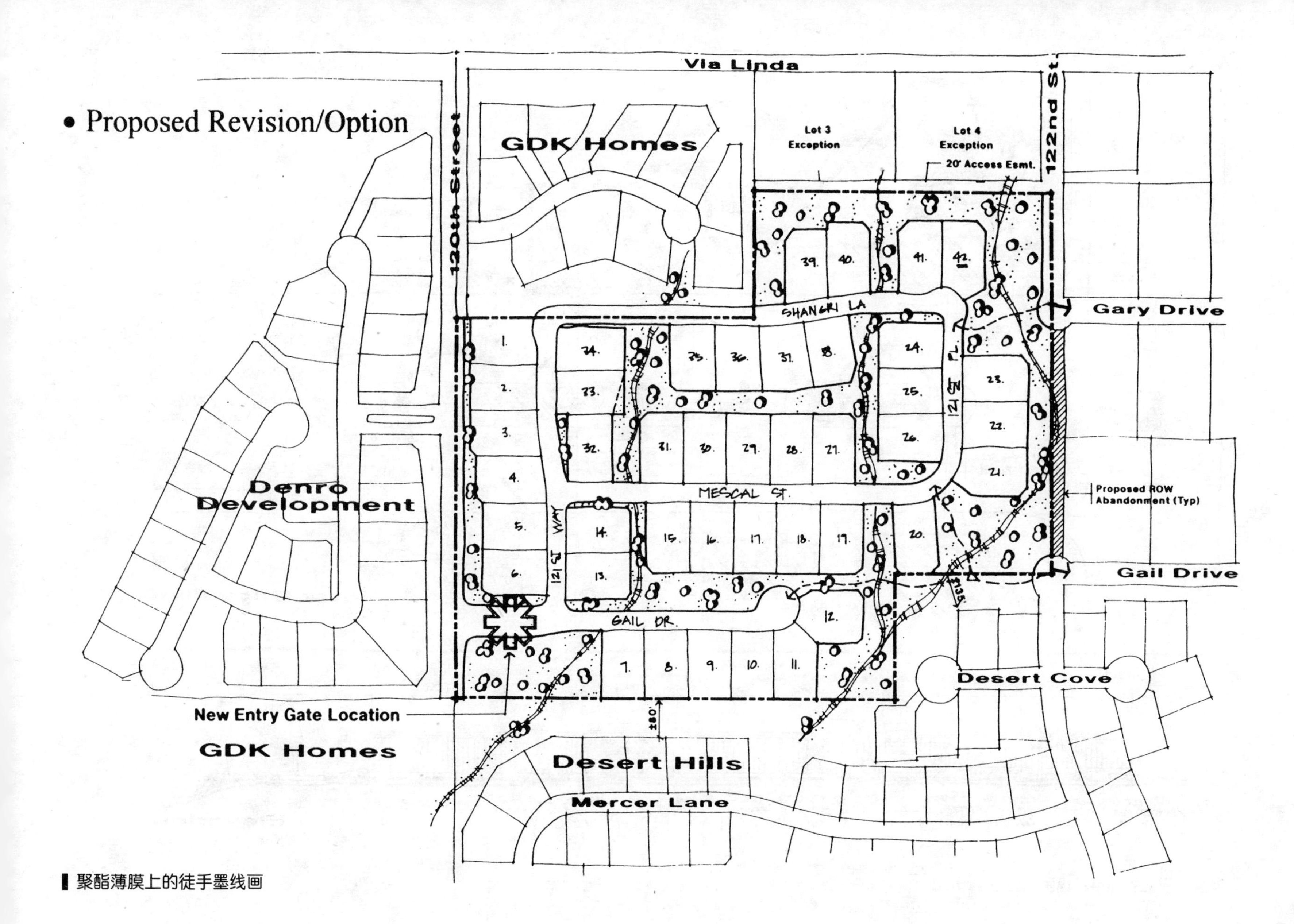

▌聚酯薄膜上的徒手墨线画

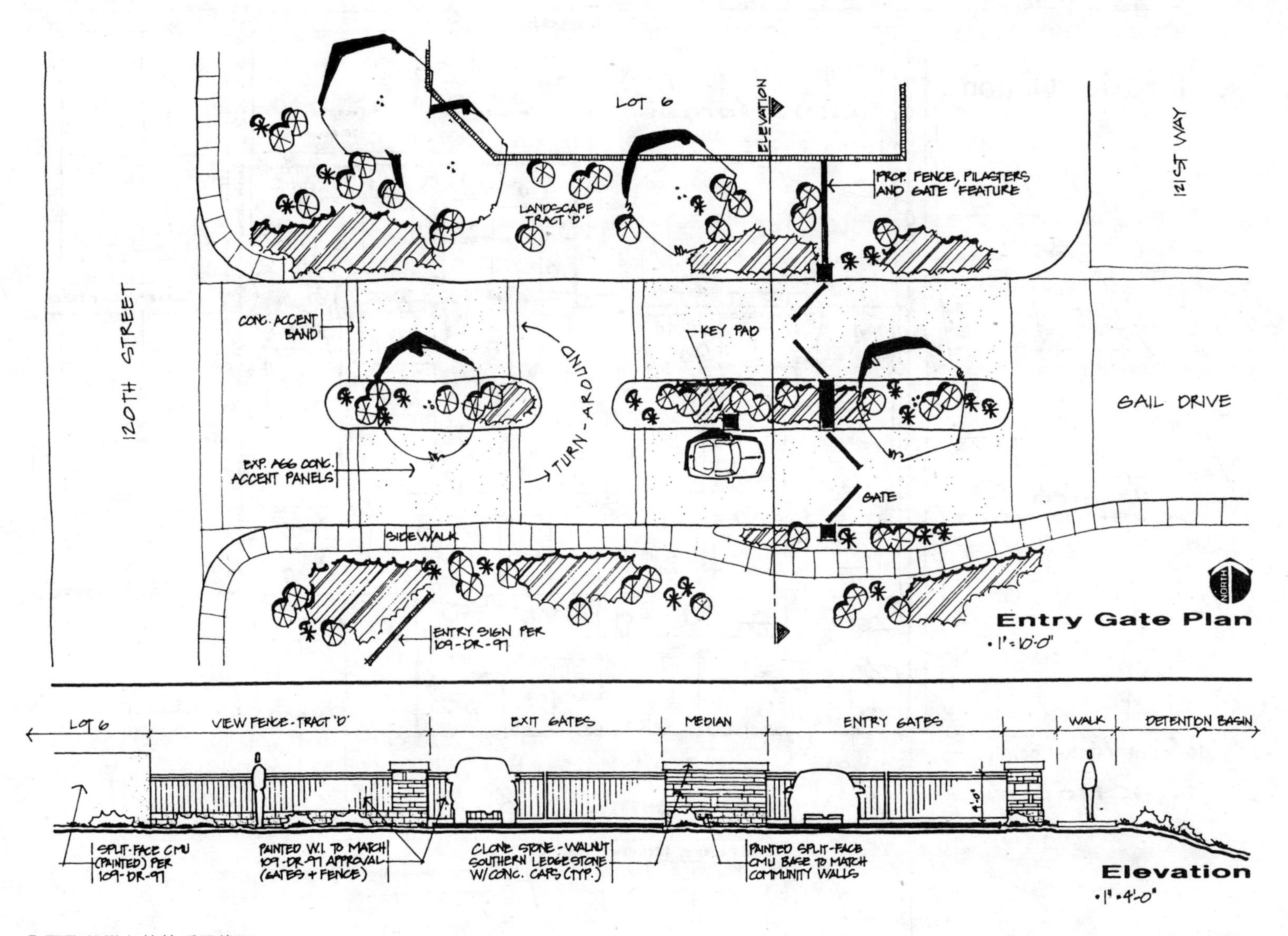

▍聚酯薄膜上的徒手墨线画

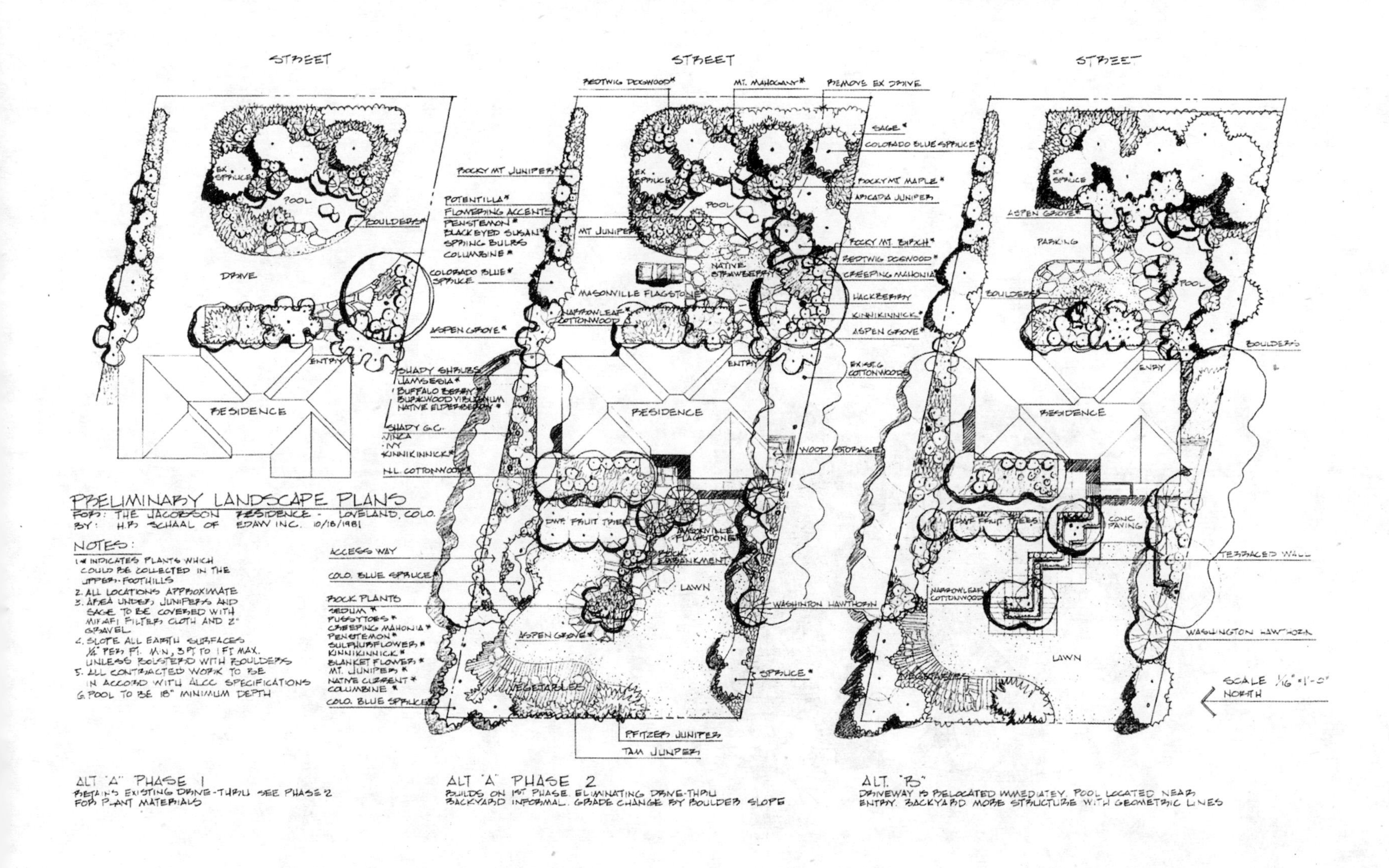

▌杰克逊居住区。材料：聚酯薄膜及石墨

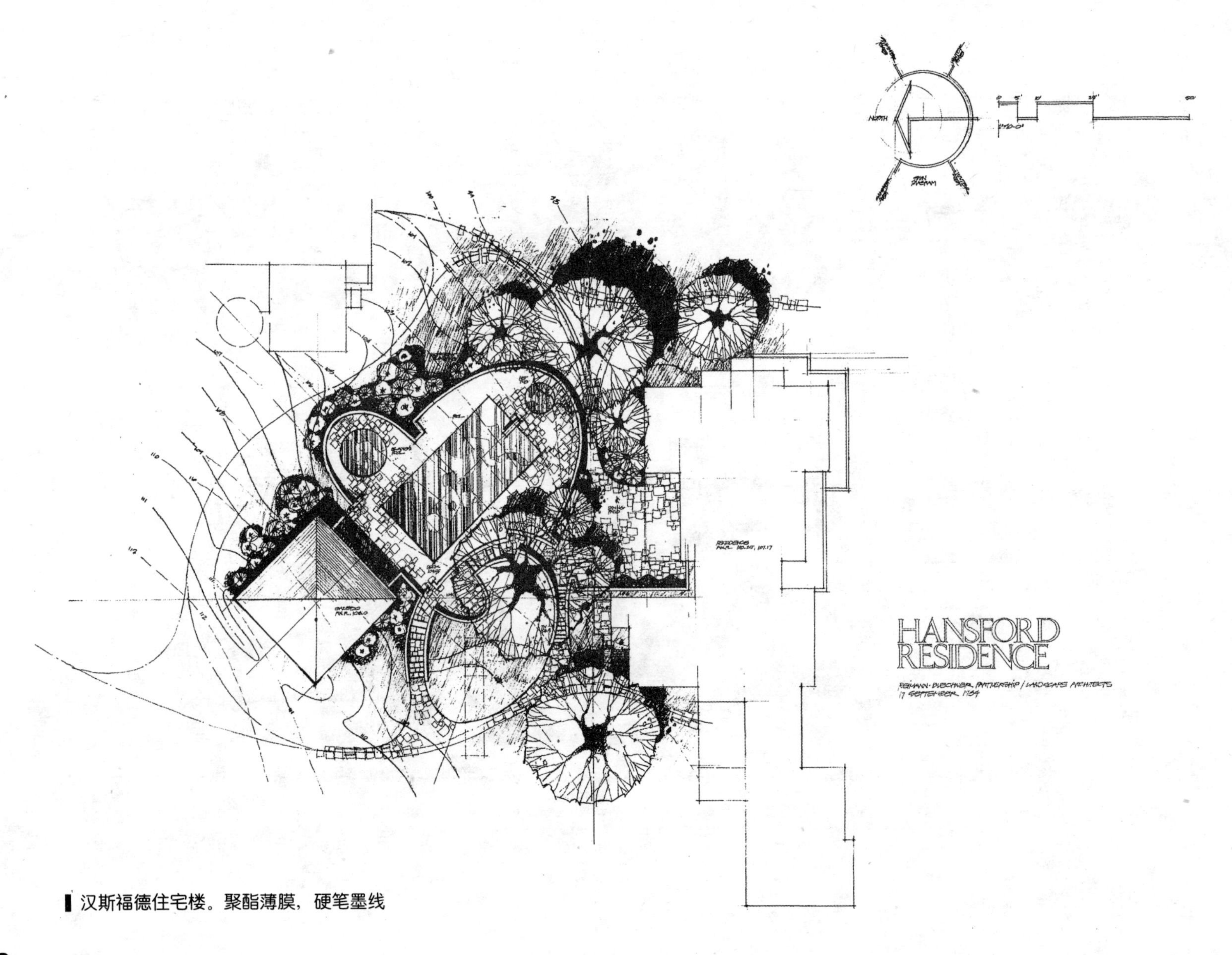

▌汉斯福德住宅楼。聚酯薄膜，硬笔墨线

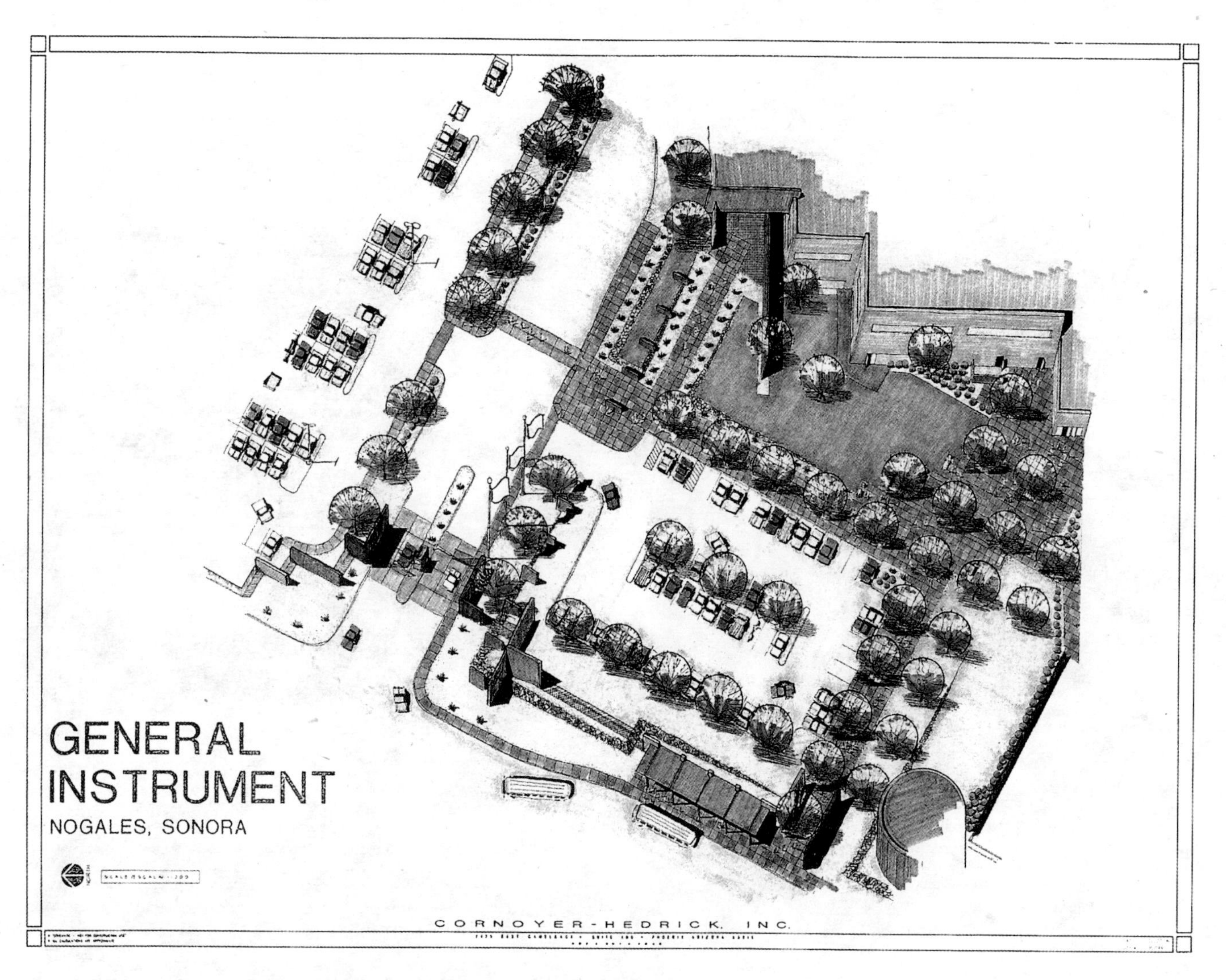

总体设施。以AutoCADD的透视图为基础的徒手画，材料：描图纸。在与标题栏同时打印的黑色轮廓线上，用彩色铅笔及彩色马克笔渲染

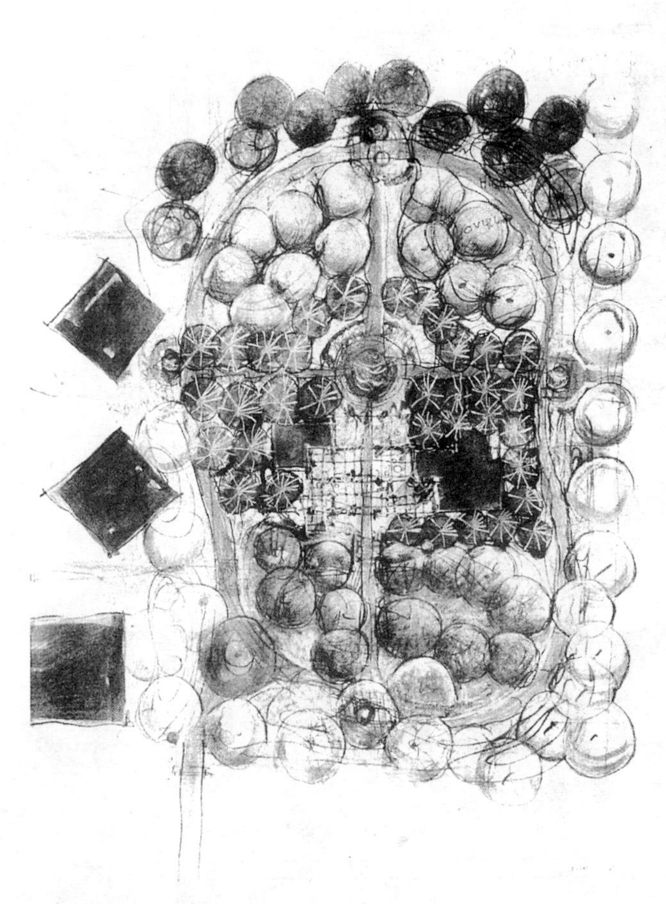

埃尔西麦卡锡景观花园（Elsie McCarthy Sensory Garden）。材料：描图纸及彩色马克笔

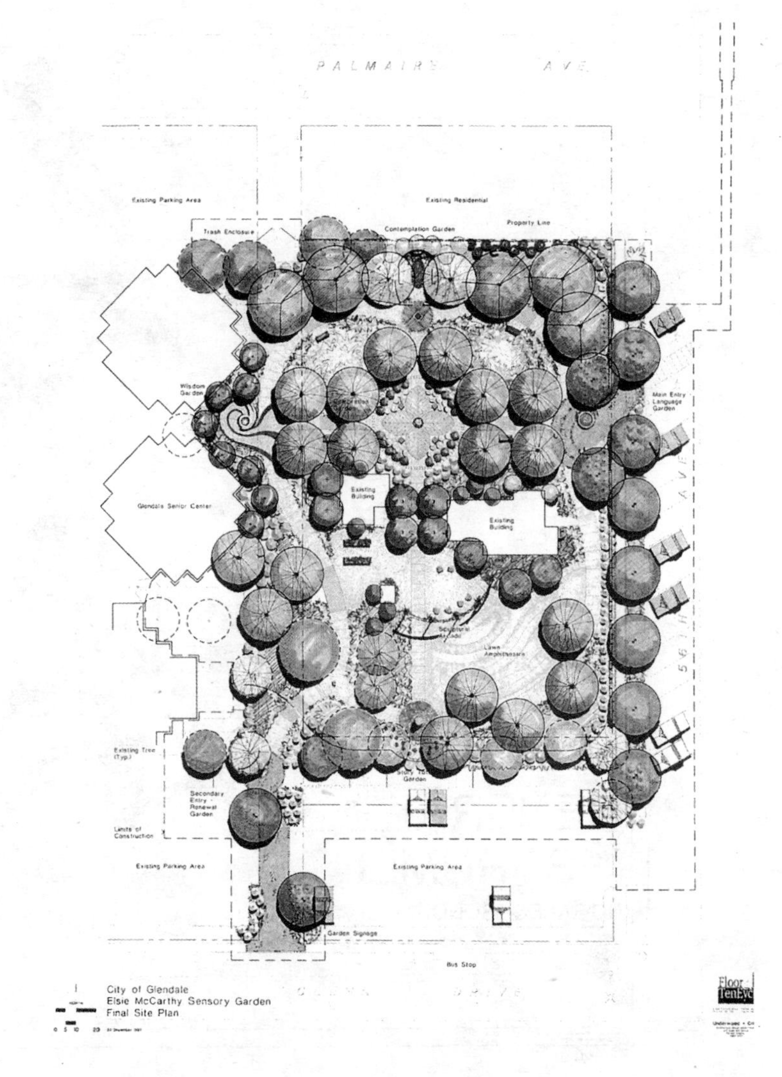

埃尔西麦卡锡景观花园。以AutoCADD图形为基础的黑色轮廓线加彩色马克笔渲染

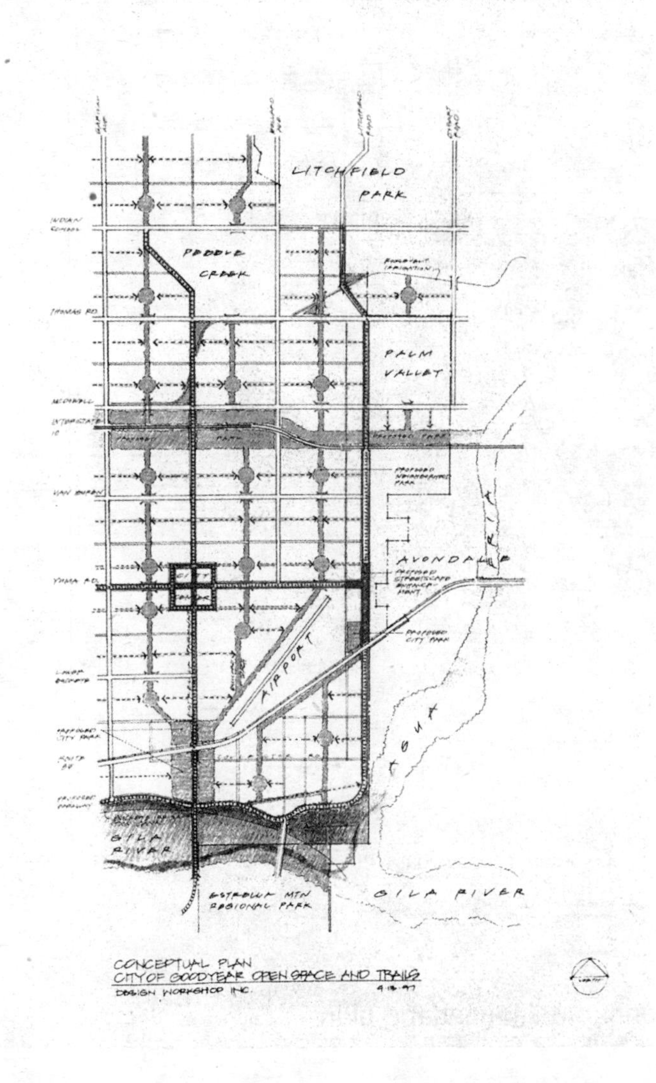

▌古德伊尔城（City of Goodyear）。描图纸上的手绘墨线图

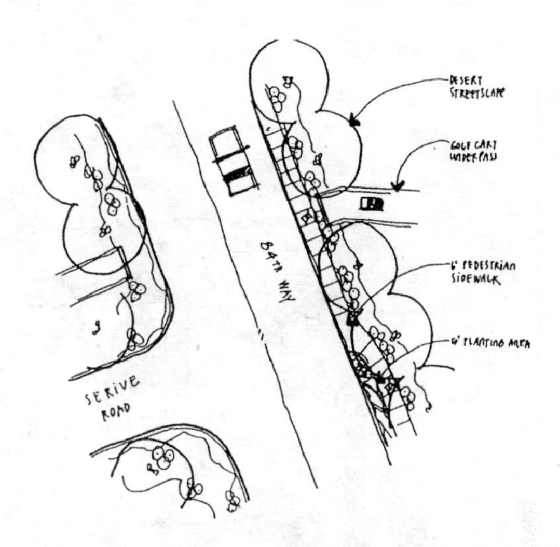

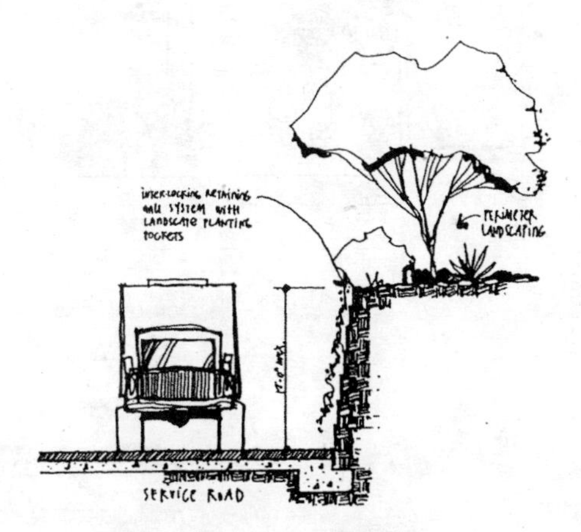

▌羊皮纸上的徒手墨线画

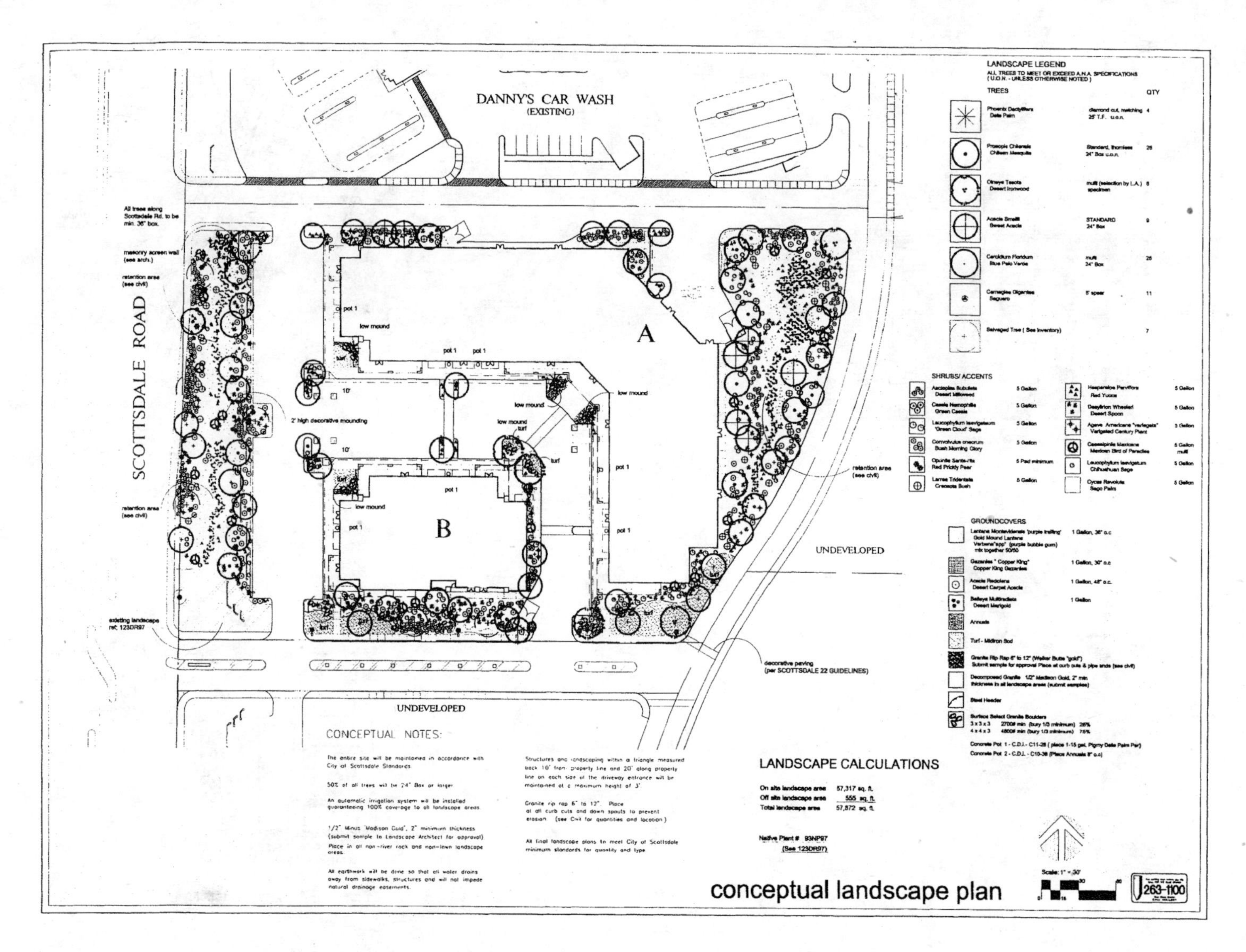

▌索卡洛（Zocallo）。AutoCADD 绘制的平面方案

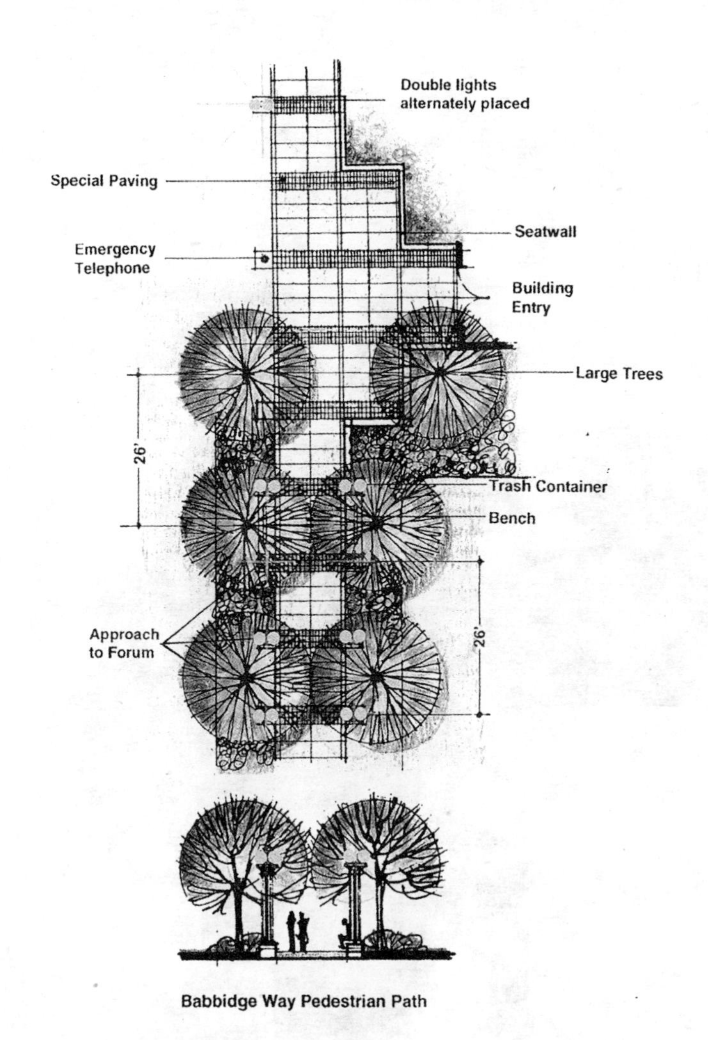

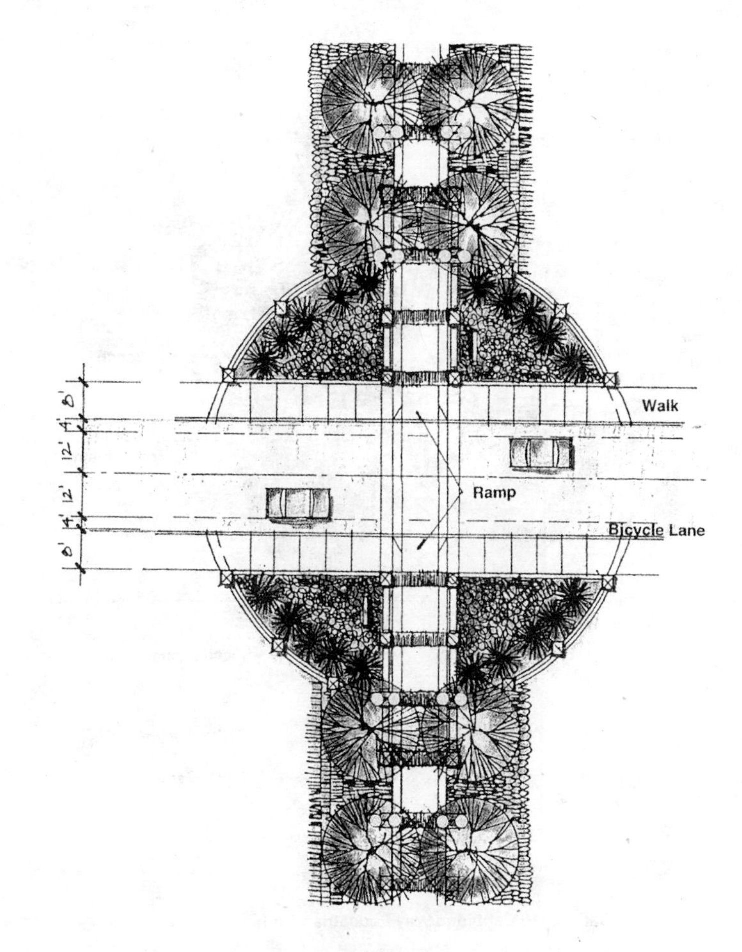

康涅狄格州立大学（University of Connecticut）。材料：描图纸。徒手轮廓打底，墨线加彩铅渲染

康涅狄格州立大学。材料：描图纸。徒手轮廓打底，墨线加彩铅渲染

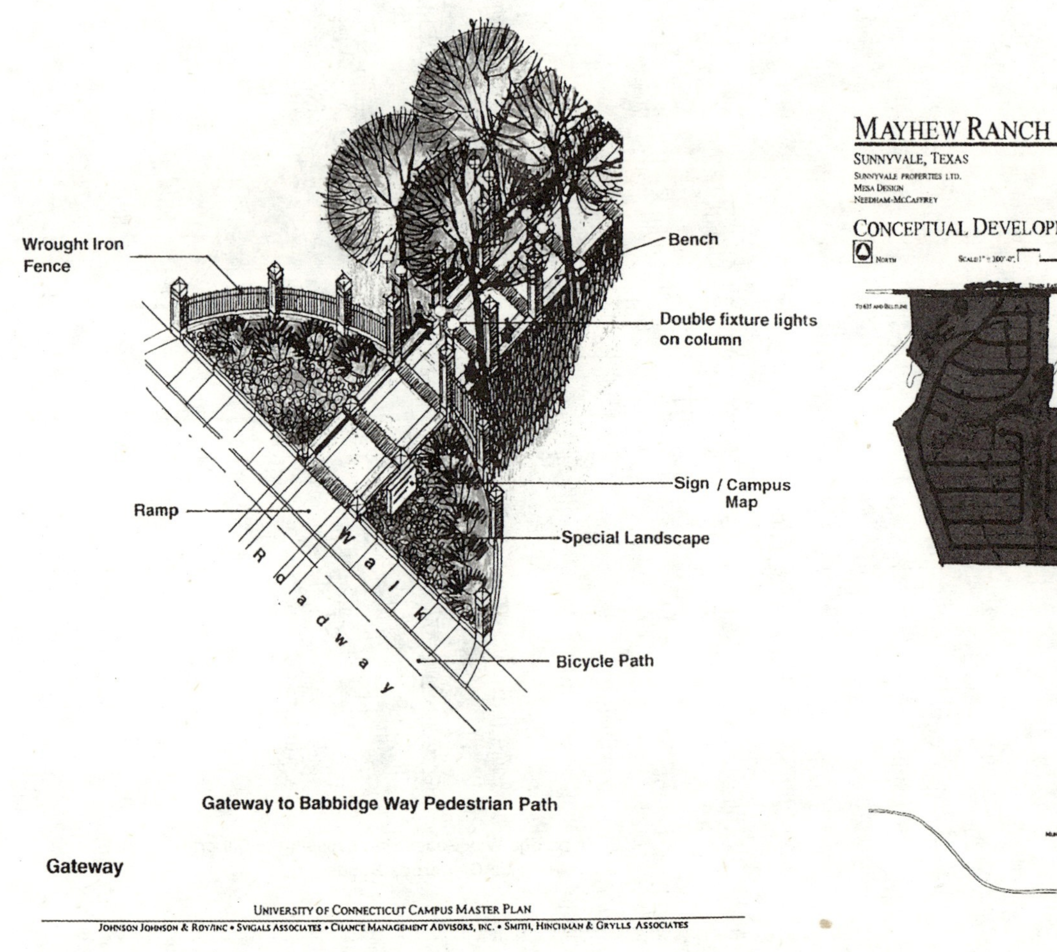

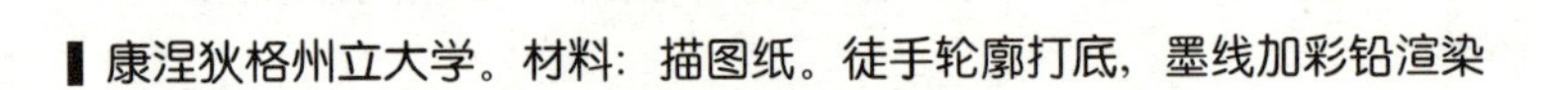

▌康涅狄格州立大学。材料：描图纸。徒手轮廓打底，墨线加彩铅渲染

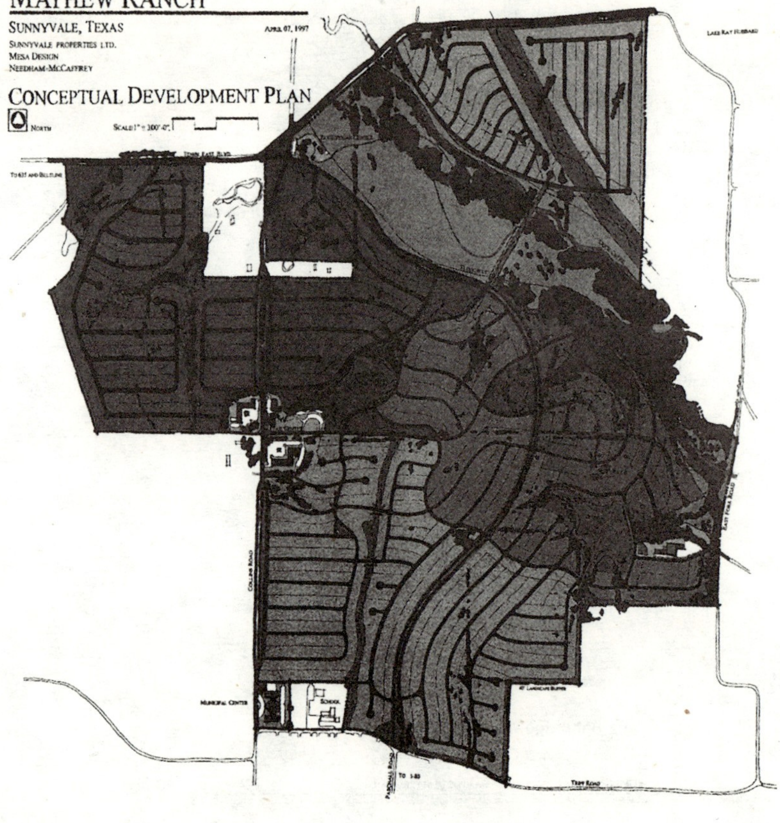

▌梅休农场（Mayhew Ranch）。手绘轮廓线打底，黑线加彩色马克笔渲染

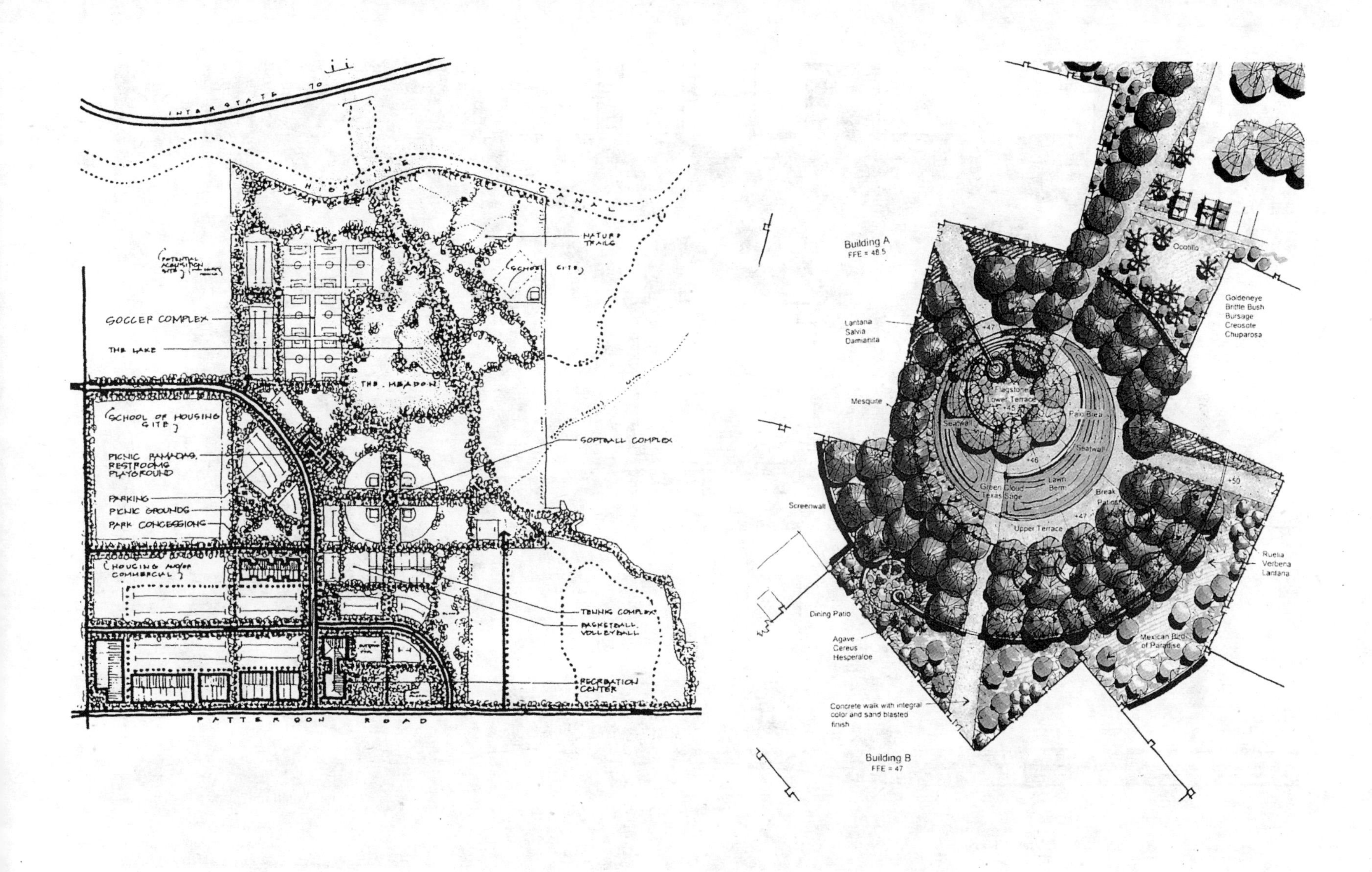

▌科罗拉多州交通干线图。描图纸，徒手墨线

▌以 AutoCADD 图形为基础的手绘黑色轮廓线，加彩色马克笔渲染

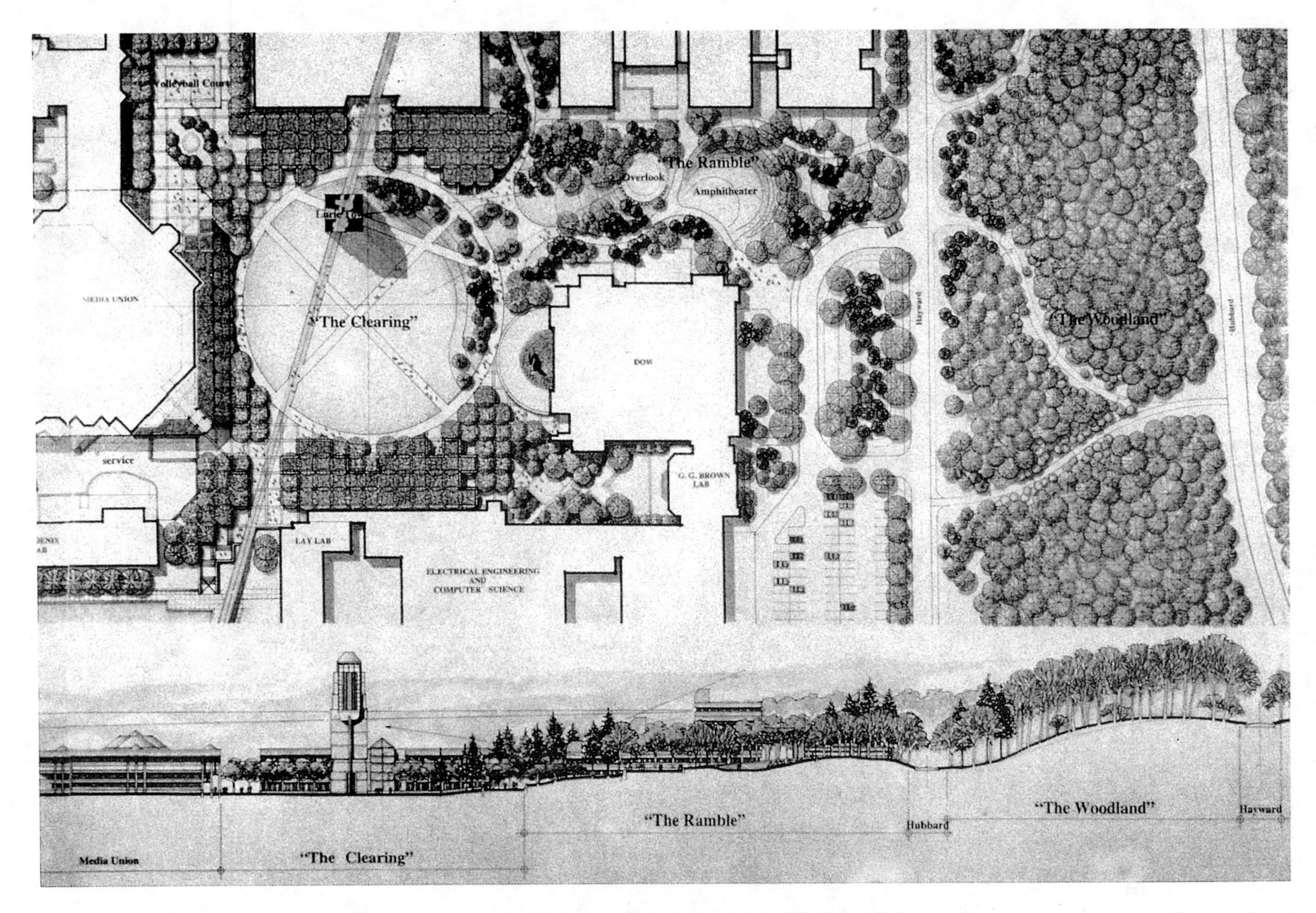

▌密歇根州立大学（University of Michigan）。材料：白色描图纸。手绘轮廓加彩色马克笔与彩色铅笔渲染

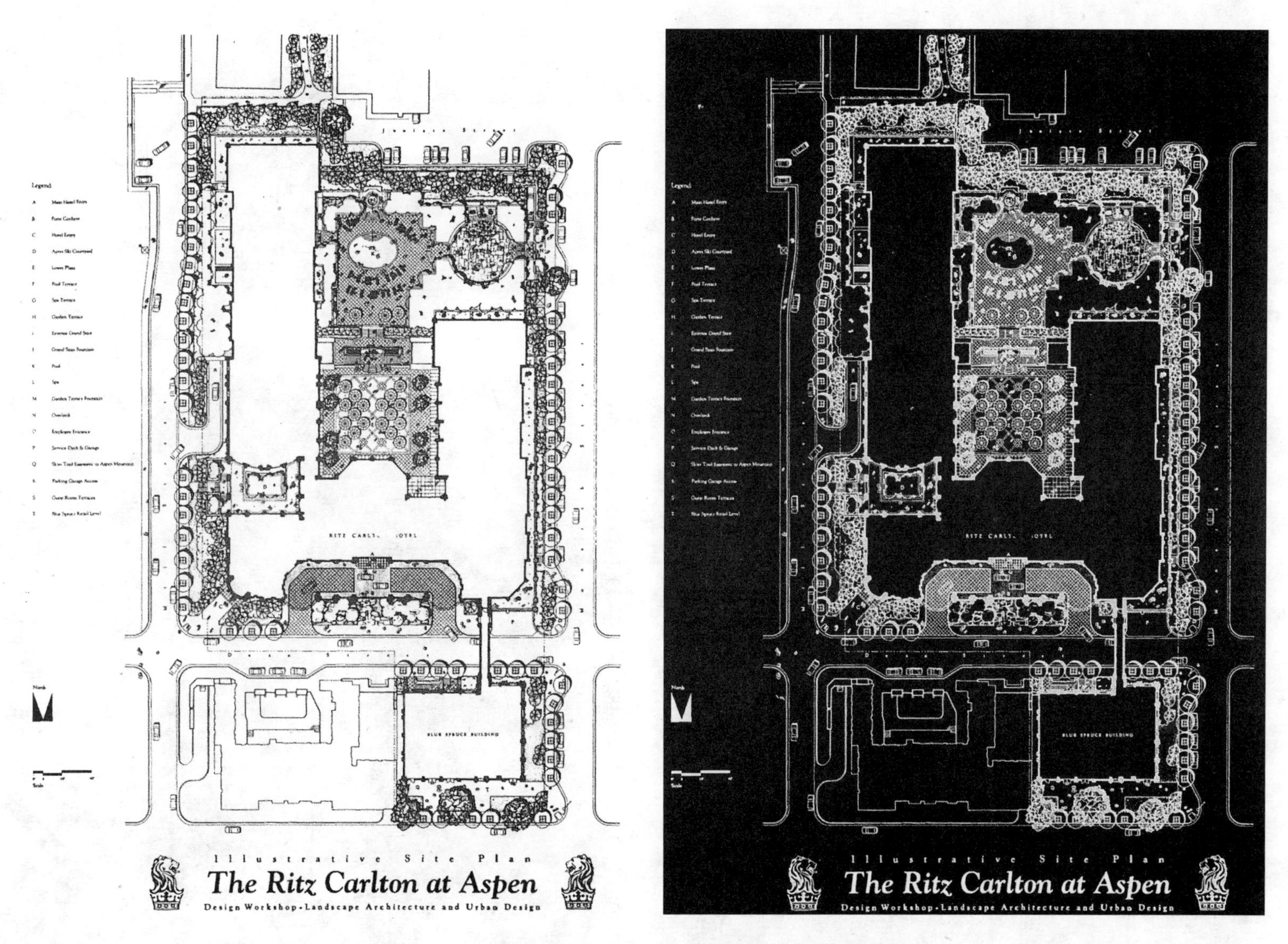

▌阿斯彭（Aspen）的里茨卡尔顿（Ritz Carlton）。聚酯薄膜上的硬笔墨线。右侧的图像为摄影反转片

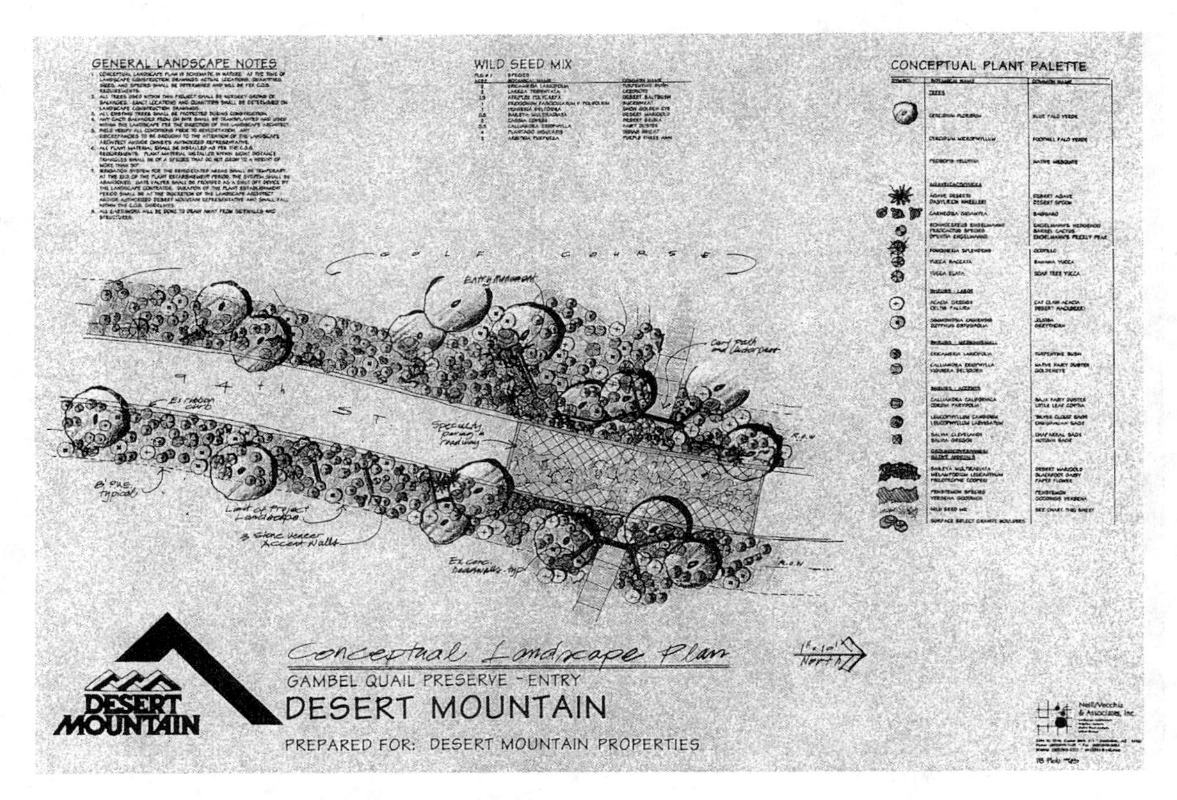

▌空旷的山路。AutoCADD图形打底，手绘彩铅渲染。材料：牛皮纸

▌空旷的山路。配有手绘图案的彩铅渲染画，材料为牛皮纸

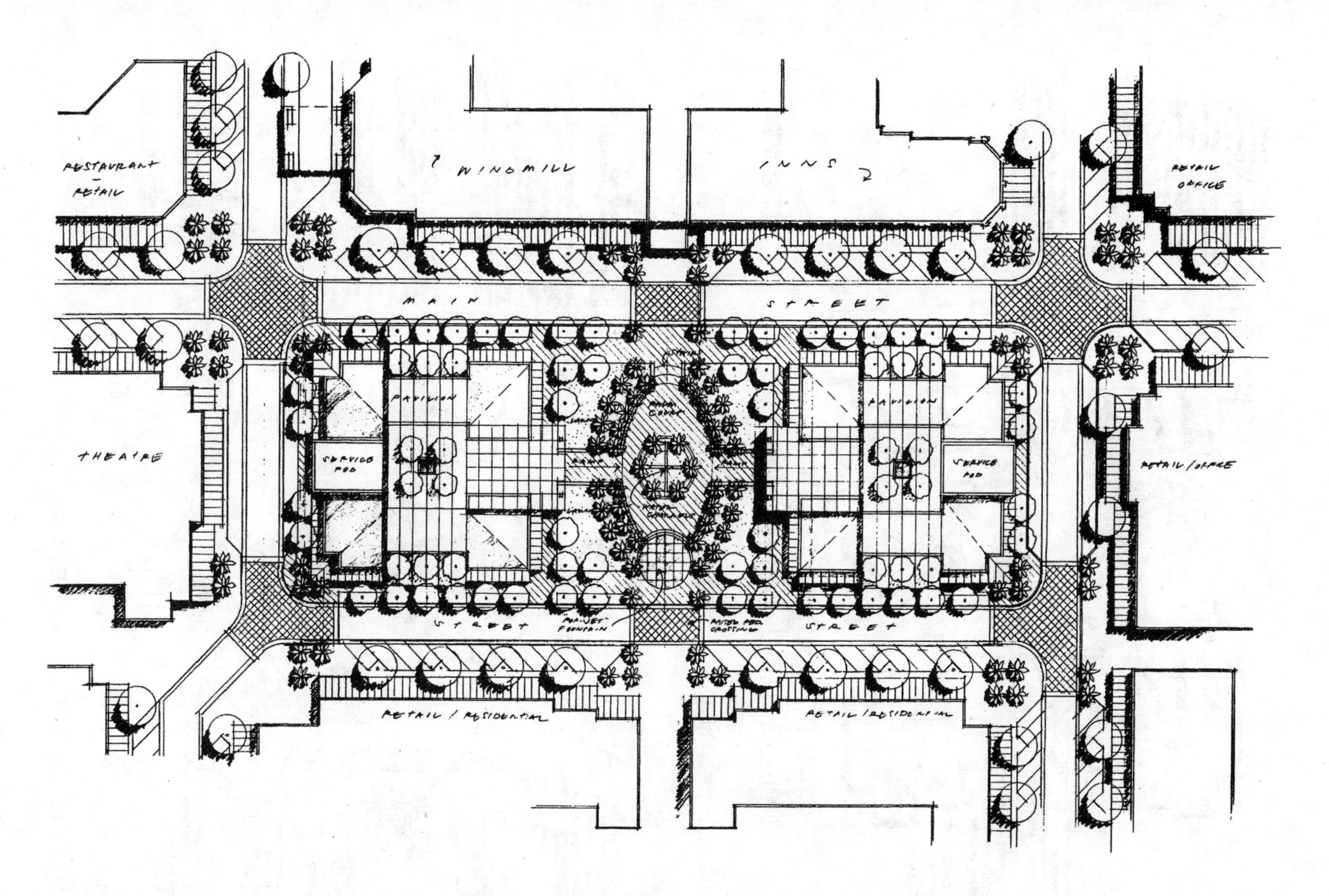

▌基尔兰德(Kierland)社区。以手绘的图形为轮廓，彩铅及蜡笔上色，材料为文件纸

▌亚利桑那州比尔特莫尔饭店(Arizona Biltmore)。羊皮纸上的徒手墨线画

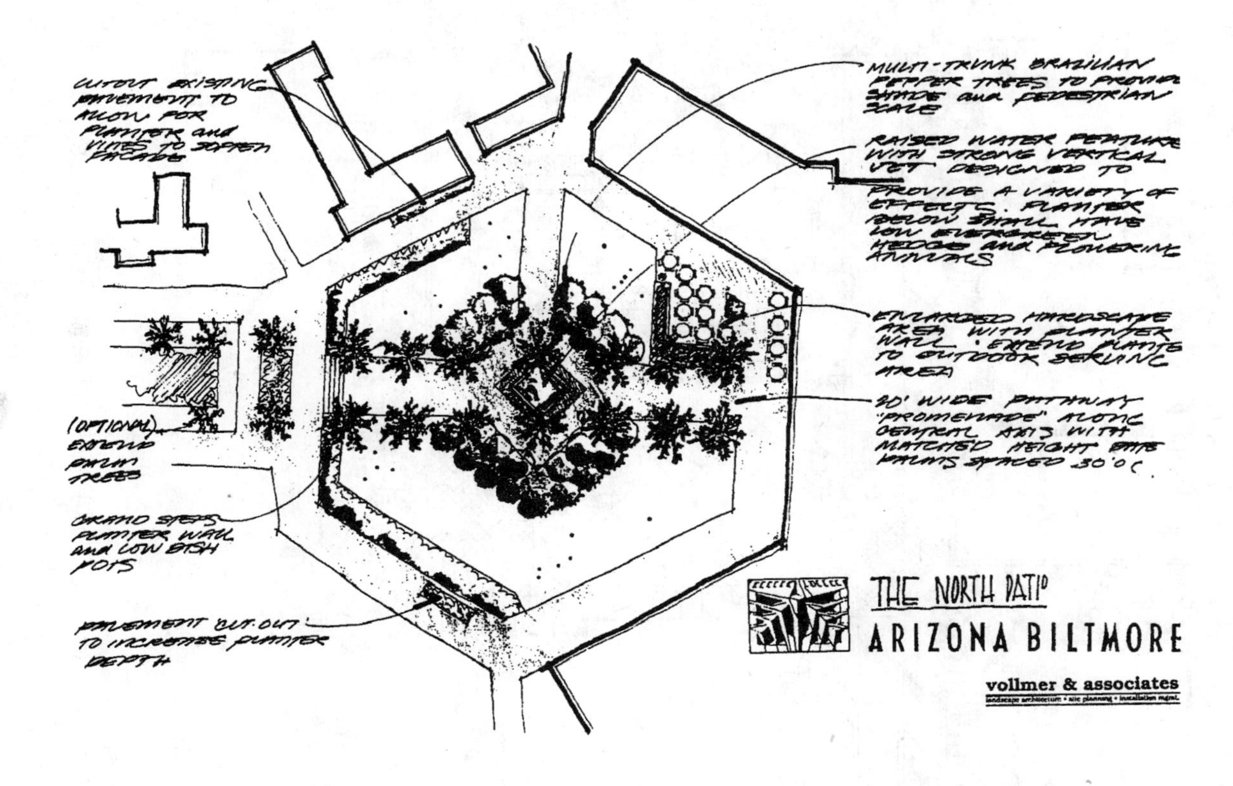

▌亚利桑那州比尔特莫尔饭店。羊皮纸上的徒手墨线画

散步场所。材料：文件纸及彩铅

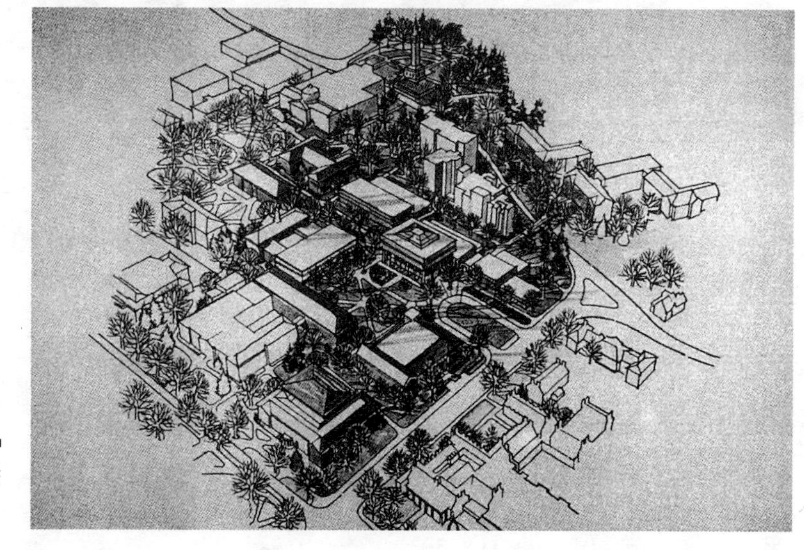

城市中心透视。在计算机生成的框图上，以彩色马克笔、墨水笔及彩色铅笔绘制而成，材料为描图纸。其基本轮廓由 AutoCADD 生成

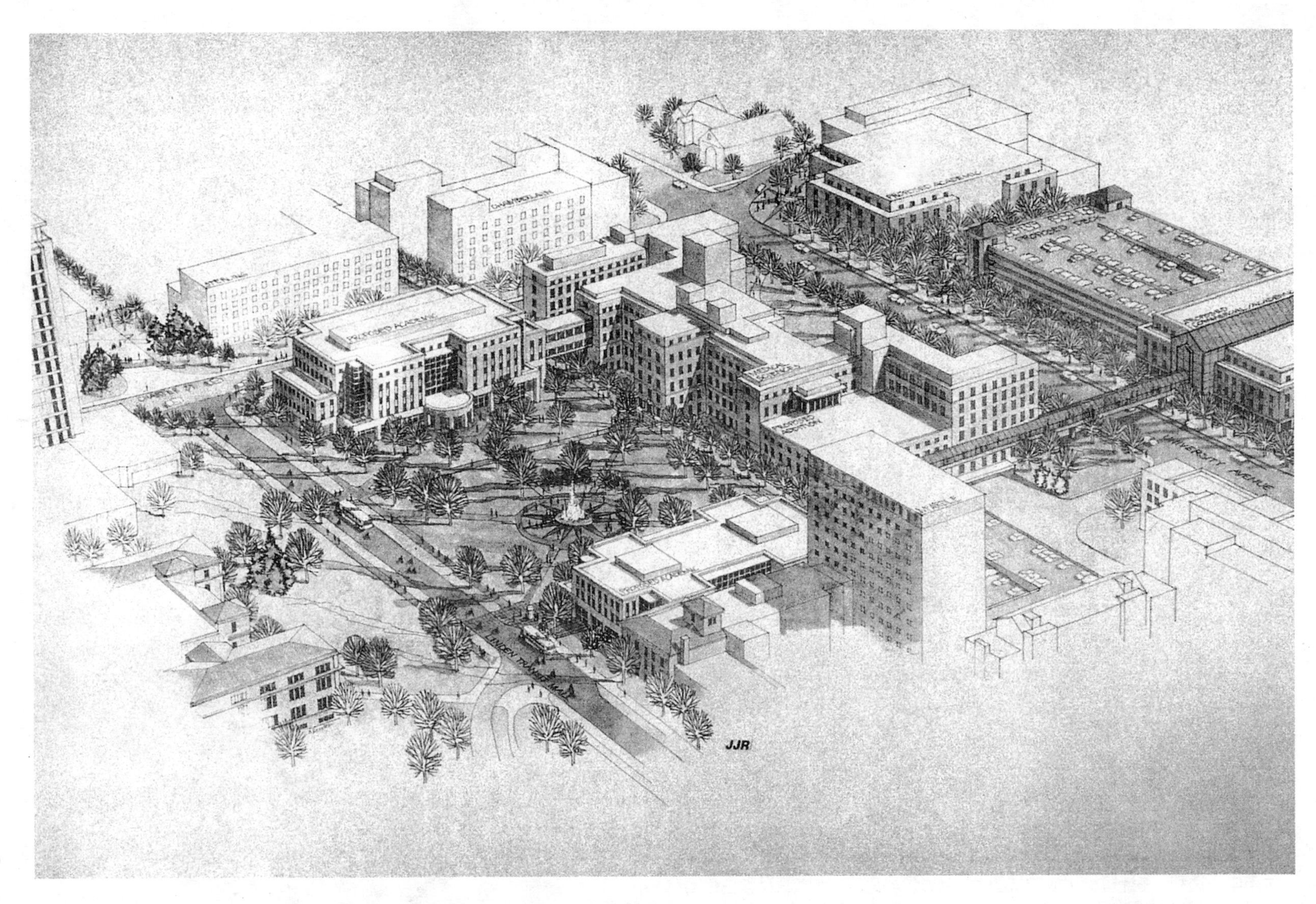

▌城市中心透视。在计算机生成的框图上，以彩色马克笔、墨水笔及彩色铅笔绘制而成，材料为描图纸。其基本轮廓由 AutoCADD 生成

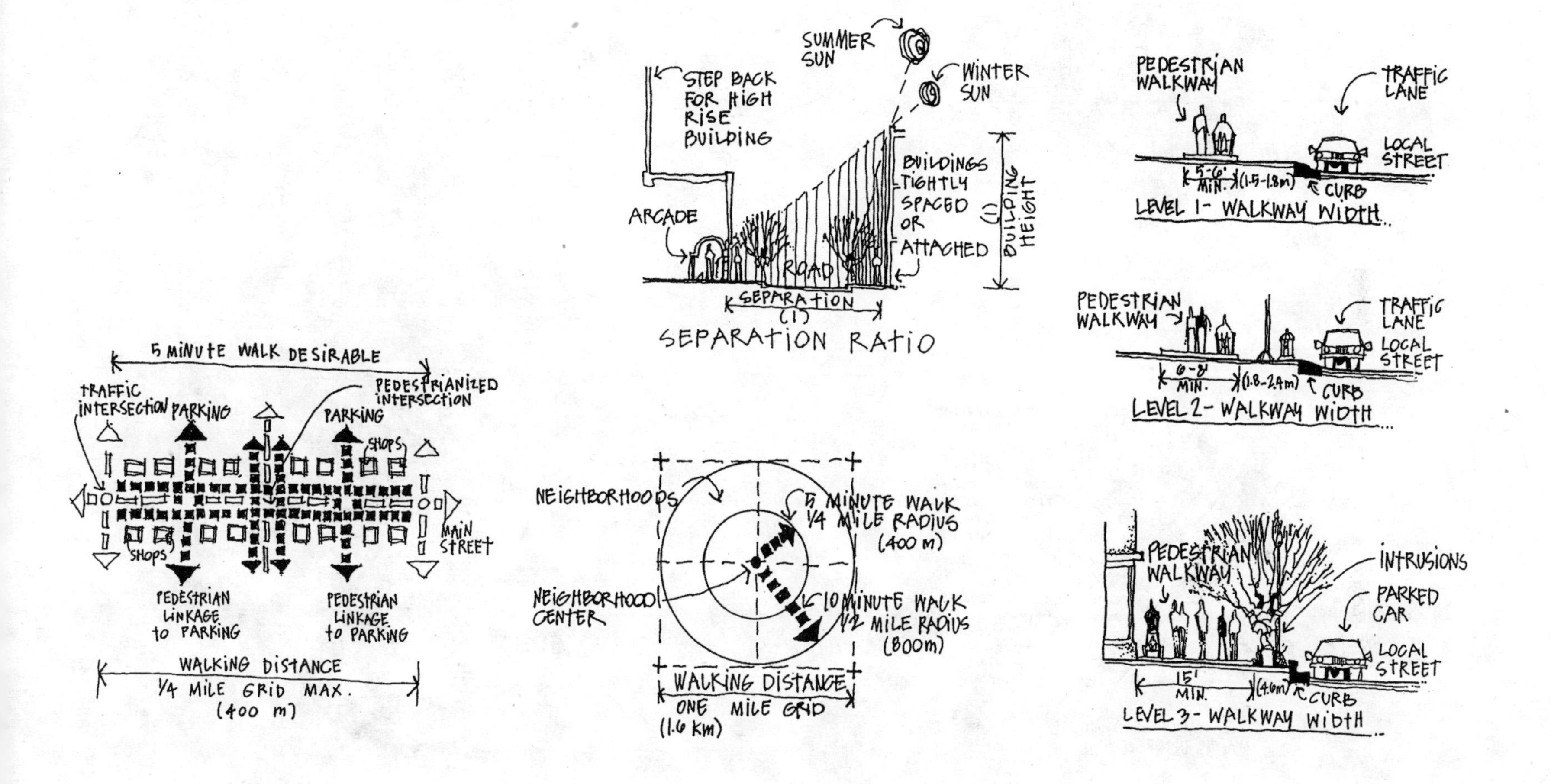

▌MAG 设计准则。硬笔墨线

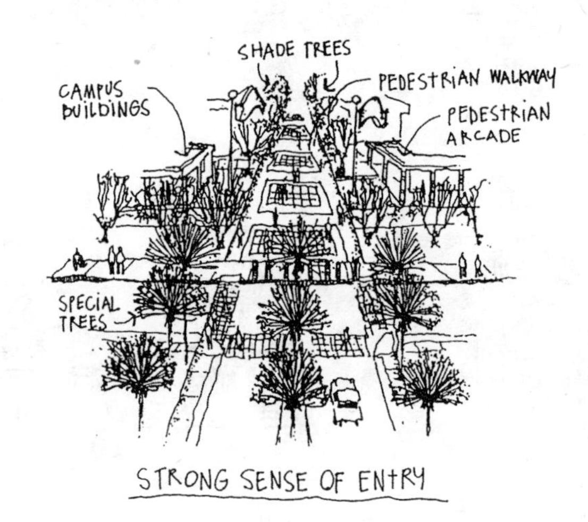

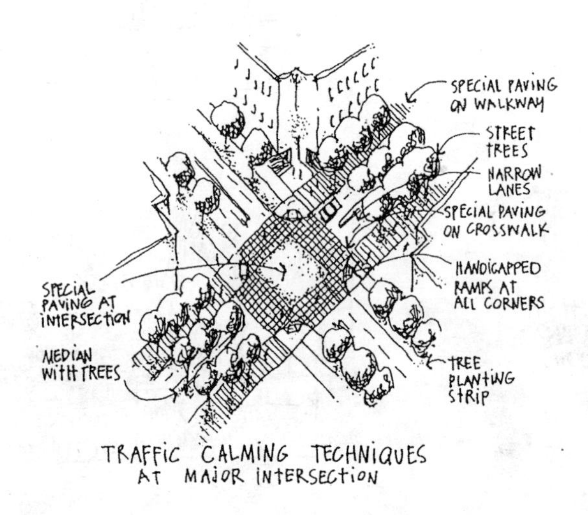

MAG 设计准则。硬笔墨线

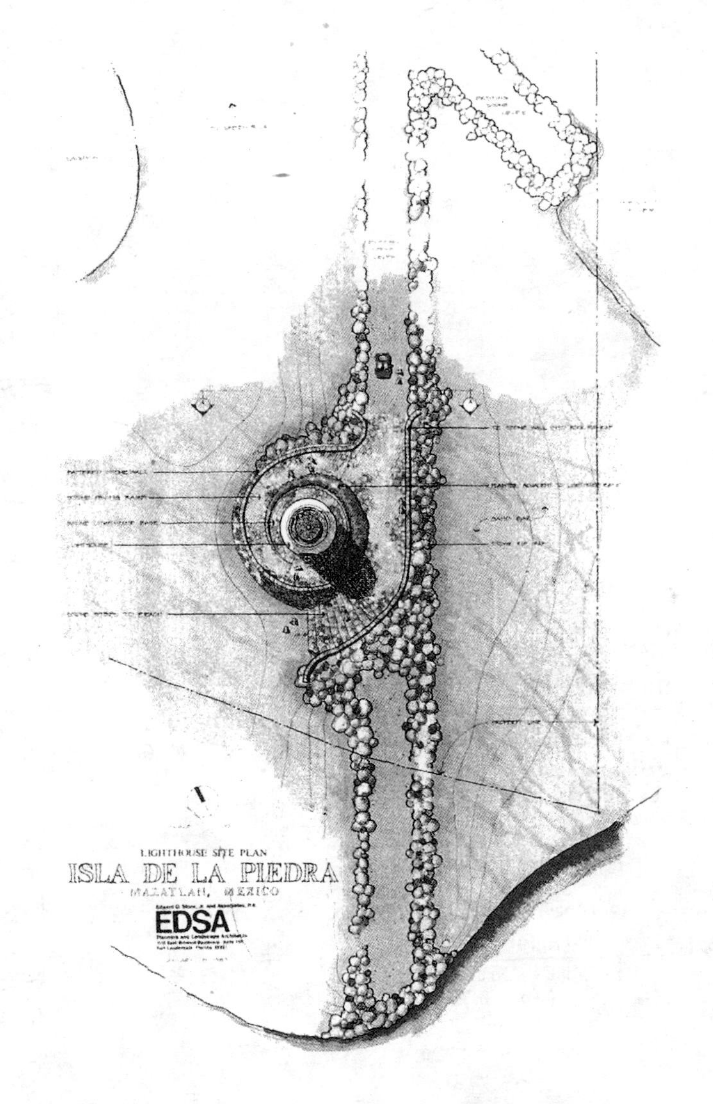

拉彼德拉群岛（Isla de la Piedra）。黑线轮廓打底，彩色马克笔渲染。以 AutoCADD 图形为基础的手绘设计图

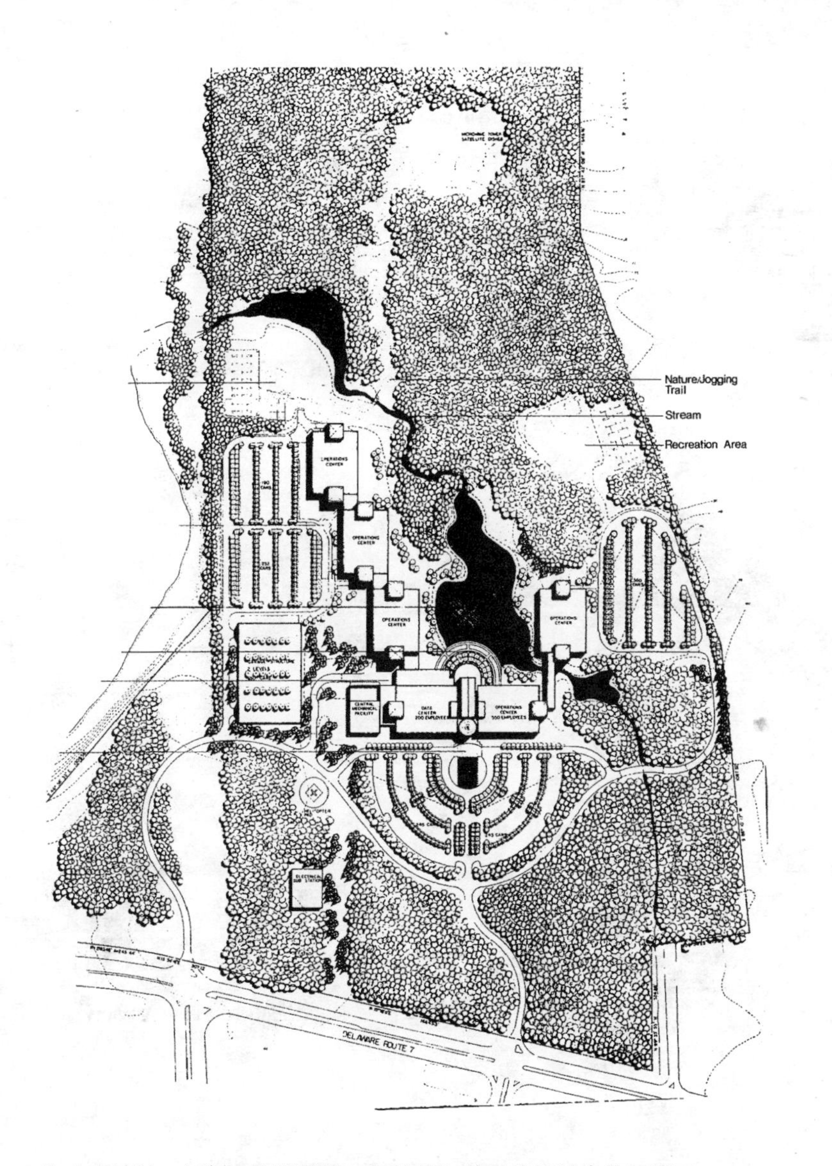

▌方案设计。材料：聚酯薄膜。硬笔线与徒手线相结合的墨线画

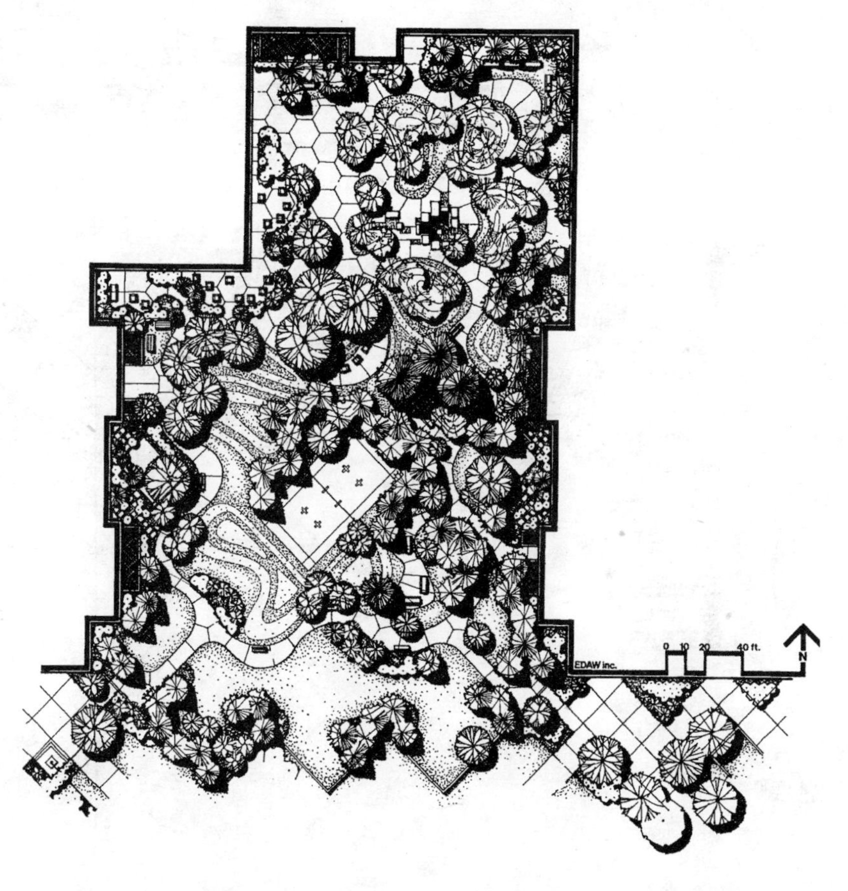

▌方案设计。材料：聚酯薄膜。硬笔线与徒手线相结合的墨线画

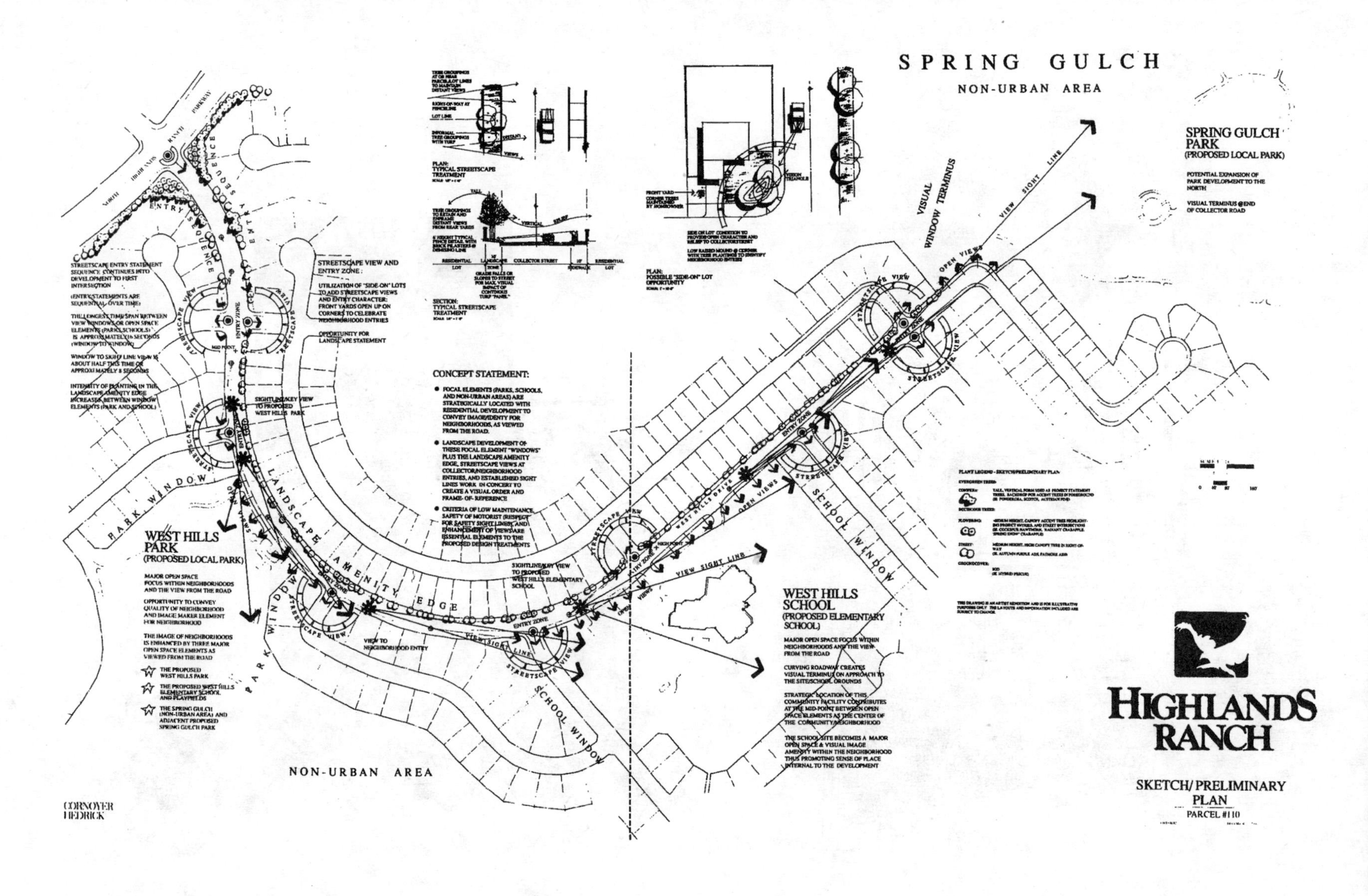

▌高原牧场。材料：羊皮纸。硬笔线与徒手线相结合的墨线画

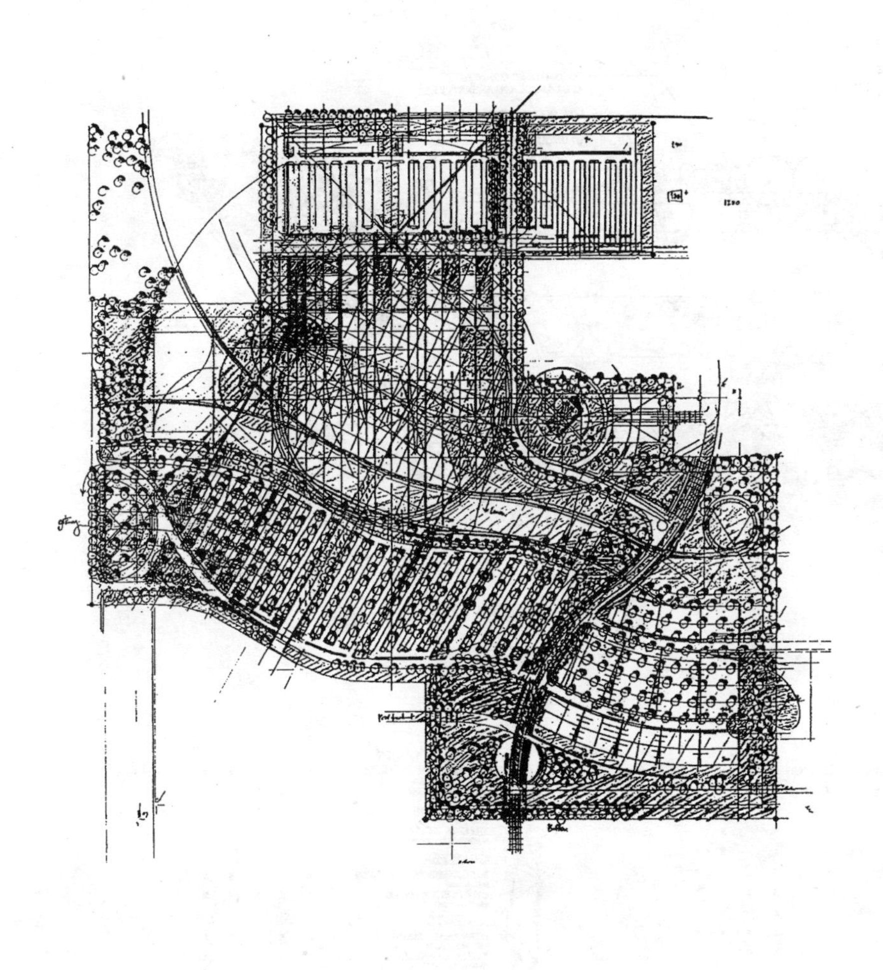

韦伯州立大学。羊皮纸上的硬笔墨线画。彩色铅笔的着色令原本眼花缭乱的方案图变得清晰

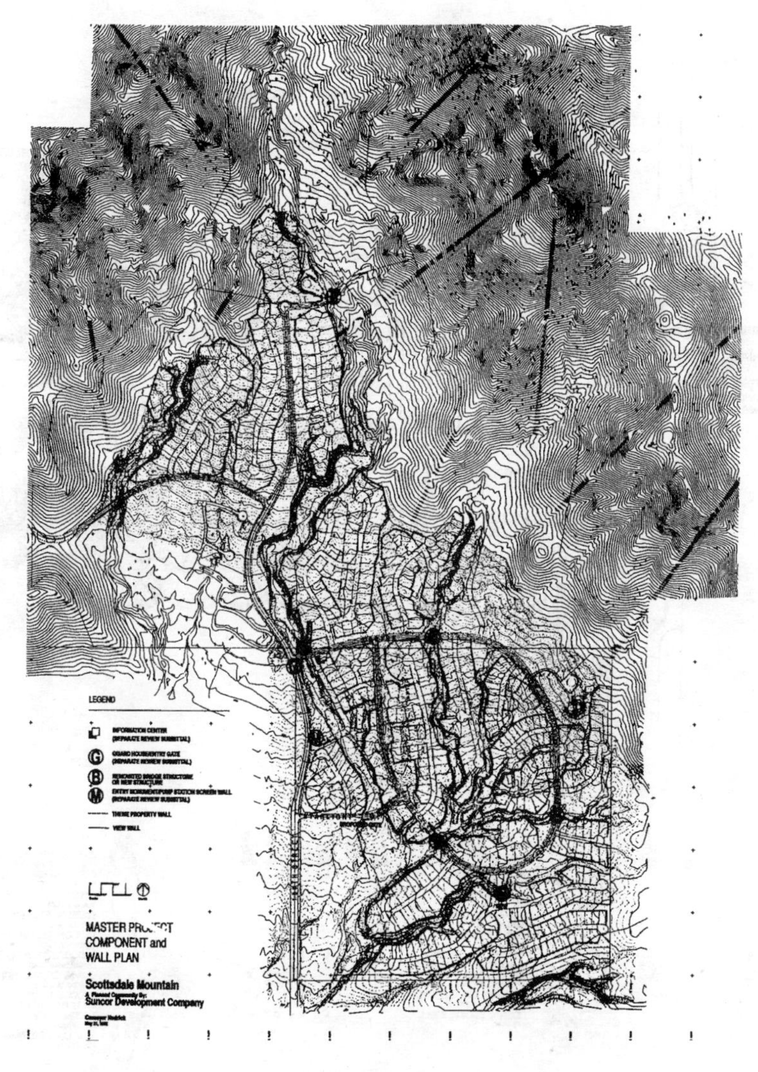

斯科茨代尔山（Scottsdale Mountain）。在羊皮纸上以AutoCADD图形为基础手绘墨线，并将机制的说明及标题栏手工粘贴上去

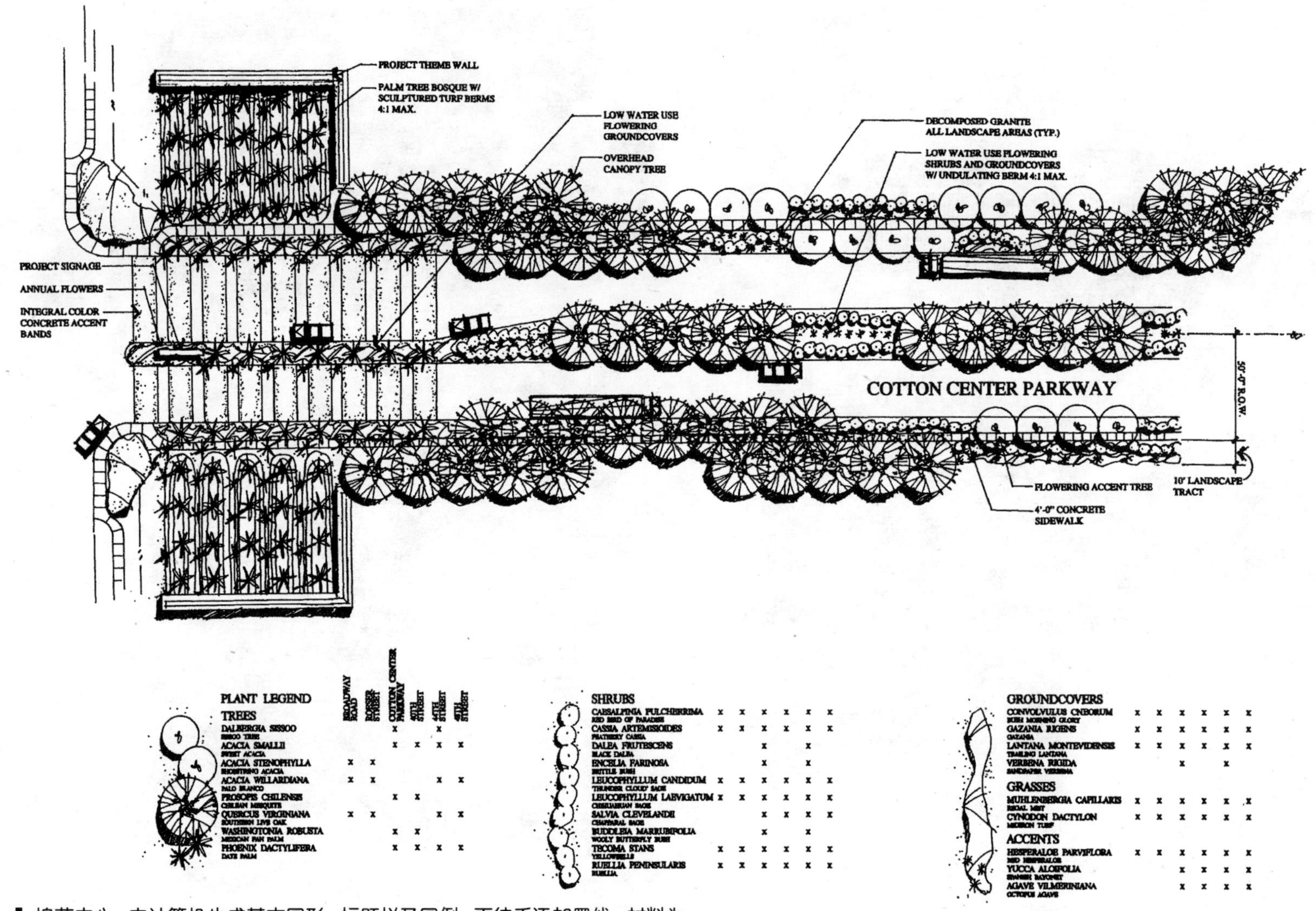

棉花中心。由计算机生成基本图形、标题栏及图例，再徒手添加墨线。材料为聚酯薄膜

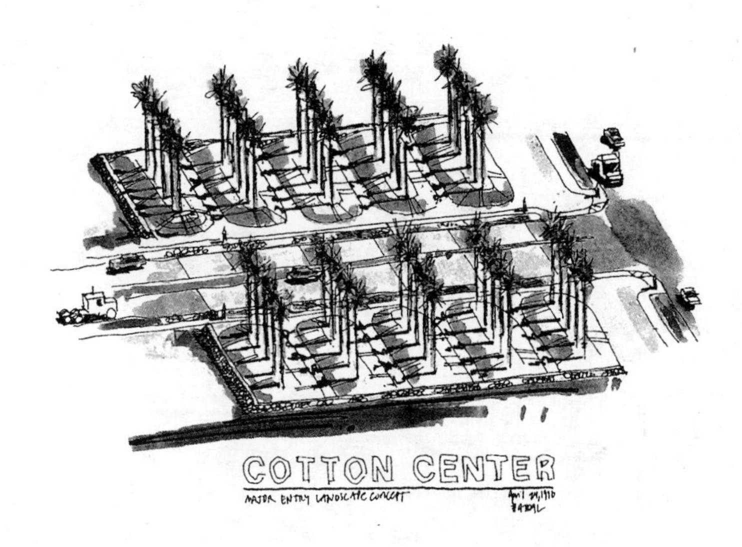

▌棉花中心。徒手墨线轮廓，彩色马克笔渲染。材料为描图纸

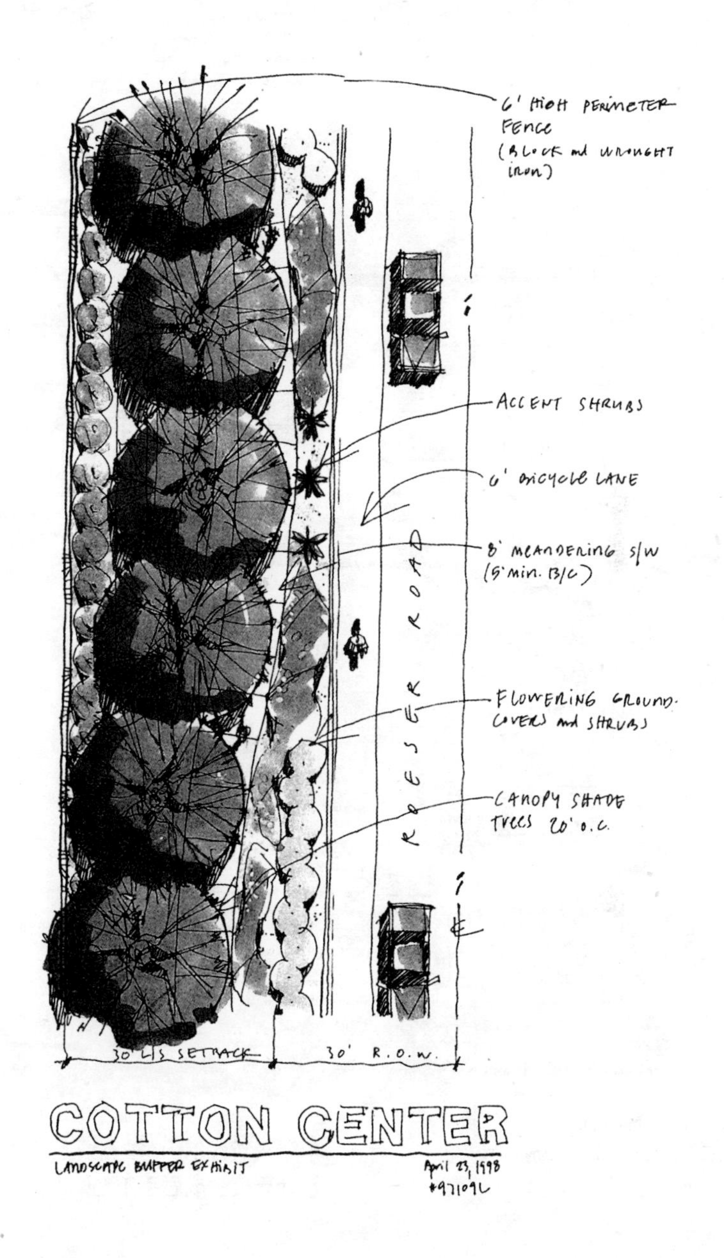

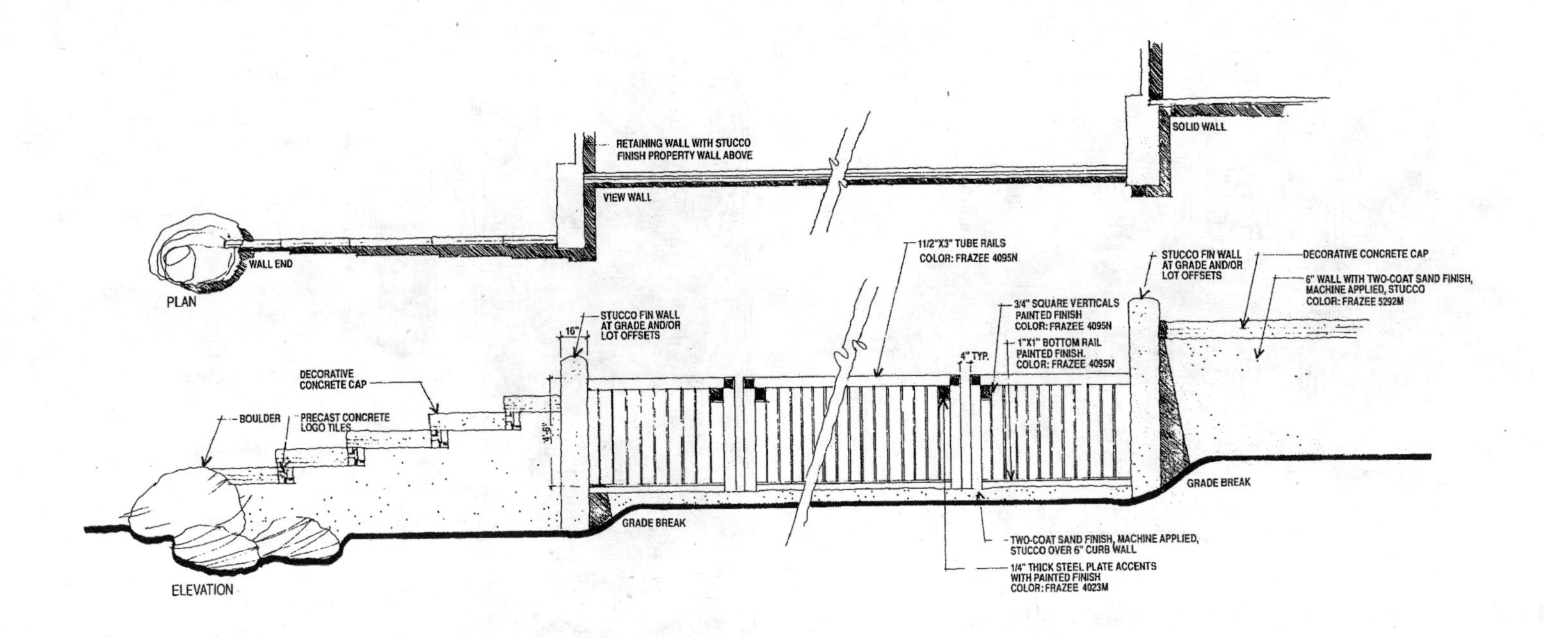

PROPERTY WALL 1/2"=1'-0"

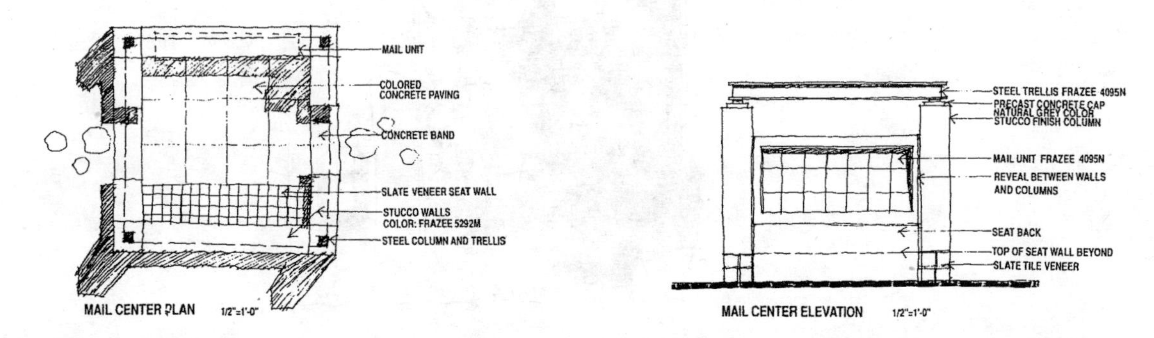

Scottsdale Mountain
A Planned Community By:
Suncor Development Company

Cornoyer Hedrick
May 21, 1992
92055G

斯科茨代尔山。羊皮纸上的手绘墨线图。其中的说明及标题栏是由计算机生成后手工粘贴上去的

第五章

施工文件

施工文件包括施工图及说明书，它们被当作承包商的执行准则。技术图纸加上工程设计书及承包协议组成了完整的合同文件。施工文件更为精确和细致。其图面构图必须简明、清楚并能有效利用图纸空间。重复的信息并不可取，这有可能导致时间和资源的浪费，并增加出错的几率。施工文件的准备需经过一定的步骤——典型的过程是：方案设计（完成30%），技术设计（完成60%），以及施工文件（完成100%）。一套方案设计图包括精确的基本信息，并能确立基本的定位元素及立面方案。技术设计图是施工文件的雏形，其中包括更加精细的平面图、详图、剖面图及设计书草案。施工文件具有全面的完整性，一般来说需由一位设计专家签字，并须经有关机构测评及批准。本章专门列举了施工文件的范图，它们均具有完美的设计风格、精确度及画面构图。所有范图都以这样或那样的形式由AutoCADD或Microstation生成，并表现了100%的设计内容。以下的范图均是从成套的设计图中挑选出来的。

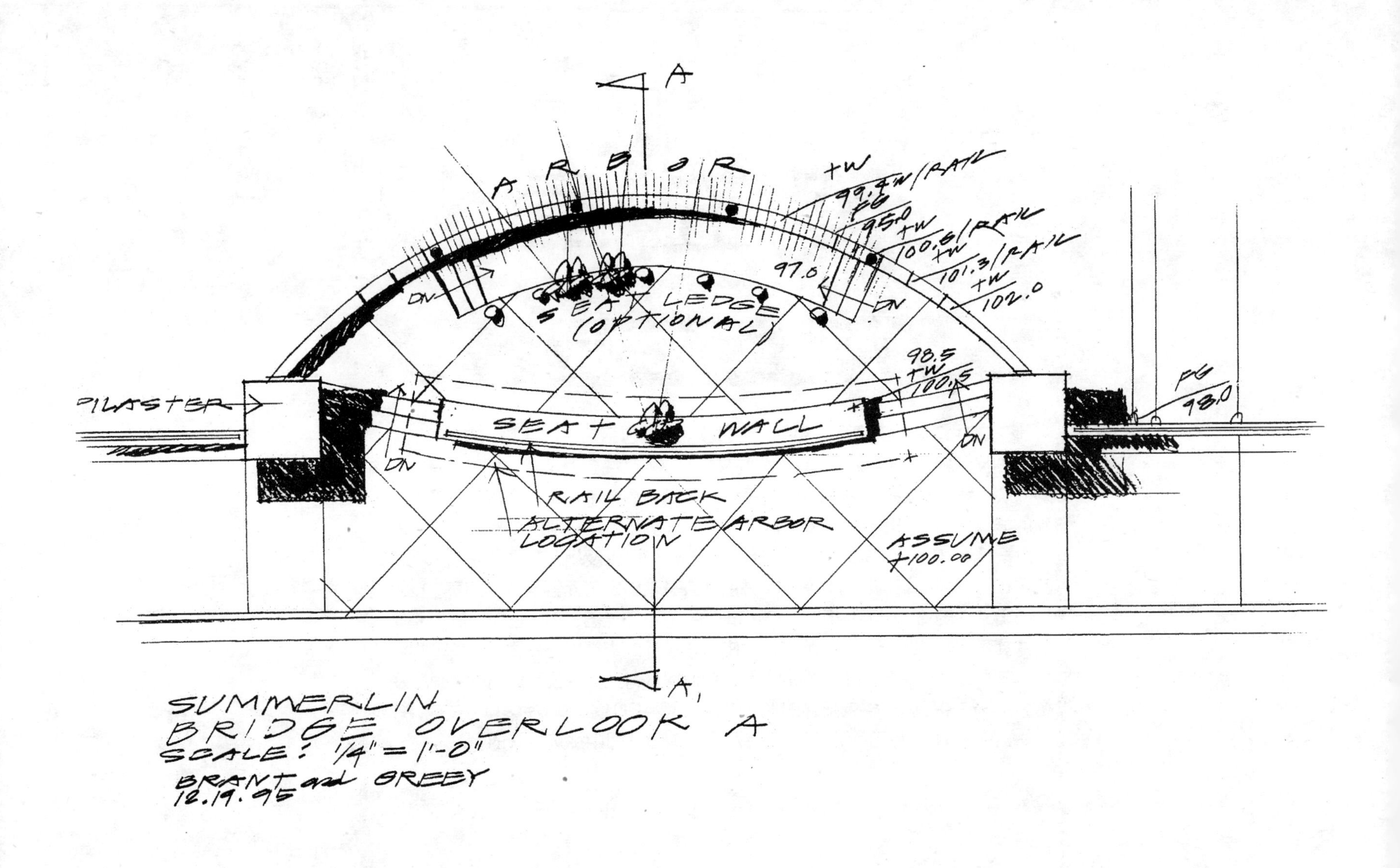

▍萨墨林(Summerlin)。手绘墨线草图，硬笔轮廓，羊皮纸

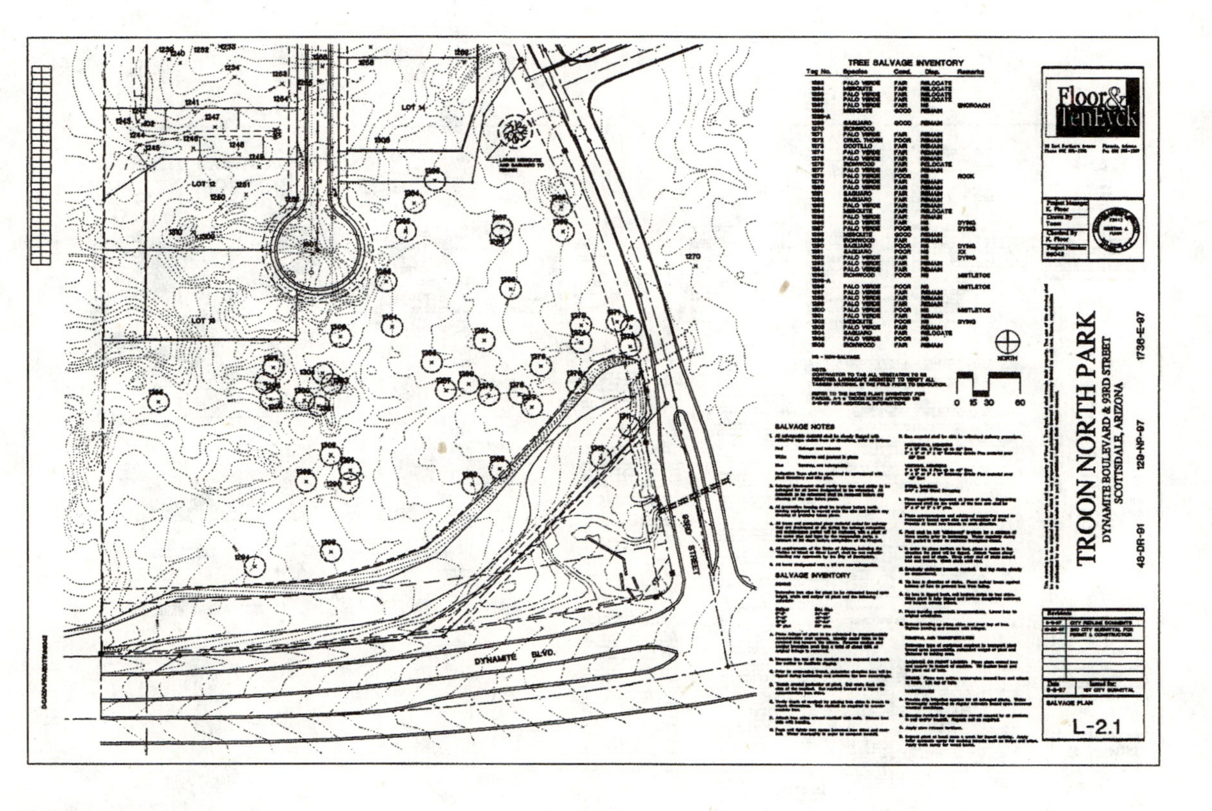

特伦北部(Troon North)

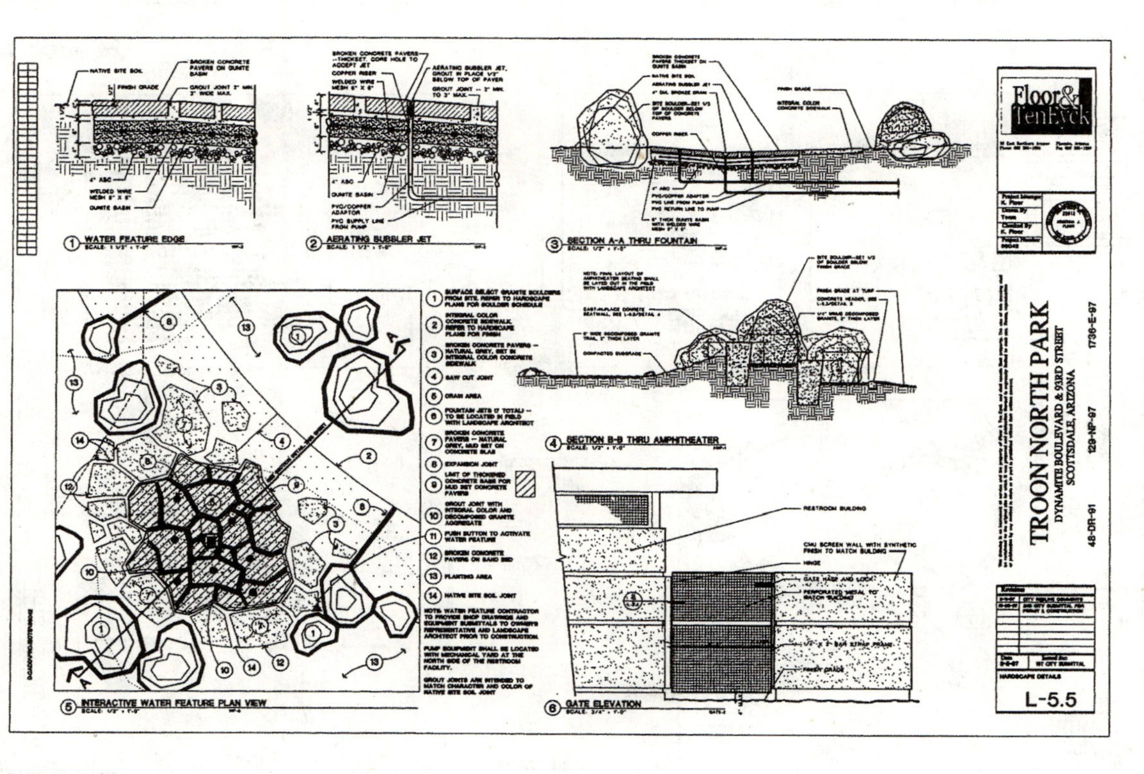

特伦北部

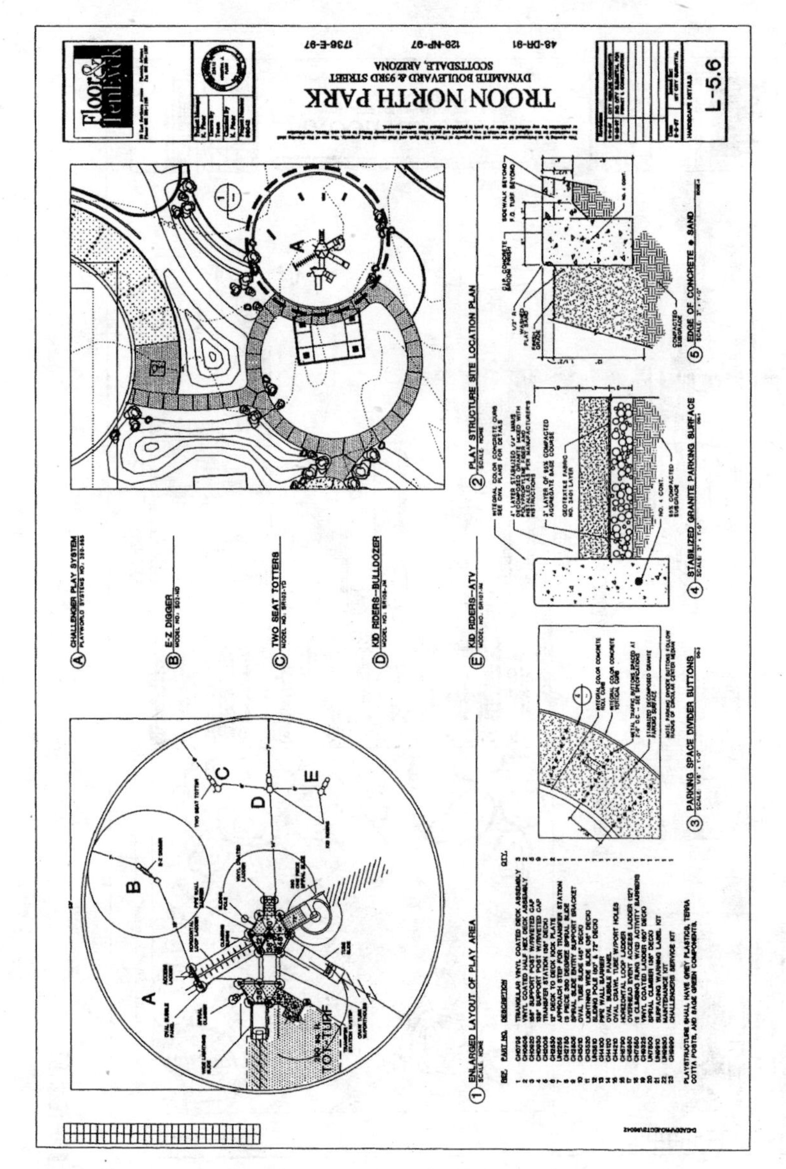

特伦北部

TROON NORTH PARK

DYNAMITE BOULEVARD & 93RD STREET

SCOTTSDALE, ARIZONA

L-7.3

PLANTING NOTES:

GENERAL NOTES:

REVEGETATION NOTES:

1 MULTI-TRUNK TREE

2 SHRUB PLANTING

3 NATIVE SITE SOIL

4 BOULDER DETAIL

5 ENLARGED FOUNTAIN LANDSCAPE PLAN

PLANT LEGEND

特伦北部

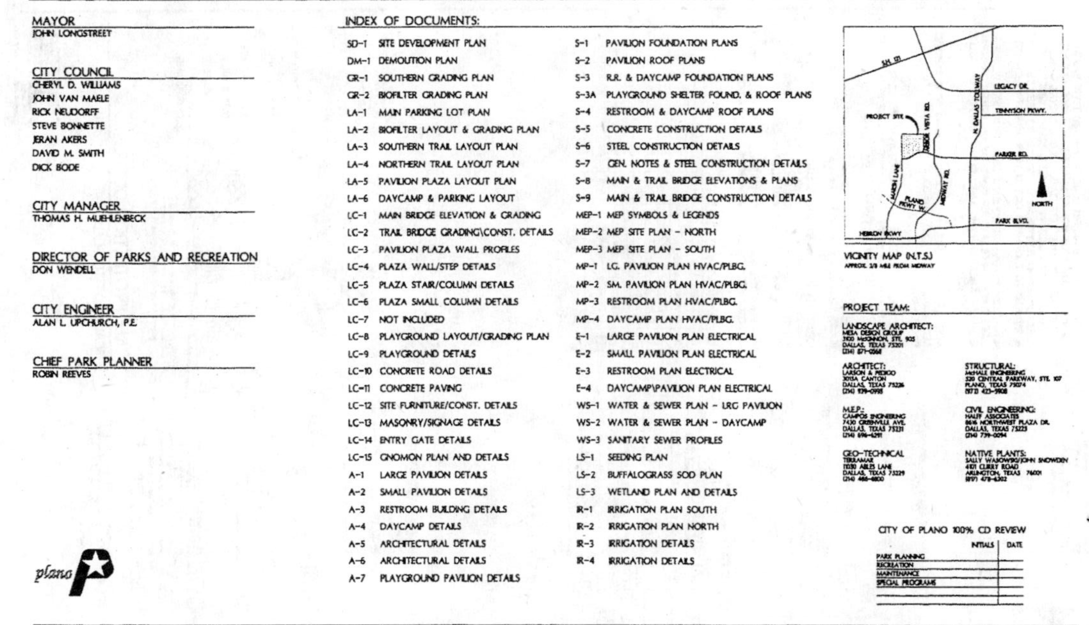

ARBOR HILLS NATURE PRESERVE

CITY OF PLANO, TEXAS

BID NO. 4187: APRIL 24, 1997

MAYOR
JOHN LONGSTREET

CITY COUNCIL
CHERYL D. WILLIAMS
JOHN VAN MAELE
RICK NEUDORFF
STEVE BONNETTE
JERAN AKERS
DAVID M. SMITH
DICK BODE

CITY MANAGER
THOMAS H. MUEHLENBECK

DIRECTOR OF PARKS AND RECREATION
DON WENDELL

CITY ENGINEER
ALAN L. UPCHURCH, P.E.

CHIEF PARK PLANNER
ROBIN REEVES

plano

INDEX OF DOCUMENTS:

SD-1	SITE DEVELOPMENT PLAN	S-1	PAVILION FOUNDATION PLANS
DM-1	DEMOLITION PLAN	S-2	PAVILION ROOF PLANS
GR-1	SOUTHERN GRADING PLAN	S-3	R.R. & DAYCAMP FOUNDATION PLANS
GR-2	BIOFILTER GRADING PLAN	S-3A	PLAYGROUND SHELTER FOUND. & ROOF PLANS
LA-1	MAIN PARKING LOT PLAN	S-4	RESTROOM & DAYCAMP ROOF PLANS
LA-2	BIOFILTER LAYOUT & GRADING PLAN	S-5	CONCRETE CONSTRUCTION DETAILS
LA-3	SOUTHERN TRAIL LAYOUT PLAN	S-6	STEEL CONSTRUCTION DETAILS
LA-4	NORTHERN TRAIL LAYOUT PLAN	S-7	GEN. NOTES & STEEL CONSTRUCTION DETAILS
LA-5	PAVILION PLAZA LAYOUT PLAN	S-8	MAIN & TRAIL BRIDGE ELEVATIONS & PLANS
LA-6	DAYCAMP & PARKING LAYOUT	S-9	MAIN & TRAIL BRIDGE CONSTRUCTION DETAILS
LC-1	MAIN BRIDGE ELEVATION & GRADING	MEP-1	MEP SYMBOLS & LEGENDS
LC-2	TRAIL BRIDGE GRADING\CONST. DETAILS	MEP-2	MEP SITE PLAN - NORTH
LC-3	PAVILION PLAZA WALL PROFILES	MEP-3	MEP SITE PLAN - SOUTH
LC-4	PLAZA WALL/STEP DETAILS	MP-1	LG. PAVILION PLAN HVAC/PLBG.
LC-5	PLAZA STAIR/COLUMN DETAILS	MP-2	SM. PAVILION PLAN HVAC/PLBG.
LC-6	PLAZA SMALL COLUMN DETAILS	MP-3	RESTROOM PLAN HVAC/PLBG.
LC-7	NOT INCLUDED	MP-4	DAYCAMP PLAN HVAC/PLBG.
LC-8	PLAYGROUND LAYOUT/GRADING PLAN	E-1	LARGE PAVILION PLAN ELECTRICAL
LC-9	PLAYGROUND DETAILS	E-2	SMALL PAVILION PLAN ELECTRICAL
LC-10	CONCRETE ROAD DETAILS	E-3	RESTROOM PLAN ELECTRICAL
LC-11	CONCRETE PAVING	E-4	DAYCAMP\PAVILION PLAN ELECTRICAL
LC-12	SITE FURNITURE/CONST. DETAILS	WS-1	WATER & SEWER PLAN - LRG PAVILION
LC-13	MASONRY/SIGNAGE DETAILS	WS-2	WATER & SEWER PLAN - DAYCAMP
LC-14	ENTRY GATE DETAILS	WS-3	SANITARY SEWER PROFILES
LC-15	GNOMON PLAN AND DETAILS	LS-1	SEEDING PLAN
A-1	LARGE PAVILION DETAILS	LS-2	BUFFALOGRASS SOD PLAN
A-2	SMALL PAVILION DETAILS	LS-3	WETLAND PLAN AND DETAILS
A-3	RESTROOM BUILDING DETAILS	IR-1	IRRIGATION PLAN SOUTH
A-4	DAYCAMP DETAILS	IR-2	IRRIGATION PLAN NORTH
A-5	ARCHITECTURAL DETAILS	IR-3	IRRIGATION DETAILS
A-6	ARCHITECTURAL DETAILS	IR-4	IRRIGATION DETAILS
A-7	PLAYGROUND PAVILION DETAILS		

VICINITY MAP (N.T.S.)

PROJECT TEAM:

LANDSCAPE ARCHITECT: MESA DESIGN GROUP

ARCHITECT: LARSON & PEDIGO

STRUCTURAL: McHALE ENGINEERING

M.E.P.: CAMPOS ENGINEERING

CIVIL ENGINEERING: HALFF ASSOCIATES

GEO-TECHNICAL: TERRAMAR

NATIVE PLANTS: SALLY WASOWSKI/JOHN SNOWDEN

CITY OF PLANO 100% CD REVIEW

	INITIALS	DATE
PARK PLANNING		
RECREATION		
MAINTENANCE		
SPECIAL PROGRAMS		

LANDSCAPE ARCHITECTS: MESA DESIGN GROUP

▌阿伯山丘（Arbor Hills）。施工文件的第一页

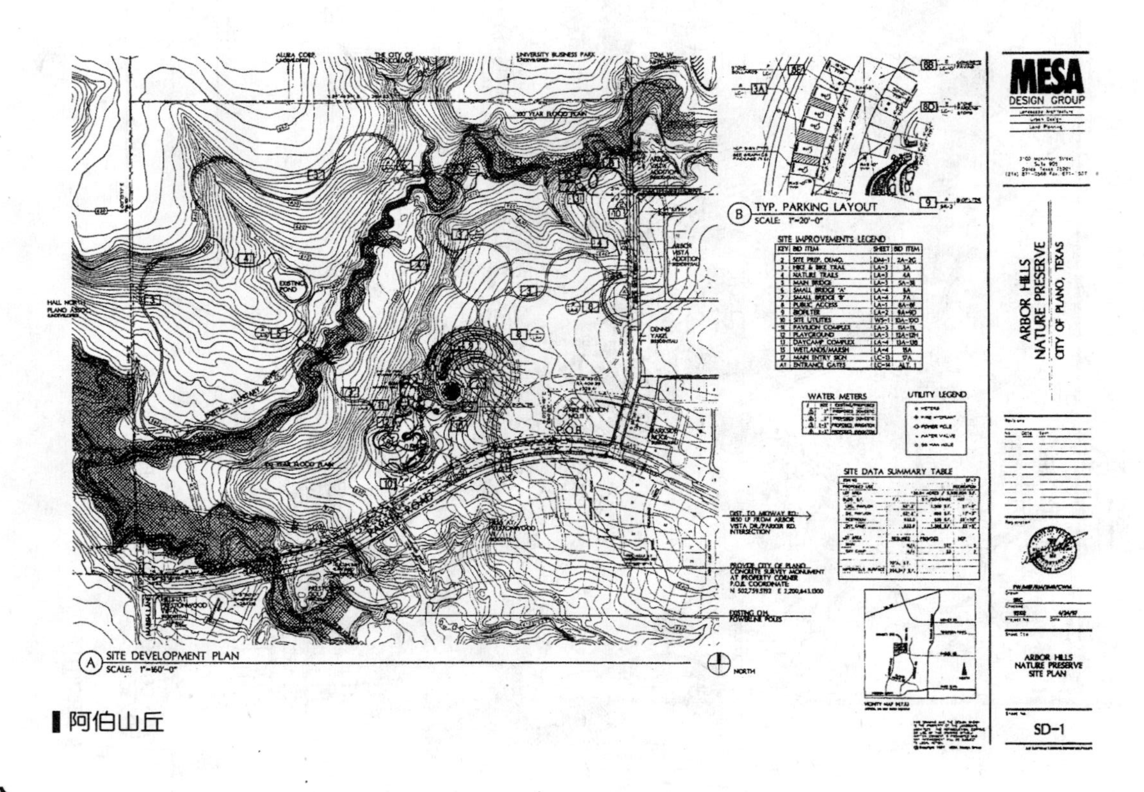

▌阿伯山丘

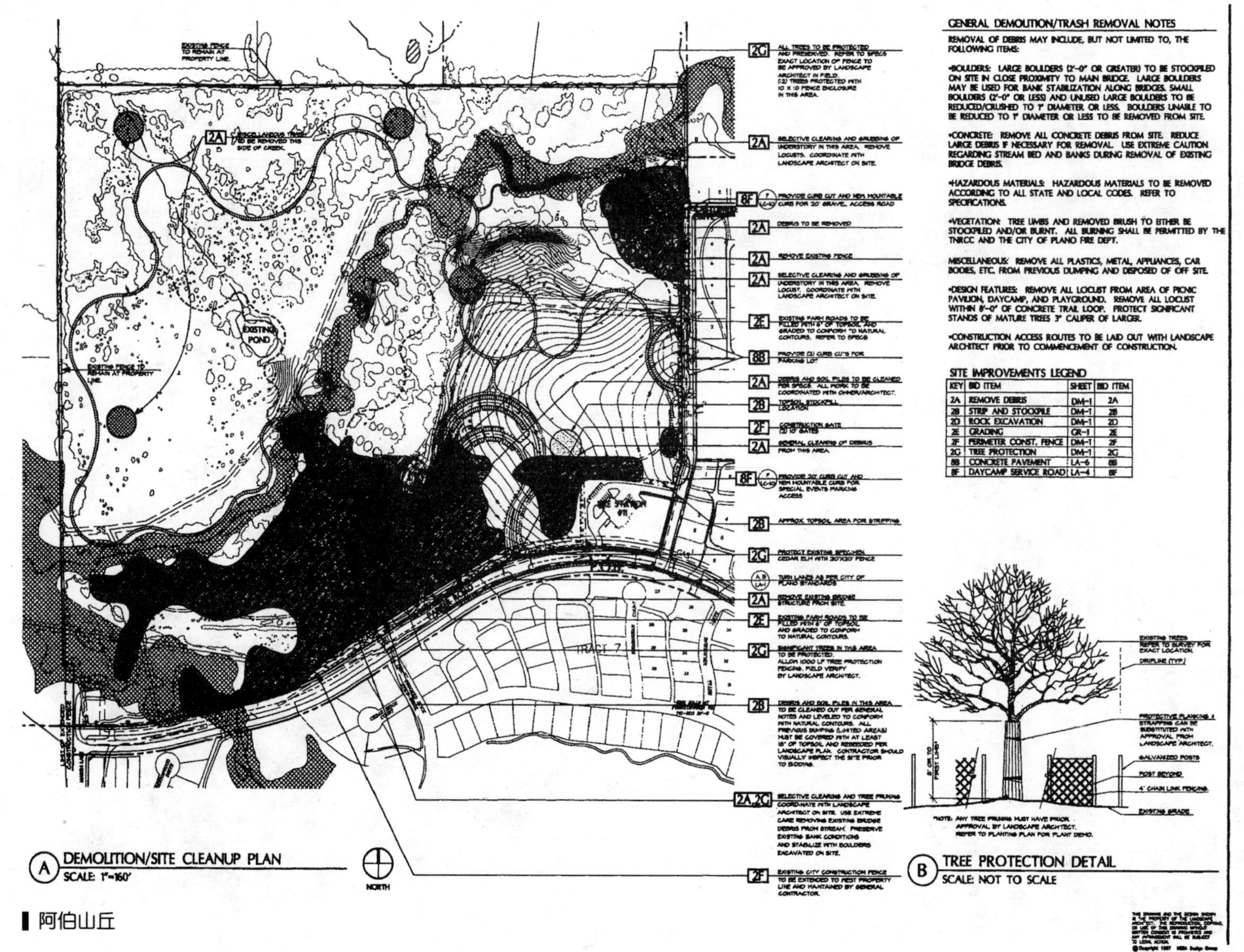
GENERAL DEMOLITION/TRASH REMOVAL NOTES
REMOVAL OF DEBRIS MAY INCLUDE, BUT NOT LIMITED TO, THE FOLLOWING ITEMS:
•BOULDERS: LARGE BOULDERS (2'-0" OR GREATER) TO BE STOCKPILED ON SITE IN CLOSE PROXIMITY TO MAIN BRIDGE. LARGE BOULDERS MAY BE USED FOR BANK STABILIZATION ALONG BRIDGES. SMALL BOULDERS (2'-0" OR LESS) AND UNUSED LARGE BOULDERS TO BE REDUCED/CRUSHED TO 1" DIAMETER OR LESS. BOULDERS UNABLE TO BE REDUCED TO 1" DIAMETER OR LESS TO BE REMOVED FROM SITE.
•CONCRETE: REMOVE ALL CONCRETE DEBRIS FROM SITE. REDUCE LARGE DEBRIS IF NECESSARY FOR REMOVAL. USE EXTREME CAUTION REGARDING STREAM BED AND BANKS DURING REMOVAL OF EXISTING BRIDGE DEBRIS.
•HAZARDOUS MATERIALS: HAZARDOUS MATERIALS TO BE REMOVED ACCORDING TO ALL STATE AND LOCAL CODES. REFER TO SPECIFICATIONS.
•VEGETATION: TREE LIMBS AND REMOVED BRUSH TO EITHER BE STOCKPILED AND/OR BURNT. ALL BURNING SHALL BE PERMITTED BY THE TNRCC AND THE CITY OF PLANO FIRE DEPT.
MISCELLANEOUS: REMOVE ALL PLASTICS, METAL, APPLIANCES, CAR BODIES, ETC. FROM PREVIOUS DUMPING AND DISPOSED OF OFF SITE.
•DESIGN FEATURES: REMOVE ALL LOCUST FROM AREA OF PICNIC PAVILION, DAYCAMP, AND PLAYGROUND. REMOVE ALL LOCUST WITHIN 8'-0" OF CONCRETE TRAIL LOOP. PROTECT SIGNIFICANT STANDS OF MATURE TREES 3" CALIPER OF LARGER.
•CONSTRUCTION ACCESS ROUTES TO BE LAID OUT WITH LANDSCAPE ARCHITECT PRIOR TO COMMENCEMENT OF CONSTRUCTION.
SITE IMPROVEMENTS LEGEND
KEY | BID ITEM | SHEET | BID ITEM
2A | REMOVE DEBRIS | DM-1 | 2A
2B | STRIP AND STOCKPILE | DM-1 | 2B
2D | ROCK EXCAVATION | DM-1 | 2D
2E | GRADING | GR-1 | 2E
2F | PERIMETER CONST. FENCE | DM-1 | 2F
2G | TREE PROTECTION | DM-1 | 2G
8B | CONCRETE PAVEMENT | LA-6 | 8B
8F | DAYCAMP SERVICE ROAD | LA-4 | 8F
EXISTING POND
TRACT 7
EXISTING TREES REFER TO SURVEY FOR EXACT LOCATION.
DRIPLINE (TYP.)
GALVANIZED POSTS
POST BEYOND
4' CHAIN LINK FENCING
EXISTING GRADE
NOTE: ANY TREE PRUNING MUST HAVE PRIOR APPROVAL BY LANDSCAPE ARCHITECT. REFER TO PLANTING PLAN FOR PLANT DEMO.
A DEMOLITION/SITE CLEANUP PLAN
SCALE: 1"=160'
NORTH
B TREE PROTECTION DETAIL
SCALE: NOT TO SCALE

MESA
DESIGN GROUP
Landscape Architecture
Urban Design
Land Planning
3100 McKinnon Street
Suite 905
Dallas, Texas 75201
(214) 871-0568 Fax. 871-1507
ARBOR HILLS
NATURE PRESERVE
CITY OF PLANO, TEXAS
Revisions
No. Date Item
Registration
Drawn
Checked
Project No. Date
4/24/97
Sheet Title
DEMOLITION/SITE CLEANUP PLAN
BID ITEM 2, 8
Sheet No.
DM-1

▌阿伯山丘

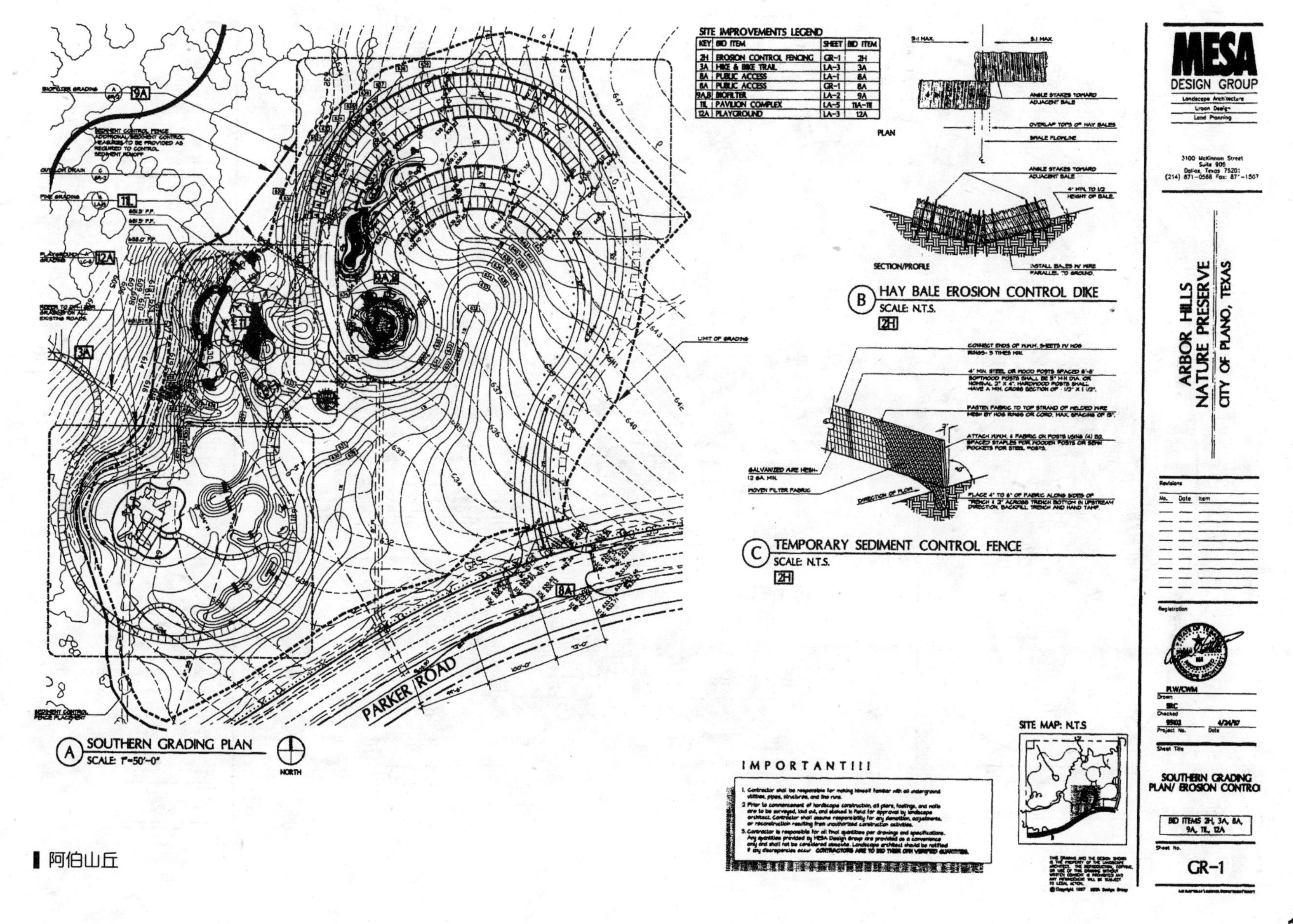
SITE IMPROVEMENTS LEGEND
KEY | BID ITEM | SHEET | BID ITEM
2H | EROSION CONTROL FENCING | GR-1 | 2H
3A | HIKE & BIKE TRAIL | LA-3 | 3A
8A | PUBLIC ACCESS | LA-1 | 8A
8A | PUBLIC ACCESS | GR-1 | 8A
9A,B | BIOFILTER | LA-2 | 9A
11L | PAVILION COMPLEX | LA-5 | 11A-11I
12A | PLAYGROUND | LA-3 | 12A
PLAN
SECTION/PROFILE
B HAY BALE EROSION CONTROL DIKE
SCALE: N.T.S.
2H
C TEMPORARY SEDIMENT CONTROL FENCE
SCALE: N.T.S.
2H
LIMIT OF GRADING
PARKER ROAD
A SOUTHERN GRADING PLAN
SCALE: 1"=50'-0"
NORTH
IMPORTANT!!!
SITE MAP: N.T.S
MESA
DESIGN GROUP
Landscape Architecture
Urban Design
Land Planning
3100 McKinnon Street
Suite 905
Dallas, Texas 75201
ARBOR HILLS
NATURE PRESERVE
CITY OF PLANO, TEXAS
Revisions
No. Date Item
Registration
PLW/CWM
Drawn
BRC
Checked
Project No.
4/24/97
Date
Sheet Title
SOUTHERN GRADING PLAN/ EROSION CONTROL
BID ITEMS 2H, 3A, 8A, 9A, 11L, 12A
Sheet No.
GR-1
▌阿伯山丘

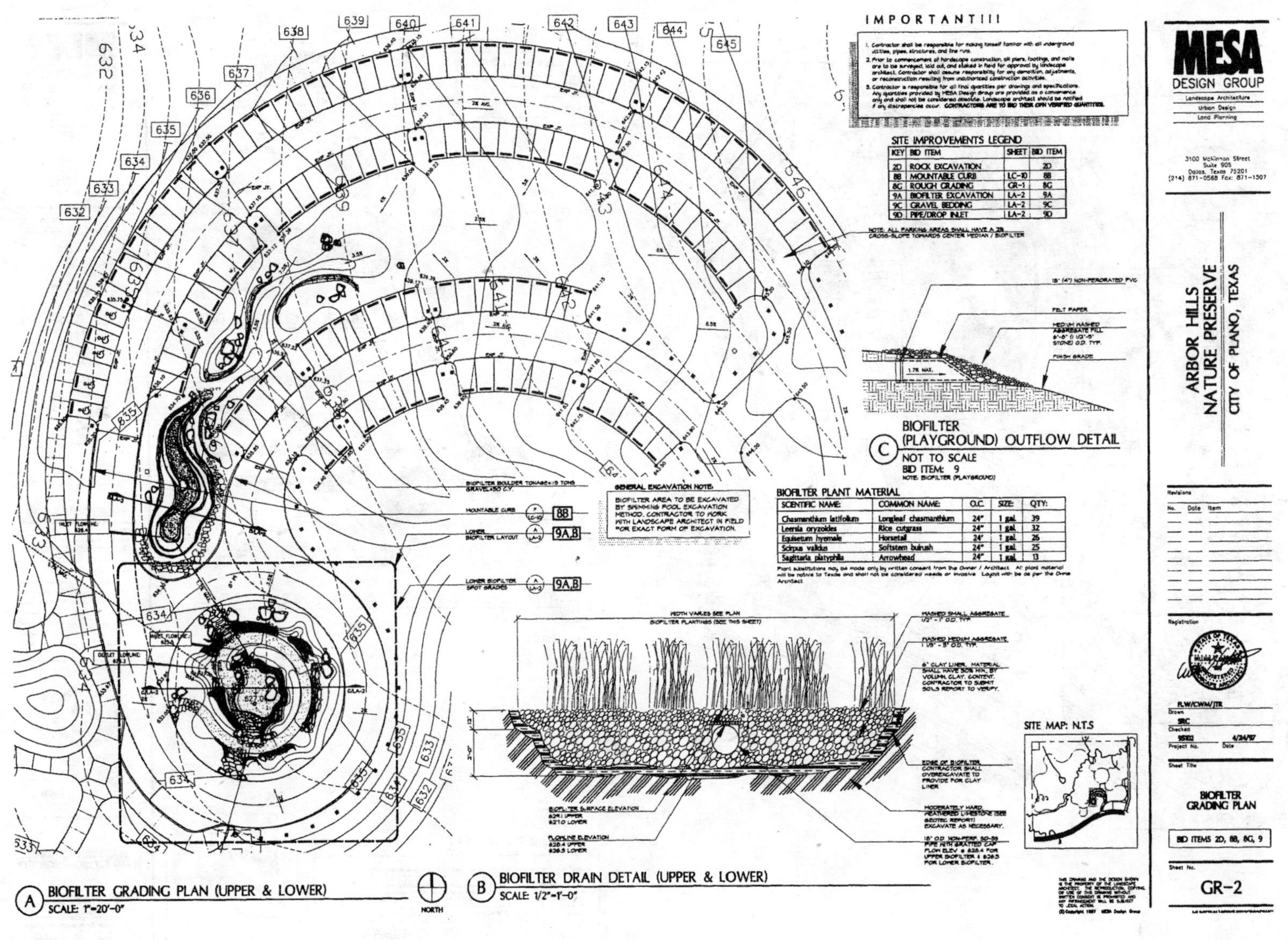

SITE IMPROVEMENTS LEGEND

KEY	BID ITEM	SHEET	BID ITEM
2D	ROCK EXCAVATION		2D
8B	MOUNTABLE CURB	LC-10	8B
8G	ROUGH GRADING	GR-1	8G
9A	BIOFILTER EXCAVATION	LA-2	9A
9C	GRAVEL BEDDING	LA-2	9C
9D	PIPE/DROP INLET	LA-2	9D

BIOFILTER PLANT MATERIAL

SCIENTIFIC NAME:	COMMON NAME:	O.C.	SIZE:	QTY:
Chasmanthium latifolium	Longleaf chasmanthium	24"	1 gal.	39
Leersia oryzoides	Rice cutgrass	24"	1 gal.	32
Equisetum hyemale	Horsetail	24'	1 gal.	26
Scirpus validus	Softstem bulrush	24"	1 gal.	25
Sagittaria platyphila	Arrowhead	24"	1 gal.	13

Plant substitutions may be made only by written consent from the Owner / Architect. All plant material will be native to Texas and shall not be considered weeds or invasive. Layout with be as per the Owner Architect

阿伯山丘

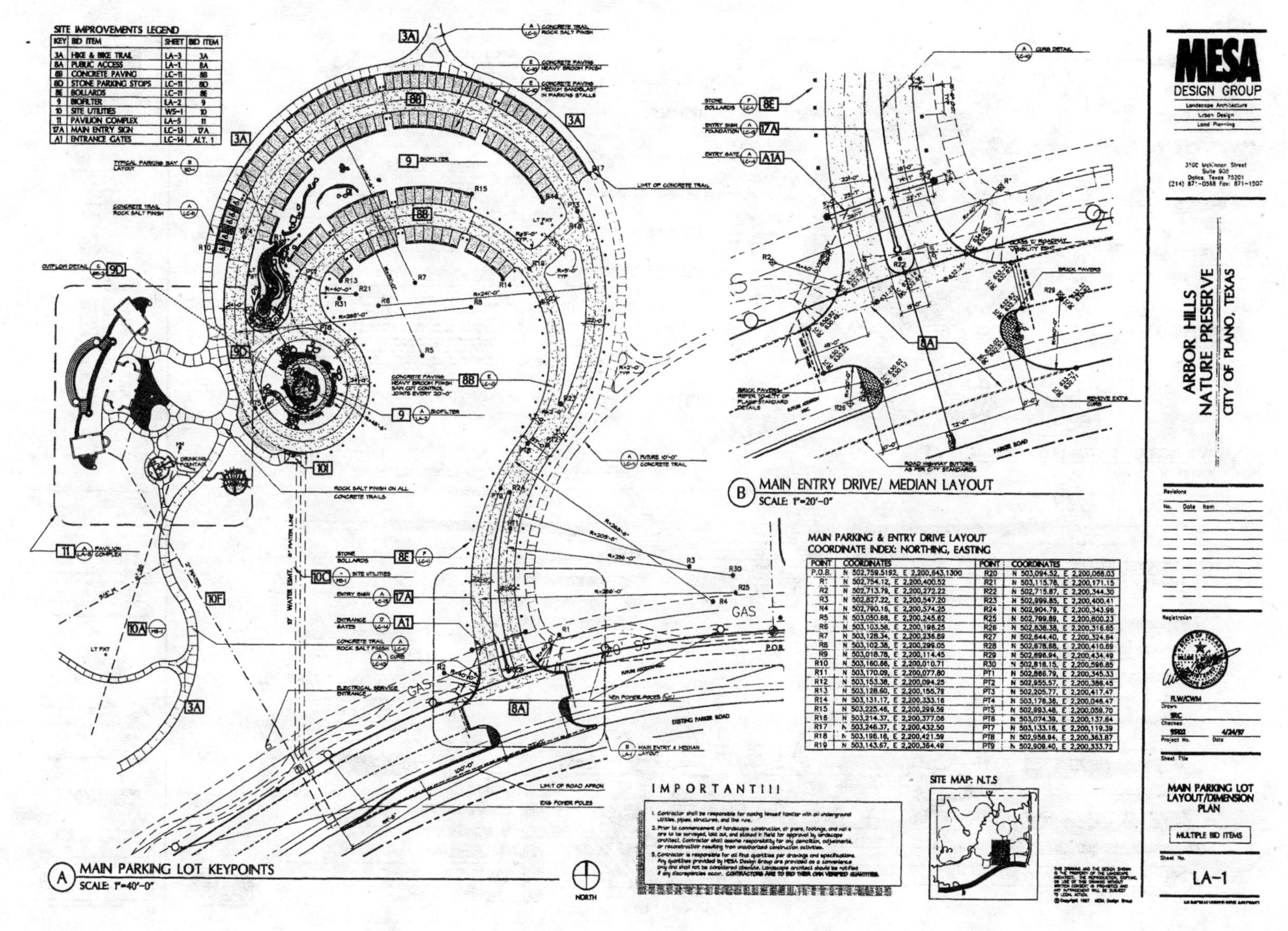

SITE IMPROVEMENTS LEGEND

KEY	BID ITEM	SHEET	BID ITEM
3A	HIKE & BIKE TRAIL	LA-3	3A
8A	PUBLIC ACCESS	LA-1	8A
8B	CONCRETE PAVING	LC-11	8B
8D	STONE PARKING STOPS	LC-11	8D
8E	BOLLARDS	LC-11	8E
9	BIOFILTER	LA-2	9
10	SITE UTILITIES	WS-1	10
11	PAVILION COMPLEX	LA-5	11
17A	MAIN ENTRY SIGN	LC-13	17A
A1	ENTRANCE GATES	LC-14	ALT. 1

MAIN PARKING & ENTRY DRIVE LAYOUT
COORDINATE INDEX: NORTHING, EASTING

POINT	COORDINATES	POINT	COORDINATES
P.O.B.	N 502,759.5192, E 2,200,643.1300	R20	N 503,094.52, E 2,200,068.03
R1	N 502,754.12, E 2,200,400.52	R21	N 503,115.78, E 2,200,171.15
R2	N 502,713.79, E 2,200,272.22	R22	N 502,715.87, E 2,200,344.30
R3	N 502,827.22, E 2,200,547.20	R23	N 502,999.85, E 2,200,400.41
R4	N 502,790.16, E 2,200,574.25	R24	N 502,904.79, E 2,200,343.96
R5	N 503,050.68, E 2,200,245.62	R25	N 502,799.89, E 2,200,600.23
R6	N 503,103.58, E 2,200,196.25	R26	N 502,638.38, E 2,200,316.65
R7	N 503,128.34, E 2,200,236.89	R27	N 502,644.40, E 2,200,324.84
R8	N 503,102.38, E 2,200,299.05	R28	N 502,678.68, E 2,200,410.69
R9	N 503,018.78, E 2,200,114.45	R29	N 502,696.94, E 2,200,434.49
R10	N 503,160.86, E 2,200,010.71	R30	N 502,818.15, E 2,200,596.85
R11	N 503,170.09, E 2,200,077.80	PT1	N 502,866.79, E 2,200,345.33
R12	N 503,153.38, E 2,200,094.25	PT2	N 502,955.57, E 2,200,386.45
R13	N 503,128.60, E 2,200,155.79	PT3	N 502,205.77, E 2,200,417.47
R14	N 503,131.17, E 2,200,333.16	PT4	N 503,176.38, E 2,200,046.47
R15	N 503,225.46, E 2,200,299.59	PT5	N 502,993.48, E 2,200,059.70
R16	N 503,214.37, E 2,200,377.06	PT6	N 503,074.39, E 2,200,137.64
R17	N 503,246.37, E 2,200,432.50	PT7	N 503,133.18, E 2,200,119.39
R18	N 503,196.18, E 2,200,421.59	PT8	N 502,956.94, E 2,200,363.87
R19	N 503,143.67, E 2,200,364.49	PT9	N 502,909.40, E 2,200,333.72

▌阿伯山丘

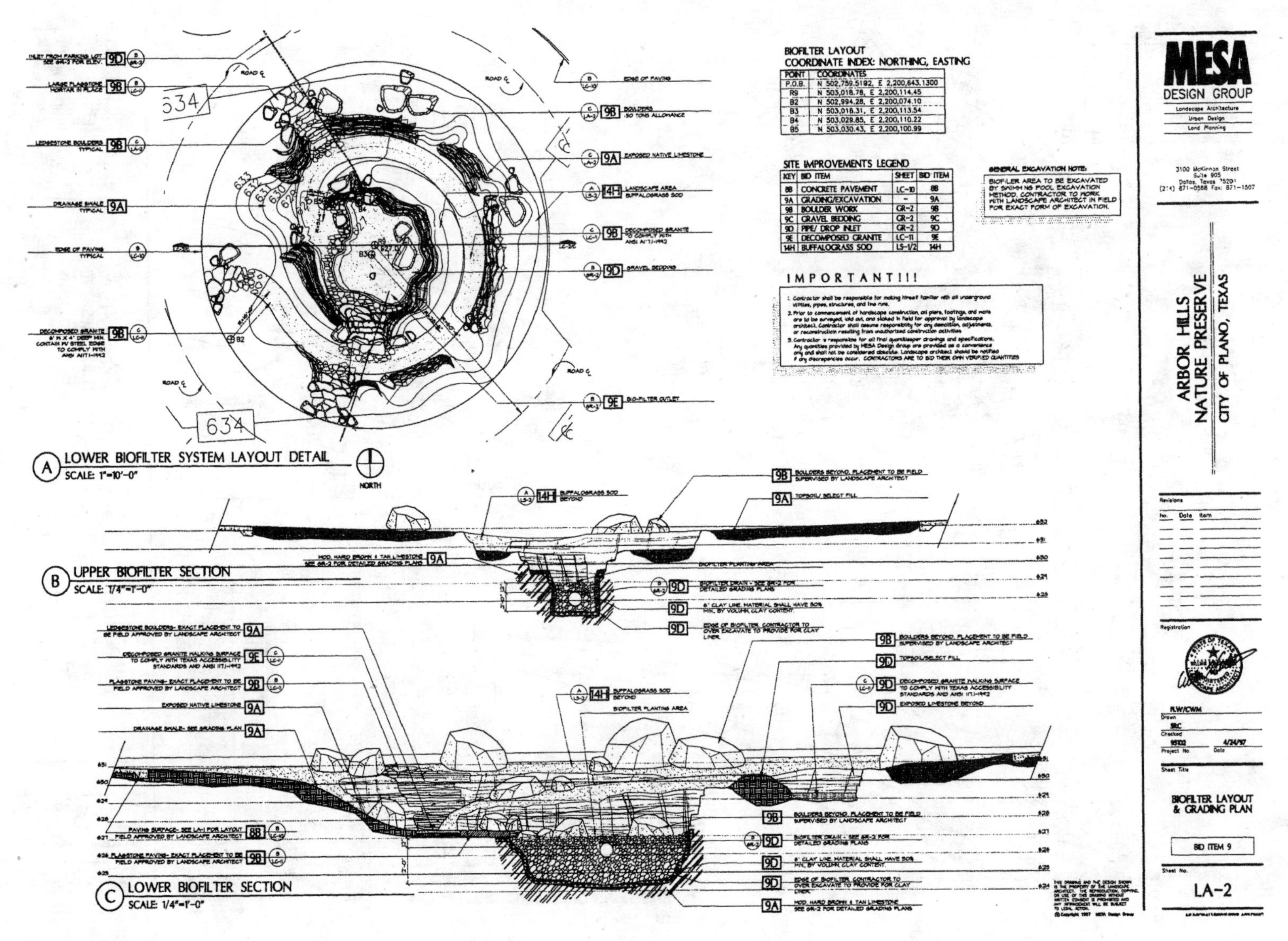
A LOWER BIOFILTER SYSTEM LAYOUT DETAIL
SCALE: 1"=10'-0"
NORTH
B UPPER BIOFILTER SECTION
SCALE: 1/4"=1'-0"
C LOWER BIOFILTER SECTION
SCALE: 1/4"=1'-0"
BIOFILTER LAYOUT
COORDINATE INDEX: NORTHING, EASTING
POINT | COORDINATES
P.O.B. | N 502,759.5192, E 2,200,643.1300
R9 | N 503,018.78, E 2,200,114.45
B2 | N 502,994.28, E 2,200,074.10
B3 | N 503,018.31, E 2,200,113.54
B4 | N 503,029.85, E 2,200,110.22
B5 | N 503,030.43, E 2,200,100.99
SITE IMPROVEMENTS LEGEND
KEY | BID ITEM | SHEET | BID ITEM
8B | CONCRETE PAVEMENT | LC-10 | 8B
9A | GRADING/EXCAVATION | - | 9A
9B | BOULDER WORK | GR-2 | 9B
9C | GRAVEL BEDDING | GR-2 | 9C
9D | PIPE/ DROP INLET | GR-2 | 9D
9E | DECOMPOSED GRANITE | LC-11 | 9E
14H | BUFFALOGRASS SOD | LS-1/2 | 14H
GENERAL EXCAVATION NOTE:
BIOFILER AREA TO BE EXCAVATED BY SWIMMING POOL EXCAVATION METHOD. CONTRACTOR TO WORK WITH LANDSCAPE ARCHITECT IN FIELD FOR EXACT FORM OF EXCAVATION.
IMPORTANT!!!
634
ROAD ℄
EDGE OF PAVING
BOULDERS 50 TONS ALLOWANCE
EXPOSED NATIVE LIMESTONE
LANDSCAPE AREA BUFFALOGRASS SOD
GRAVEL BEDDING
BIO-FILTER OUTLET
DRAINAGE SWALE TYPICAL
EDGE OF PAVING TYPICAL
BOULDERS BEYOND, PLACEMENT TO BE FIELD SUPERVISED BY LANDSCAPE ARCHITECT
TOPSOIL/ SELECT FILL
BUFFALOGRASS SOD BEYOND
BIOFILTER PLANTING AREA
EXPOSED NATIVE LIMESTONE
EXPOSED LIMESTONE BEYOND
MESA
DESIGN GROUP
Landscape Architecture
Urban Design
Land Planning
3100 McKinnon Street
Suite 905
Dallas, Texas 75201
(214) 871-0568 Fax: 871-1507
ARBOR HILLS
NATURE PRESERVE
CITY OF PLANO, TEXAS
Revisions
No. Date Item
Registration
RLW/CWM
Drawn
SRC
Checked
95102
Project No.
4/24/97
Date
Sheet Title
BIOFILTER LAYOUT & GRADING PLAN
BID ITEM 9
Sheet No.
LA-2

▌阿伯山丘

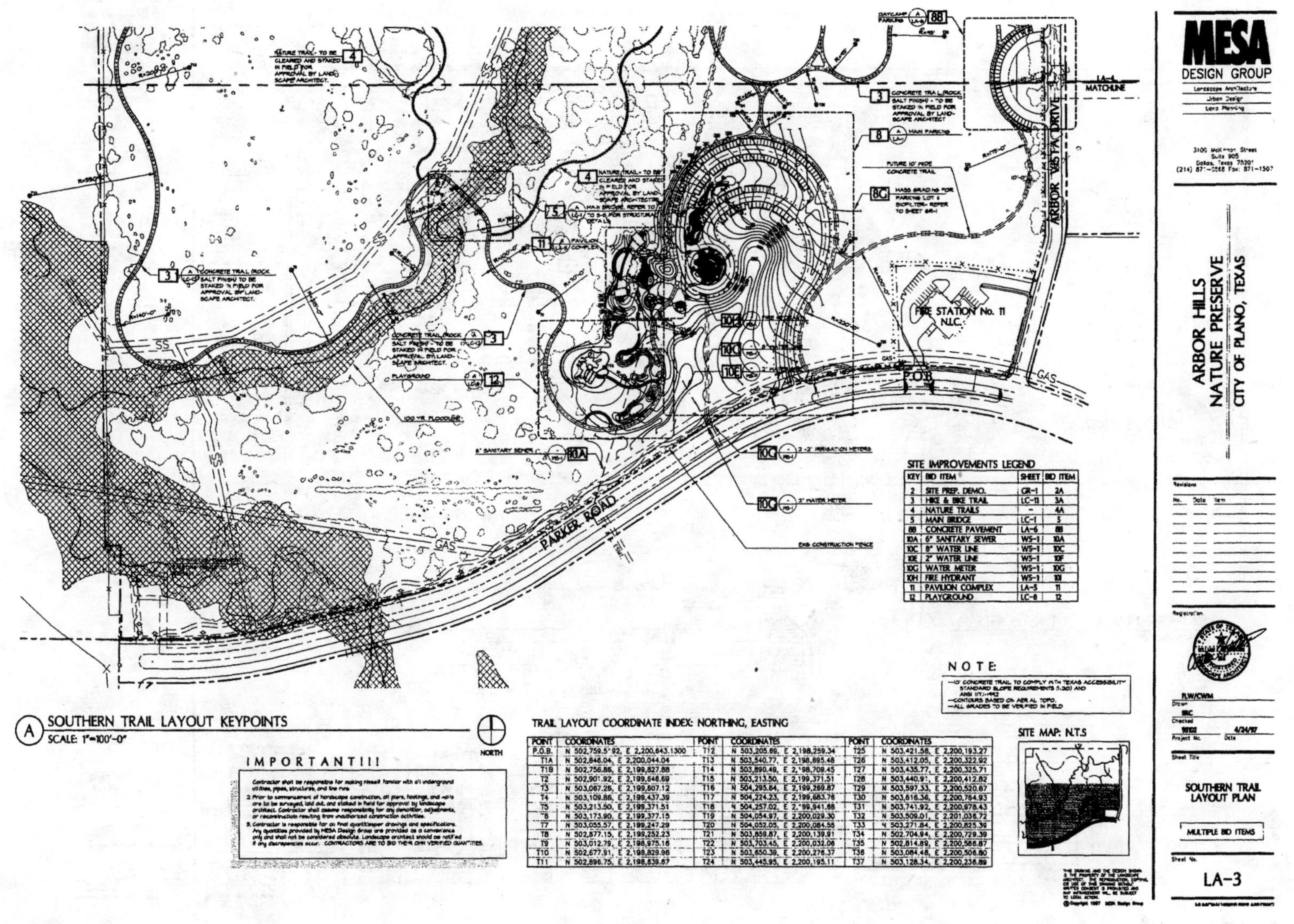

SITE IMPROVEMENTS LEGEND

KEY	BID ITEM	SHEET	BID ITEM
2	SITE PREP. DEMO.	GR-1	2A
3	HIKE & BIKE TRAIL	LC-11	3A
4	NATURE TRAILS	-	4A
5	MAIN BRIDGE	LC-1	5
8B	CONCRETE PAVEMENT	LA-6	8B
10A	6" SANITARY SEWER	WS-1	10A
10C	8" WATER LINE	WS-1	10C
10E	2" WATER LINE	WS-1	10F
10G	WATER METER	WS-1	10G
10H	FIRE HYDRANT	WS-1	10I
11	PAVILION COMPLEX	LA-5	11
12	PLAYGROUND	LC-8	12

TRAIL LAYOUT COORDINATE INDEX: NORTHING, EASTING

POINT	COORDINATES	POINT	COORDINATES	POINT	COORDINATES
P.O.B.	N 502,759.5'92, E 2,200,643.1300	T12	N 503,205.69, E 2,198,259.34	T25	N 503,421.58, E 2,200,193.27
T1A	N 502,846.04, E 2,200,044.04	T13	N 503,540.77, E 2,198,695.48	T26	N 503,412.05, E 2,200,322.92
T1B	N 502,756.86, E 2,199,827.88	T14	N 503,890.49, E 2,198,709.45	T27	N 503,435.77, E 2,200,325.71
T2	N 502,901.92, E 2,199,646.69	T15	N 503,213.50, E 2,199,371.51	T28	N 503,440.9:, E 2,200,412.82
T3	N 503,067.26, E 2,199,607.12	T16	N 504,295.64, E 2,199,269.87	T29	N 503,597.33, E 2,200,520.67
T4	N 503,109.86, E 2,199,437.39	T17	N 504,224.23, E 2,199,683.76	T30	N 503,616.36, E 2,200,764.93
T5	N 503,213.50, E 2,199,371.51	T18	N 504,257.02, E 2,199,941.68	T31	N 503,741.92, E 2,200,978.43
T6	N 503,173.90, E 2,199,377.15	T19	N 504,054.97, E 2,200,029.30	T32	N 503,509.01, E 2,201,036.72
T7	N 503,055.57, E 2,199,247.29	T20	N 504,052.05, E 2,200,084.55	T33	N 503,271.84, E 2,200,825.39
T8	N 502,877.15, E 2,199,252.23	T21	N 503,859.87, E 2,200,139.91	T34	N 502.704.94, E 2,200,729.39
T9	N 503,012.79, E 2,198,975.16	T22	N 503,703.45, E 2,200,032.06	T35	N 502,814.89, E 2,200,586.87
T10	N 502,677.91, E 2,198,829.96	T23	N 503,650.39, E 2,200,276.37	T36	N 503,084.48, E 2,200,506.80
T11	N 502,896.75, E 2,198,639.67	T24	N 503,445.95, E 2,200,195.11	T37	N 503,128.34, E 2,200,236.89

▌阿伯山丘

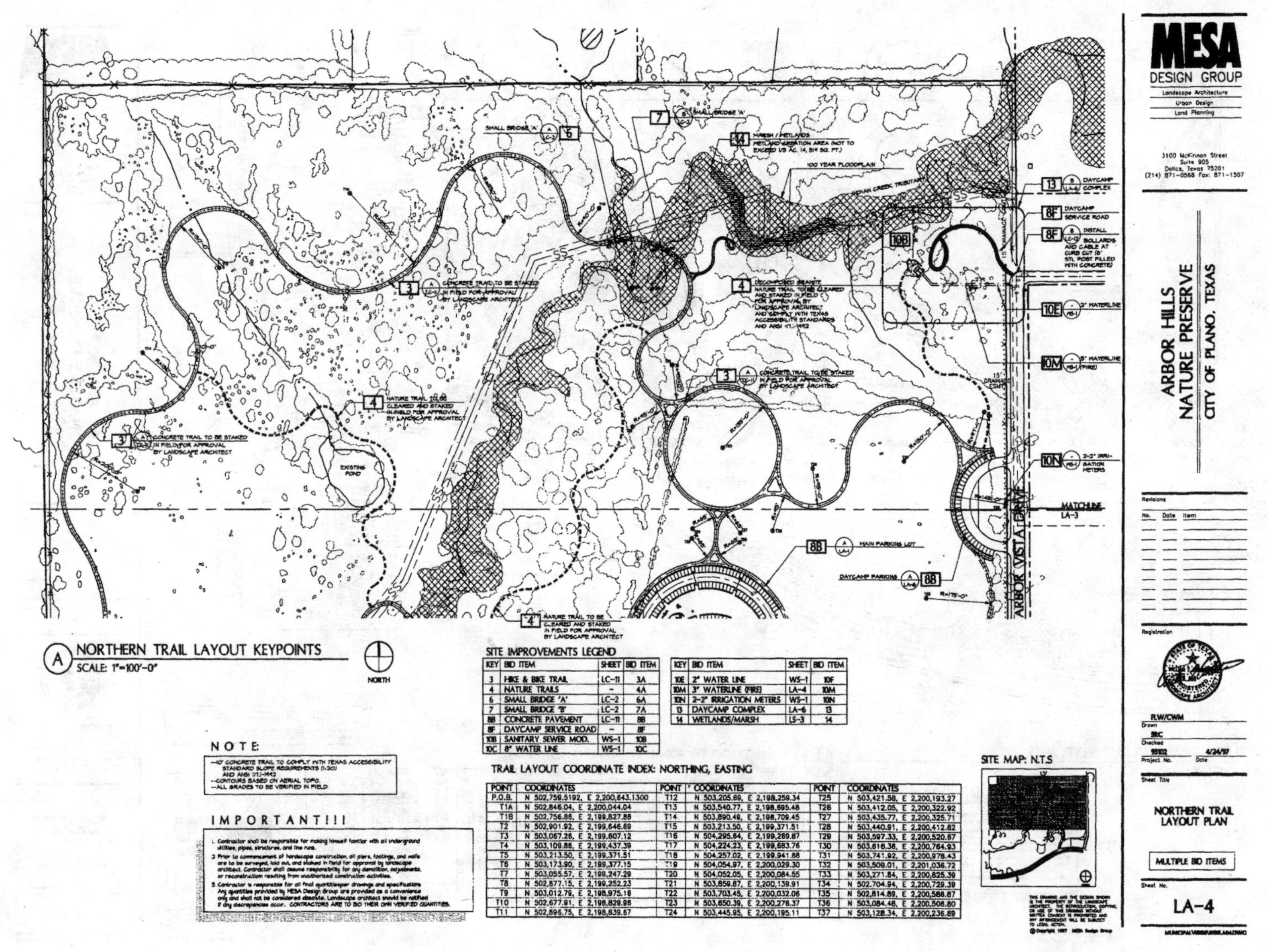

SITE IMPROVEMENTS LEGEND

KEY	BID ITEM	SHEET	BID ITEM
3	HIKE & BIKE TRAIL	LC-11	3A
4	NATURE TRAILS	-	4A
6	SMALL BRIDGE 'A'	LC-2	6A
7	SMALL BRIDGE 'B'	LC-2	7A
8B	CONCRETE PAVEMENT	LC-11	8B
8F	DAYCAMP SERVICE ROAD	-	8F
10B	SANITARY SEWER MOD.	WS-1	10B
10C	8" WATER LINE	WS-1	10C

KEY	BID ITEM	SHEET	BID ITEM
10E	2" WATER LINE	WS-1	10F
10M	3" WATERLINE (FIRE)	LA-4	10M
10N	2-2" IRRIGATION METERS	WS-1	10N
13	DAYCAMP COMPLEX	LA-6	13
14	WETLANDS/MARSH	LS-3	14

TRAIL LAYOUT COORDINATE INDEX: NORTHING, EASTING

POINT	COORDINATES	POINT	COORDINATES	POINT	COORDINATES
P.O.B.	N 502,759.5192, E 2,200,643.1300	T12	N 503,205.69, E 2,198,259.34	T25	N 503,421.58, E 2,200,193.27
T1A	N 502,846.04, E 2,200,044.04	T13	N 503,540.77, E 2,198,695.48	T26	N 503,412.05, E 2,200,322.92
T1B	N 502,756.86, E 2,199,827.88	T14	N 503,890.49, E 2,198,709.45	T27	N 503,435.77, E 2,200,325.71
T2	N 502,901.92, E 2,199,646.69	T15	N 503,213.50, E 2,199,371.51	T28	N 503,440.91, E 2,200,412.82
T3	N 503,067.26, E 2,199,607.12	T16	N 504,295.64, E 2,199,269.87	T29	N 503,597.33, E 2,200,520.67
T4	N 503,109.86, E 2,199,437.39	T17	N 504,224.23, E 2,199,683.76	T30	N 503,616.36, E 2,200,764.93
T5	N 503,213.50, E 2,199,371.51	T18	N 504,257.02, E 2,199,941.88	T31	N 503,741.92, E 2,200,978.43
T6	N 503,173.90, E 2,199,377.15	T19	N 504,054.97, E 2,200,029.30	T32	N 503,509.01, E 2,201,036.72
T7	N 503,055.57, E 2,199,247.29	T20	N 504,052.05, E 2,200,084.55	T33	N 503,271.84, E 2,200,825.39
T8	N 502,877.15, E 2,199,252.23	T21	N 503,859.87, E 2,200,139.91	T34	N 502.704.94, E 2,200,729.39
T9	N 503,012.79, E 2,198,975.16	T22	N 503,703.45, E 2,200,032.06	T35	N 502,814.89, E 2,200,588.87
T10	N 502,677.91, E 2,198,829.98	T23	N 503,650.39, E 2,200,276.37	T36	N 503,084.48, E 2,200,506.80
T11	N 502,896.75, E 2,198,639.67	T24	N 503,445.95, E 2,200,195.11	T37	N 503,128.34, E 2,200,236.89

▌阿伯山丘

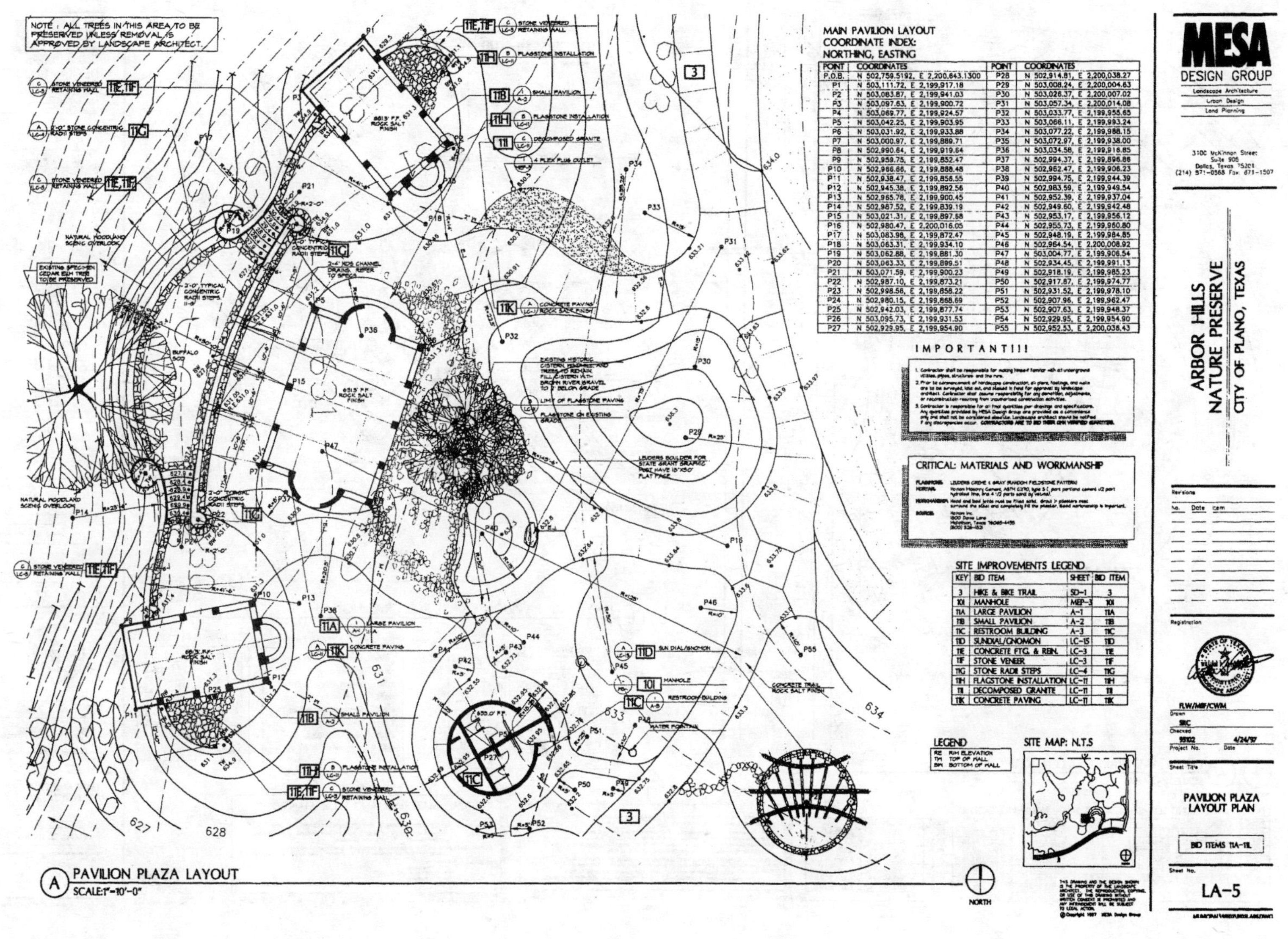
NOTE : ALL TREES IN THIS AREA TO BE PRESERVED UNLESS REMOVAL IS APPROVED BY LANDSCAPE ARCHITECT.
MAIN PAVILION LAYOUT
COORDINATE INDEX:
NORTHING, EASTING
POINT COORDINATES POINT COORDINATES
P.O.B. N 502,759.5192, E 2,200,643.1300 P28 N 502,914.81, E 2,200,038.27
P1 N 503,111.72, E 2,199,917.18 P29 N 503,008.24, E 2,200,004.63
P2 N 503,083.87, E 2,199,941.03 P30 N 503,026.37, E 2,200,007.02
P3 N 503,097.63, E 2,199,900.72 P31 N 503,057.34, E 2,200,014.08
P4 N 503,069.77, E 2,199,924.57 P32 N 503,033.77, E 2,199,955.65
P5 N 503,042.25, E 2,199,903.95 P33 N 503,066.11, E 2,199,993.24
P6 N 503,031.92, E 2,199,933.88 P34 N 503,077.22, E 2,199,988.15
P7 N 503,000.97, E 2,199,889.71 P35 N 503,072.97, E 2,199,938.00
P8 N 502,990.64, E 2,199,919.64 P36 N 503,034.58, E 2,199,916.85
P9 N 502,959.75, E 2,199,852.47 P37 N 502,994.37, E 2,199,896.86
P10 N 502,966.66, E 2,199,888.48 P38 N 502,962.47, E 2,199,906.23
P11 N 502,938.47, E 2,199,856.55 P39 N 502,994.75, E 2,199,944.39
P12 N 502,945.38, E 2,199,892.56 P40 N 502,983.59, E 2,199,949.54
P13 N 502,965.78, E 2,199,900.45 P41 N 502,952.39, E 2,199,937.04
P14 N 502,987.52, E 2,199,839.19 P42 N 502,949.60, E 2,199,942.48
P15 N 503,021.31, E 2,199,897.68 P43 N 502,953.17, E 2,199,956.12
P16 N 502,980.47, E 2,200,016.05 P44 N 502,955.73, E 2,199,960.80
P17 N 503,083.98, E 2,199,872.47 P45 N 502,948.19, E 2,199,984.85
P18 N 503,063.31, E 2,199,934.10 P46 N 502,964.54, E 2,200,008.92
P19 N 503,062.88, E 2,199,881.30 P47 N 503,004.77, E 2,199,906.54
P20 N 503,063.33, E 2,199,899.51 P48 N 502,934.45, E 2,199,991.13
P21 N 503,071.59, E 2,199,900.23 P49 N 502,918.19, E 2,199,985.23
P22 N 502,987.10, E 2,199,873.21 P50 N 502,917.87, E 2,199,974.77
P23 N 502,998.56, E 2,199,858.22 P51 N 502,931.52, E 2,199,978.10
P24 N 502,980.15, E 2,199,868.69 P52 N 502,907.96, E 2,199,962.47
P25 N 502,942.03, E 2,199,877.74 P53 N 502,907.63, E 2,199,948.37
P26 N 503,095.73, E 2,199,931.53 P54 N 502,929.95, E 2,199,954.90
P27 N 502,929.95, E 2,199,954.90 P55 N 502,952.53, E 2,200,038.43
IMPORTANT!!!
CRITICAL: MATERIALS AND WORKMANSHIP
SITE IMPROVEMENTS LEGEND
KEY BID ITEM SHEET BID ITEM
3 HIKE & BIKE TRAIL SD-1 3
10I MANHOLE MEP-3 10I
11A LARGE PAVILION A-1 11A
11B SMALL PAVILION A-2 11B
11C RESTROOM BUILDING A-3 11C
11D SUNDIAL/GNOMON LC-15 11D
11E CONCRETE FTG. & REIN. LC-3 11E
11F STONE VENEER LC-3 11F
11G STONE RADII STEPS LC-4 11G
11H FLAGSTONE INSTALLATION LC-11 11H
11I DECOMPOSED GRANITE LC-11 11I
11K CONCRETE PAVING LC-11 11K
LEGEND
RE RIM ELEVATION
TW TOP OF WALL
SITE MAP: N.T.S
MESA
DESIGN GROUP
Landscape Architecture
Urban Design
Land Planning
3100 McKinnon Street
Suite 905
Dallas, Texas 75201
(214) 871-0568 Fax: 871-1507
ARBOR HILLS
NATURE PRESERVE
CITY OF PLANO, TEXAS
Revisions
No. Date Item
Registration
PAVILION PLAZA
LAYOUT PLAN
BID ITEMS 11A-11L
Sheet No.
LA-5
PAVILION PLAZA LAYOUT
SCALE:1"=10'-0"
NORTH

▌阿伯山丘

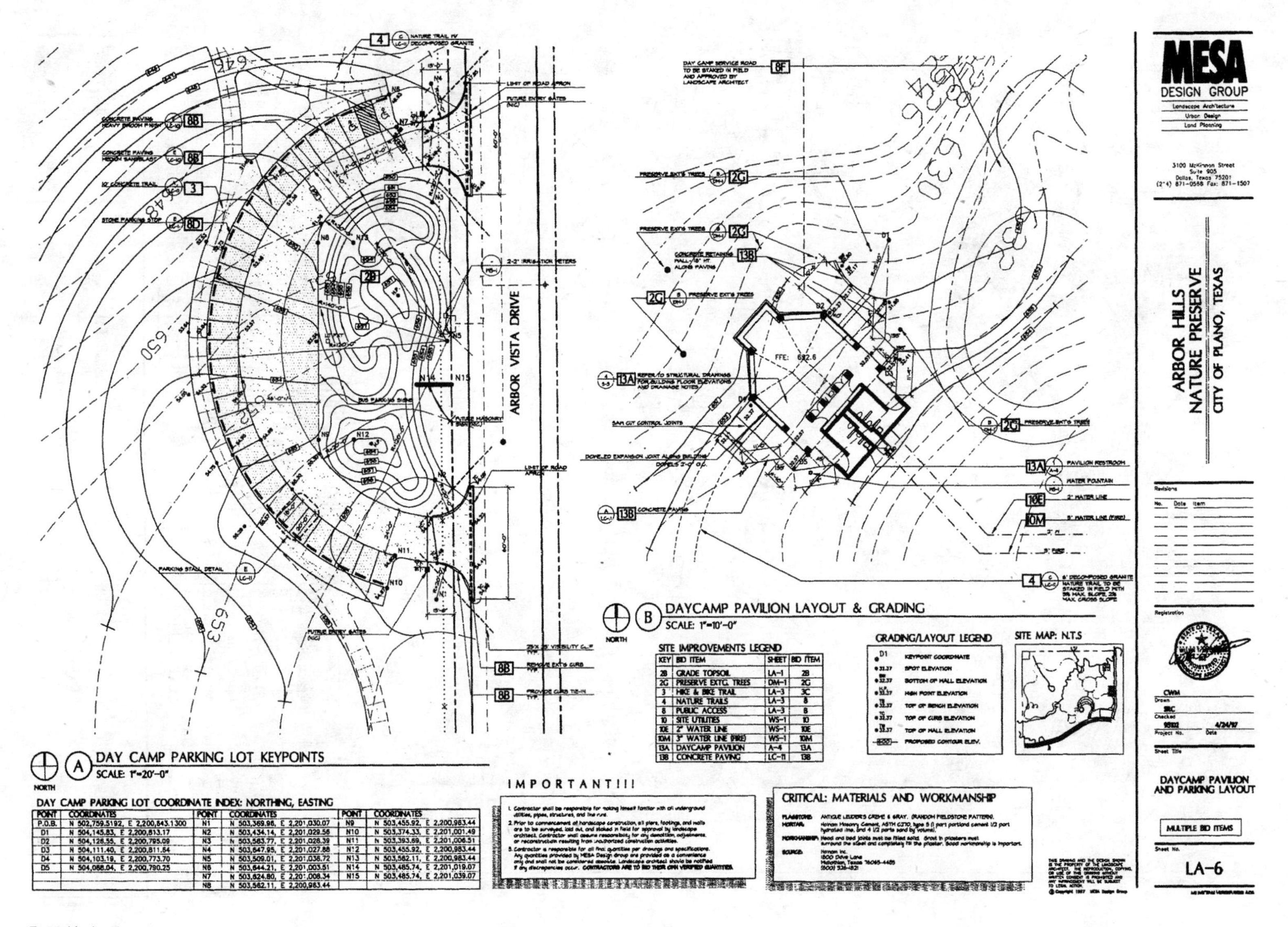

SITE IMPROVEMENTS LEGEND

KEY	BID ITEM	SHEET	BID ITEM
2B	GRADE TOPSOIL	LA-1	2B
2G	PRESERVE EXTG. TREES	DM-1	2G
3	HIKE & BIKE TRAIL	LA-3	3C
4	NATURE TRAILS	LA-3	8
8	PUBLIC ACCESS	LA-3	8
10	SITE UTILITIES	WS-1	10
10E	2" WATER LINE	WS-1	10E
10M	3" WATER LINE (FIRE)	WS-1	10M
13A	DAYCAMP PAVILION	A-4	13A
13B	CONCRETE PAVING	LC-11	13B

DAY CAMP PARKING LOT COORDINATE INDEX: NORTHING, EASTING

POINT	COORDINATES	POINT	COORDINATES	POINT	COORDINATES
P.O.B.	N 502,759.5192, E 2,200,843.1300	N1	N 503,369.98, E 2,201,030.07	N9	N 503,455.92, E 2,200,983.44
D1	N 504,145.83, E 2,200,813.17	N2	N 503,434.14, E 2,201,029.56	N10	N 503,374.33, E 2,201,001.49
D2	N 504,128.55, E 2,200,795.09	N3	N 503,583.77, E 2,201,028.39	N11	N 503,393.69, E 2,201,006.51
D3	N 504,111.40, E 2,200,811.64	N4	N 503,647.95, E 2,201,027.88	N12	N 503,455.92, E 2,200,983.44
D4	N 504,103.19, E 2,200,773.70	N5	N 503,509.01, E 2,201,036.72	N13	N 503,582.11, E 2,200,983.44
D5	N 504,088.04, E 2,200,790.25	N6	N 503,644.21, E 2,201,003.51	N14	N 503,485.74, E 2,201,019.07
		N7	N 503,624.80, E 2,201,008.34	N15	N 503,485.74, E 2,201,039.07
		N8	N 503,562.11, E 2,200,983.44		

阿伯山丘

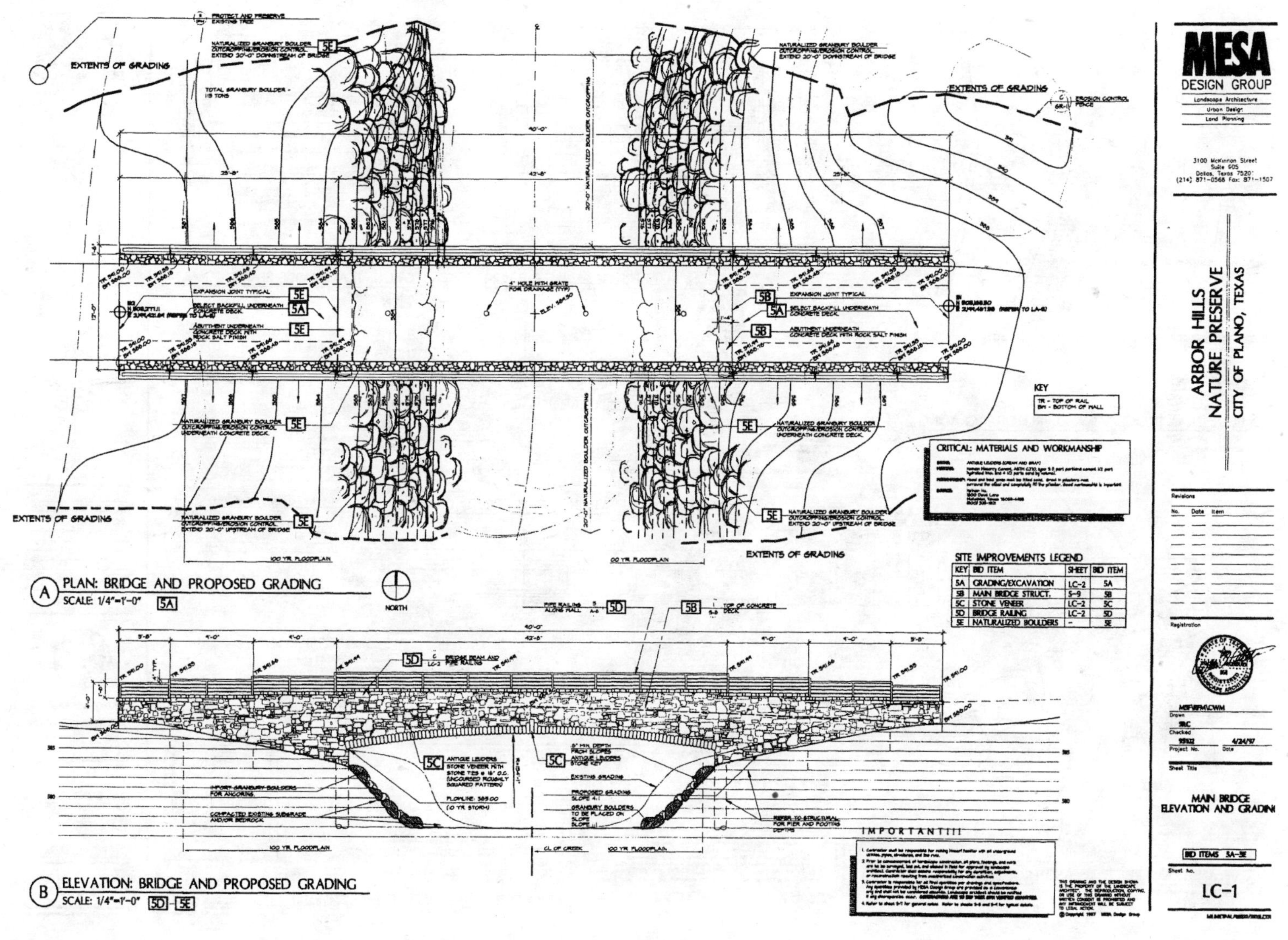

MESA
DESIGN GROUP
ARBOR HILLS NATURE PRESERVE
CITY OF PLANO, TEXAS
PLAN: BRIDGE AND PROPOSED GRADING
SCALE: 1/4"=1'-0"
ELEVATION: BRIDGE AND PROPOSED GRADING
SCALE: 1/4"=1'-0"
EXTENTS OF GRADING
CRITICAL: MATERIALS AND WORKMANSHIP
SITE IMPROVEMENTS LEGEND
MAIN BRIDGE ELEVATION AND GRADING
LC-1

▌阿伯山丘

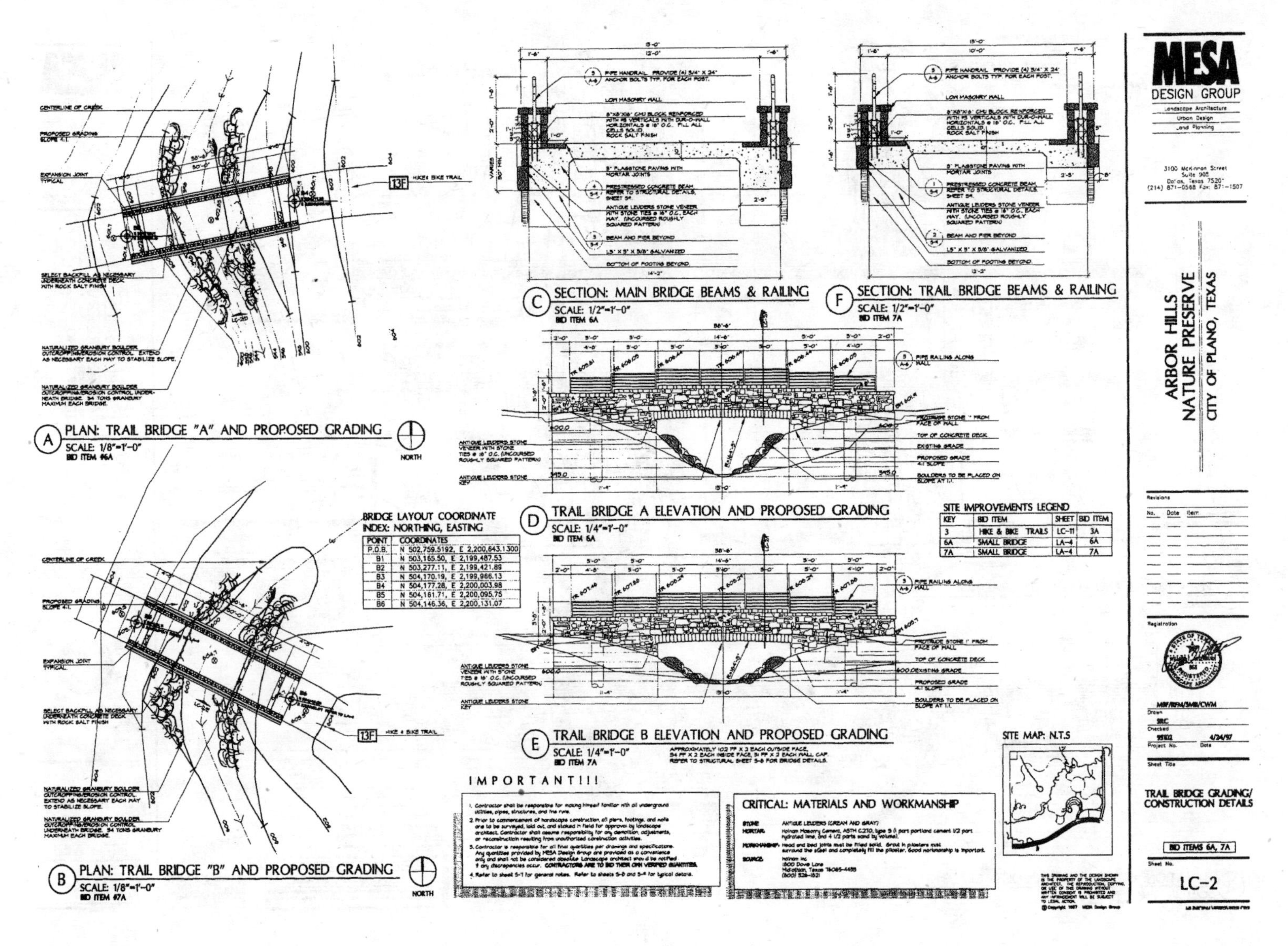

BRIDGE LAYOUT COORDINATE INDEX: NORTHING, EASTING

POINT	COORDINATES
P.O.B.	N 502,759.5192, E 2,200,643.1300
B1	N 503,165.50, E 2,199,487.53
B2	N 503,277.11, E 2,199,421.89
B3	N 504,170.19, E 2,199,966.13
B4	N 504,177.28, E 2,200,003.98
B5	N 504,161.71, E 2,200,095.75
B6	N 504,146.36, E 2,200,131.07

SITE IMPROVEMENTS LEGEND

KEY	BID ITEM	SHEET	BID ITEM
3	HIKE & BIKE TRAILS	LC-11	3A
6A	SMALL BRIDGE	LA-4	6A
7A	SMALL BRIDGE	LA-4	7A

▌阿伯山丘

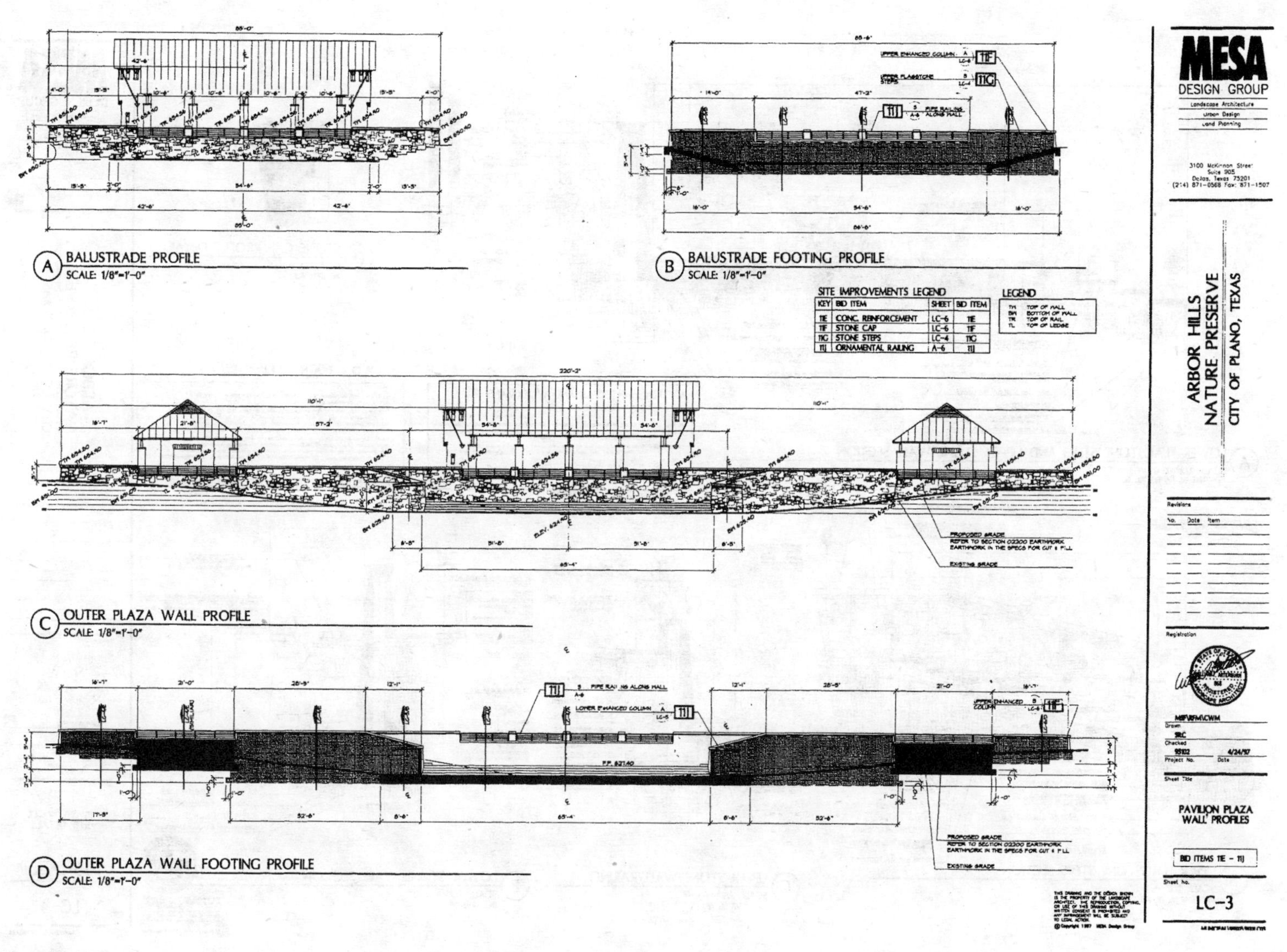

BALUSTRADE PROFILE
SCALE: 1/8"=1'-0"
BALUSTRADE FOOTING PROFILE
SCALE: 1/8"=1'-0"
SITE IMPROVEMENTS LEGEND
KEY BID ITEM SHEET BID ITEM
11E CONC. REINFORCEMENT LC-6 11E
11F STONE CAP LC-6 11F
11G STONE STEPS LC-4 11G
11J ORNAMENTAL RAILING A-6 11J
LEGEND
OUTER PLAZA WALL PROFILE
SCALE: 1/8"=1'-0"
OUTER PLAZA WALL FOOTING PROFILE
SCALE: 1/8"=1'-0"
MESA
DESIGN GROUP
ARBOR HILLS
NATURE PRESERVE
CITY OF PLANO, TEXAS
PAVILION PLAZA
WALL PROFILES
LC-3

阿伯山丘

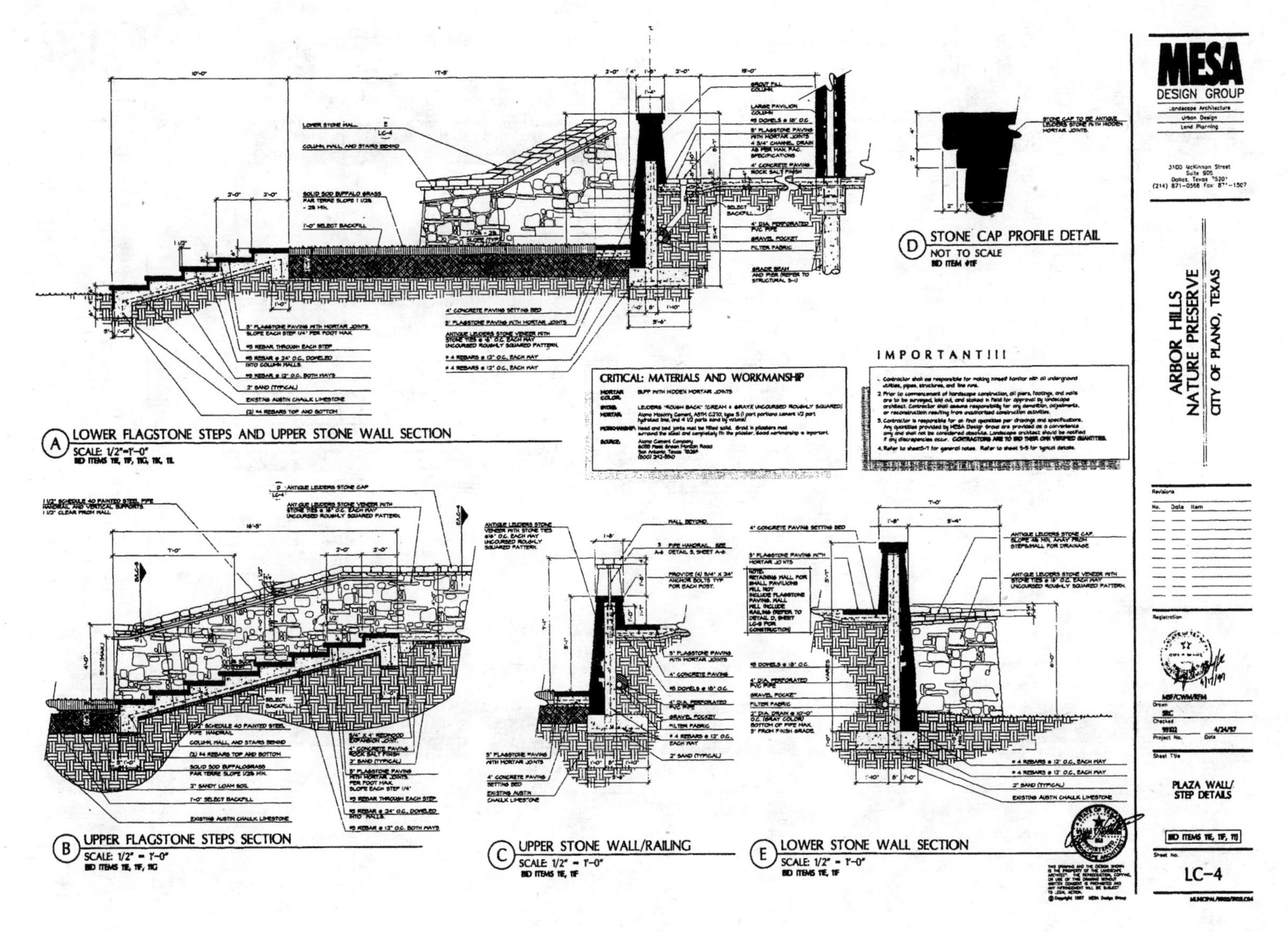
MESA
DESIGN GROUP
A LOWER FLAGSTONE STEPS AND UPPER STONE WALL SECTION
SCALE: 1/2"=1'-0"
B UPPER FLAGSTONE STEPS SECTION
SCALE: 1/2" = 1'-0"
C UPPER STONE WALL/RAILING
SCALE: 1/2" = 1'-0"
D STONE CAP PROFILE DETAIL
NOT TO SCALE
E LOWER STONE WALL SECTION
SCALE: 1/2" = 1'-0"
CRITICAL: MATERIALS AND WORKMANSHIP
IMPORTANT!!!
ARBOR HILLS
NATURE PRESERVE
CITY OF PLANO, TEXAS
PLAZA WALL/
STEP DETAILS
LC-4

▌阿伯山丘

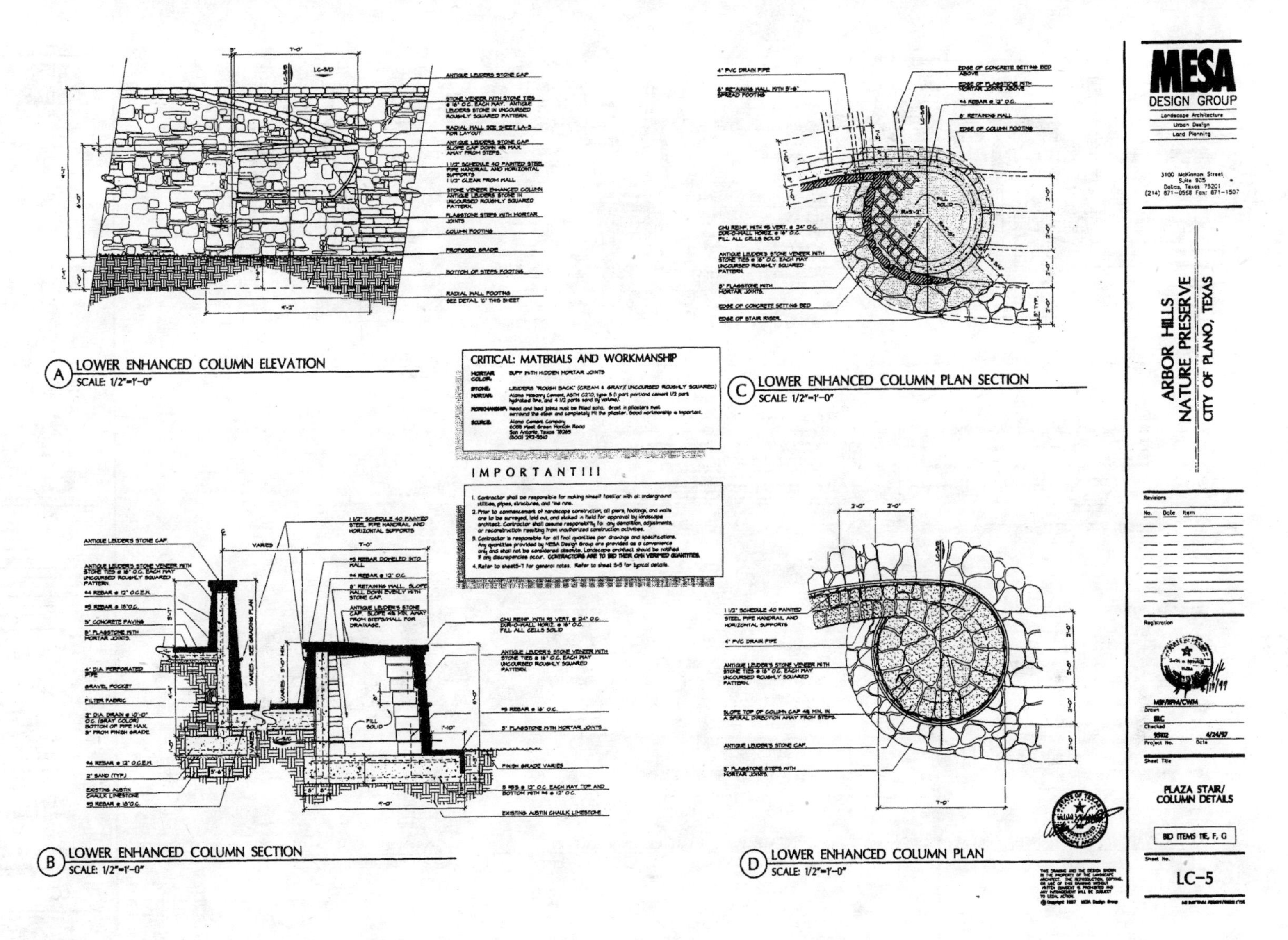

MESA
DESIGN GROUP
Landscape Architecture
Urban Design
Land Planning
ARBOR HILLS
NATURE PRESERVE
CITY OF PLANO, TEXAS
A LOWER ENHANCED COLUMN ELEVATION
SCALE: 1/2"=1'-0"
B LOWER ENHANCED COLUMN SECTION
SCALE: 1/2"=1'-0"
C LOWER ENHANCED COLUMN PLAN SECTION
SCALE: 1/2"=1'-0"
D LOWER ENHANCED COLUMN PLAN
SCALE: 1/2"=1'-0"
CRITICAL: MATERIALS AND WORKMANSHIP
IMPORTANT!!!
PLAZA STAIR/
COLUMN DETAILS
BID ITEMS 11E, F, G
LC-5

▌阿伯山丘

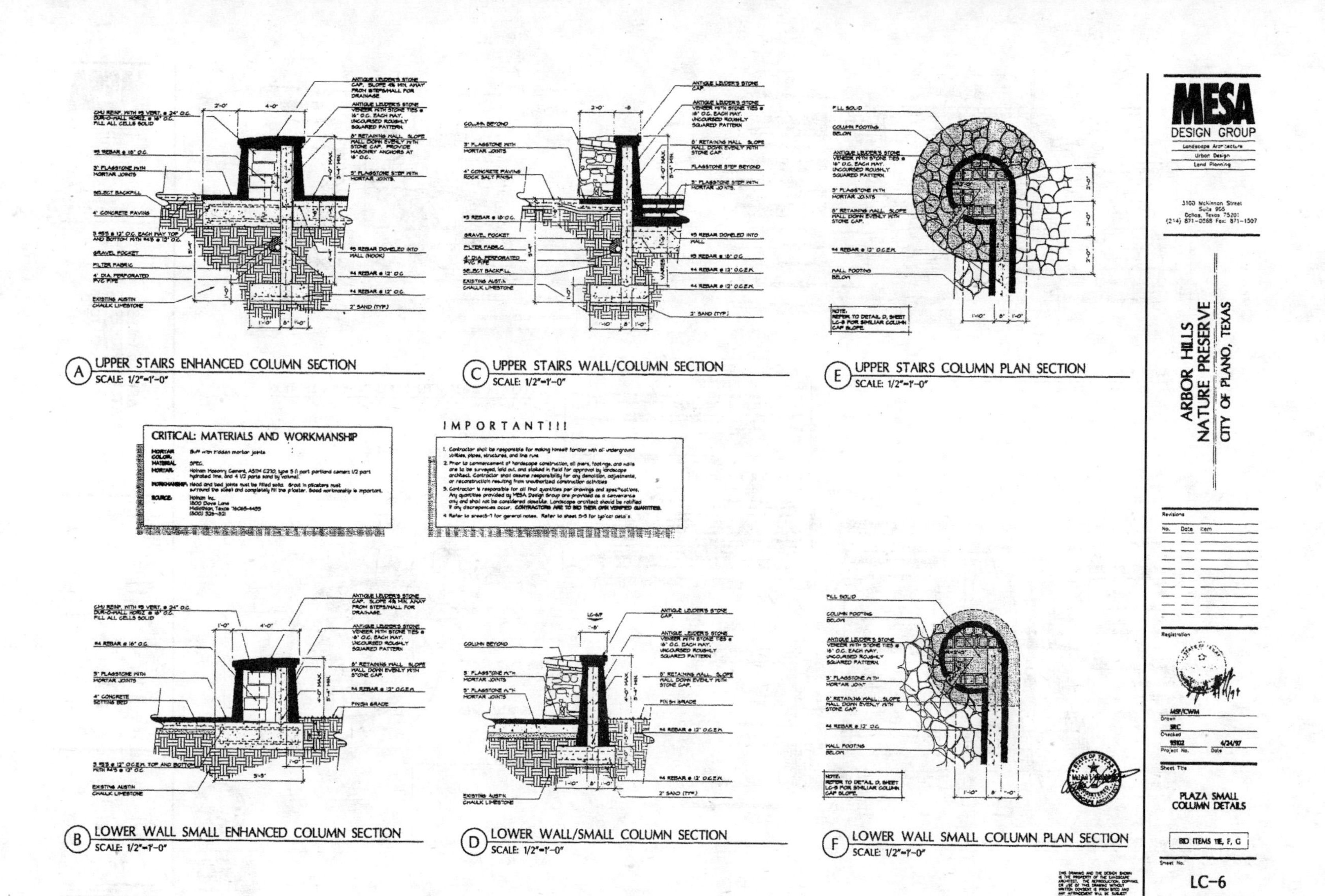

A UPPER STAIRS ENHANCED COLUMN SECTION
SCALE: 1/2"=1'-0"
C UPPER STAIRS WALL/COLUMN SECTION
SCALE: 1/2"=1'-0"
E UPPER STAIRS COLUMN PLAN SECTION
SCALE: 1/2"=1'-0"
CRITICAL: MATERIALS AND WORKMANSHIP
MORTAR COLOR: Buff with hidden mortar joints
MATERIAL: SPEC.
MORTAR: Holnam Masonry Cement, ASTM C270, type S (1 part portland cement 1/2 part hydrated lime, and 4 1/2 parts sand by volume).
WORKMANSHIP: Head and bed joints must be filled solid. Grout in pilasters must surround the steel and completely fill the pilaster. Good workmanship is important.
SOURCE: Holnam Inc.
1800 Dove Lane
Midlothian, Texas 76065-4455
IMPORTANT!!!
1. Contractor shall be responsible for making himself familiar with all underground utilities, pipes, structures, and line runs.
2. Prior to commencement of hardscape construction, all piers, footings, and walls are to be surveyed, laid out, and staked in field for approval by landscape architect. Contractor shall assume responsibility for any demolition, adjustments, or reconstruction resulting from unauthorized construction activities.
3. Contractor is responsible for all final quantities per drawings and specifications. Any quantities provided by MESA Design Group are provided as a convenience only and shall not be considered absolute. Landscape architect should be notified if any discrepancies occur. CONTRACTORS ARE TO BID THEIR OWN VERIFIED QUANTITIES.
4. Refer to sheet S-1 for general notes. Refer to sheet S-5 for typical details.
B LOWER WALL SMALL ENHANCED COLUMN SECTION
SCALE: 1/2"=1'-0"
D LOWER WALL/SMALL COLUMN SECTION
SCALE: 1/2"=1'-0"
F LOWER WALL SMALL COLUMN PLAN SECTION
SCALE: 1/2"=1'-0"
MESA
DESIGN GROUP
Landscape Architecture
Urban Design
Land Planning
3100 McKinnon Street
Suite 905
Dallas, Texas 75201
(214) 871-0568 Fax: 871-1507
ARBOR HILLS
NATURE PRESERVE
CITY OF PLANO, TEXAS
Revisions
No. Date Item
Registration
Drawn
Checked
Project No. Date
4/24/97
Sheet Title
PLAZA SMALL
COLUMN DETAILS
BID ITEMS 11E, F, G
Sheet No.
LC-6

▌阿伯山丘

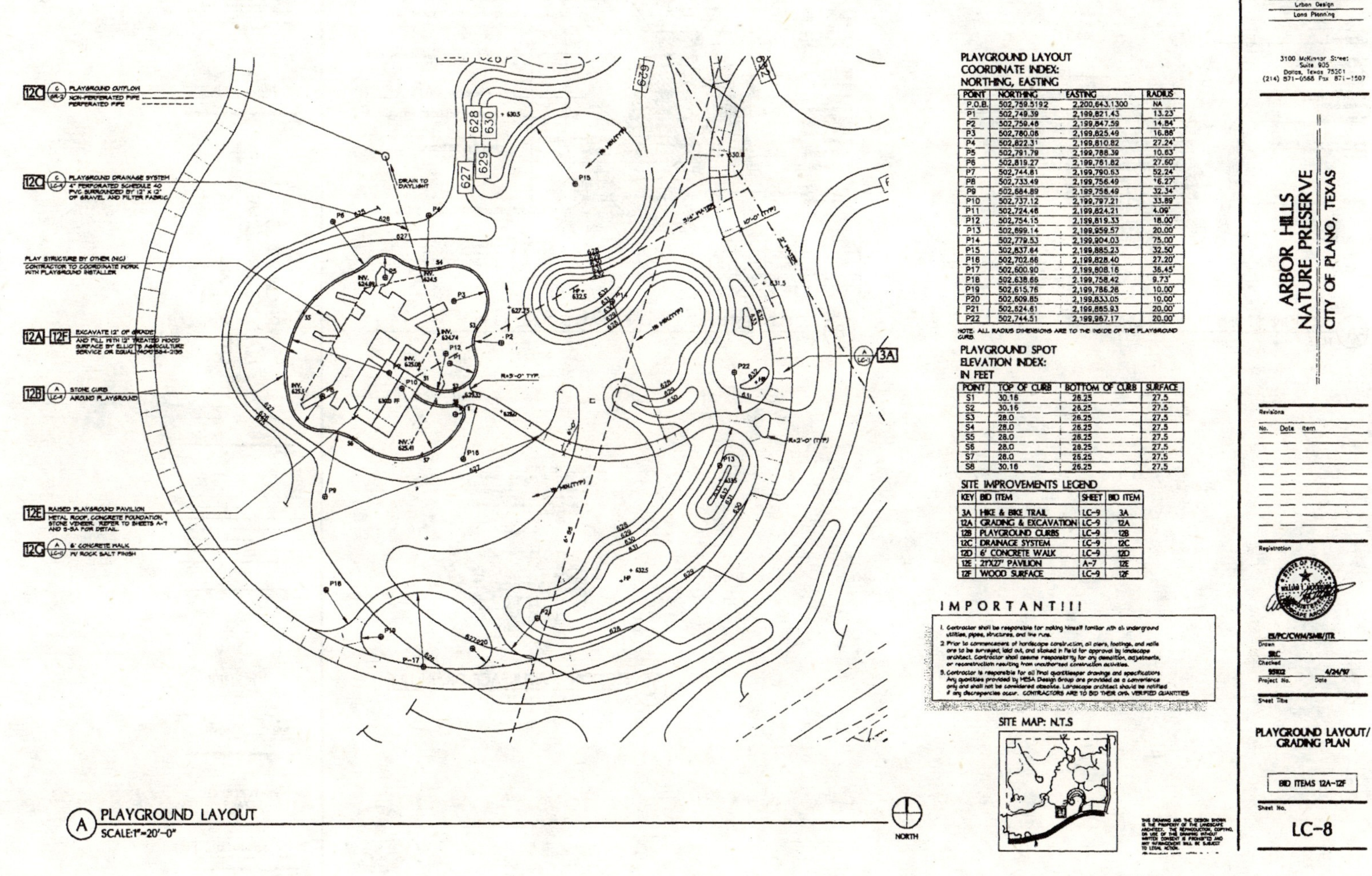

PLAYGROUND LAYOUT COORDINATE INDEX: NORTHING, EASTING

POINT	NORTHING	EASTING	RADIUS
P.O.B.	502,759.5192	2,200,643.1300	NA
P1	502,749.39	2,199,821.43	13.23'
P2	502,759.46	2,199,847.59	14.84'
P3	502,780.06	2,199,825.49	16.86'
P4	502,822.31	2,199,810.82	27.24'
P5	502,791.79	2,199,788.39	10.63'
P6	502,819.27	2,199,761.82	27.60'
P7	502,744.81	2,199,790.63	52.24'
P8	502,733.49	2,199,756.49	'6.27'
P9	502,684.89	2,199,756.49	32.34'
P10	502,737.12	2,199,797.21	33.89'
P11	502,724.46	2,199,824.21	4.09'
P12	502,754.15	2,199,819.33	18.00'
P13	502,699.14	2,199,959.57	20.00'
P14	502,779.53	2,199,904.03	75.00'
P15	502,837.64	2,199,885.23	32.50'
P16	502,702.86	2,199,828.40	27.20'
P17	502,600.90	2,199,808.16	36.45'
P18	502,638.66	2,199,758.42	9.73'
P19	502,615.76	2,199,786.28	10.00'
P20	502,609.85	2,199,833.05	10.00'
P21	502,624.61	2,199,865.93	20.00'
P22	502,744.51	2,199,967.17	20.00'

NOTE: ALL RADIUS DIMENSIONS ARE TO THE INSIDE OF THE PLAYGROUND CURB.

PLAYGROUND SPOT ELEVATION INDEX: IN FEET

POINT	TOP OF CURB	BOTTOM OF CURB	SURFACE
S1	30.16	26.25	27.5
S2	30.16	26.25	27.5
S3	28.0	26.25	27.5
S4	28.0	26.25	27.5
S5	28.0	26.25	27.5
S6	28.0	26.25	27.5
S7	28.0	26.25	27.5
S8	30.16	26.25	27.5

SITE IMPROVEMENTS LEGEND

KEY	BID ITEM	SHEET	BID ITEM
3A	HIKE & BIKE TRAIL	LC-9	3A
12A	GRADING & EXCAVATION	LC-9	12A
12B	PLAYGROUND CURBS	LC-9	12B
12C	DRAINAGE SYSTEM	LC-9	12C
12D	6' CONCRETE WALK	LC-9	12D
12E	21'X27" PAVILION	A-7	12E
12F	WOOD SURFACE	LC-9	12F

IMPORTANT!!!

1. Contractor shall be responsible for making himself familiar with all underground utilities, pipes, structures, and line runs.

▌阿伯山丘

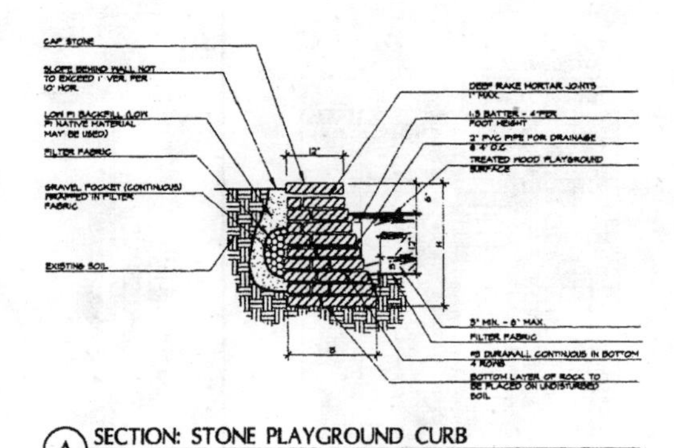

A SECTION: STONE PLAYGROUND CURB
N.T.S.

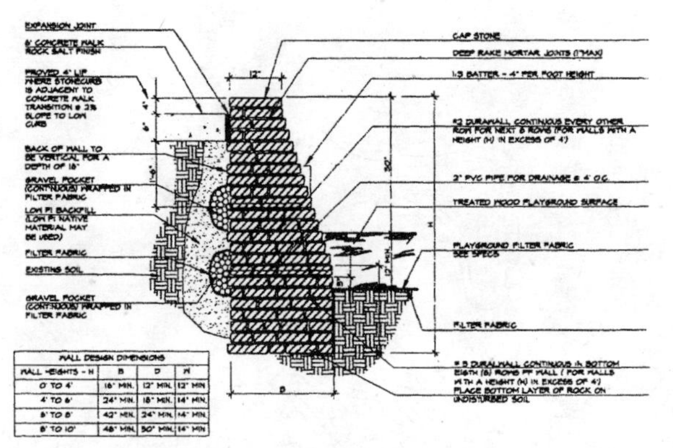

B SECTION: ENHANCED STONE PLAYGROUND CURB
N.T.S.

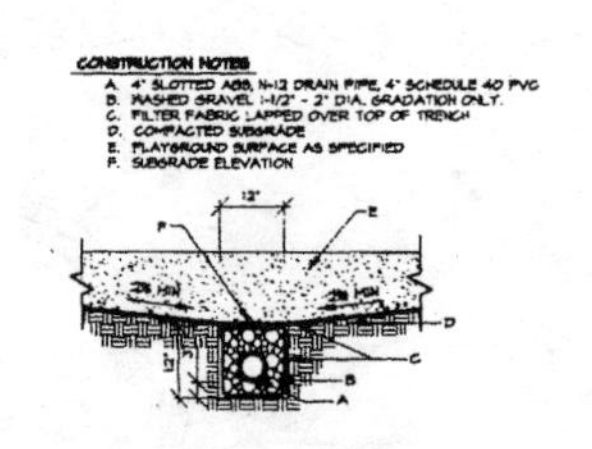

C SECTION: SUBSURFACE DRAIN LINE
N.T.S.

MESA
DESIGN GROUP
Landscape Architecture
Urban Design
Land Planning

3100 McKinnon Street
Suite 905
Dallas, Texas 75201
(214) 871-0568 Fax: 871-1507

ARBOR HILLS
NATURE PRESERVE
CITY OF PLANO, TEXAS

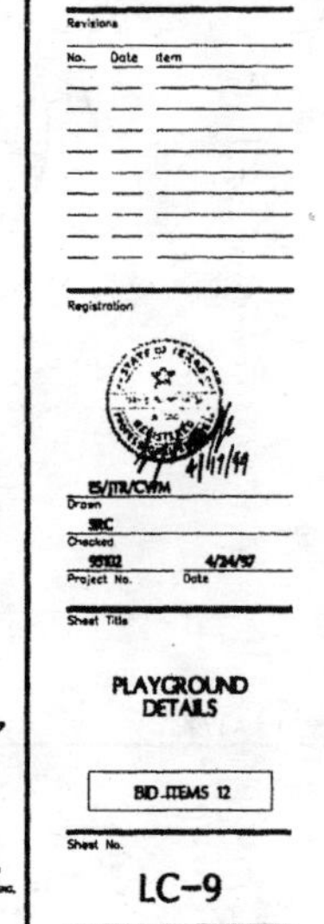

PLAYGROUND
DETAILS

BID ITEMS 12

Sheet No.
LC-9

▍阿伯山丘

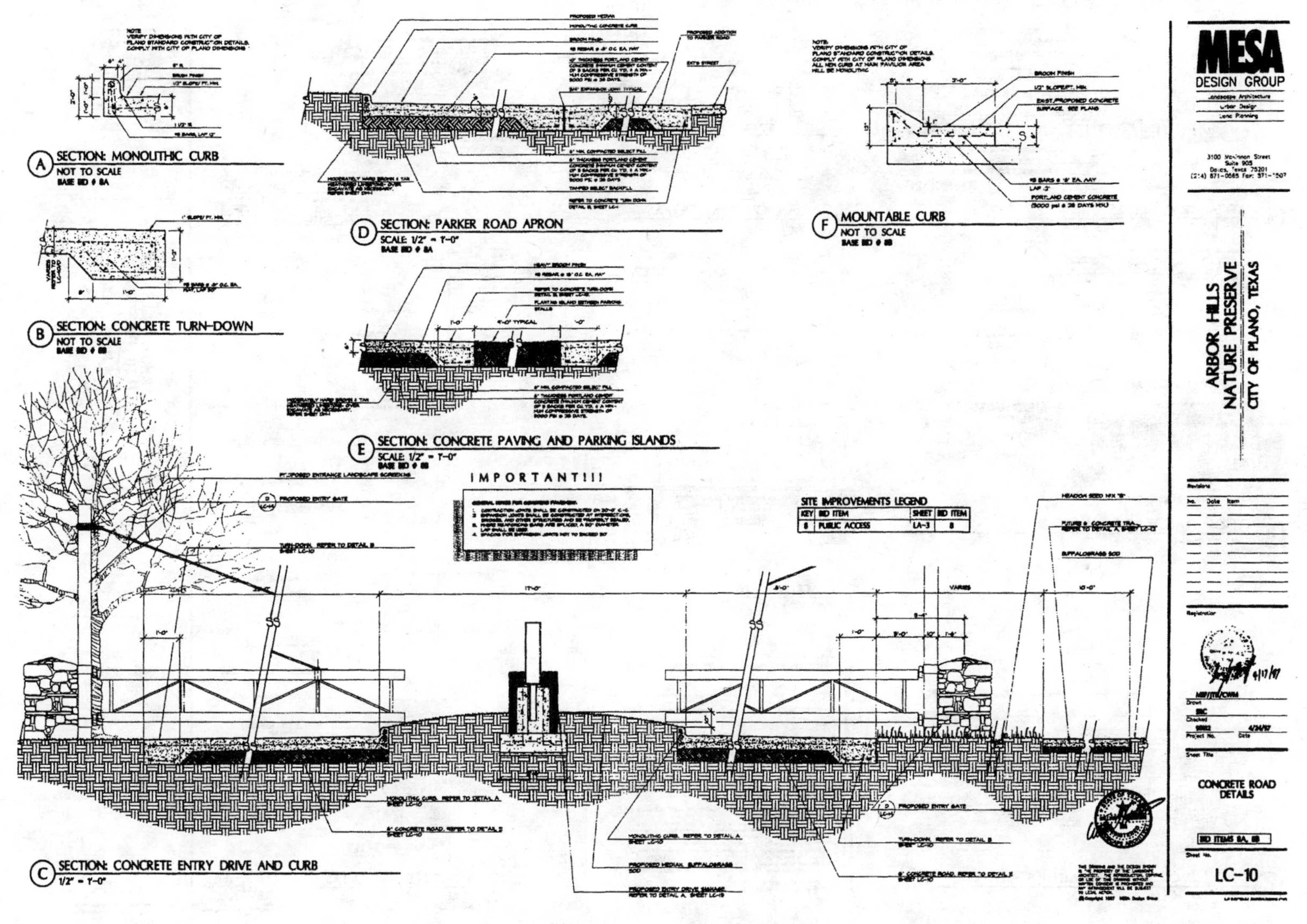
MESA
DESIGN GROUP
Landscape Architecture
Urban Design
Land Planning
ARBOR HILLS
NATURE PRESERVE
CITY OF PLANO, TEXAS
A SECTION: MONOLITHIC CURB
NOT TO SCALE
B SECTION: CONCRETE TURN-DOWN
NOT TO SCALE
C SECTION: CONCRETE ENTRY DRIVE AND CURB
1/2" = 1'-0"
D SECTION: PARKER ROAD APRON
SCALE: 1/2" = 1'-0"
E SECTION: CONCRETE PAVING AND PARKING ISLANDS
SCALE: 1/2" = 1'-0"
F MOUNTABLE CURB
NOT TO SCALE
IMPORTANT!!!
SITE IMPROVEMENTS LEGEND
PUBLIC ACCESS
LA-3
CONCRETE ROAD DETAILS
LC-10

阿伯山丘

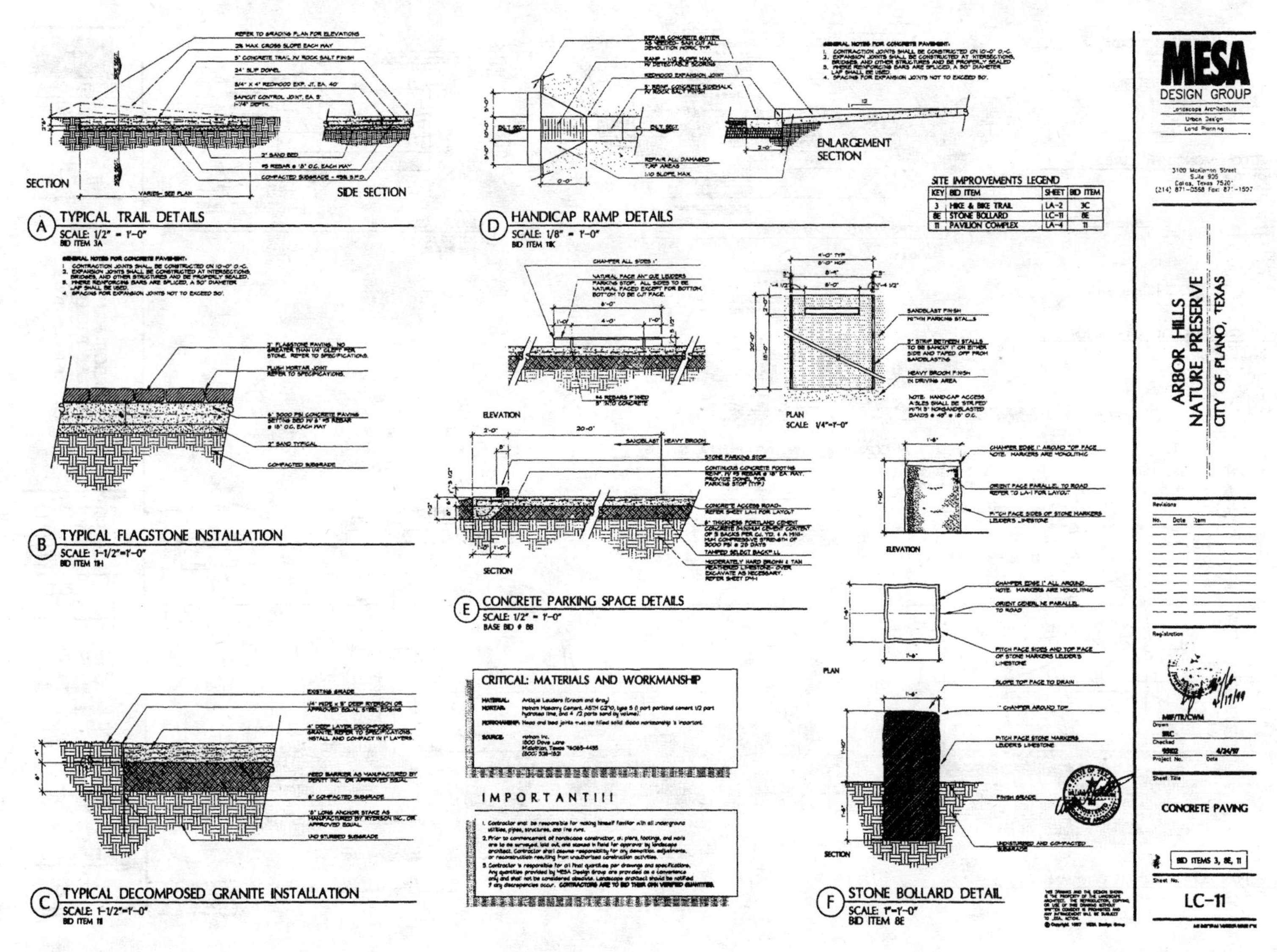
SECTION
SIDE SECTION
A TYPICAL TRAIL DETAILS
SCALE: 1/2" = 1'-0"
BID ITEM 3A
B TYPICAL FLAGSTONE INSTALLATION
SCALE: 1-1/2"=1'-0"
BID ITEM 11H
C TYPICAL DECOMPOSED GRANITE INSTALLATION
SCALE: 1-1/2"=1'-0"
BID ITEM 11I
ENLARGEMENT SECTION
D HANDICAP RAMP DETAILS
SCALE: 1/8" = 1'-0"
BID ITEM 11K
ELEVATION
PLAN
SCALE: 1/4"=1'-0"
SECTION
E CONCRETE PARKING SPACE DETAILS
SCALE: 1/2" = 1'-0"
BASE BID # 8B
CRITICAL: MATERIALS AND WORKMANSHIP
IMPORTANT!!!
SITE IMPROVEMENTS LEGEND
KEY | BID ITEM | SHEET | BID ITEM
3 | HIKE & BIKE TRAIL | LA-2 | 3C
8E | STONE BOLLARD | LC-11 | 8E
11 | PAVILION COMPLEX | LA-4 | 11
ELEVATION
PLAN
SECTION
F STONE BOLLARD DETAIL
SCALE: 1"=1'-0"
BID ITEM 8E
MESA
DESIGN GROUP
Landscape Architecture
Urban Design
Land Planning
ARBOR HILLS
NATURE PRESERVE
CITY OF PLANO, TEXAS
CONCRETE PAVING
BID ITEMS 3, 8E, 11
LC-11

阿伯山丘

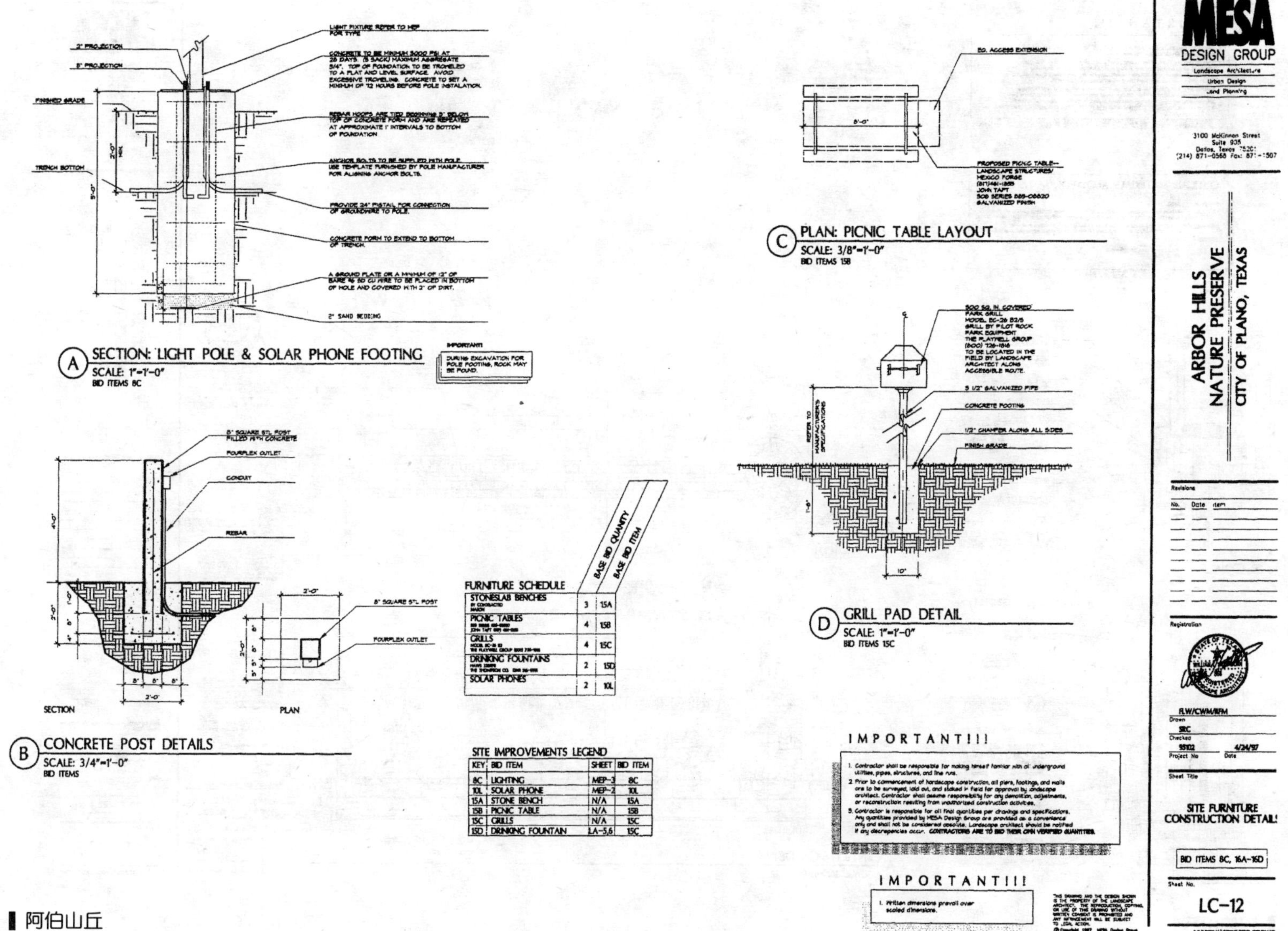

SECTION: LIGHT POLE & SOLAR PHONE FOOTING
SCALE: 1"=1'-0"
BID ITEMS 8C
CONCRETE POST DETAILS
SCALE: 3/4"=1'-0"
BID ITEMS
PLAN: PICNIC TABLE LAYOUT
SCALE: 3/8"=1'-0"
BID ITEMS 15B
GRILL PAD DETAIL
SCALE: 1"=1'-0"
BID ITEMS 15C
FURNITURE SCHEDULE
STONESLAB BENCHES
PICNIC TABLES
GRILLS
DRINKING FOUNTAINS
SOLAR PHONES
SITE IMPROVEMENTS LEGEND
IMPORTANT!!!
MESA
DESIGN GROUP
ARBOR HILLS
NATURE PRESERVE
CITY OF PLANO, TEXAS
SITE FURNITURE
CONSTRUCTION DETAILS
LC-12

▌阿伯山丘

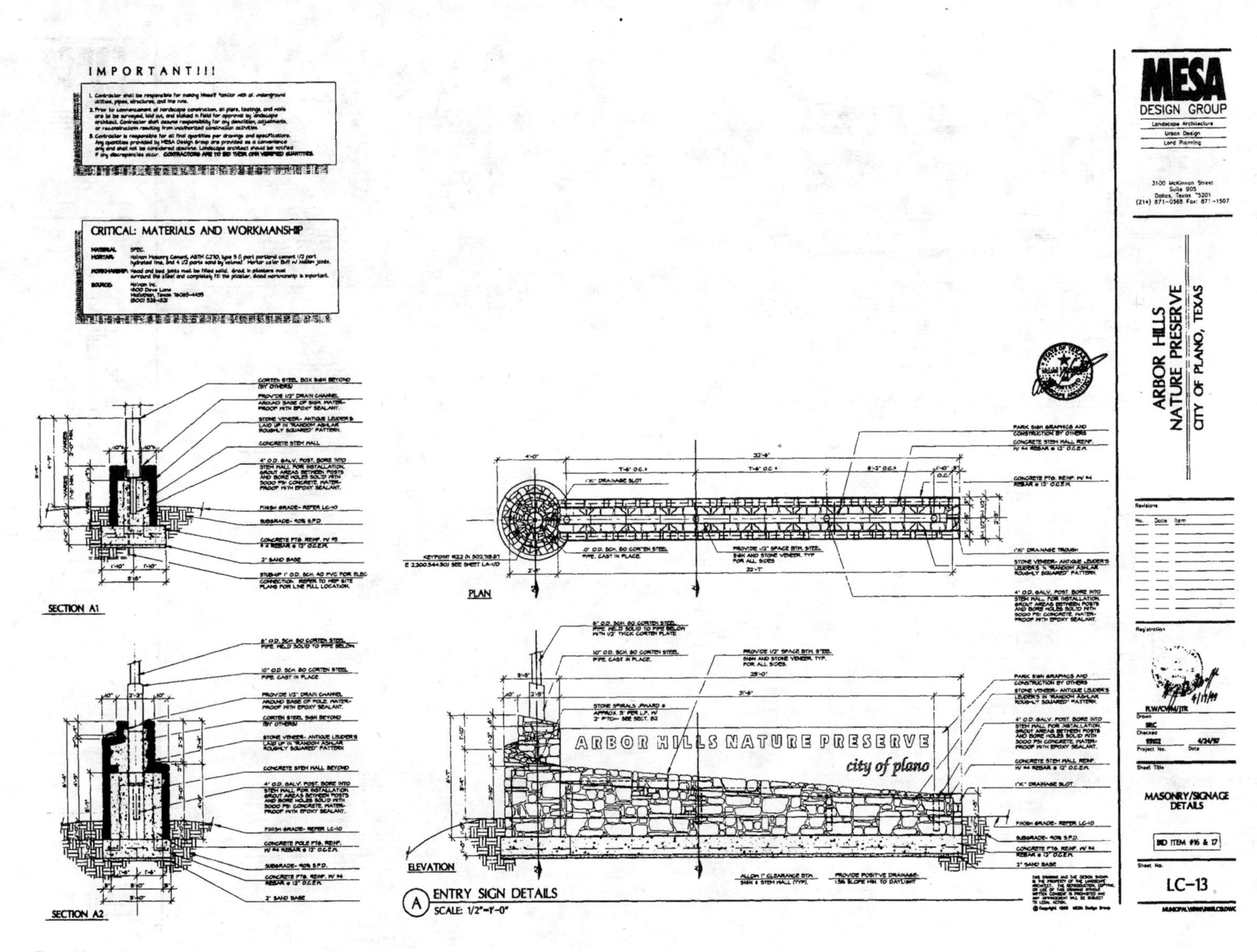

IMPORTANT!!!
CRITICAL: MATERIALS AND WORKMANSHIP
SECTION A1
SECTION A2
PLAN
ELEVATION
ARBOR HILLS NATURE PRESERVE
city of plano
ENTRY SIGN DETAILS
SCALE: 1/2"=1'-0"
MESA
DESIGN GROUP
Landscape Architecture
Urban Design
Land Planning
ARBOR HILLS
NATURE PRESERVE
CITY OF PLANO, TEXAS
MASONRY/SIGNAGE DETAILS
LC-13

▌阿伯山丘

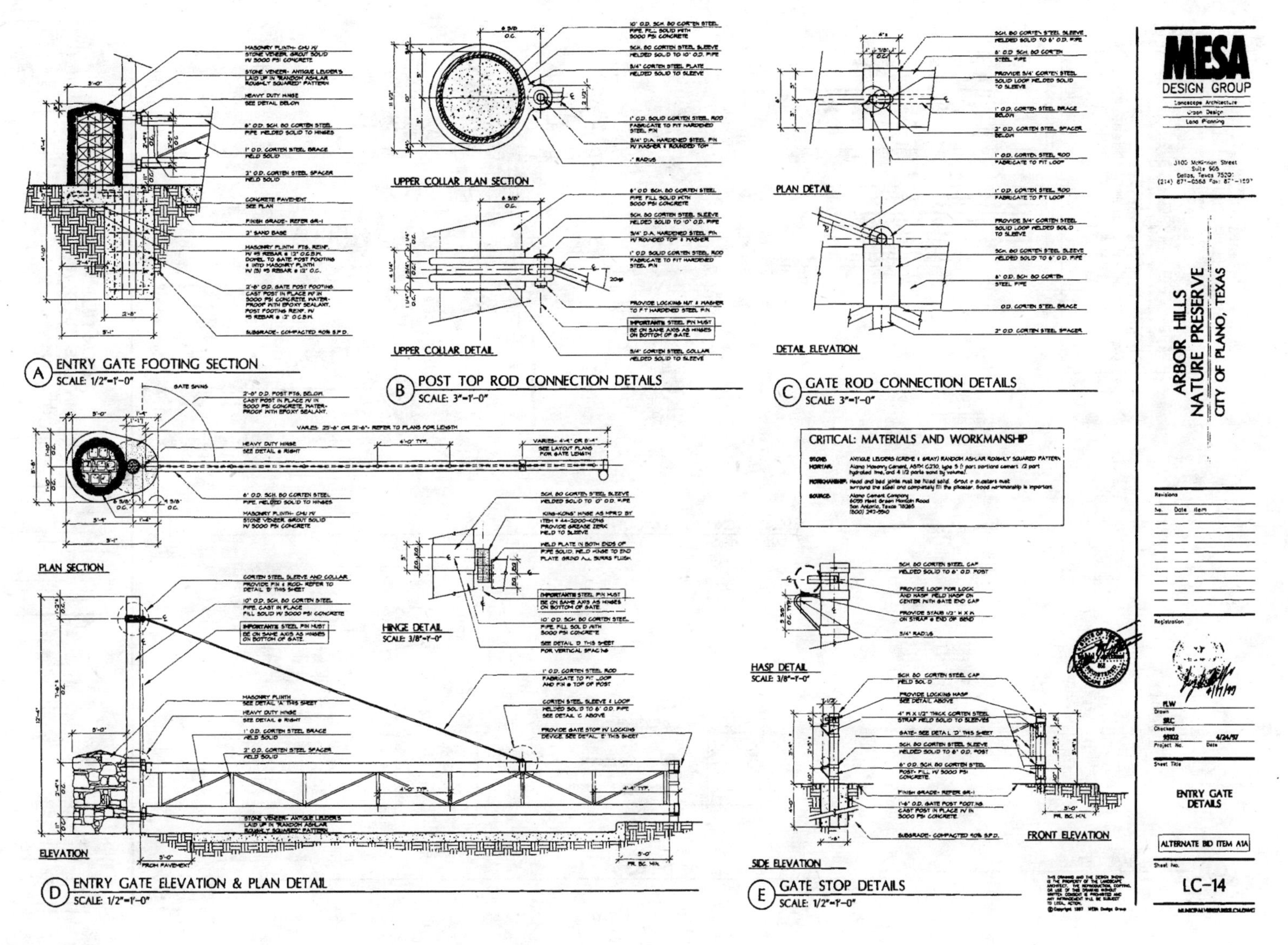
ENTRY GATE FOOTING SECTION
SCALE: 1/2"=1'-0"
POST TOP ROD CONNECTION DETAILS
SCALE: 3"=1'-0"
UPPER COLLAR PLAN SECTION
UPPER COLLAR DETAIL
GATE ROD CONNECTION DETAILS
SCALE: 3"=1'-0"
PLAN DETAIL
DETAIL ELEVATION
CRITICAL: MATERIALS AND WORKMANSHIP
PLAN SECTION
HINGE DETAIL
SCALE: 3/8"=1'-0"
ELEVATION
ENTRY GATE ELEVATION & PLAN DETAIL
SCALE: 1/2"=1'-0"
HASP DETAIL
SCALE: 3/8"=1'-0"
SIDE ELEVATION
FRONT ELEVATION
GATE STOP DETAILS
SCALE: 1/2"=1'-0"
MESA
DESIGN GROUP
Landscape Architecture
Urban Design
Land Planning
ARBOR HILLS
NATURE PRESERVE
CITY OF PLANO, TEXAS
ENTRY GATE
DETAILS
ALTERNATE BID ITEM A1A
LC-14

阿伯山丘

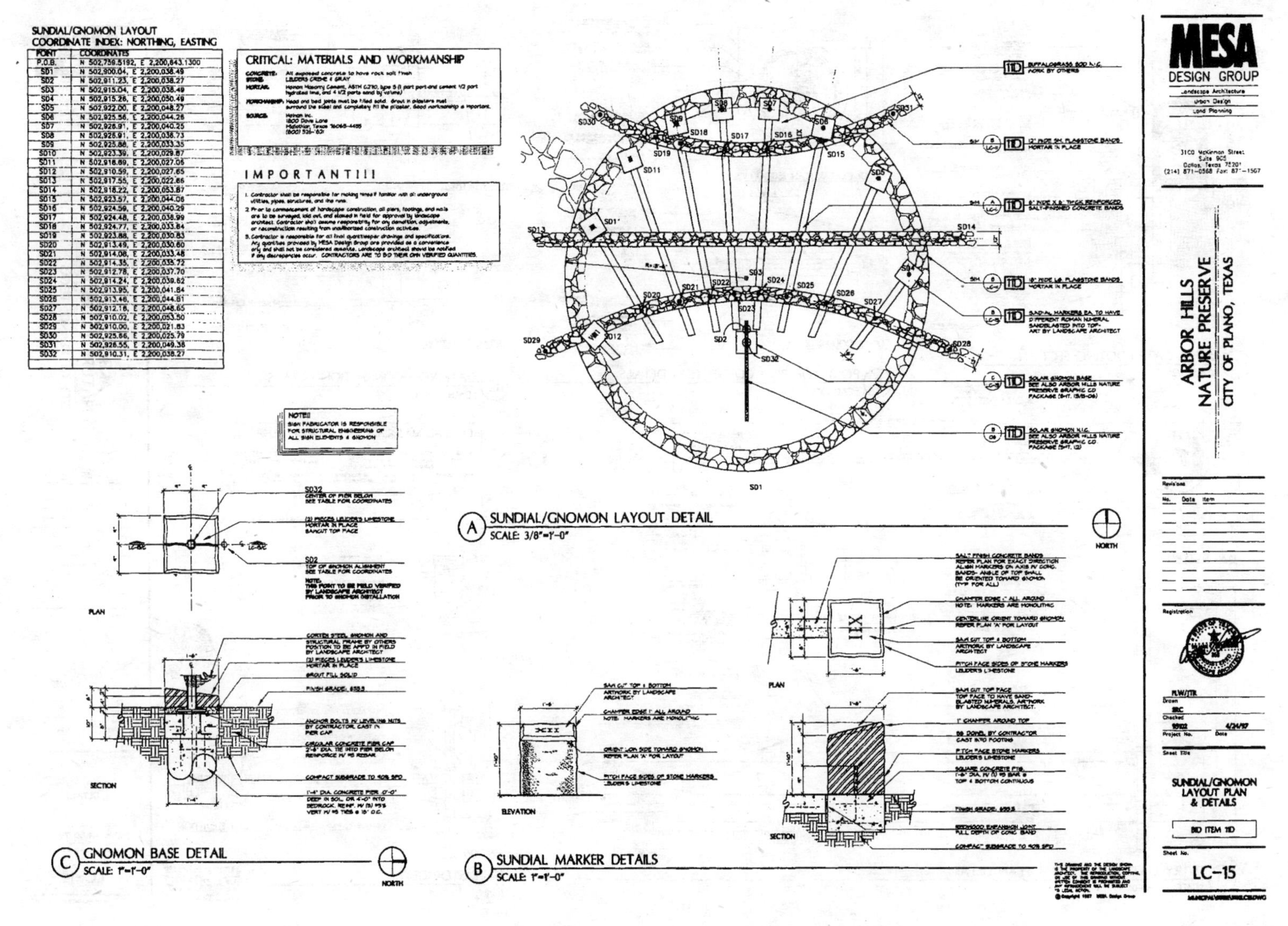

SUNDIAL/GNOMON LAYOUT
COORDINATE INDEX: NORTHING, EASTING

POINT	COORDINATES
P.O.B.	N 502,759.5192, E 2,200,843.1300
SD1	N 502,900.04, E 2,200,038.49
SD2	N 502,911.23, E 2,200,038.27
SD3	N 502,915.04, E 2,200,038.49
SD4	N 502,915.28, E 2,200,050.49
SD5	N 502,922.00, E 2,200,048.27
SD6	N 502,925.56, E 2,200,044.28
SD7	N 502,928.91, E 2,200,040.25
SD8	N 502,926.91, E 2,200,038.73
SD9	N 502,925.88, E 2,200,033.35
SD10	N 502,923.39, E 2,200,029.87
SD11	N 502,918.89, E 2,200,027.05
SD12	N 502,910.59, E 2,200,027.65
SD13	N 502,917.55, E 2,200,022.66
SD14	N 502,918.22, E 2,200,053.87
SD15	N 502,923.57, E 2,200,044.08
SD16	N 502,924.59, E 2,200,040.29
SD17	N 502,924.48, E 2,200,038.99
SD18	N 502,924.77, E 2,200,033.84
SD19	N 502,923.88, E 2,200,030.83
SD20	N 502,913.49, E 2,200,030.60
SD21	N 502,914.08, E 2,200,033.48
SD22	N 502,914.35, E 2,200,035.72
SD23	N 502,912.78, E 2,200,037.70
SD24	N 502,914.24, E 2,200,039.62
SD25	N 502,913.95, E 2,200,041.84
SD26	N 502,913.46, E 2,200,044.81
SD27	N 502,912.18, E 2,200,048.65
SD28	N 502,910.02, E 2,200,053.50
SD29	N 502,910.00, E 2,200,021.83
SD30	N 502,925.66, E 2,200,025.79
SD31	N 502,926.55, E 2,200,049.38
SD32	N 502,910.31, E 2,200,038.27

CRITICAL: MATERIALS AND WORKMANSHIP
CONCRETE: All exposed concrete to have rock salt finish
STONE: LEUDERS CREME & GRAY
MORTAR: Hanson Masonry Cement, ASTM C270, type S (1 part portland cement 1/2 part hydrated lime, and 4 1/2 parts sand by volume)
WORKMANSHIP: Head and bed joints must be filled solid. Grout in pilasters must surround the steel and completely fill the pilaster. Good workmanship is important.
SOURCE: Hanson Inc. 1800 Dove Lane Midlothian, Texas 76065-4455 (800) 526-1621

IMPORTANT!!!
1. Contractor shall be responsible for making himself familiar with all underground utilities, pipes, structures, and the runs.
2. Prior to commencement of hardscape construction, all piers, footings, and walls are to be surveyed, laid out, and staked in field for approval by landscape architect. Contractor shall assume responsibility for any demolition, adjustments, or reconstruction resulting from unauthorized construction activities.
3. Contractor is responsible for all final quantities per drawings and specifications. Any quantities provided by MESA Design Group are provided as a convenience only and shall not be considered absolute. Landscape architect should be notified if any discrepancies occur. CONTRACTORS ARE TO BID THEIR OWN VERIFIED QUANTITIES.

NOTE!!
SIGN FABRICATOR IS RESPONSIBLE FOR STRUCTURAL ENGINEERING OF ALL SIGN ELEMENTS & GNOMON

A SUNDIAL/GNOMON LAYOUT DETAIL
SCALE: 3/8"=1'-0"
NORTH

C GNOMON BASE DETAIL
SCALE: 1"=1'-0"
PLAN
SECTION
NORTH

B SUNDIAL MARKER DETAILS
SCALE: 1"=1'-0"
ELEVATION
PLAN
SECTION

MESA
DESIGN GROUP
Landscape Architecture
Urban Design
Land Planning
3100 McKinnon Street
Suite 905
Dallas, Texas 75201
(214) 871-0568 Fax: 871-1567

ARBOR HILLS
NATURE PRESERVE
CITY OF PLANO, TEXAS

Revisions
No. Date Item
Registration
PLW/JTR
Drawn
SRC
Checked
95102
Project No.
4/24/97
Date
Sheet Title
SUNDIAL/GNOMON
LAYOUT PLAN
& DETAILS
BID ITEM 11D
Sheet No.
LC-15

▌阿伯山丘

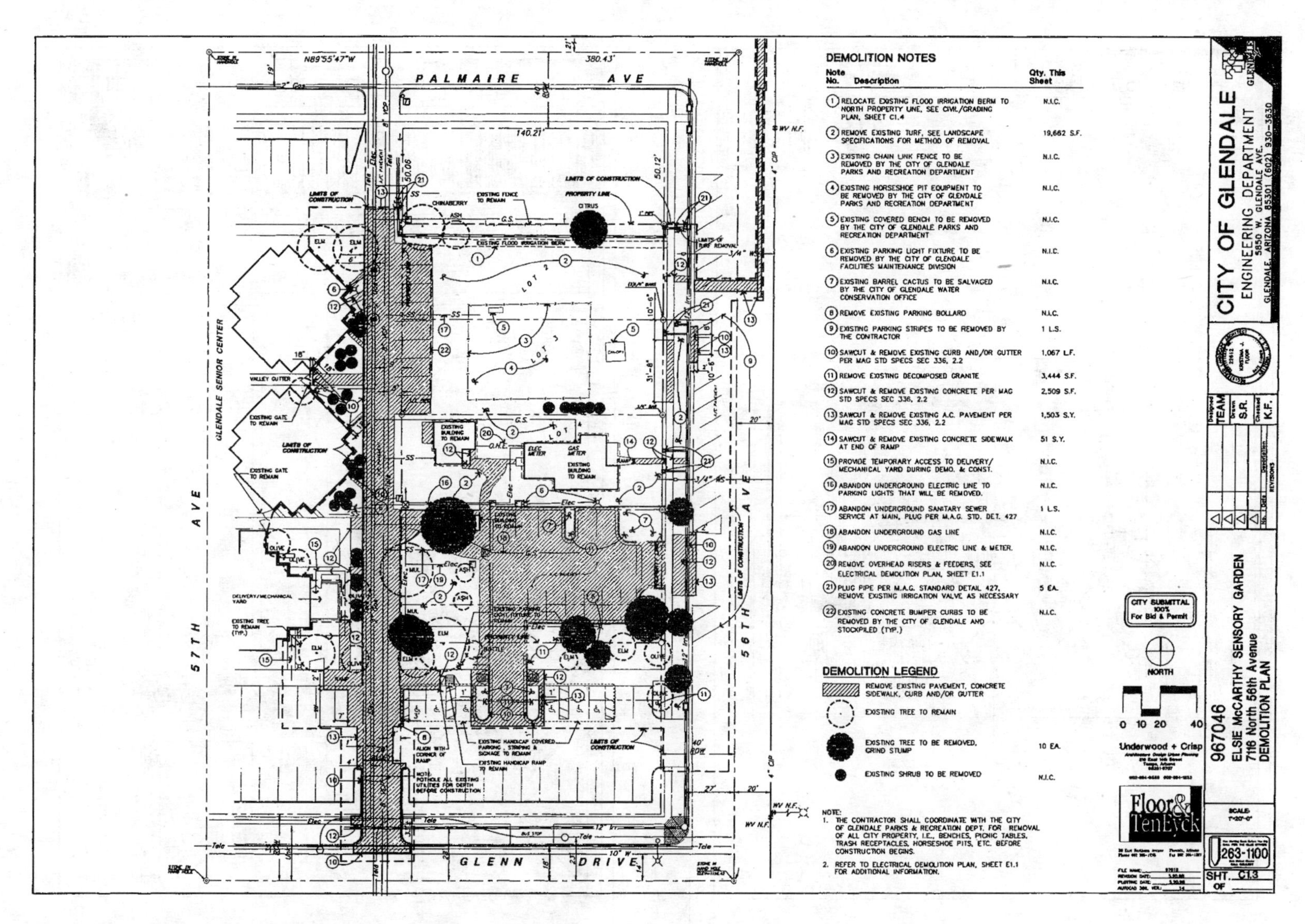

▌埃尔西麦卡锡景观花园。请注意，在第124页是它的方案设计图

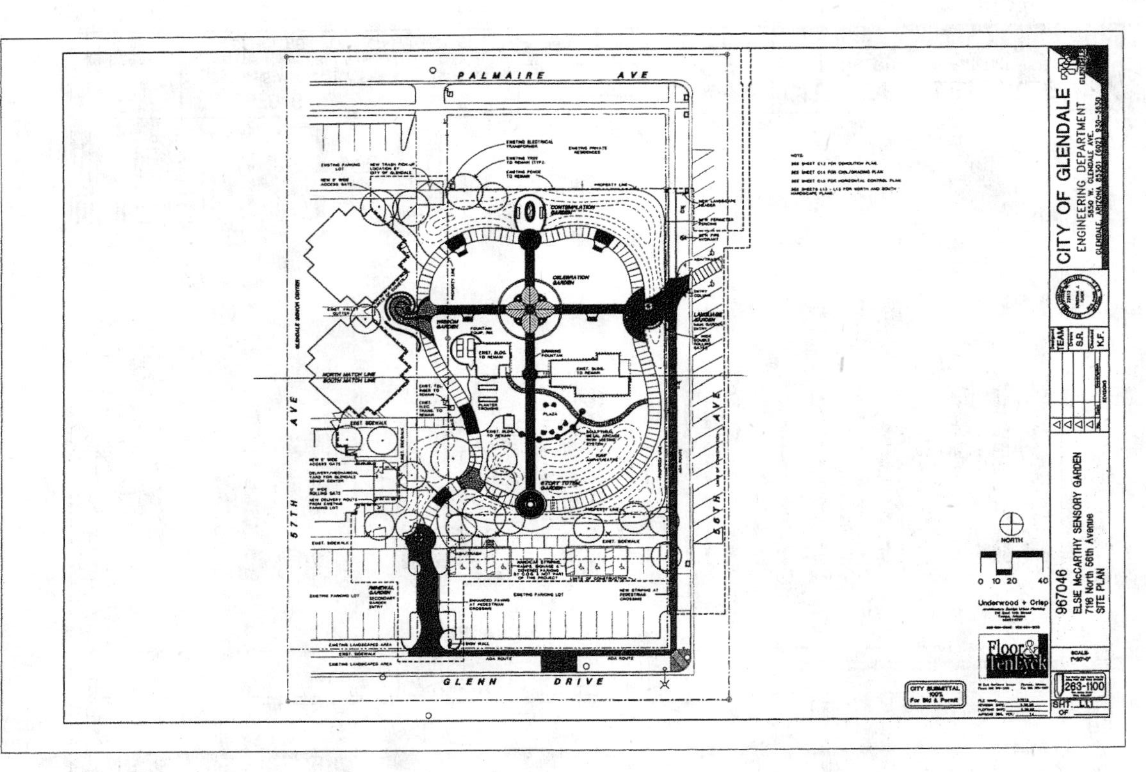

埃尔西麦卡锡

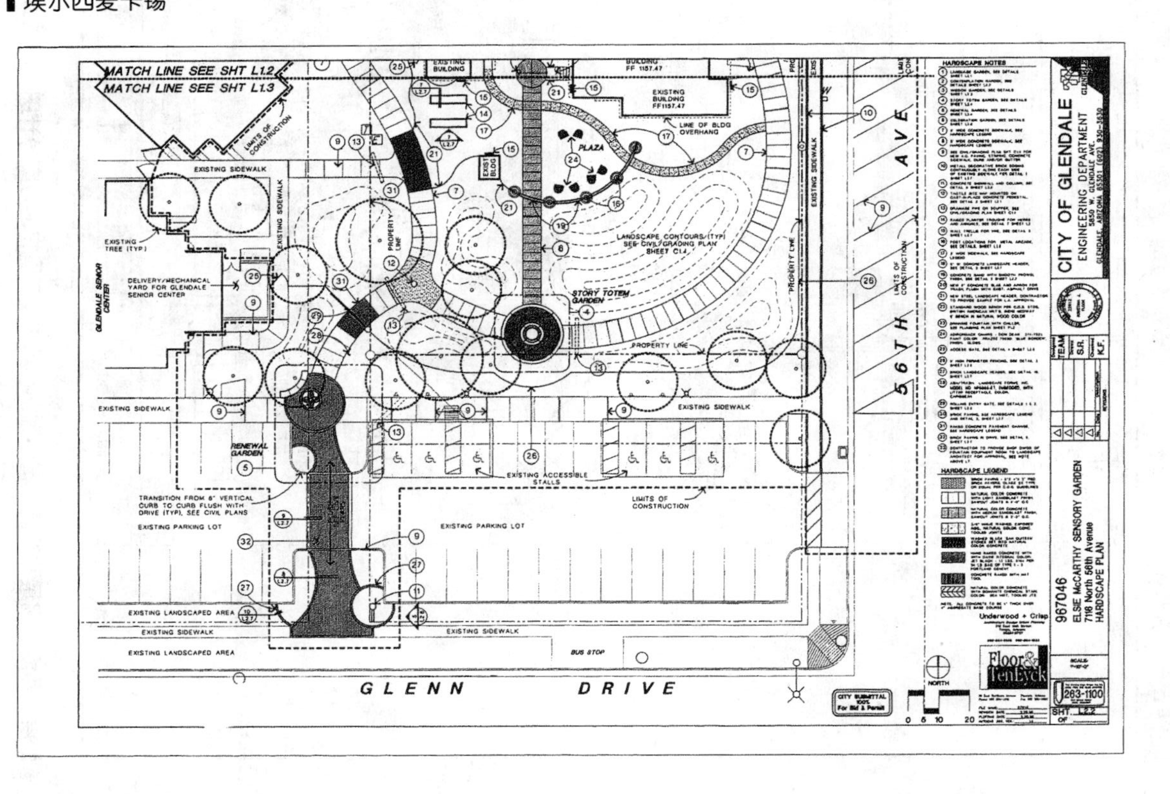

埃尔西麦卡锡

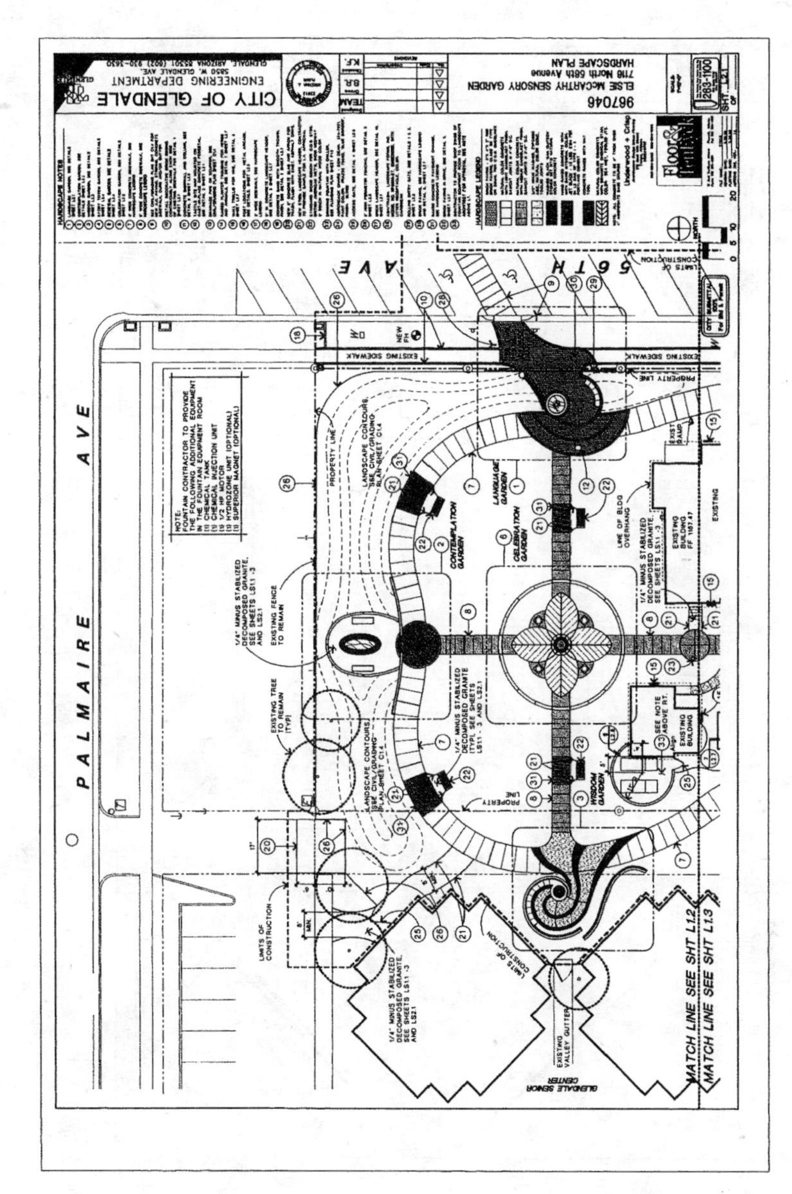

埃尔西麦卡锡

CITY OF GLENDALE
ENGINEERING DEPARTMENT
967046
ELSIE McCARTHY SENSORY GARDEN
7118 North 58th Avenue
HARDSCAPE DETAILS

Language Garden Plan Keynotes:

1 Language Garden Plan

2 Tactile Site Map Base

3 Seatwall Section & Elevation

4 Column Section

5 Retaining Wall Section

6 Fountain Section & Wall Elevation

埃尔西麦卡锡

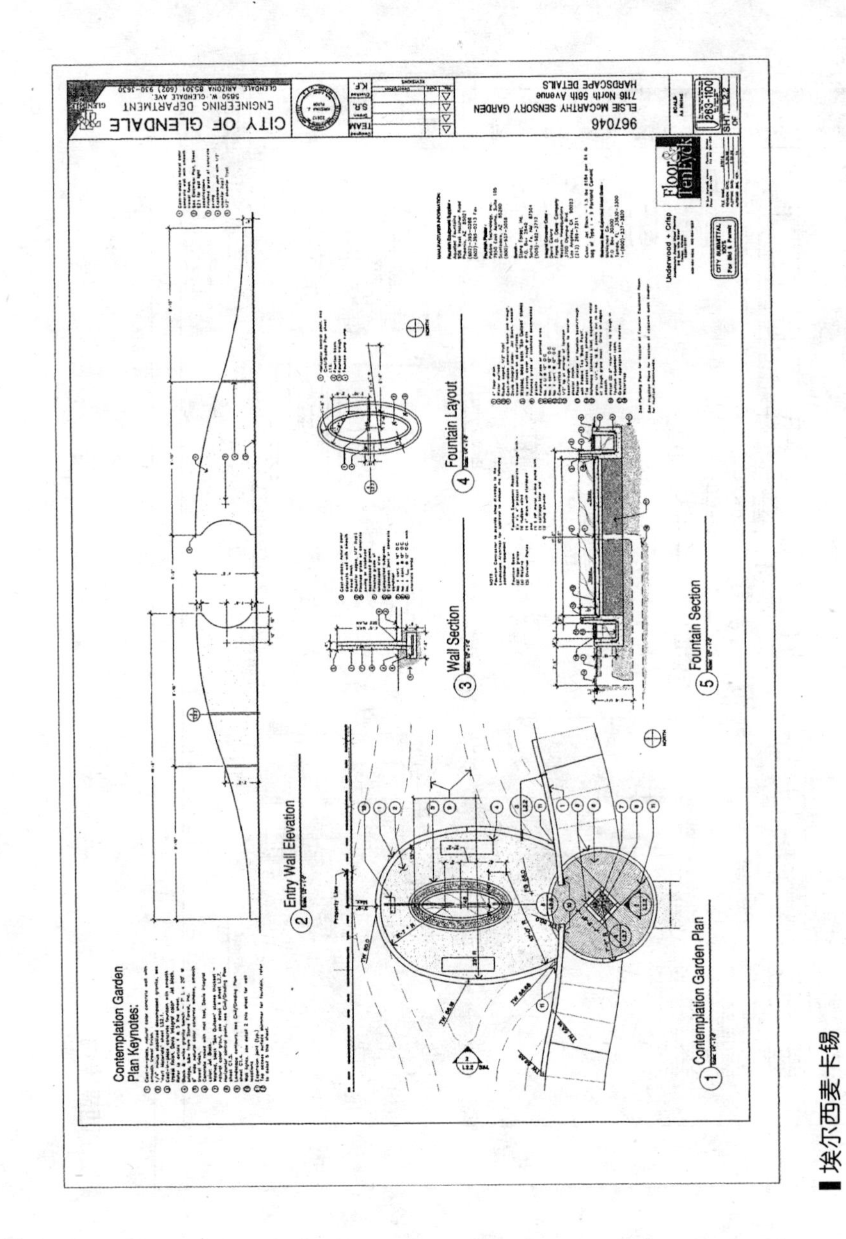

埃尔西麦卡锡

CITY OF GLENDALE
ENGINEERING DEPARTMENT
5850 W. GLENDALE AVE.
967046
ELSIE McCARTHY SENSORY GARDEN
7116 North 56th Avenue
HARDSCAPE DETAILS
Floor & TenEyck
Underwood + Crisp
Wisdom Garden Plan Keynotes:
GLENDALE SENIOR CENTER
1 Wisdom Garden Plan
3 Seatwall Section
4 Wall Section
5 Seatwall Elevation & Fountain Section

埃尔西麦卡锡

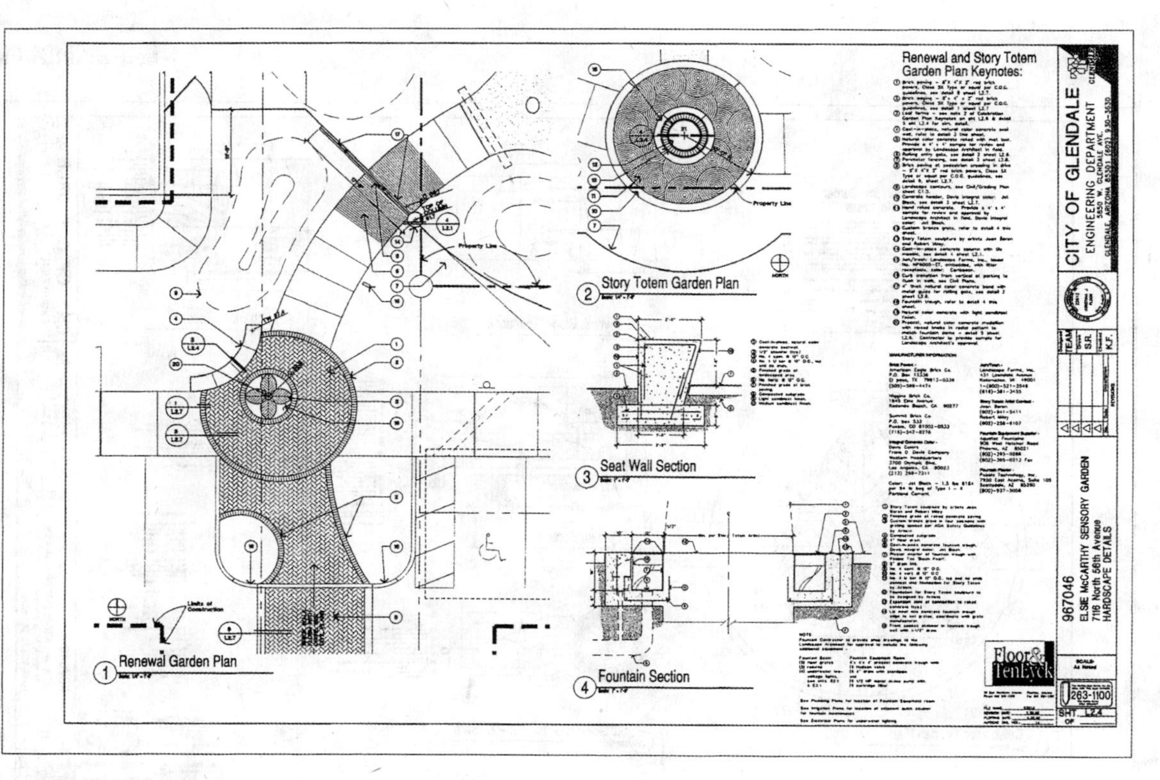

埃尔西麦卡锡

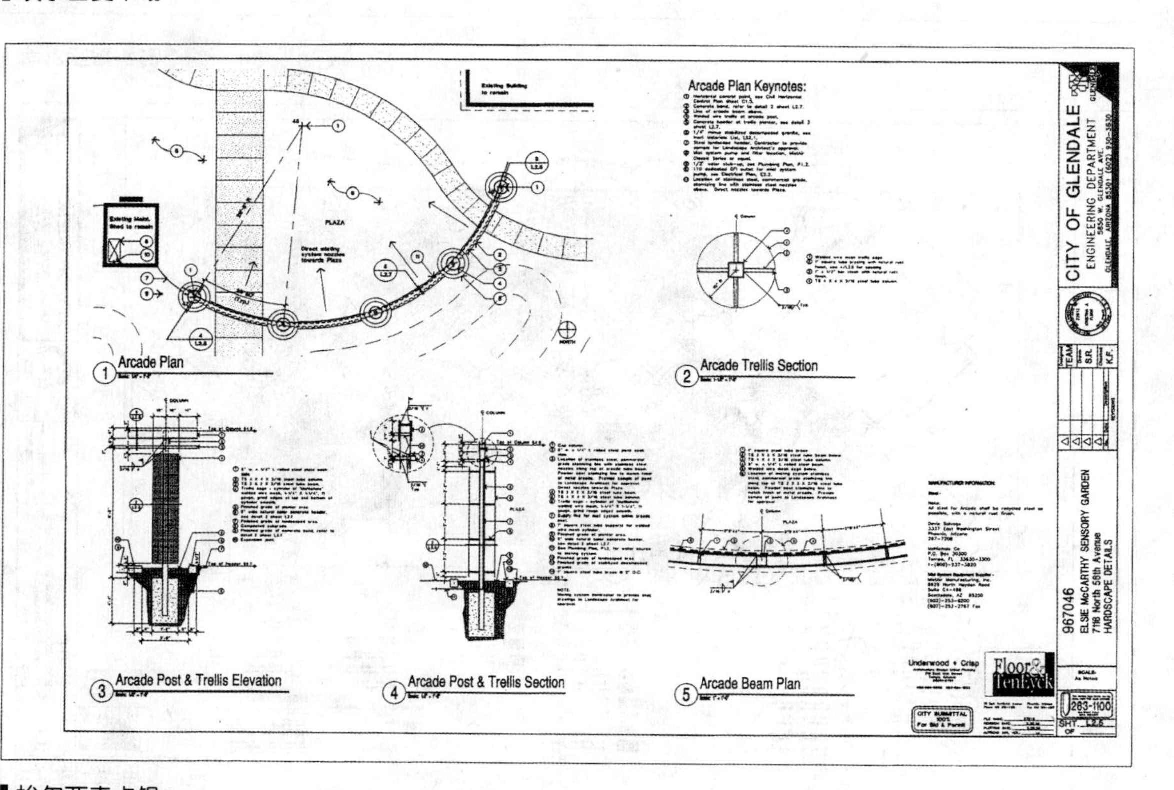

埃尔西麦卡锡

埃尔西麦卡锡

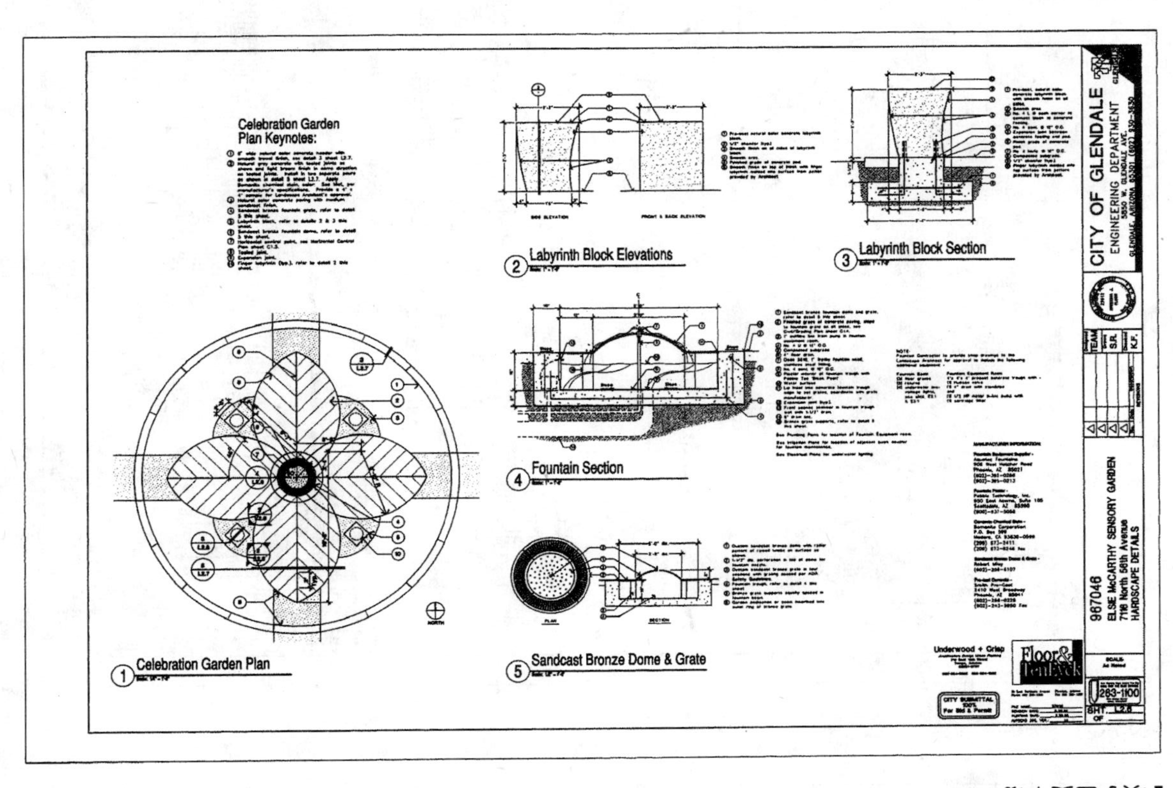

埃尔西麦卡锡

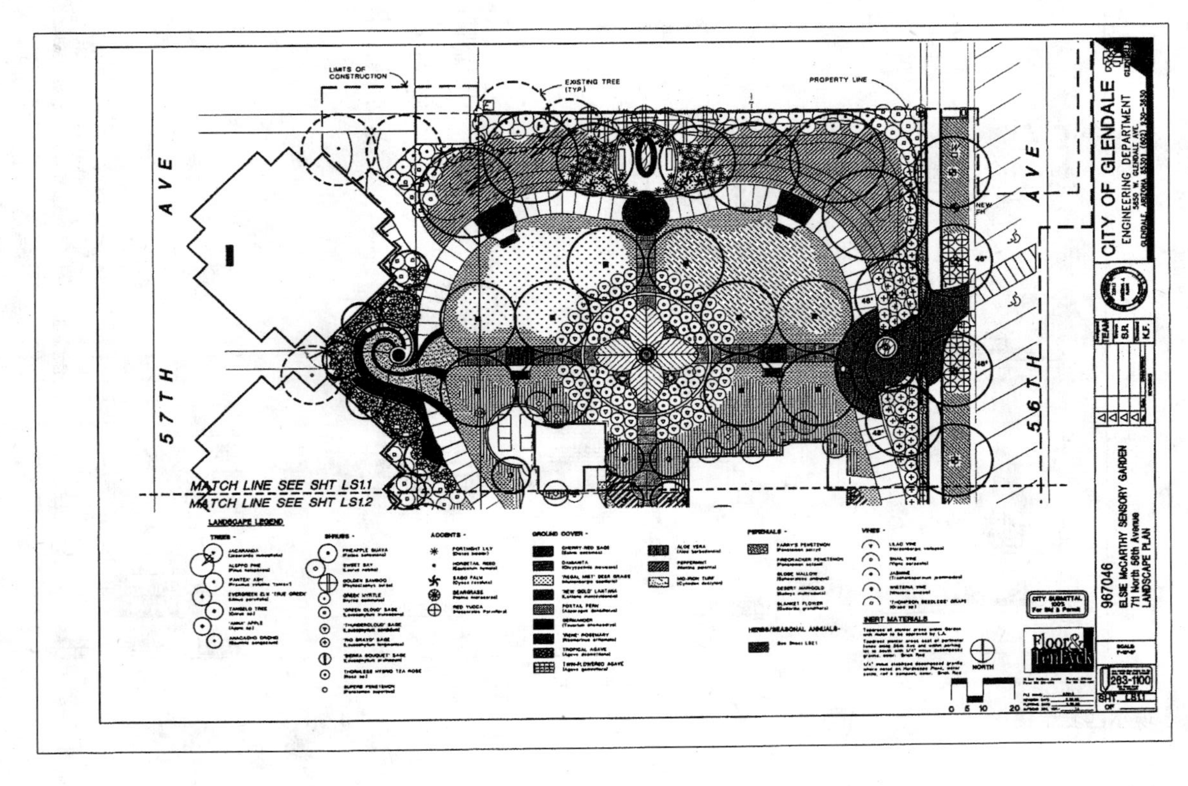

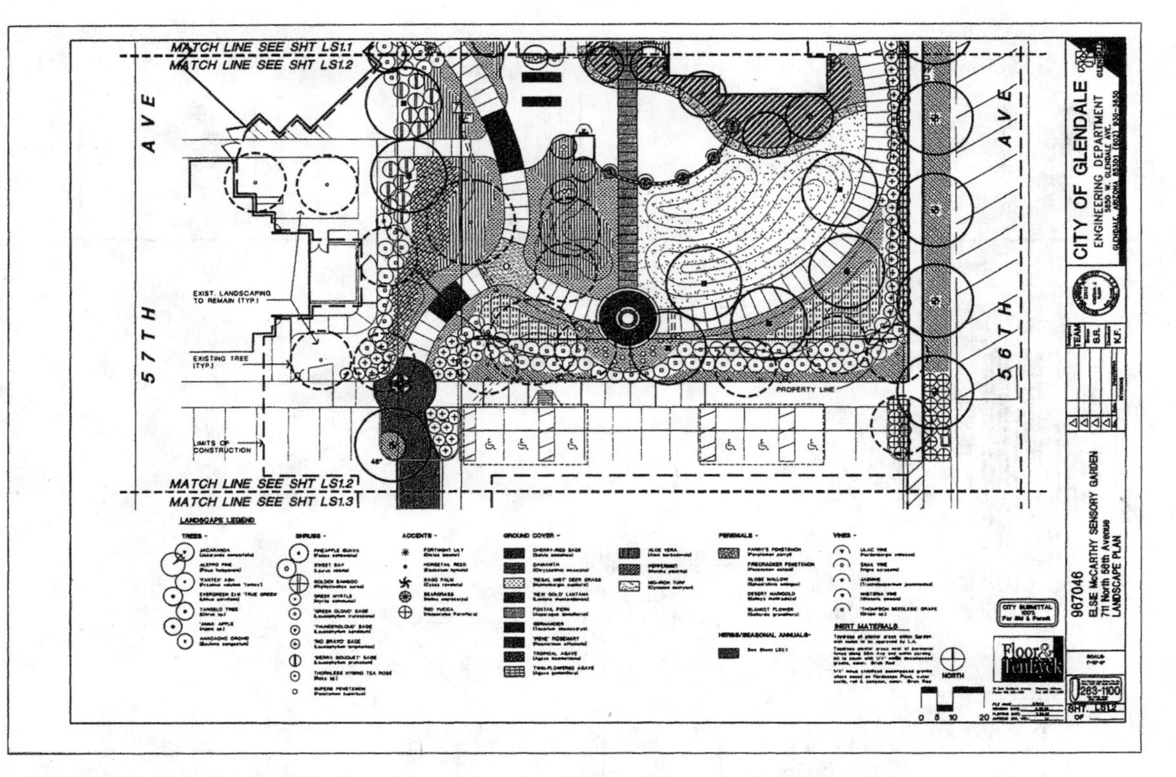

埃尔西麦卡锡

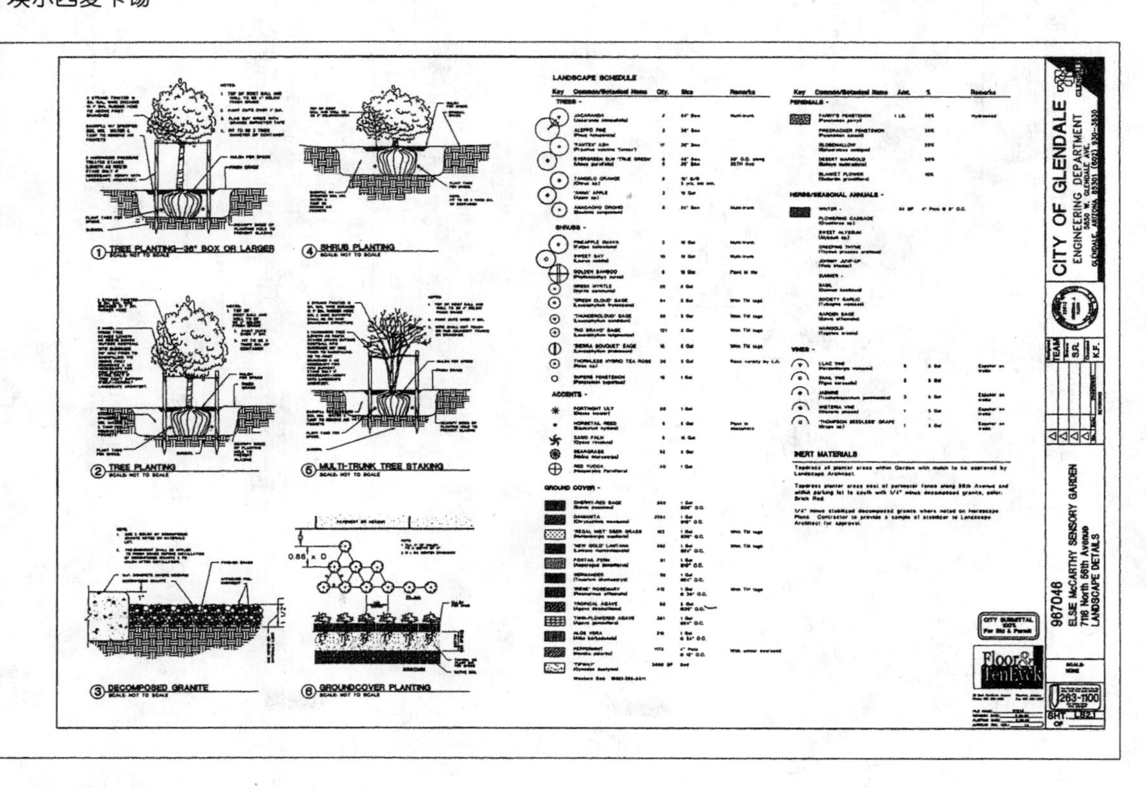

埃尔西麦卡锡

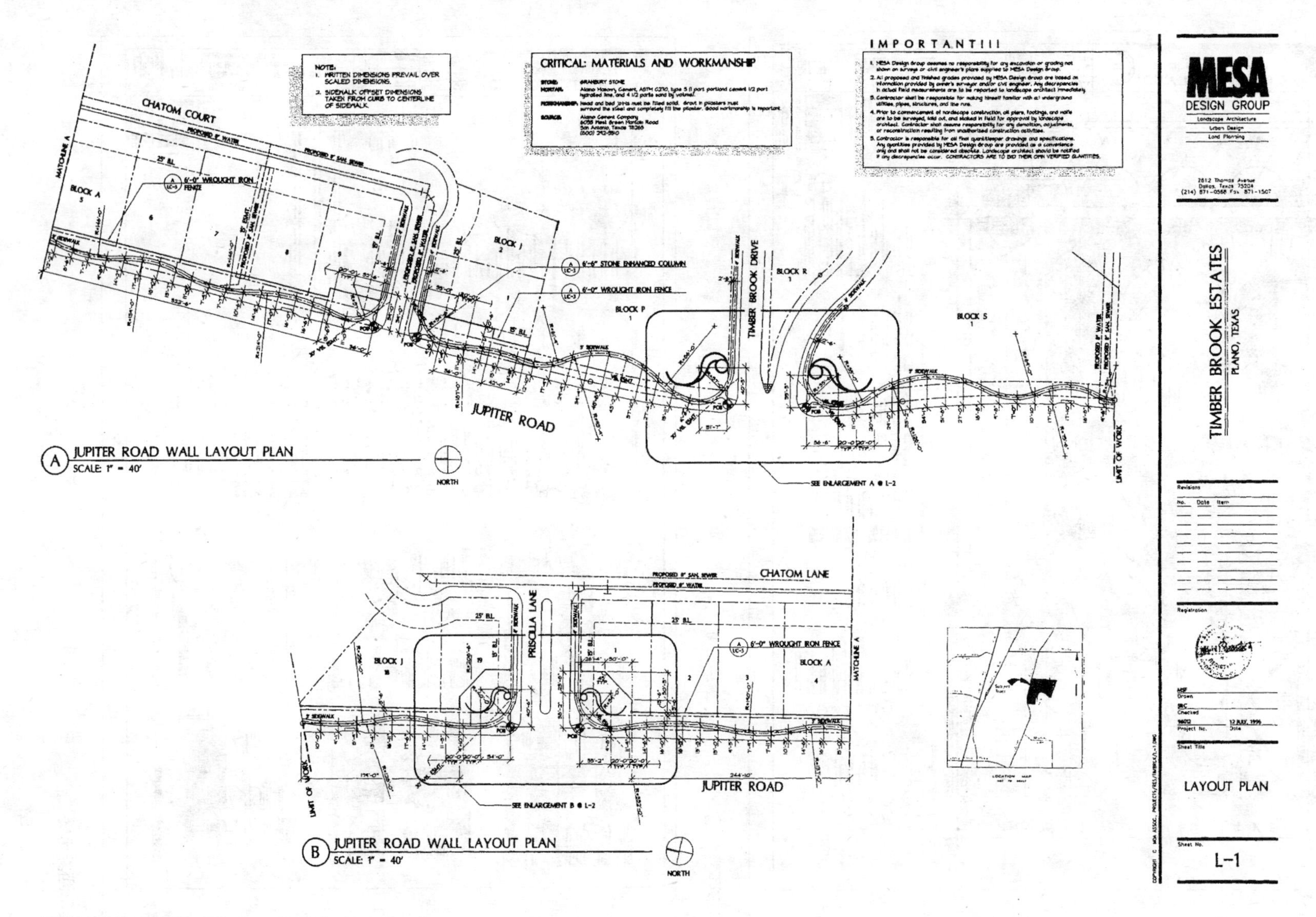

▌廷伯布鲁克地产（Timber Brook Estates）

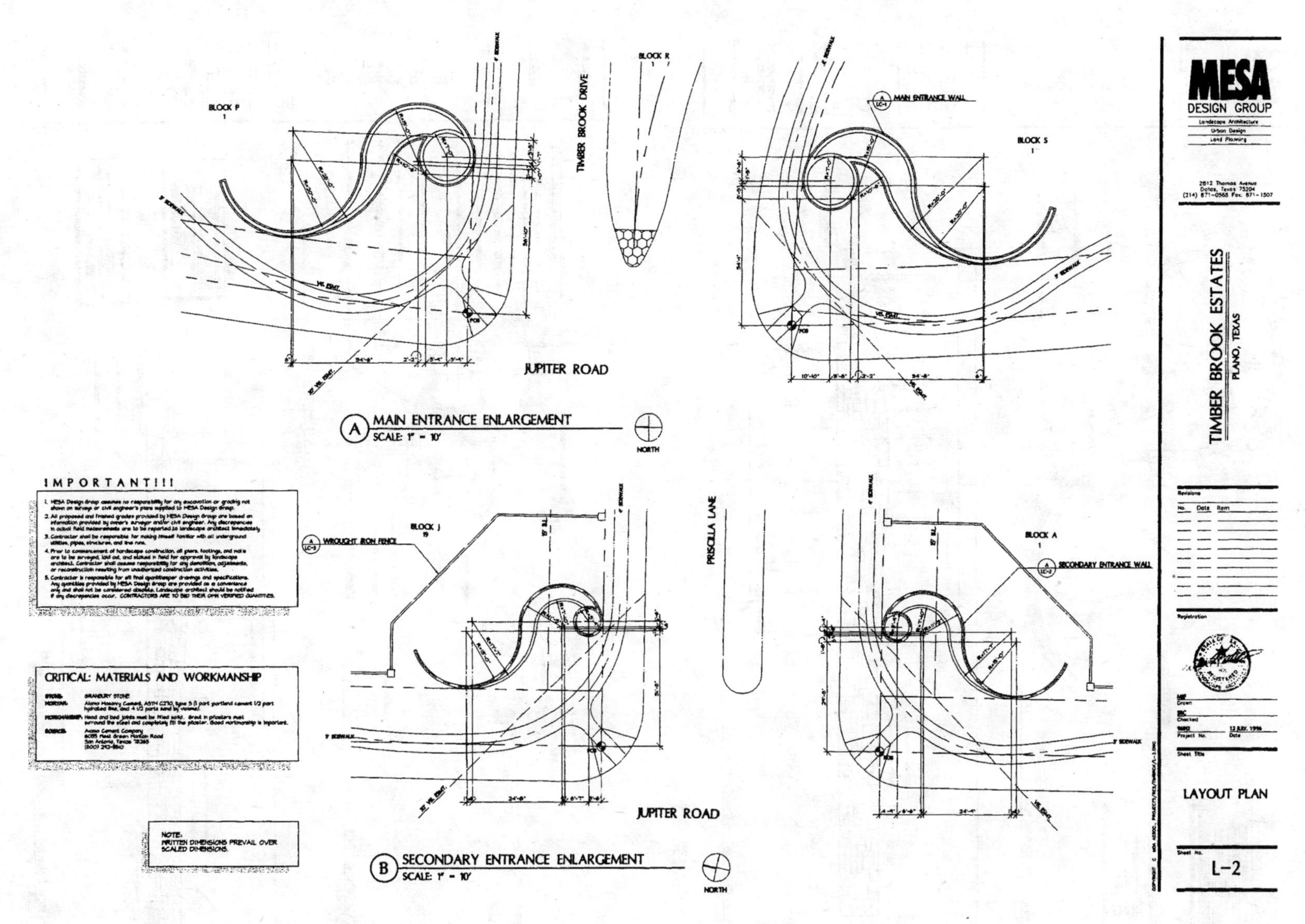
MESA
DESIGN GROUP
TIMBER BROOK ESTATES
PLANO, TEXAS
MAIN ENTRANCE ENLARGEMENT
SCALE: 1" = 10'
SECONDARY ENTRANCE ENLARGEMENT
SCALE: 1" = 10'
JUPITER ROAD
TIMBER BROOK DRIVE
PRISCILLA LANE
IMPORTANT!!!
CRITICAL: MATERIALS AND WORKMANSHIP
NOTE:
WRITTEN DIMENSIONS PREVAIL OVER SCALED DIMENSIONS.
LAYOUT PLAN
L-2
NORTH

▌廷伯布鲁克地产

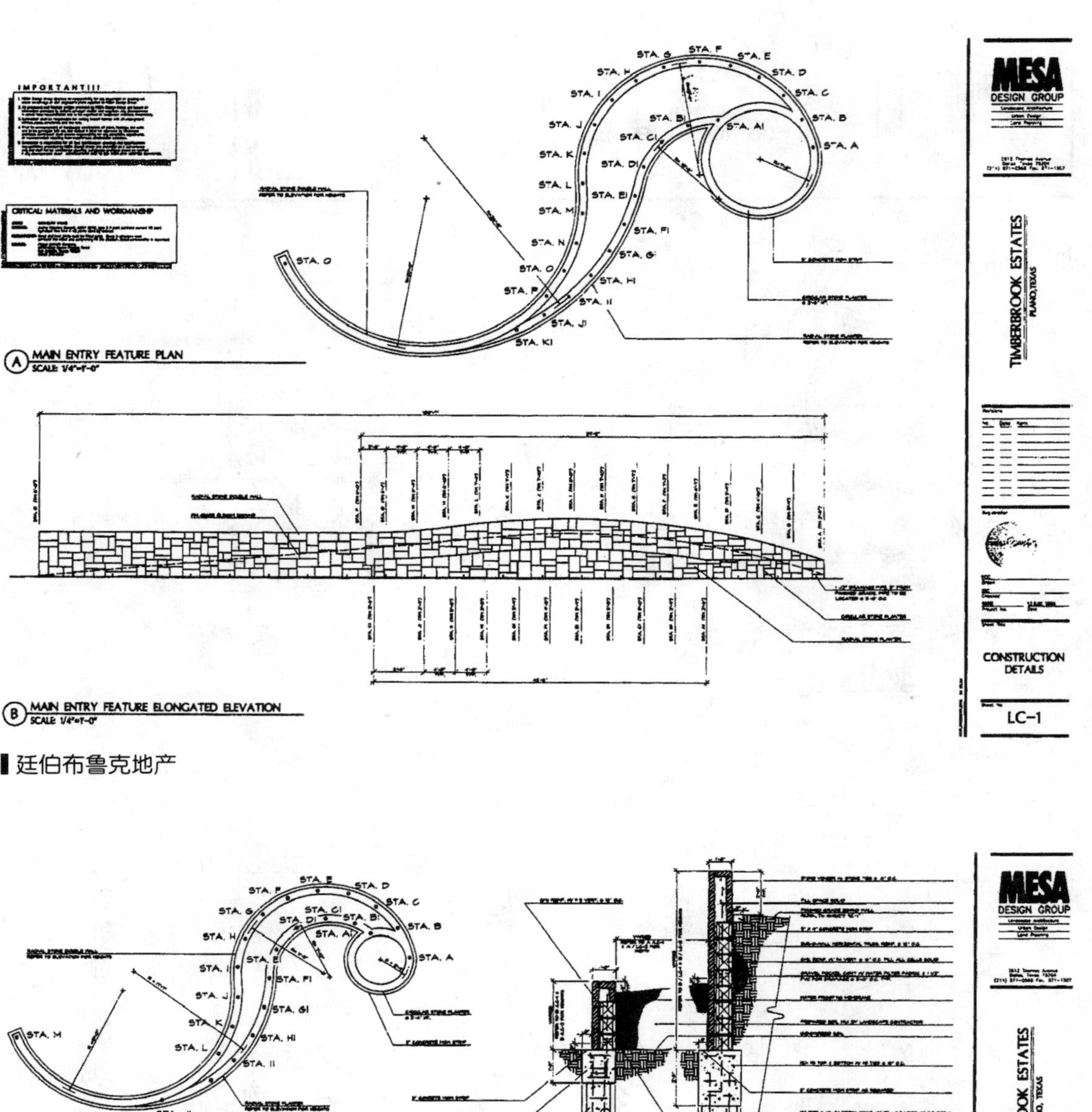

廷伯布鲁克地产

廷伯布鲁克地产

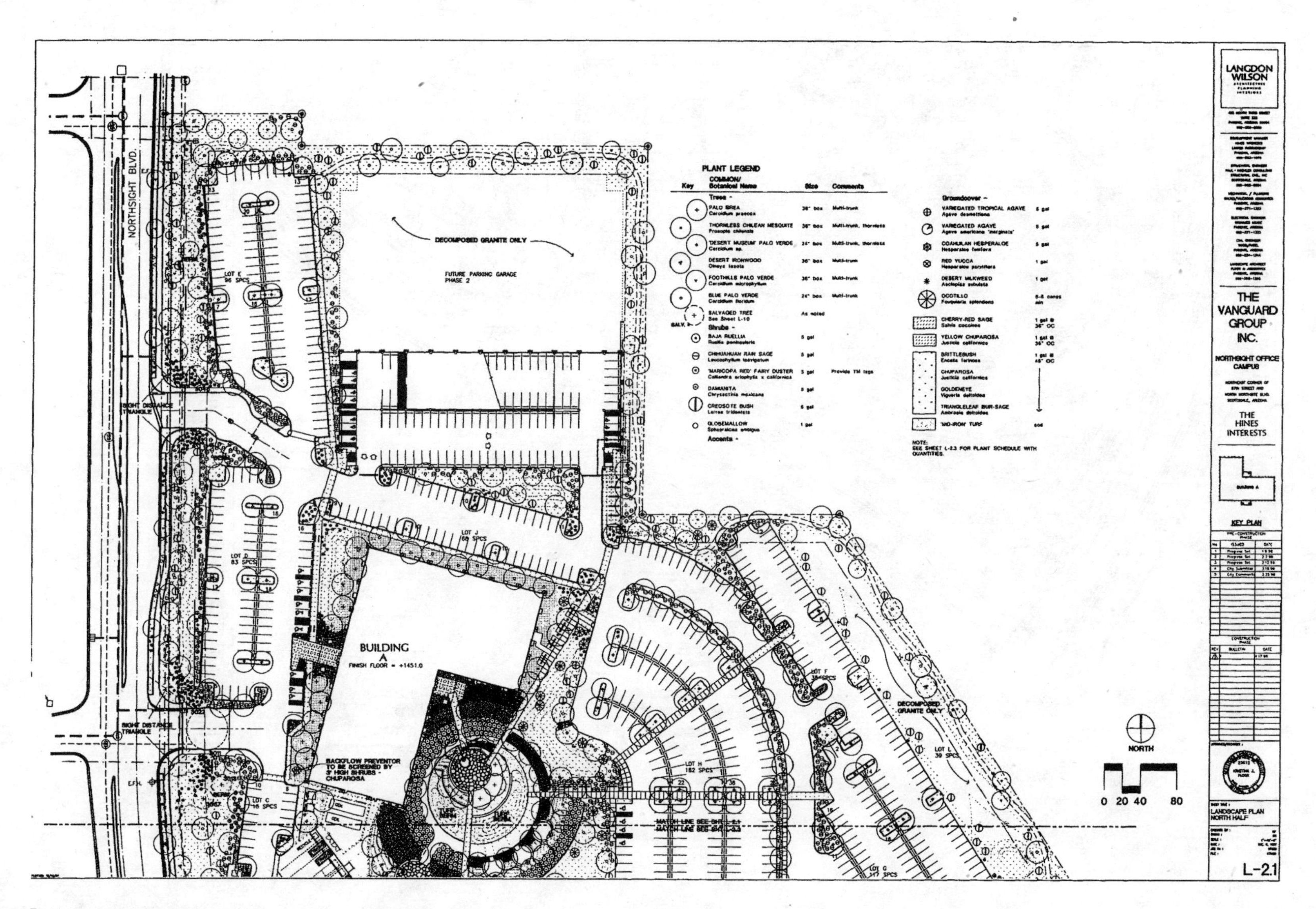

▌北景办公园区（Northsight Office Campus）

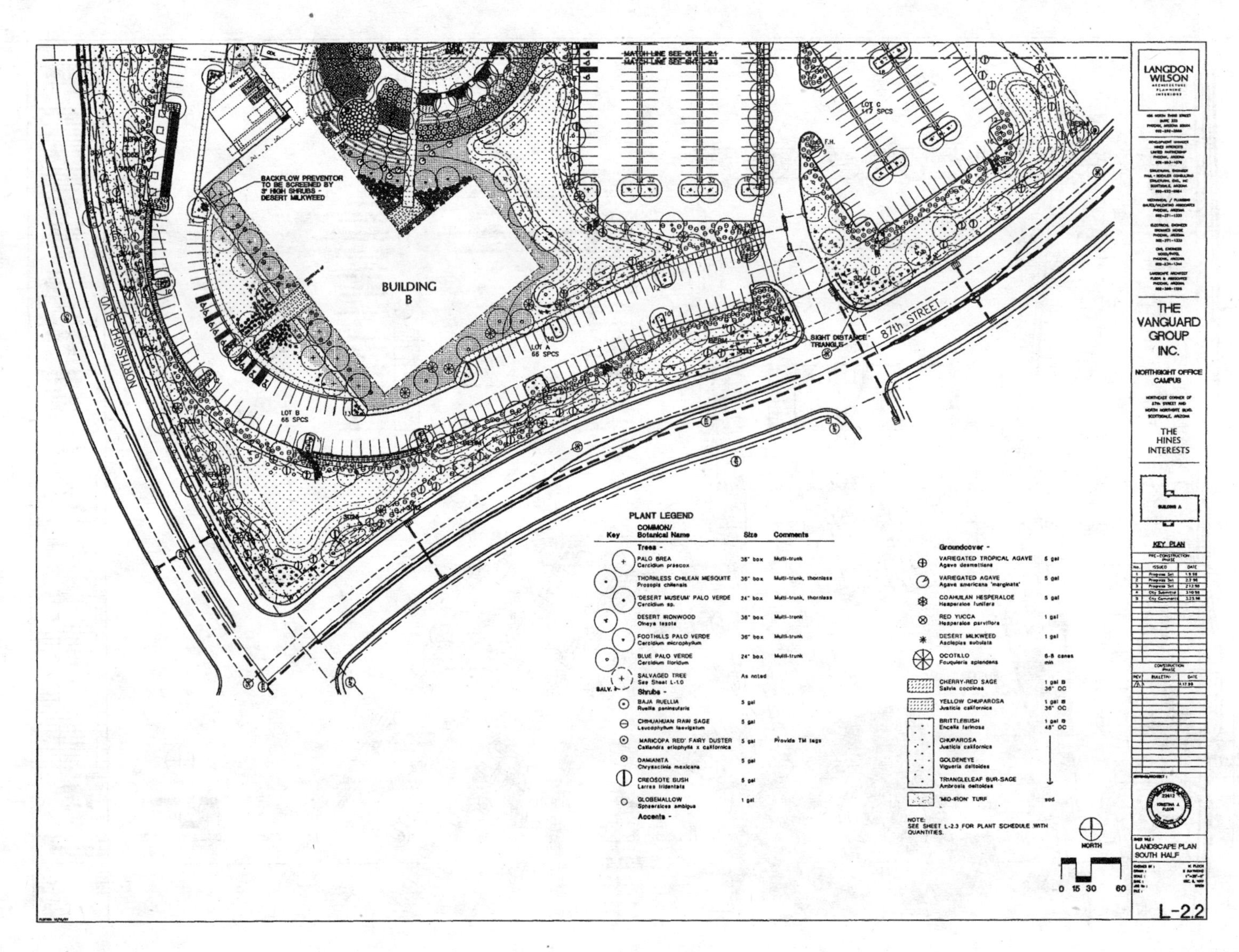

BACKFLOW PREVENTOR TO BE SCREENED BY 3' HIGH SHRUBS - DESERT MILKWEED
BUILDING B
LOT A 66 SPCS
LOT B 66 SPCS
LOT C
NORTHSIGHT BLVD.
87th STREET
SIGHT DISTANCE TRIANGLE
BERM
PLANT LEGEND
Key
COMMON/ Botanical Name
Size
Comments
Trees -
PALO BREA Cercidium praecox 36" box Multi-trunk
THORNLESS CHILEAN MESQUITE Prosopis chilensis 36" box Multi-trunk, thornless
'DESERT MUSEUM' PALO VERDE Cercidium sp. 24" box Multi-trunk, thornless
DESERT IRONWOOD Olneya tesota 36" box Multi-trunk
FOOTHILLS PALO VERDE Cercidium microphyllum 36" box Multi-trunk
BLUE PALO VERDE Cercidium floridum 24" box Multi-trunk
SALVAGED TREE See Sheet L-1.0 As noted
SALV.
Shrubs -
BAJA RUELLIA Ruellia peninsularis 5 gal
CHIHUAHUAN RAIN SAGE Leucophyllum laevigatum 5 gal
'MARICOPA RED' FAIRY DUSTER Calliandra eriophylla x californica 5 gal Provide TM tags
DAMIANITA Chrysactinia mexicana 5 gal
CREOSOTE BUSH Larrea tridentata 5 gal
GLOBEMALLOW Sphaeralcea ambigua 1 gal
Accents -
Groundcover -
VARIEGATED TROPICAL AGAVE Agave desmettiana 5 gal
VARIEGATED AGAVE Agave americana 'marginata' 5 gal
COAHUILAN HESPERALOE Hesperaloe funifera 5 gal
RED YUCCA Hesperaloe parviflora 1 gal
DESERT MILKWEED Asclepias subulata 1 gal
OCOTILLO Fouquieria splendens 6-8 canes min
CHERRY-RED SAGE Salvia coccinea 1 gal @ 36" OC
YELLOW CHUPAROSA Justicia californica 1 gal @ 36" OC
BRITTLEBUSH Encelia farinosa 1 gal @ 48" OC
CHUPAROSA Justicia californica
GOLDENEYE Viguiera deltoidea
TRIANGLELEAF BUR-SAGE Ambrosia deltoidea
'MID-IRON' TURF sod
NOTE:
SEE SHEET L-2.3 FOR PLANT SCHEDULE WITH QUANTITIES.
NORTH
0 15 30 60
LANGDON WILSON
THE VANGUARD GROUP INC.
NORTHSIGHT OFFICE CAMPUS
THE HINES INTERESTS
KEY PLAN
LANDSCAPE PLAN SOUTH HALF
L-2.2

▌北景办公园区

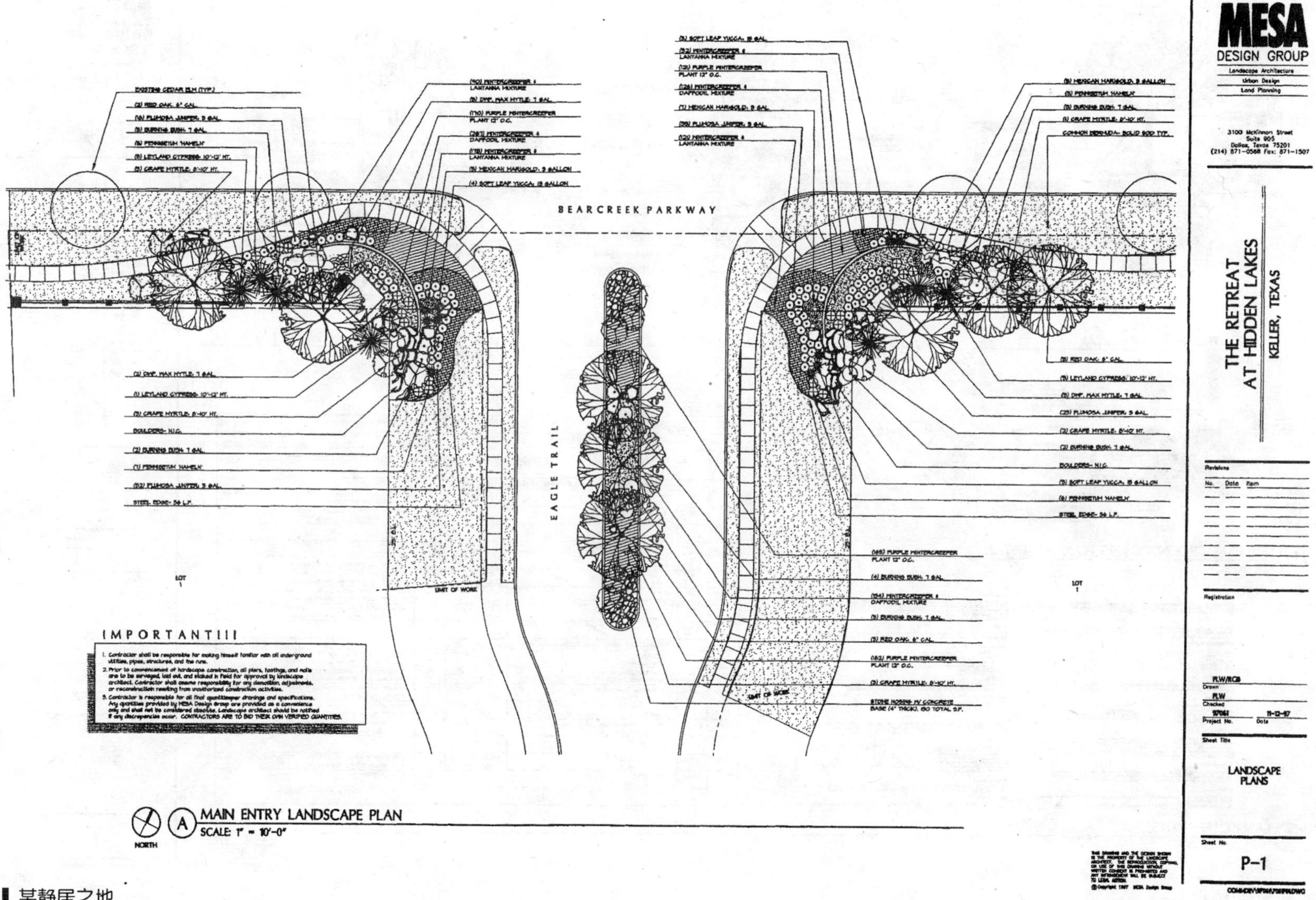

MESA
DESIGN GROUP
Landscape Architecture
Urban Design
Land Planning
3100 McKinnon Street
Suite 905
Dallas, Texas 75201
BEARCREEK PARKWAY
EAGLE TRAIL
IMPORTANT!!!
THE RETREAT AT HIDDEN LAKES
KELLER, TEXAS
Revisions
No. Date Item
Registration
Drawn
Checked
Project No. Date
Sheet Title
LANDSCAPE PLANS
Sheet No.
P-1
NORTH
A
MAIN ENTRY LANDSCAPE PLAN
SCALE: 1" = 10'-0"

■ 某静居之地

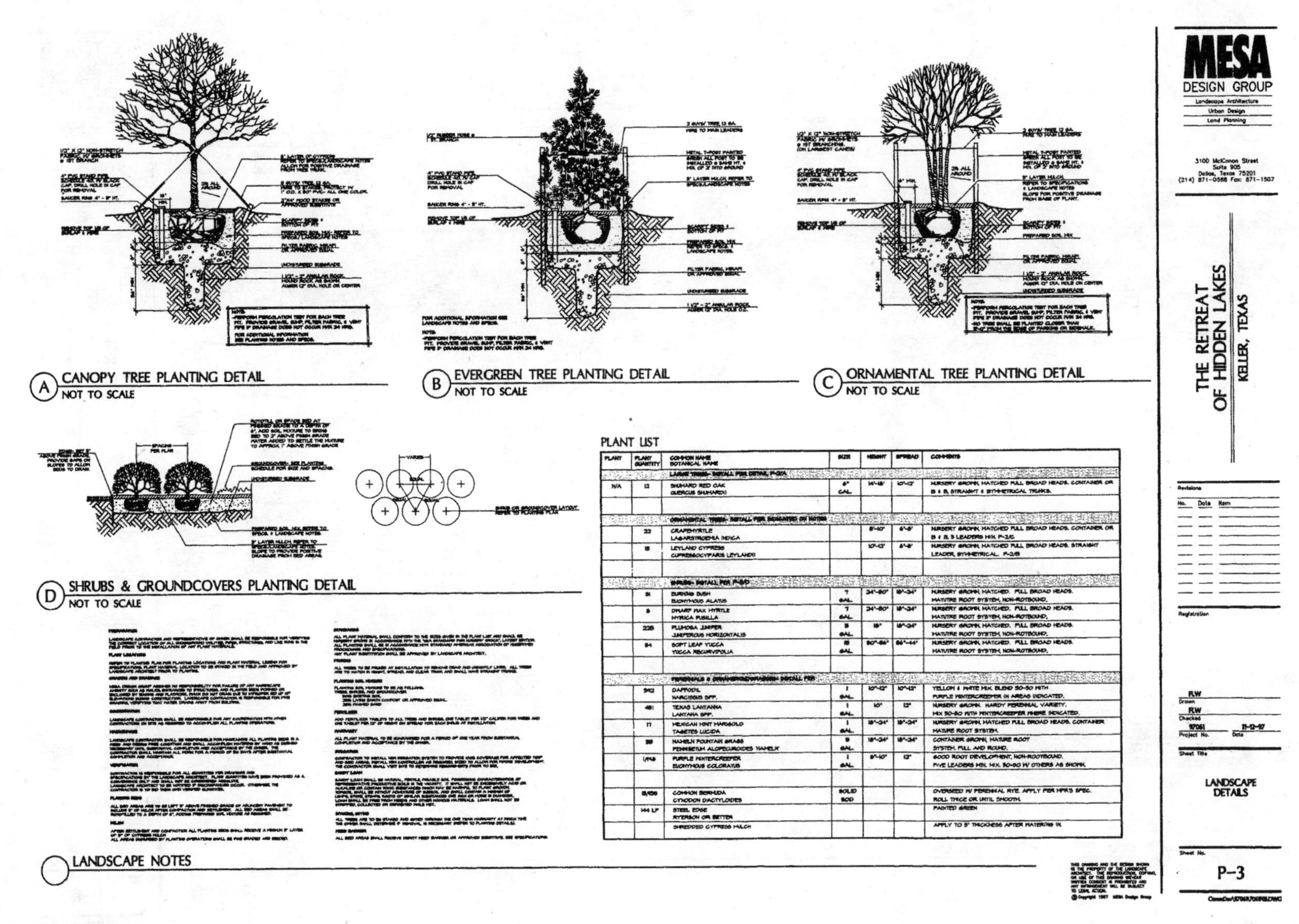

PLANT	PLANT QUANTITY	COMMON NAME / BOTANICAL NAME	SIZE	HEIGHT	SPREAD	COMMENTS
		LARGE TREES- INSTALL PER DETAIL P-3/A				
N/A	12	SHUMARD RED OAK QUERCUS SHUMARDII	6" GAL.	14'-16'	10'-12'	NURSERY GROWN, MATCHED FULL BROAD HEADS, CONTAINER OR B & B, STRAIGHT & SYMMETRICAL TRUNKS.
		ORNAMENTAL TREES- INSTALL PER INDICATED ON NOTES				
	22	CRAPEMYRTLE LAGARSTROEMIA INDICA		8'-10'	6'-8'	NURSERY GROWN, MATCHED FULL BROAD HEADS, CONTAINER OR B & B, 3 LEADERS MIN. P-3/C
	18	LEYLAND CYPRESS CUPRESSOCYPARIS LEYLANDII		10'-12'	6'-8'	NURSERY GROWN, MATCHED FULL BROAD HEADS, STRAIGHT LEADER, SYMMETRICAL. P-3/B
		SHRUBS- INSTALL PER P-3/D				
	31	BURNING BUSH EUONYMOUS ALATUS	7 GAL.	24"-30"	18"-24"	NURSERY GROWN, MATCHED. FULL BROAD HEADS. MATUTRE ROOT SYSTEM, NON-ROTBOUND.
	9	DWARF WAX MYRTLE MYRICA PUSILLA	7 GAL.	24"-30"	18"-24"	NURSERY GROWN, MATCHED. FULL BROAD HEADS. MATUTRE ROOT SYSTEM, NON-ROTBOUND.
	220	PLUMOSA JUNIPER JUNIPEROUS HORIZONTALIS	5 GAL.	18"	18"-24"	NURSERY GROWN, MATCHED. FULL BROAD HEADS. MATUTRE ROOT SYSTEM, NON-ROTBOUND.
	84	SOFT LEAF YUCCA YUCCA RECURVIFOLIA	15 GAL.	30"-36"	36"-44"	NURSERY GROWN, MATCHED. FULL BROAD HEADS. MATUTRE ROOT SYSTEM, NON-ROTBOUND.
		PERENNIALS & GROUNDCOVERS- INSTALL PER				
	342	DAFFODIL NARCISSUS SPP.	1 GAL.	10"-12"	10"-12"	YELLOW & WHITE MIX, BLEND 50-50 WITH PURPLE WINTERCREEPER IN AREAS INDICATED.
	481	TEXAS LANTANNA LANTANA SPP.	1 GAL.	10"	12"	NURSERY GROWN. HARDY PERENNIAL VARIETY. MIX 50-50 WITH WINTERCREEPER WHERE INDICATED.
	17	MEXICAN MINT MARIGOLD TAGETES LUCIDA	1 GAL.	18"-24"	18"-24"	NURSERY GROWN, MATCHED FULL BROAD HEADS. CONTAINER MATURE ROOT SYSTEM.
	38	HAMELN FOUNTAIN GRASS PENNISETUM ALOPECUROIDES 'HAMELN'	5 GAL.	18"-24"	18"-24"	CONTAINER GROWN, MATURE ROOT SYSTEM, FULL AND ROUND.
	1,448	PURPLE WINTERCREEPER EUONYMOUS COLORATUS	1 GAL.	8"-10"	12"	GOOD ROOT DEVELOPMENT, NON-ROOTBOUND. FIVE LEADERS MIN. MIX 50-50 W/ OTHERS AS SHOWN.
	18,936	COMMON BERMUDA CYNODON DACTYLOIDES	SOLID SOD			OVERSEED W/ PERENNIAL RYE. APPLY PER MFR'S SPEC. ROLL TWICE OR UNTIL SMOOTH.
	144 LF	STEEL EDGE RYERSON OR BETTER				PAINTED GREEN
		SHREDDED CYPRESS MULCH				APPLY TO 3" THICKNESS AFTER WATERING IN.

某静居之地

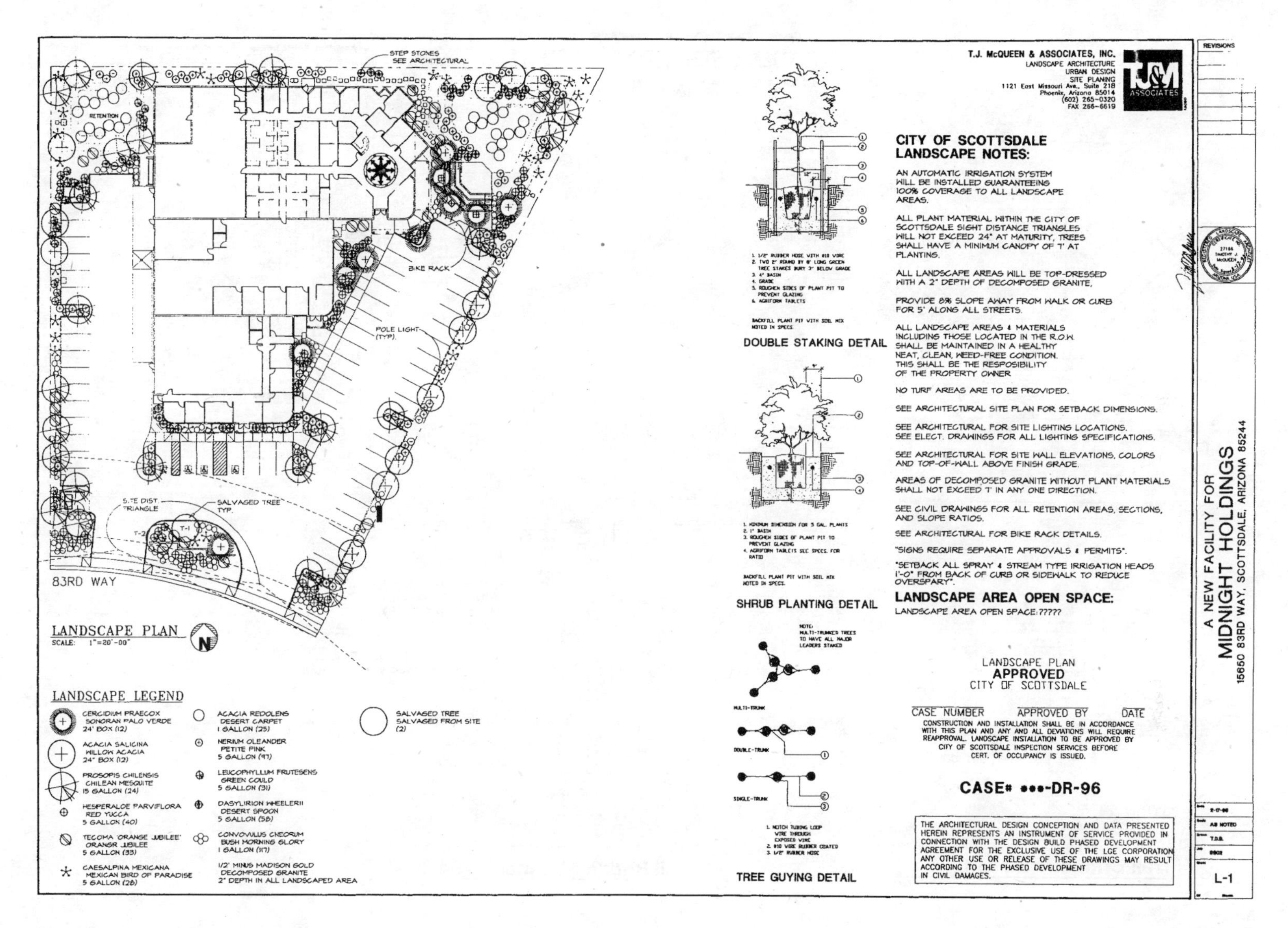

▌午夜地产（Midnight Holdings）

木笼岸壁剖面。手绘施工详图。材料：聚酯薄膜及石墨

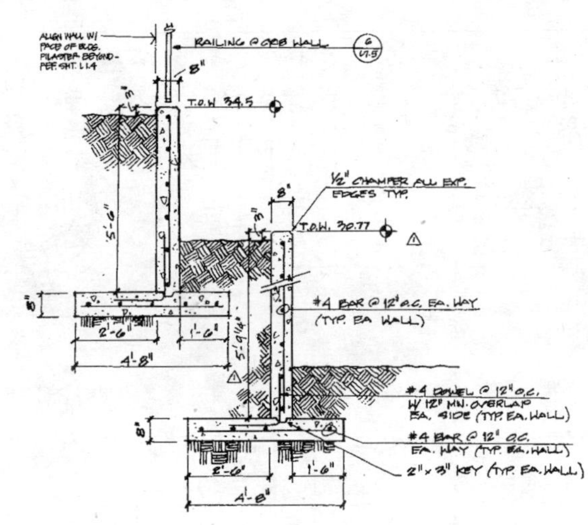

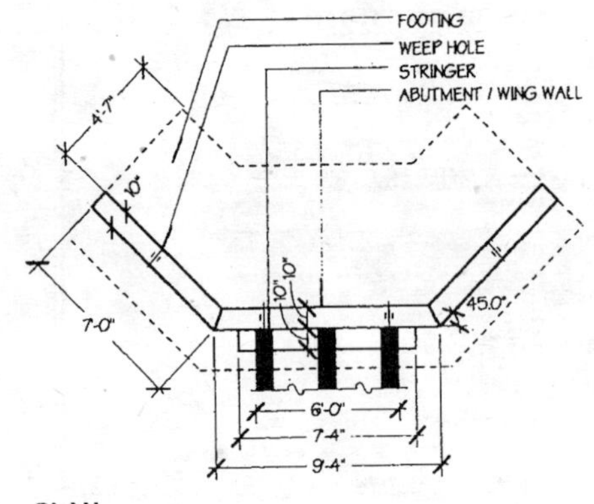
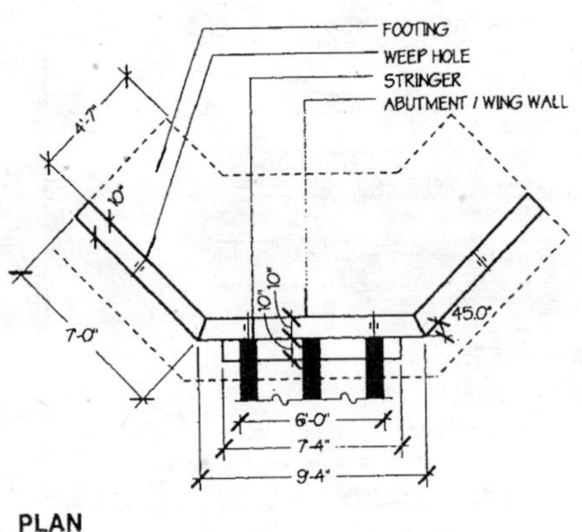

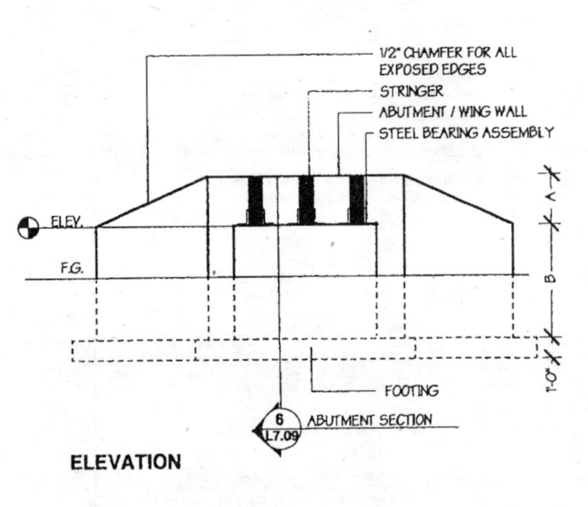

4 Trail Bridge Abutment

1/4" = 1' - 0"

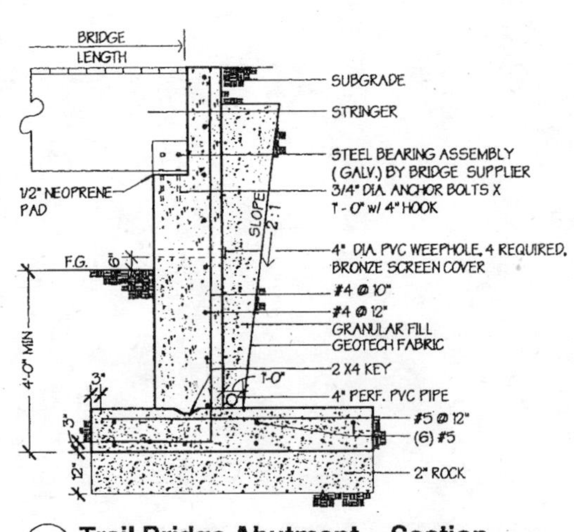

6 Trail Bridge Abutment - Section

1/2" = 1' - 0"

▌桥梁详图。由 AutoCADD 绘制

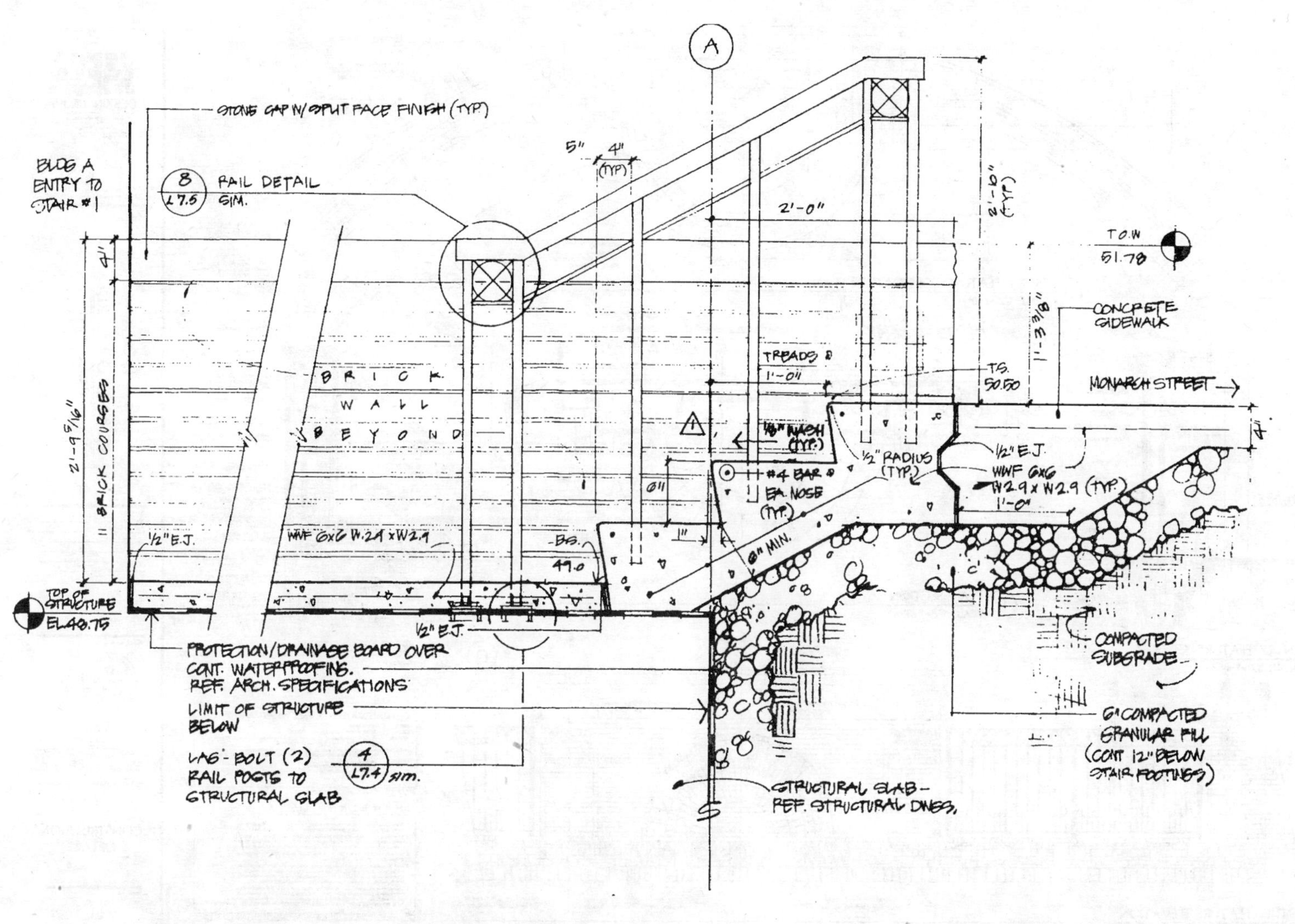

8 Stair Detail at Bldg. Stair #1

SCALE: 1"=1'-0"

台阶详图。手绘施工详图。材料：聚酯薄膜及石墨

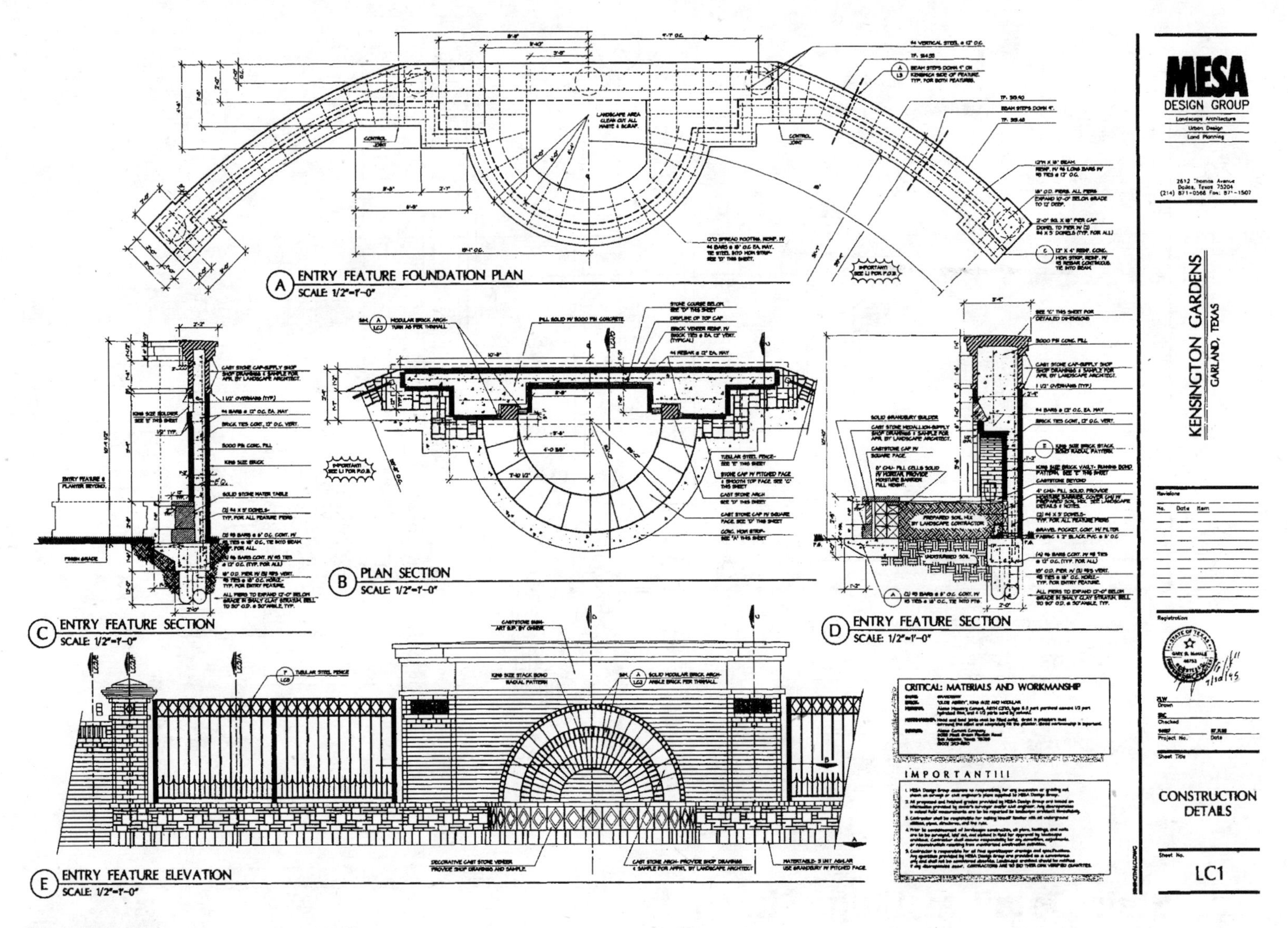

▌肯辛顿花园（Kensington Gardens）

第六章

精美的渲染图、剖面图及立面图

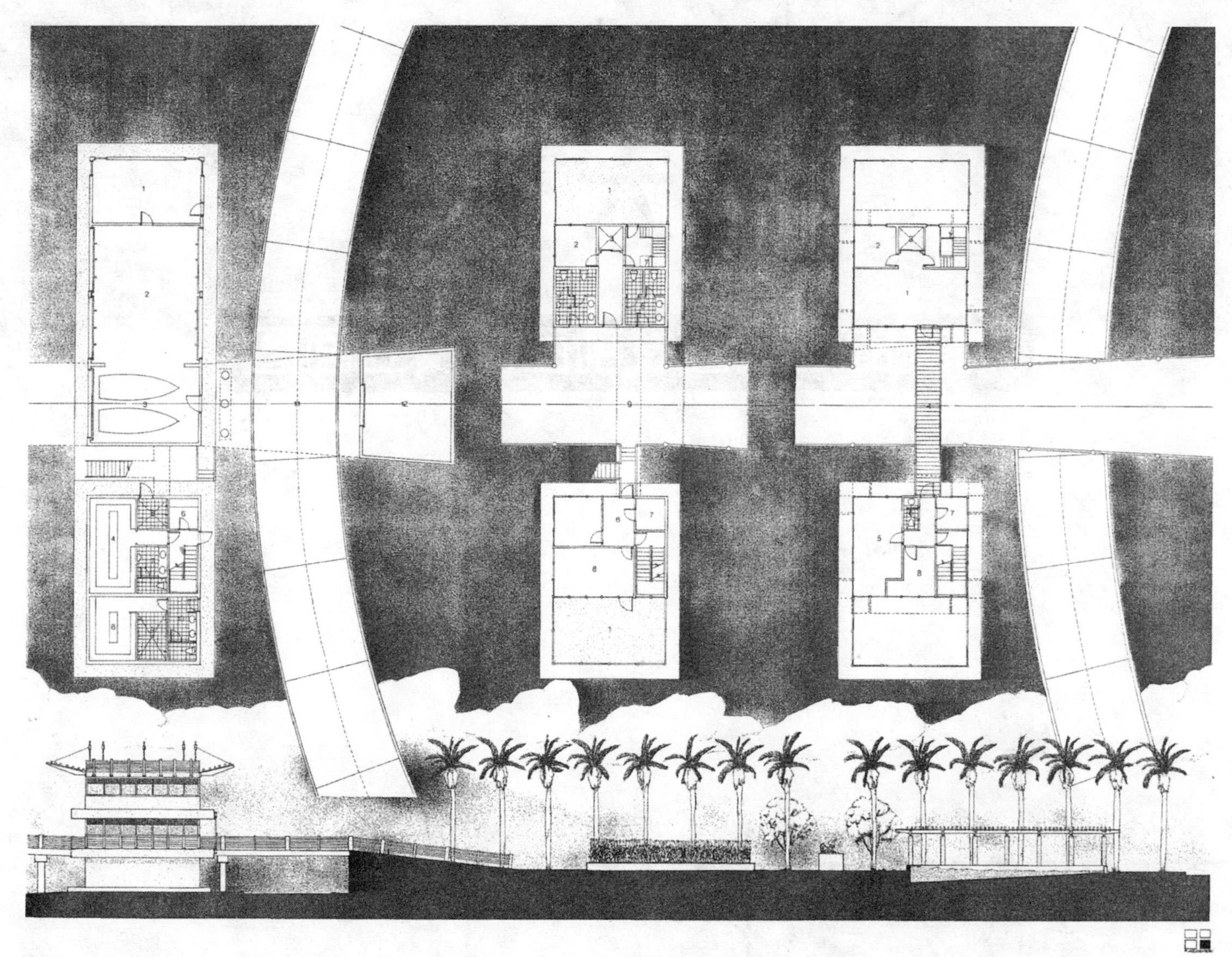

▌埃尔莫萨湾（Hermosa Beach）的码头。以下的四张图片是为一个设计竞赛准备的。聚酯薄膜，墨线轮廓及喷墨渲染

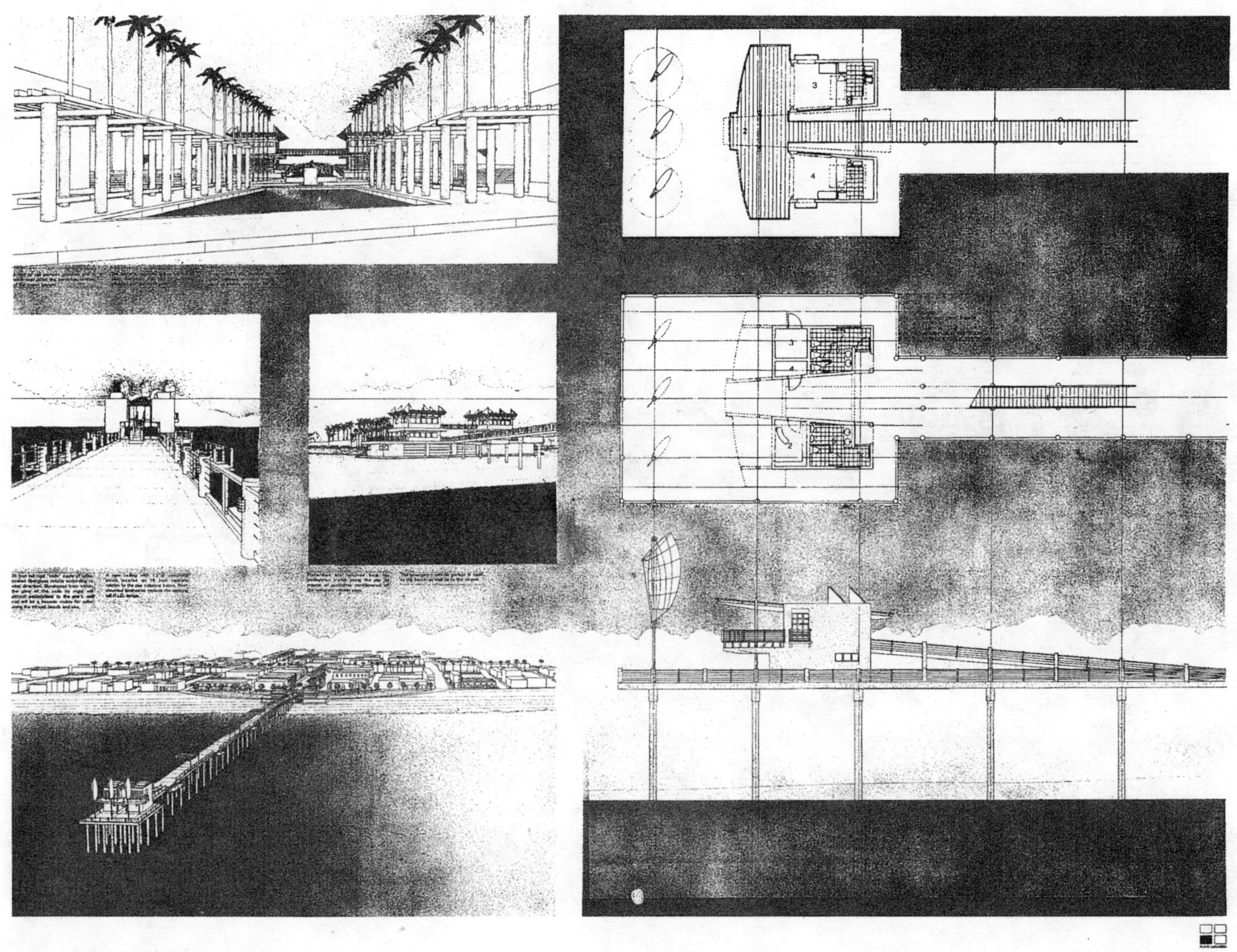

埃尔莫萨湾码头

HERMOSA BEACH PIER DESIGN COMPETITION

Hermosa Beach and its neighboring oceanfront communities make up a narrow sliver of restfulness at the edge of a dry, tense, seemingly endless metropolis. A breeze and an uninterrupted view of the horizon are all that are necessary to draw large numbers of visitors from inland. We hope however to create an experience which is more than just an escape.

Our scheme invites residents and visitors alike to celebrate the meeting of continent and ocean. Within a proposed new plaza located between the pier and Pier Avenue, both realms coexist. The perpetual motion of the ocean waves is echoed in a bed of tall pampas grasses swaying with the breezes and again in a pool in which horizontal waves are created. The city likewise reaches out to the Ocean with defined lines of regularly spaced palm trees. To suggest the continuity of the city avenue, we have allowed the pier to bisect the lifeguard building and the structure at the pier's end. Along this axis, a succession of forced perspectives directs one's sight and thoughts to the open Pacific, where there is no visible end. A circular promenade overlooking the ocean surrounds two amphitheaters. As if affected by the same gravitational pulls which rule the tides, the circular forms break away from their concentric order. This shift results in an expansion of the promenade's north side where volleyball spectators are likely to congregate. Low beach grasses are introduced along the sloping planes to the west of the promenade. In contrast with the the two formal amphitheaters within the plaza, the grassy slopes provide for a more relaxed area for sitting and viewing the beach. The faster moving circulation along the strand has been redirected towards the life guard buildings allowing for slower pedestrian and retail activities to take near the plaza.

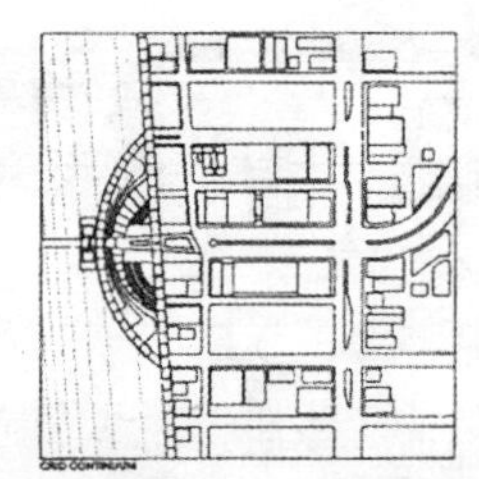

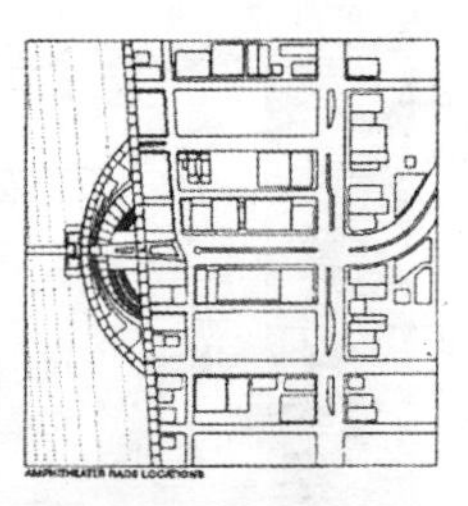

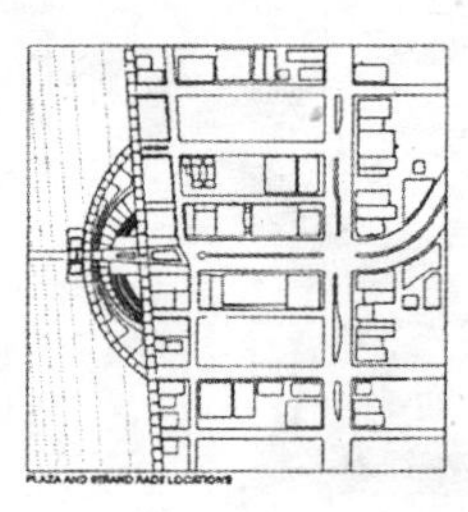

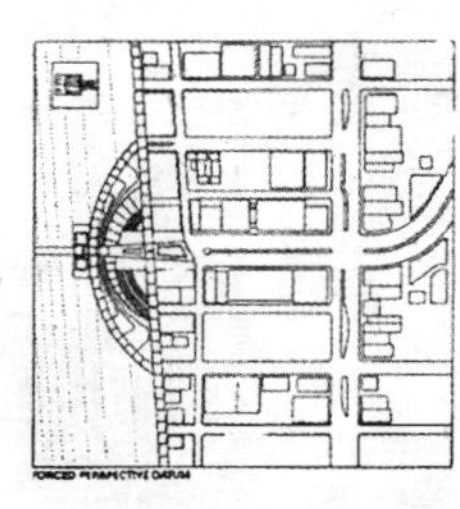

▌埃尔莫萨湾码头

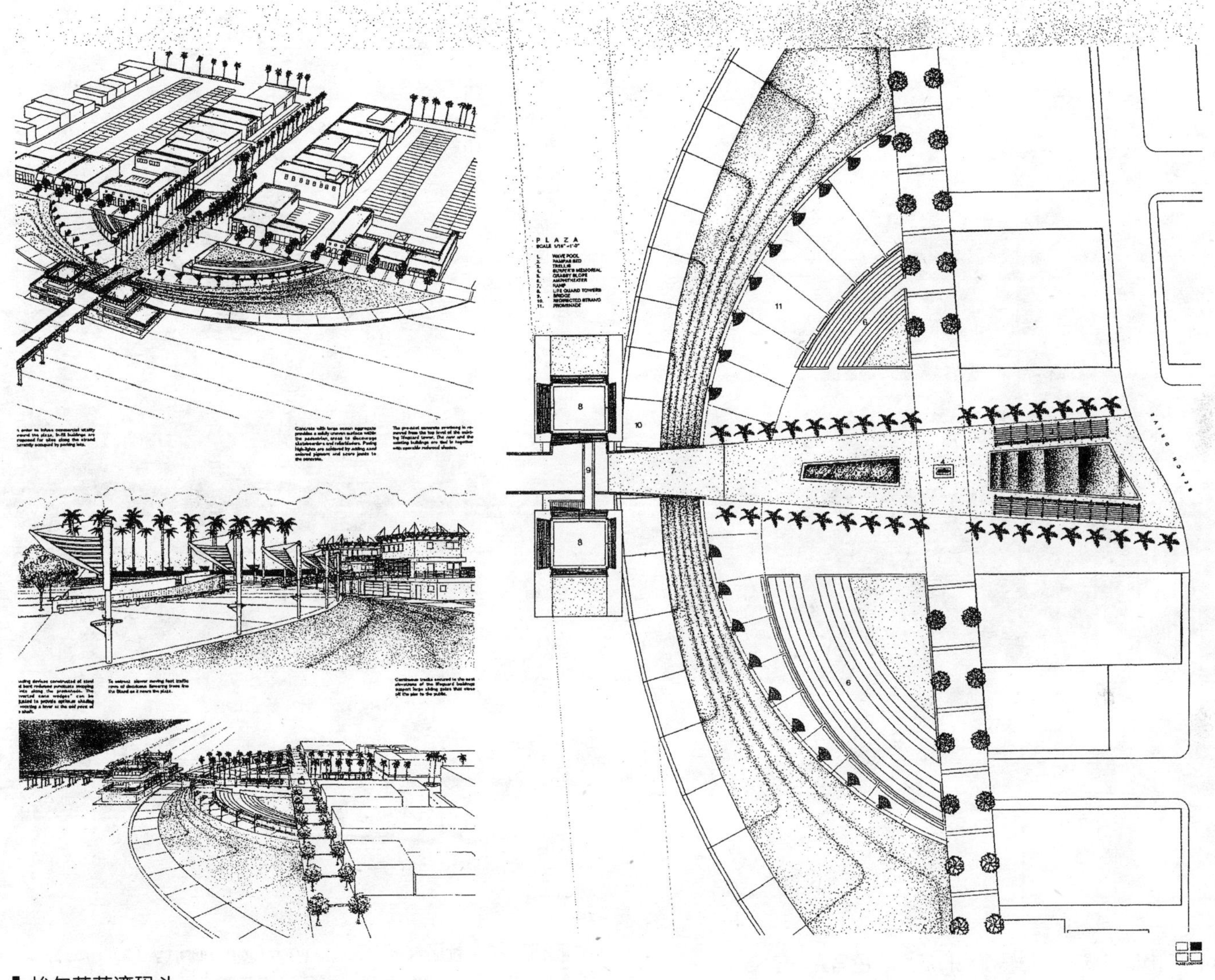
P L A Z A
1. WAVE POOL
3. TRELLIS
6. AMPHITHEATER
7. RAMP
8. LIFE GUARD TOWERS
11. PROMENADE

埃尔莫萨湾码头

若布（Job）的山顶农场。黑色轮廓线打底，彩色马克笔渲染

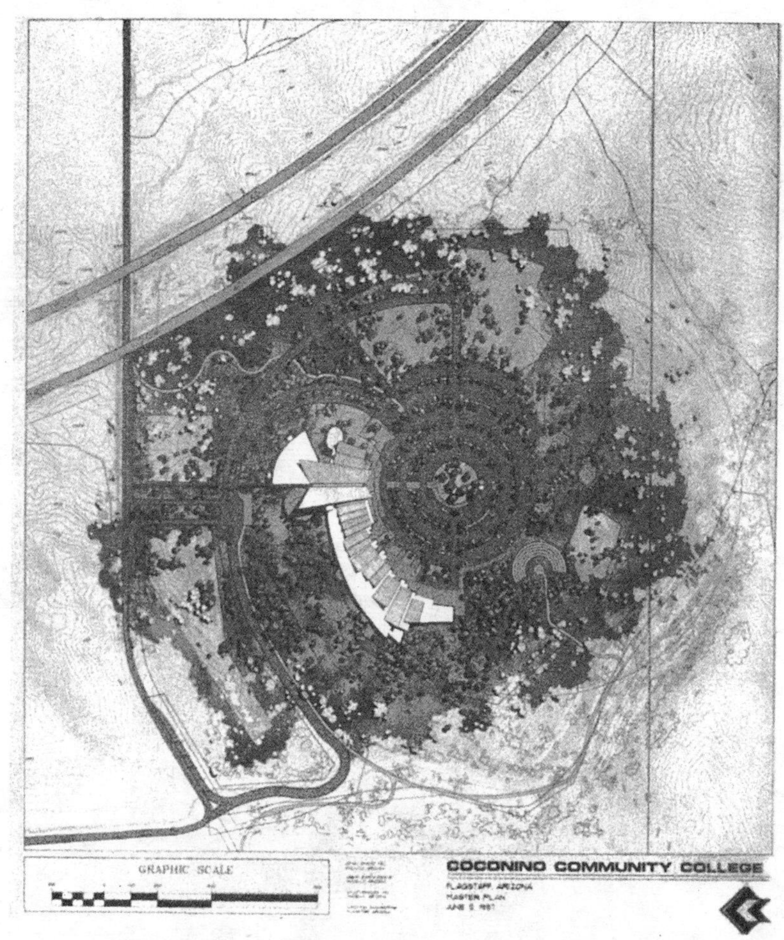

科克尼诺社区学院(Coconino Community College)。AutoCADD图形打底，黑色线条表现，彩色马克笔渲染

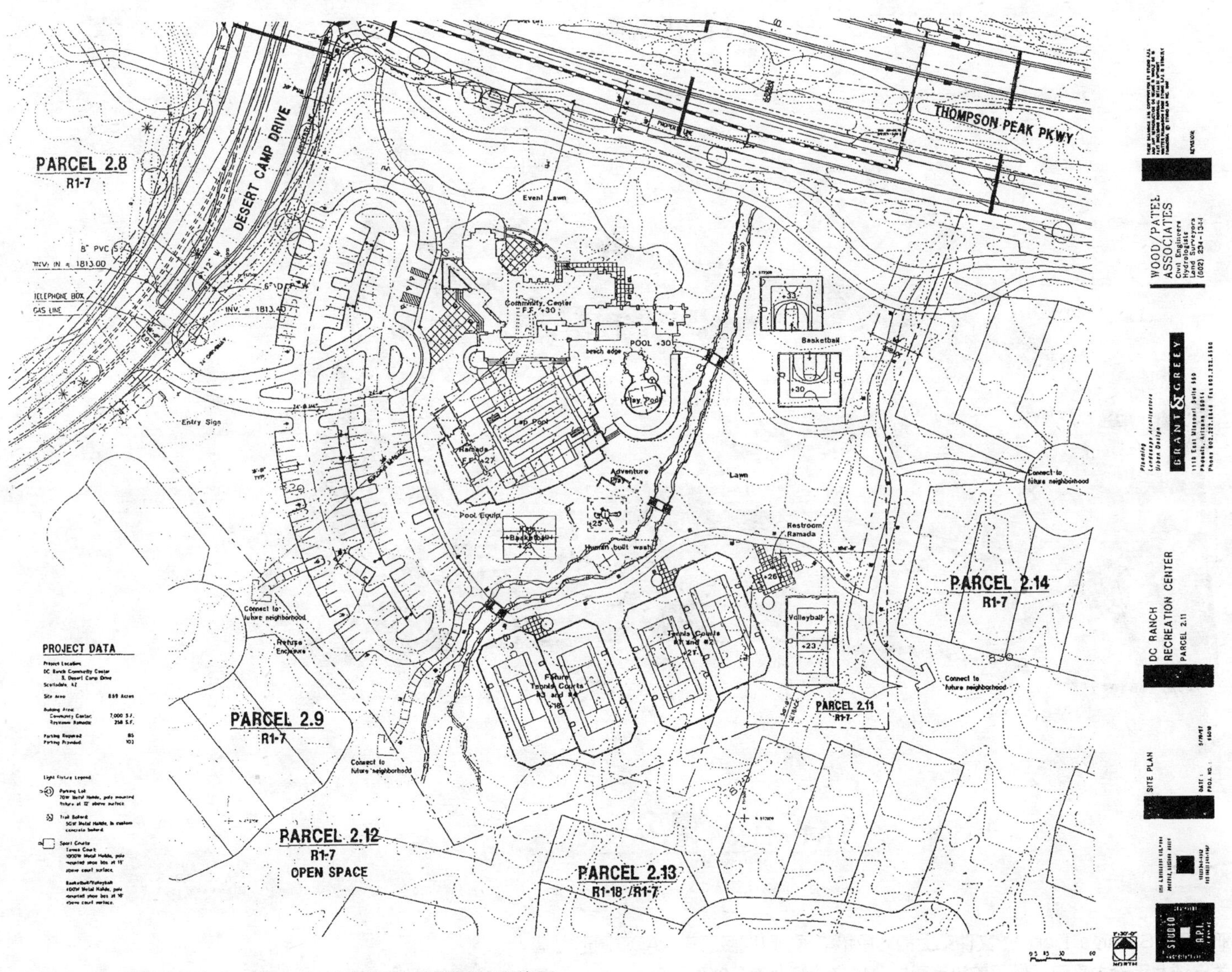

DC 牧场的娱乐中心。由 AutoCADD 文件打印的墨线图

MASTER PLAN

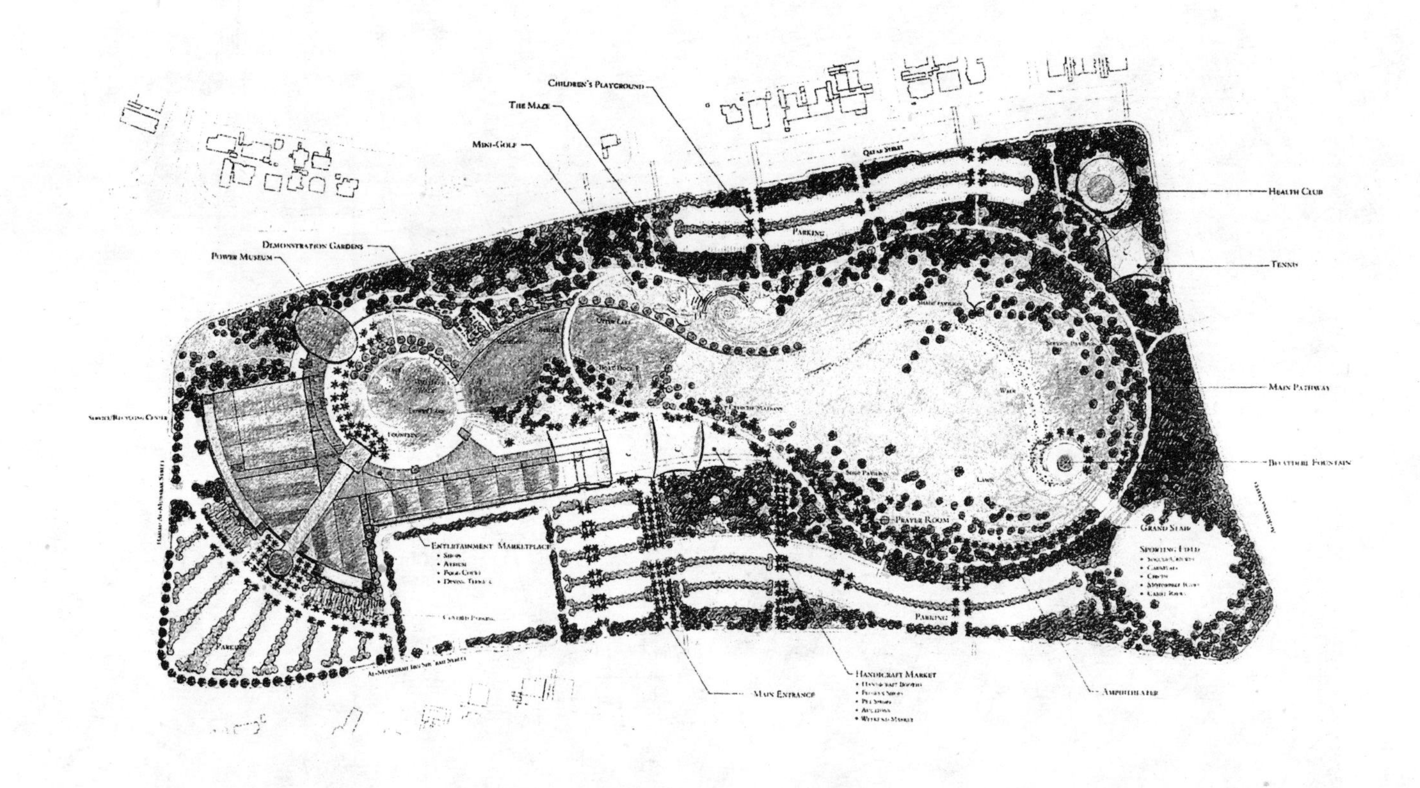

KUWAIT CITY, KUWAIT

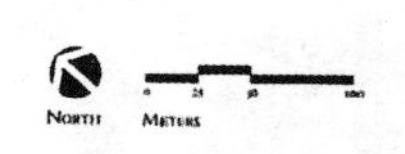

KUWAIT FINANCE HOUSE
PACE• EDAW
JANUARY 1998

塞勒米耶公园（Salmiya Park）。文件纸上的彩色铅笔画。以屏蔽后的CADD图形为基础，在羊皮纸上手绘主平面。最后的铅笔画是一幅文件纸上的OCE复印件

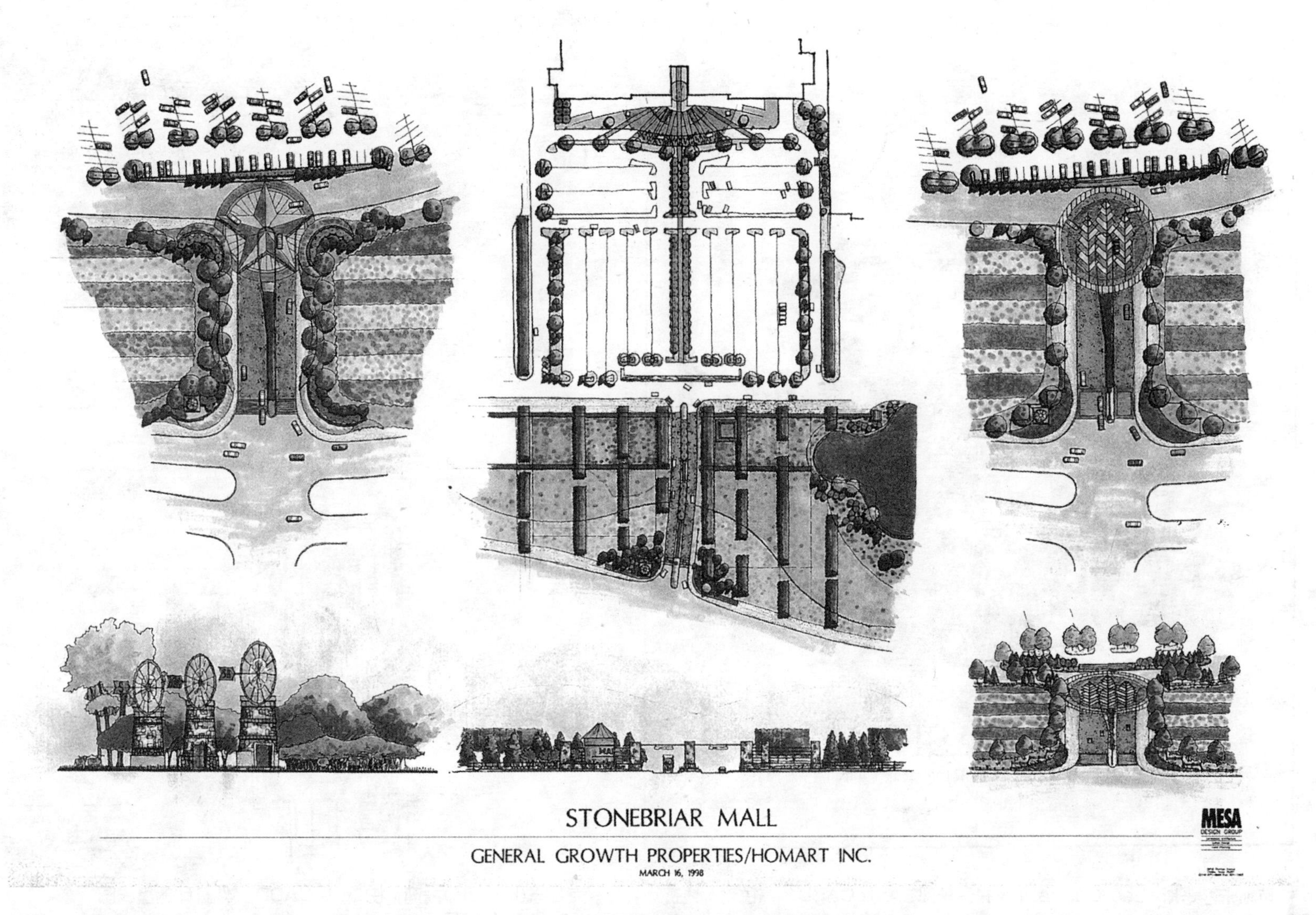

▌斯通布莱尔林阴大道（Stonebriar Mall）。手绘的黑色轮廓线打底，彩色马克笔及彩色铅笔渲染

拉斯卡西塔斯（Las Casitas）乡村俱乐部。AutoCADD的黑色轮廓线打底，彩色马克笔渲染

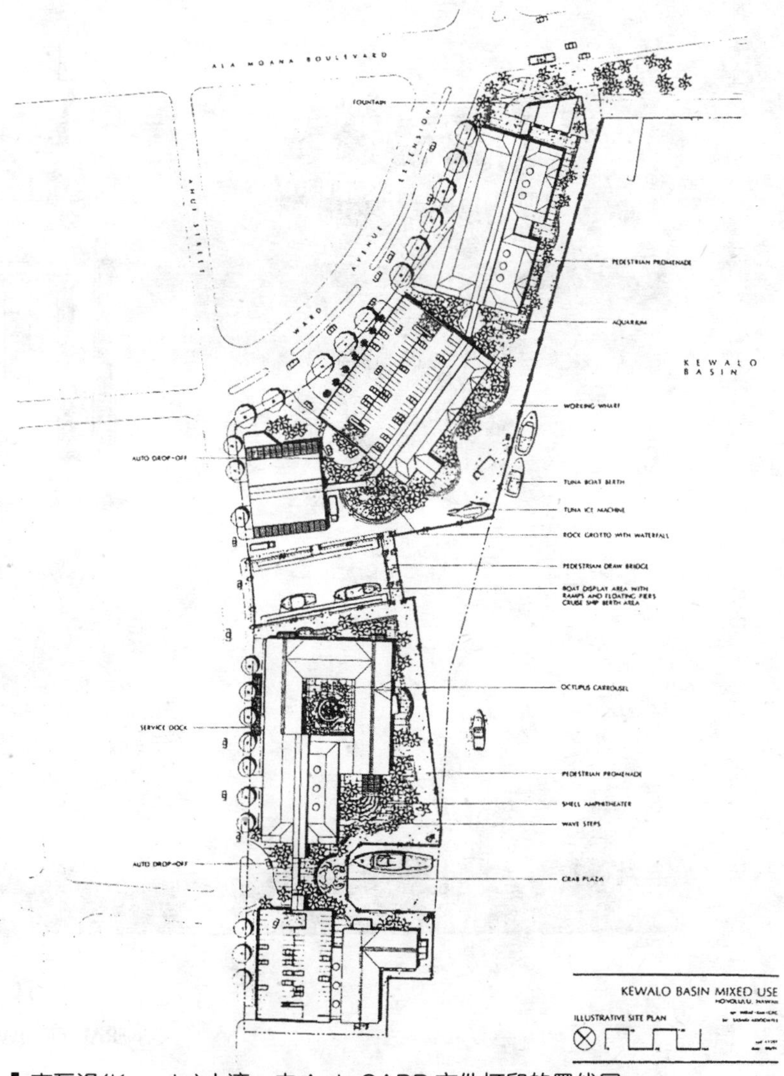

克瓦洛(Kewalo)内湾。由AutoCADD文件打印的墨线图

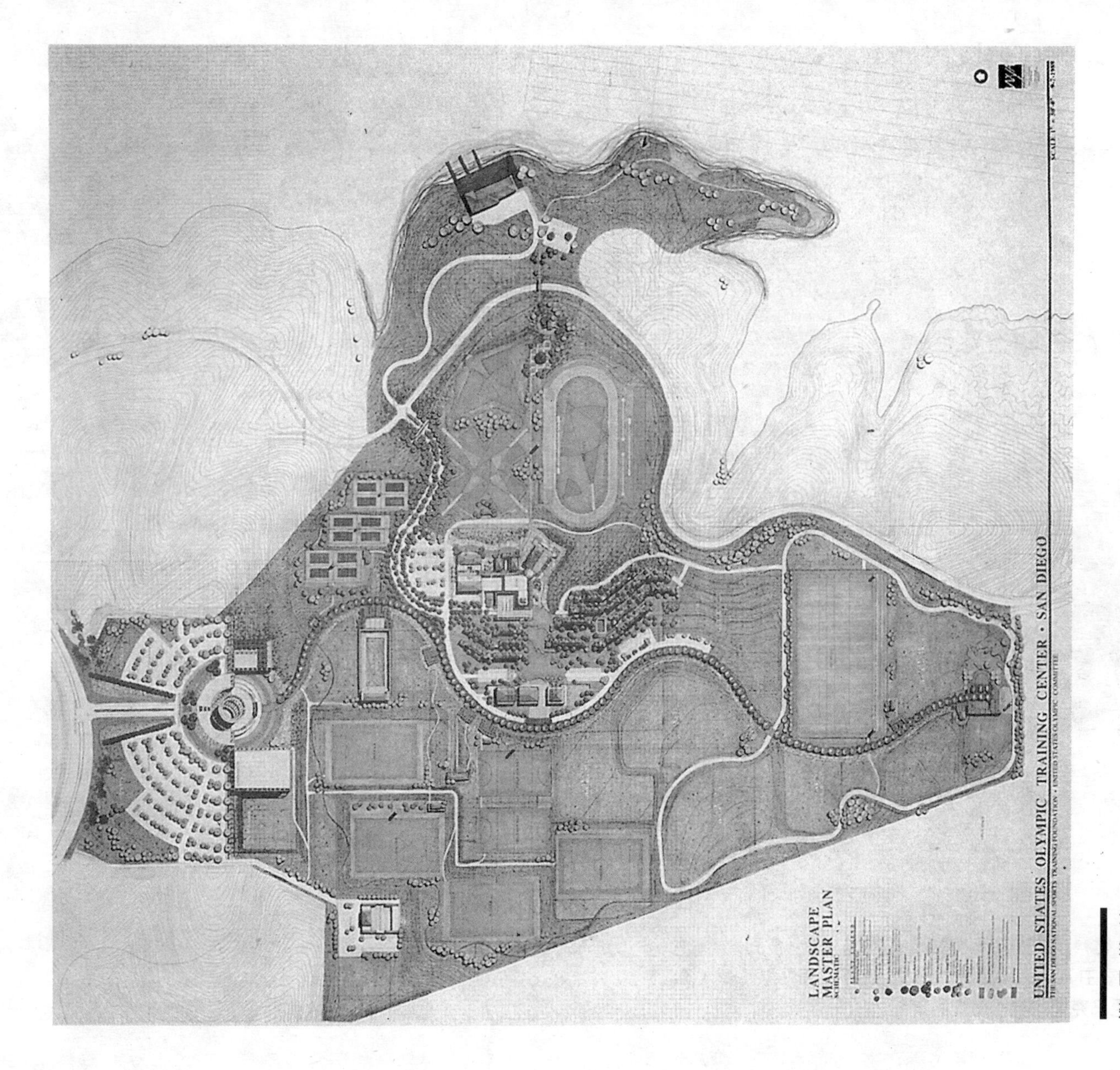

圣地亚哥奥林匹克训练中心。AutoCADD图形打底，彩色铅笔渲染。材料：文件纸

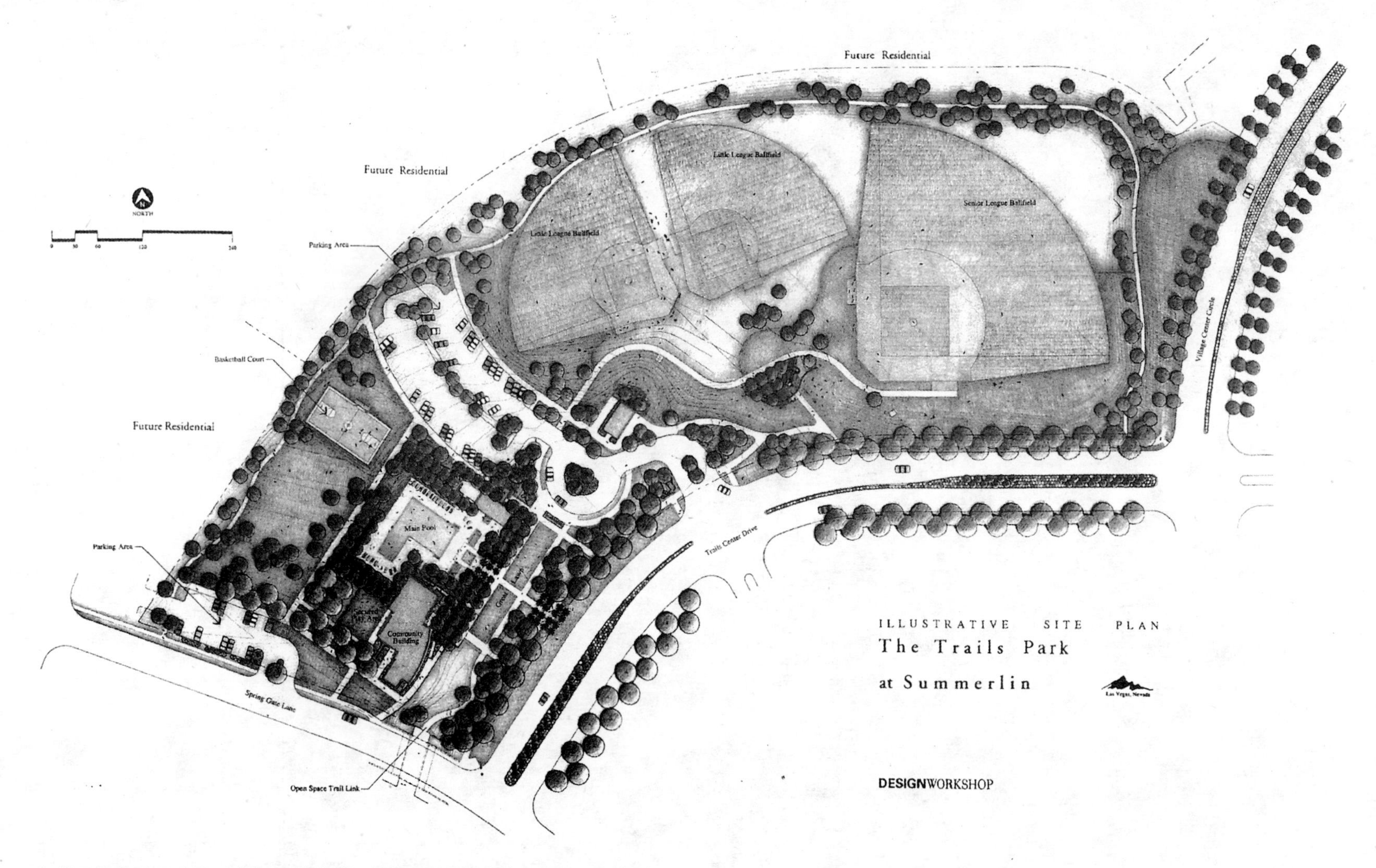

萨墨林的系列公园。材料：聚酯薄膜；渲染：彩色马克笔（背面）及彩色铅笔（正面）。基本轮廓由AutoCADD生成后打印于砂面聚酯薄膜（单面）上。墨线轮廓及彩色马克笔均绘于薄膜的背面（即光洁面）

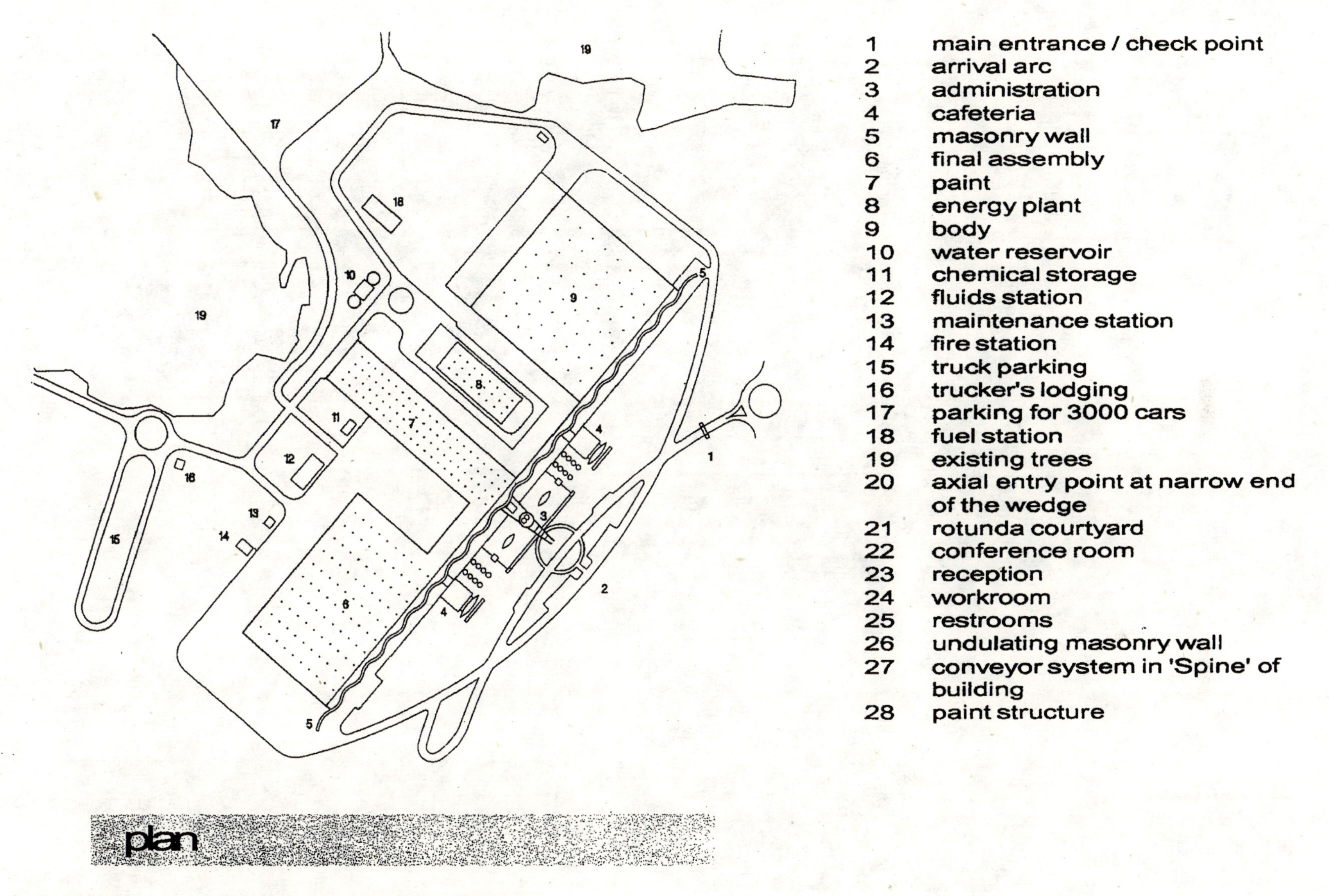

▌巴西的雷诺（Renault）。由 AutoCADD 文件打印的墨线图

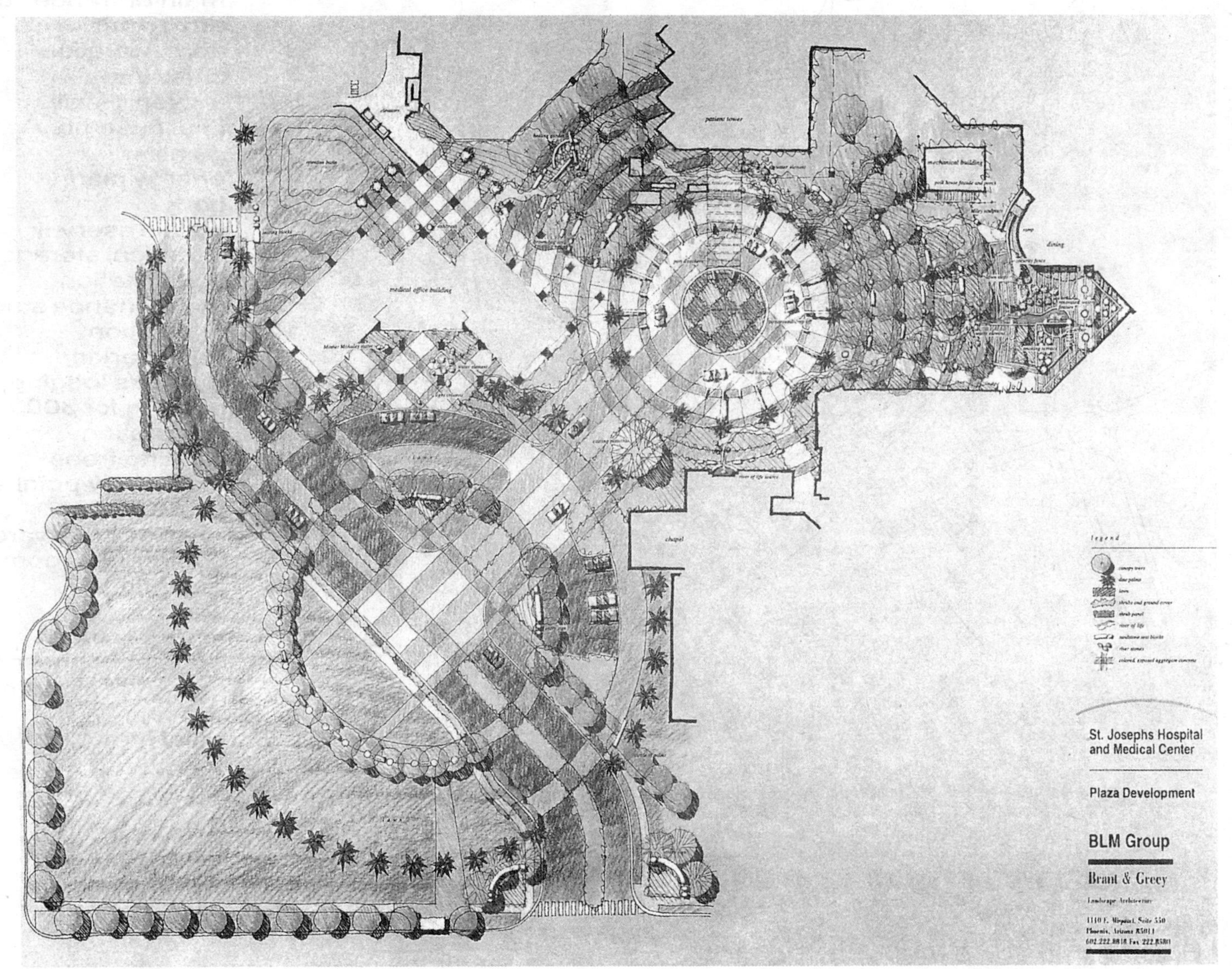

约瑟夫（Joseph）街上的医院。徒手轮廓线打底，彩铅渲染。材料：牛皮纸

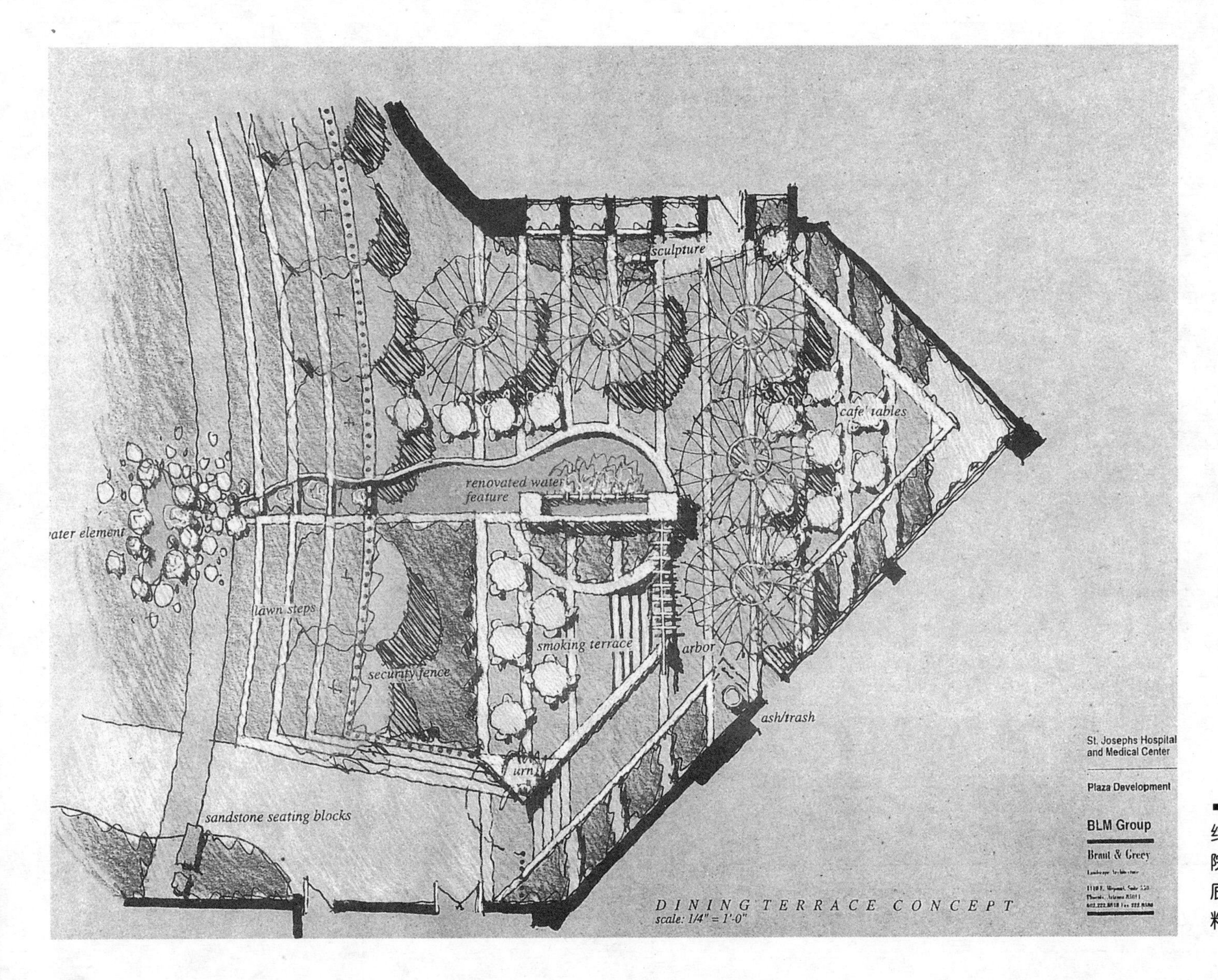

约瑟夫街上的医院。徒手轮廓线打底，彩铅渲染。材料：牛皮纸

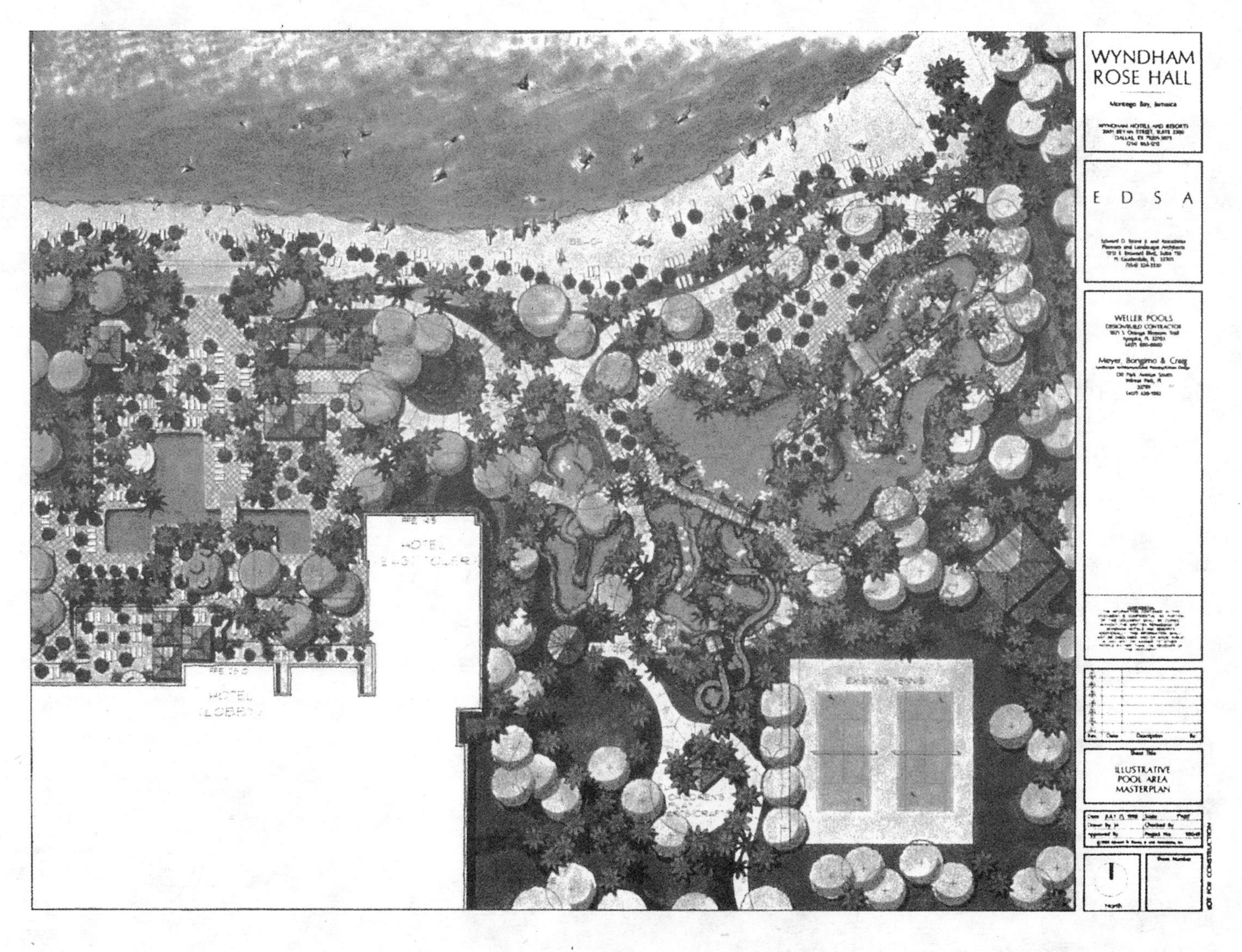

▍温德姆玫瑰城堡（Wyndham Rose Hall）。AutoCADD黑色轮廓线打底，彩色马克笔渲染

海滨俱乐部(Beach Club)。黑色轮廓线打底，彩色马克笔及彩色铅笔渲染。内容包括手绘的基本图形及手工粘贴的机制文字。材料：聚酯薄膜

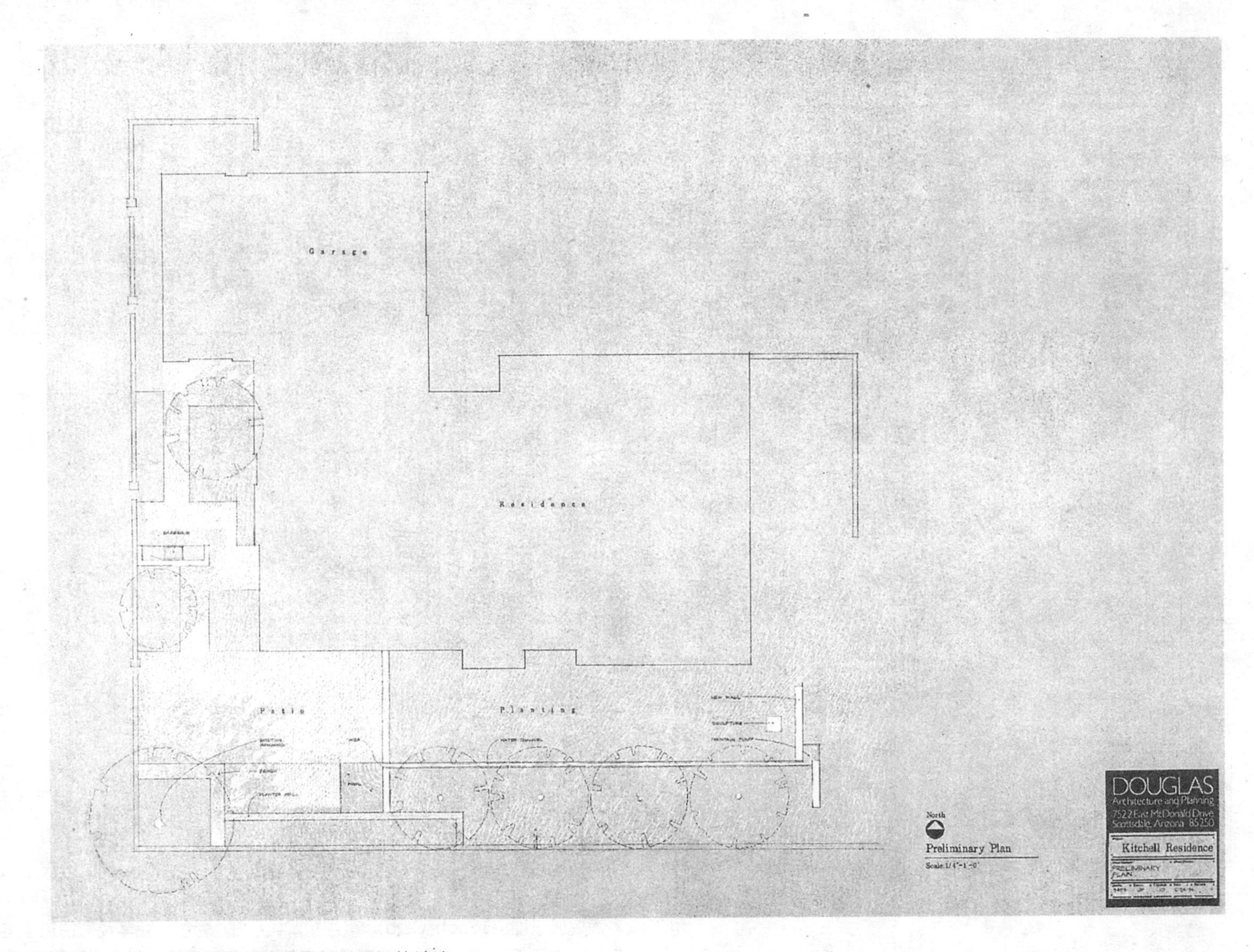

▌某住宅楼。印制的蓝色轮廓线加白色铅笔渲染

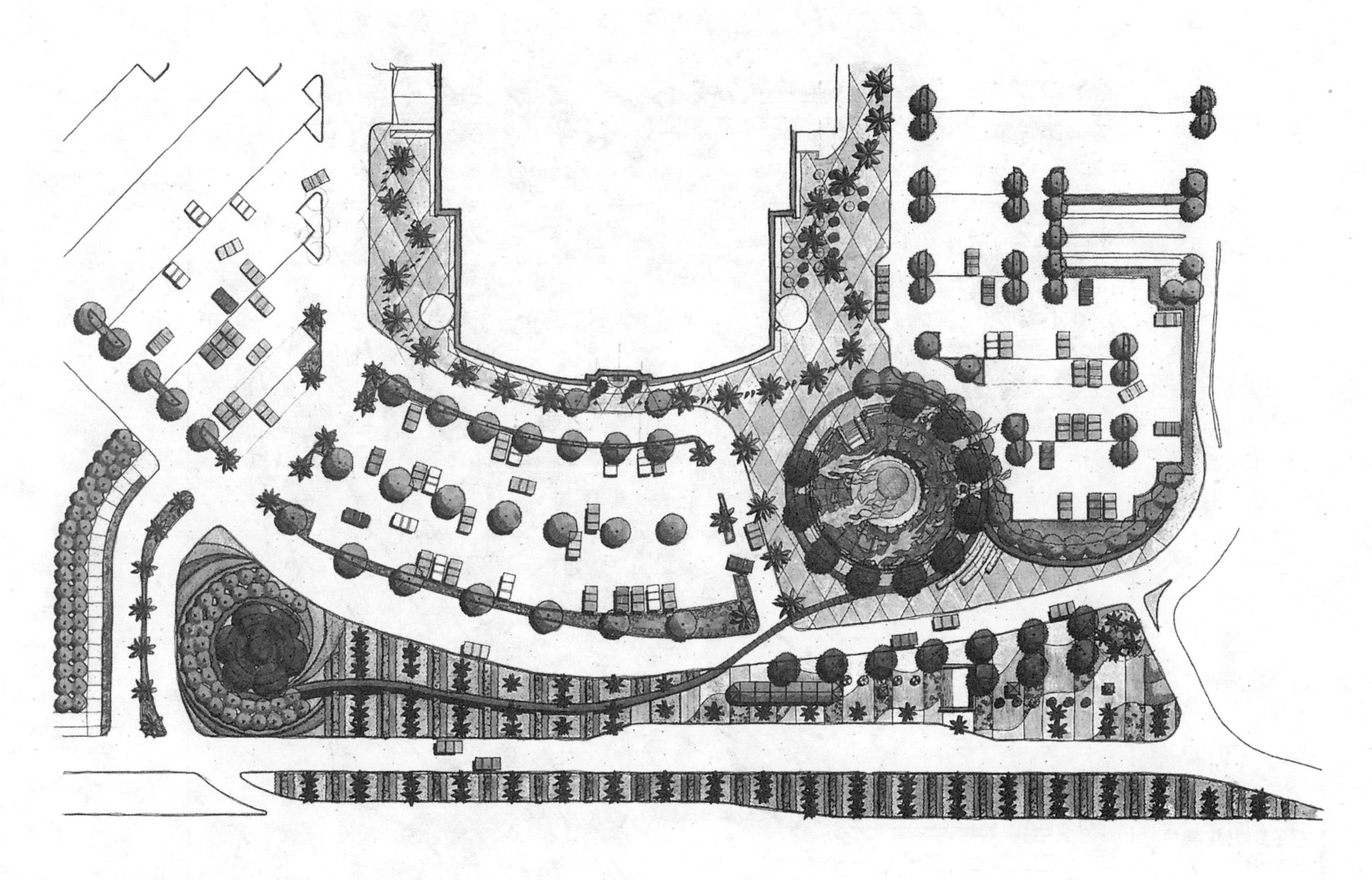

▌零售中心。手绘黑色轮廓线打底，彩色马克笔及彩色铅笔渲染

初冬度假村。黑色轮廓线打底，彩色马克笔渲染

HOLE	YARDS	PAR	ACRES TURF*
1	350	PAR 4	3.40
2	427	PAR 4	4.37
3	490	PAR 5	4.28
4	161	PAR 3	1.30
5	310	PAR 4	2.21
6	440	PAR 4	4.87
7	155	PAR 3	2.04
8	366	PAR 4	4.81
9	476	PAR 5	5.05
OUT	3175	PAR 36	32.33
10	380	PAR 4	4.76
11	145	PAR 3	1.37
12	425	PAR 4	4.02
13	172	PAR 3	1.61
14	385	PAR 4	3.07
15	333	PAR 4	2.95
16	486	PAR 5	4.35
17	433	PAR 4	5.78
18	566	PAR 5	6.05
IN	3325	PAR 36	33.96
TOTAL	6500	PAR 72	66.29

AREA	ACREAGE*
GOLF COURSE/ OPEN SPACE	139.27
ACRES TURF	66.29
TOTAL LAKE AREA	4.67

贝尔德圣菲（Verde Santa Fe）高尔夫球场。AutoCADD黑色轮廓线打底，彩色马克笔渲染

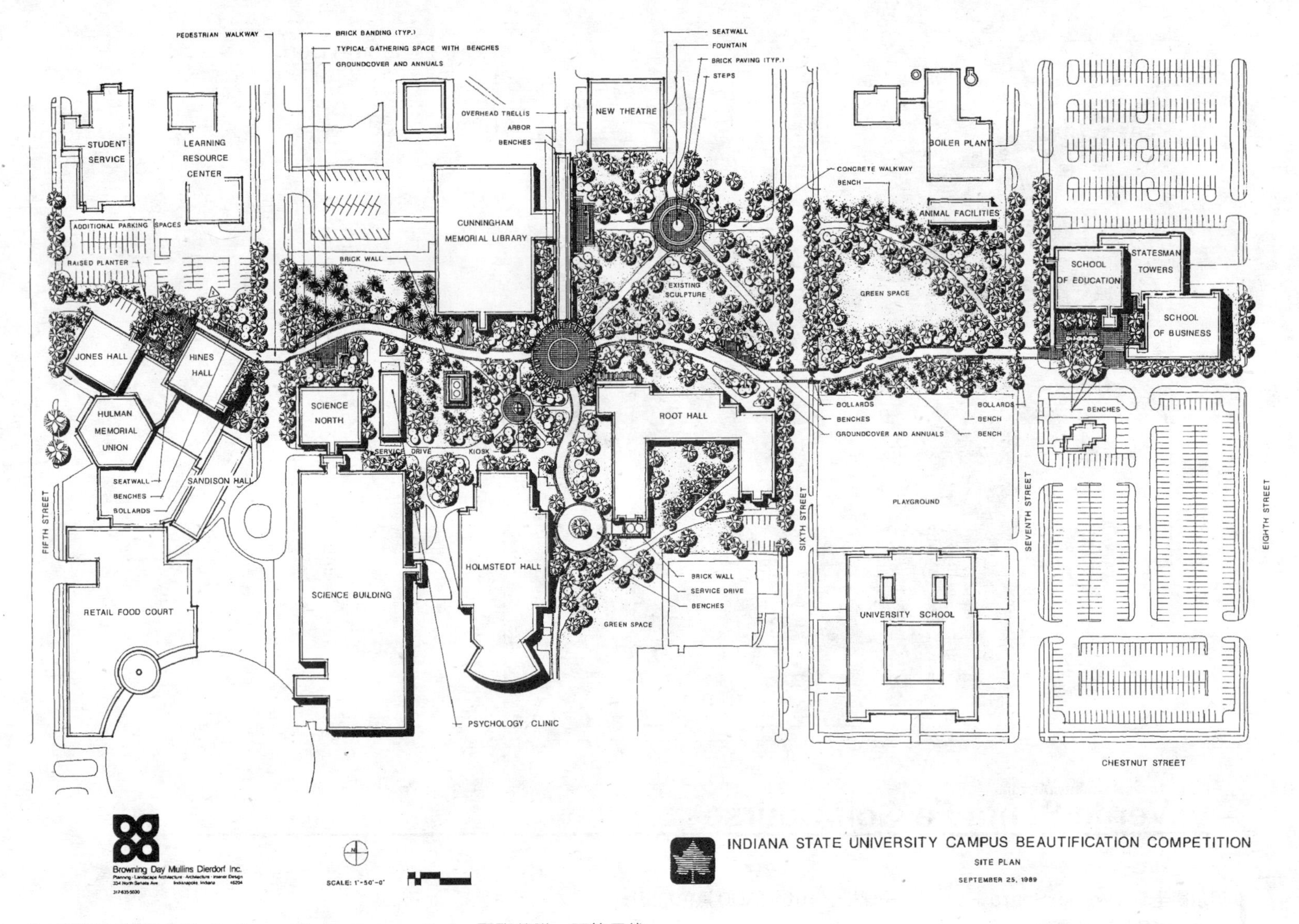

▌印第安纳州立大学（Indiana State University）。聚酯薄膜，硬笔墨线

▌ASU坦帕中心（ASU Tempe Center）。材料：11″ × 17″ 蜡光卡纸、彩色马克笔及墨水笔

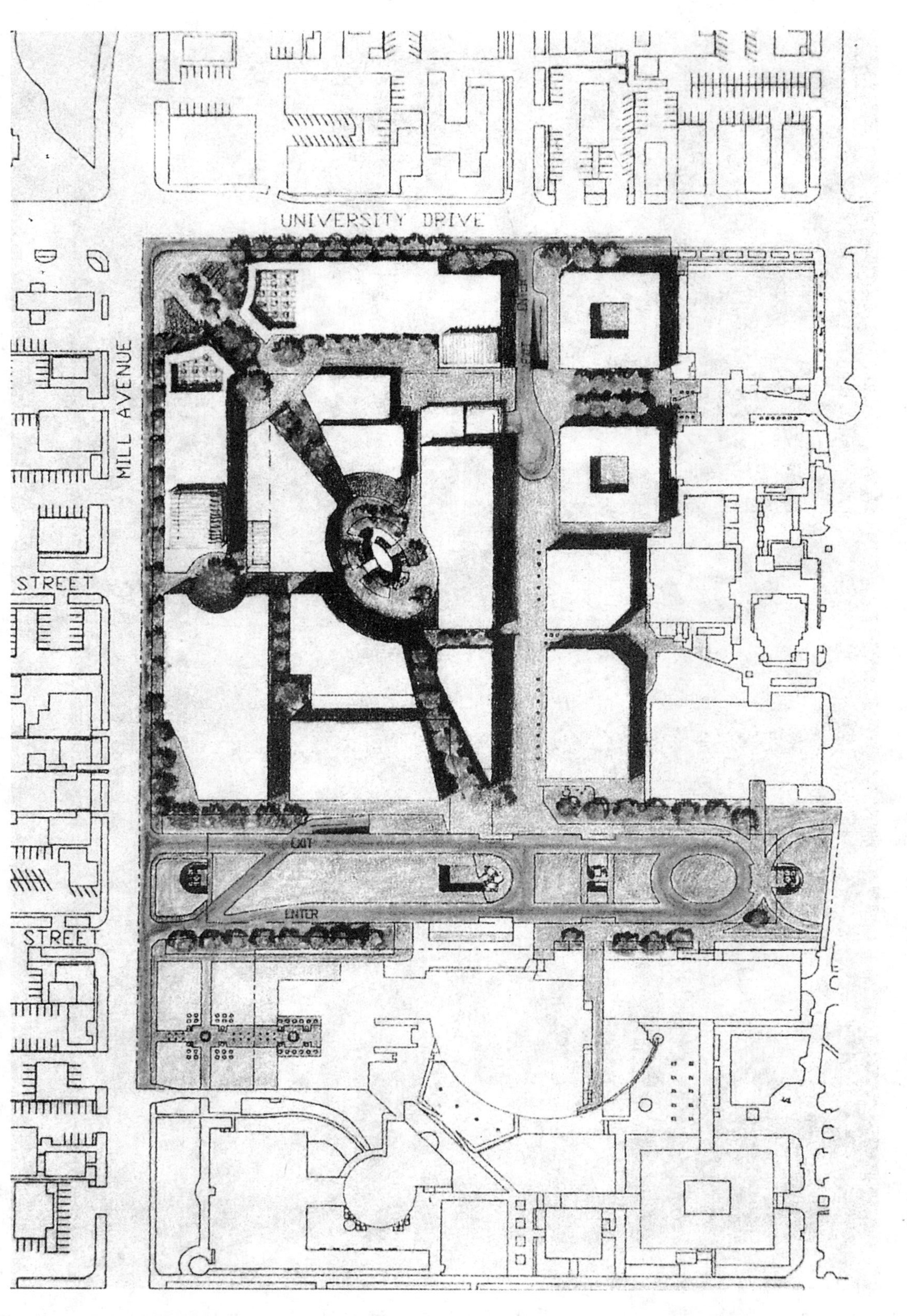

ASU坦帕中心。以AutoCADD图形为基础，手绘彩铅渲染。材料：文件纸

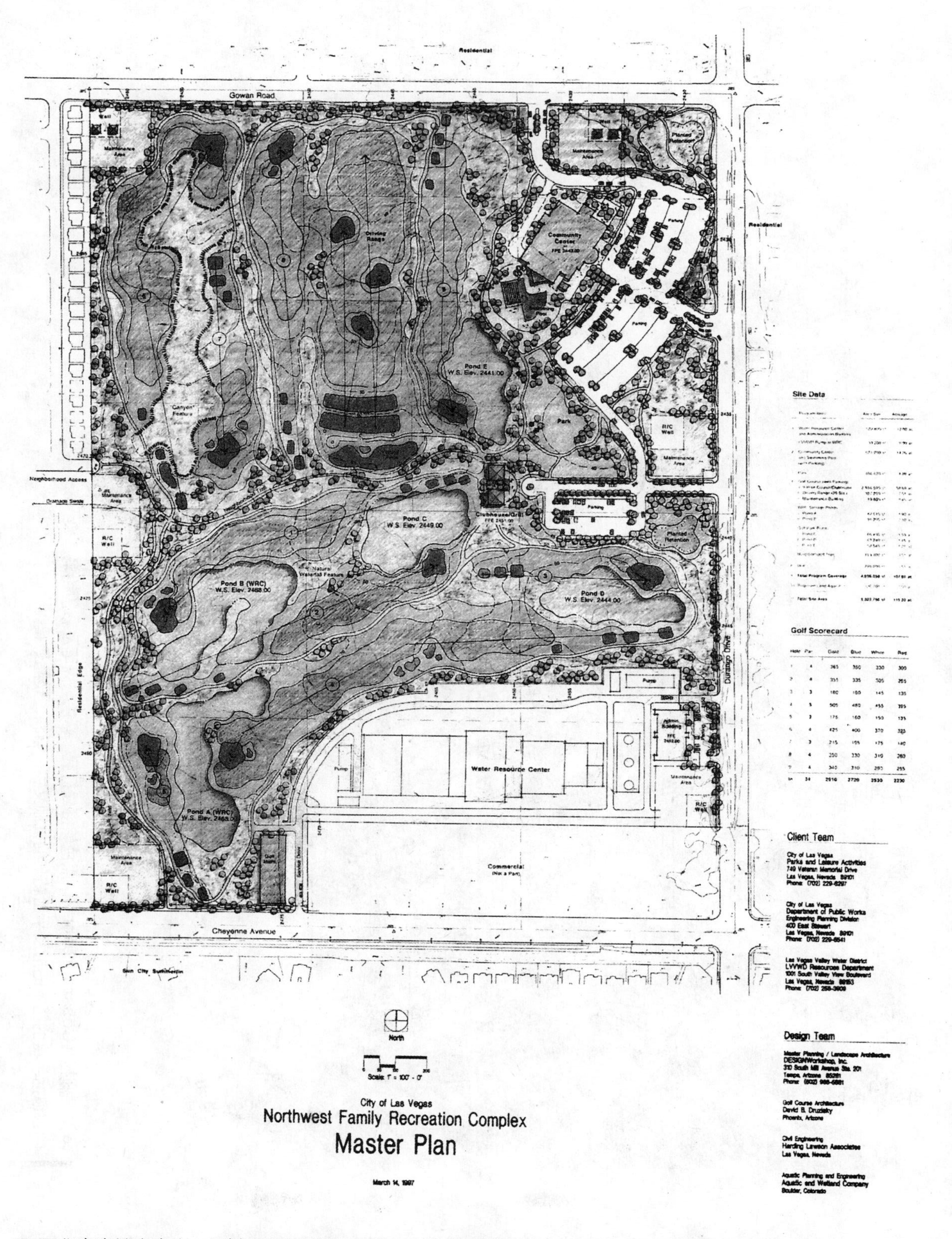

西北家庭健身中心。材料：聚酯薄膜；渲染：彩色马克笔（背面）及彩色铅笔（正面）。基本轮廓由 AutoCADD 生成后打印于砂面聚酯薄膜（单面）上

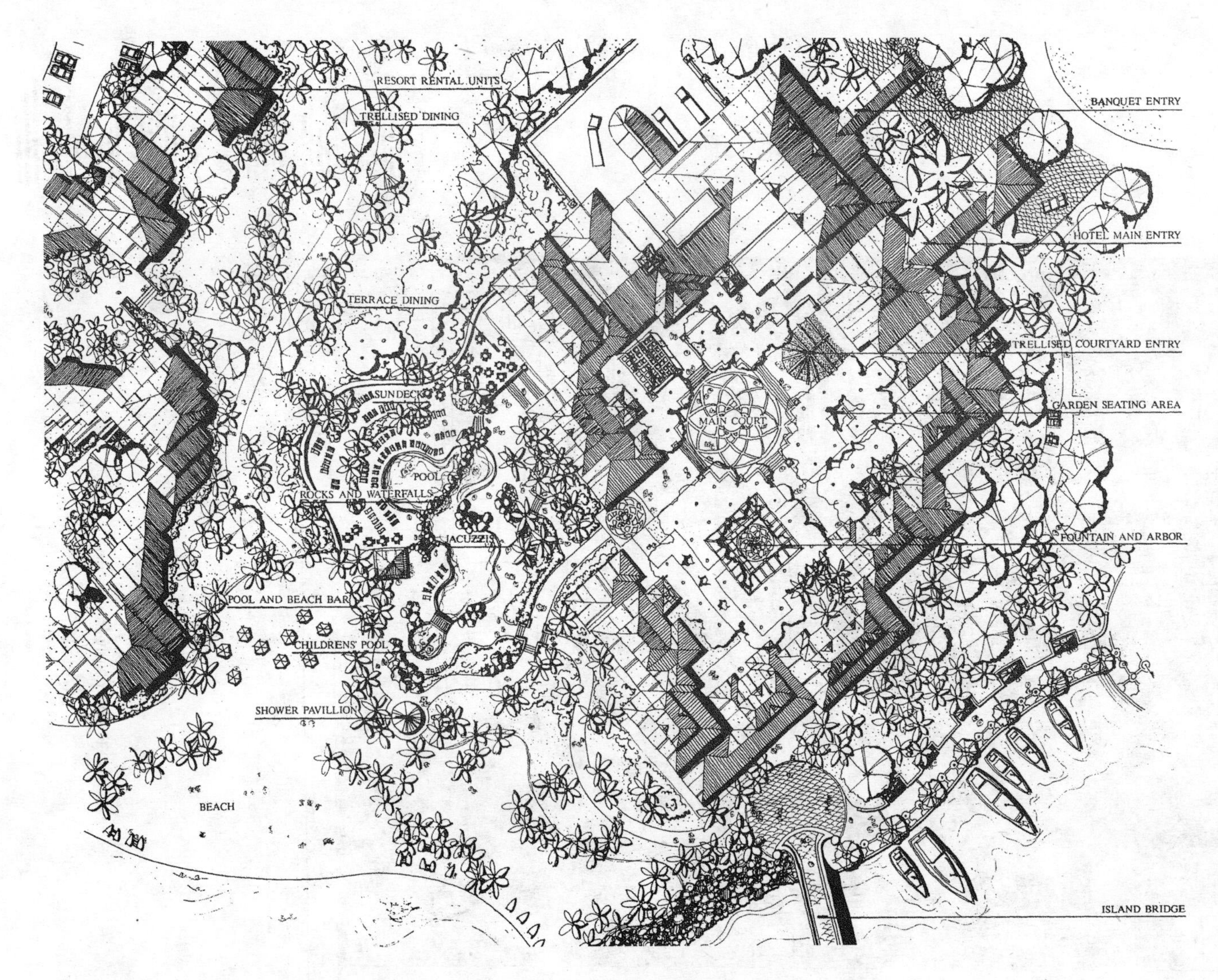

滨海度假村（Coastal resort）。黑色轮廓线打底，彩色马克笔及彩色铅笔渲染。
内容包括手绘的基本图形及手工粘贴的机制文字。材料：聚酯薄膜

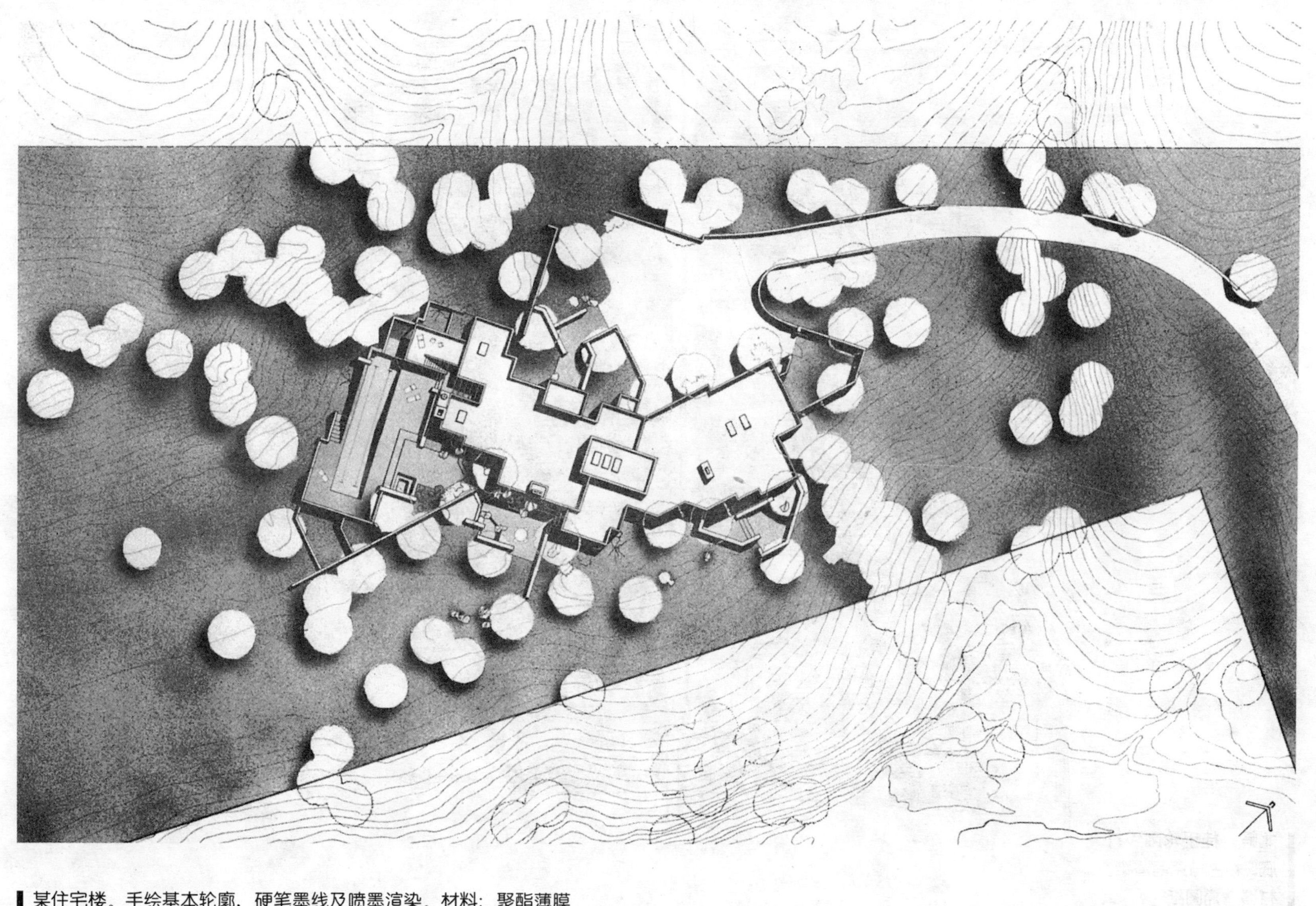

▌某住宅楼。手绘基本轮廓，硬笔墨线及喷墨渲染。材料：聚酯薄膜

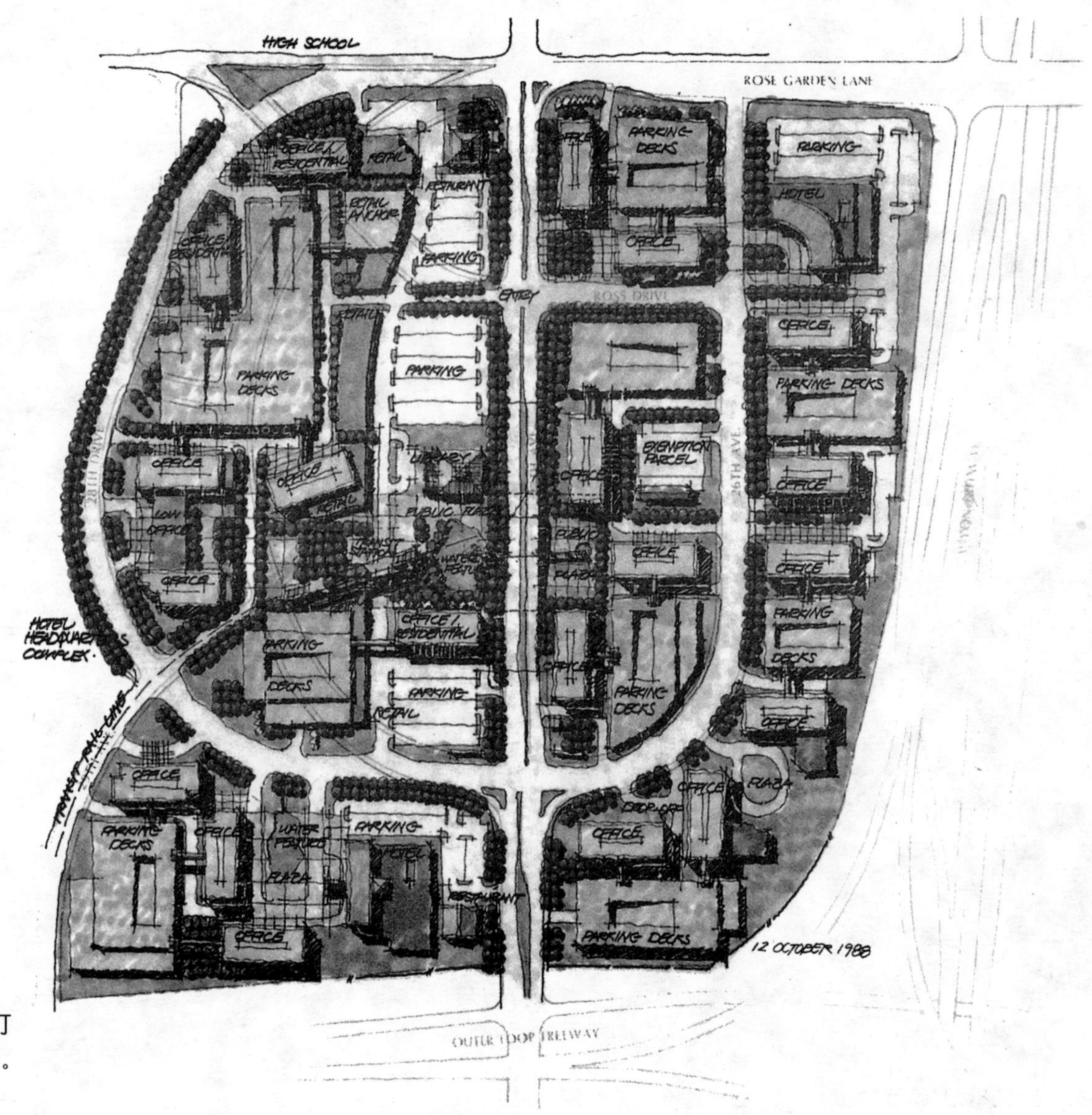

北岭。徒手轮廓线打底，彩色马克笔渲染。材料：描图纸

▌滨海度假村的嬉水乐园。以 AutoCADD 的透视图为基础，黑线轮廓加彩色马克笔渲染

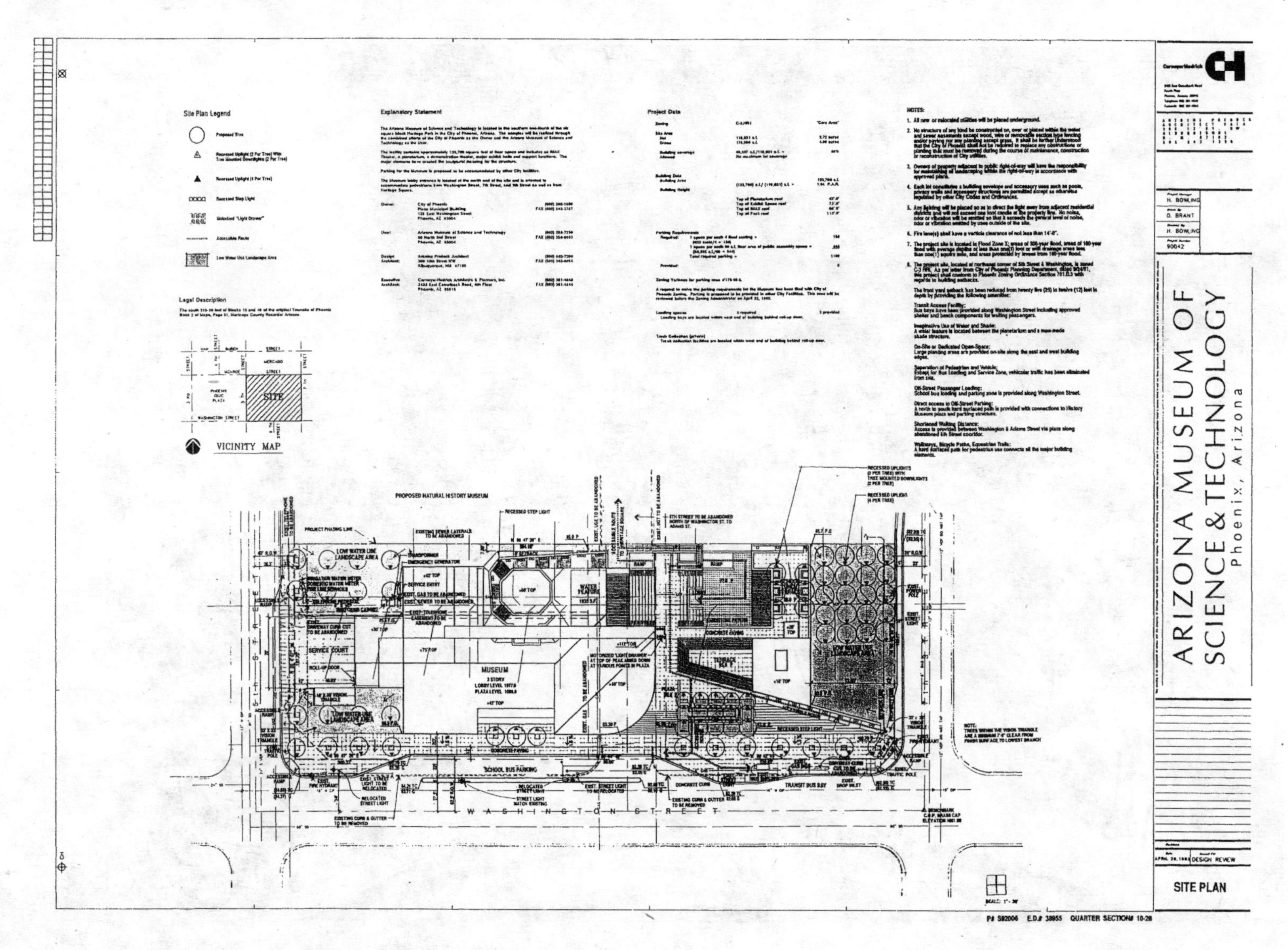

▌亚利桑那博物馆（Arizona Museum)。计算机生成的总平面方案图

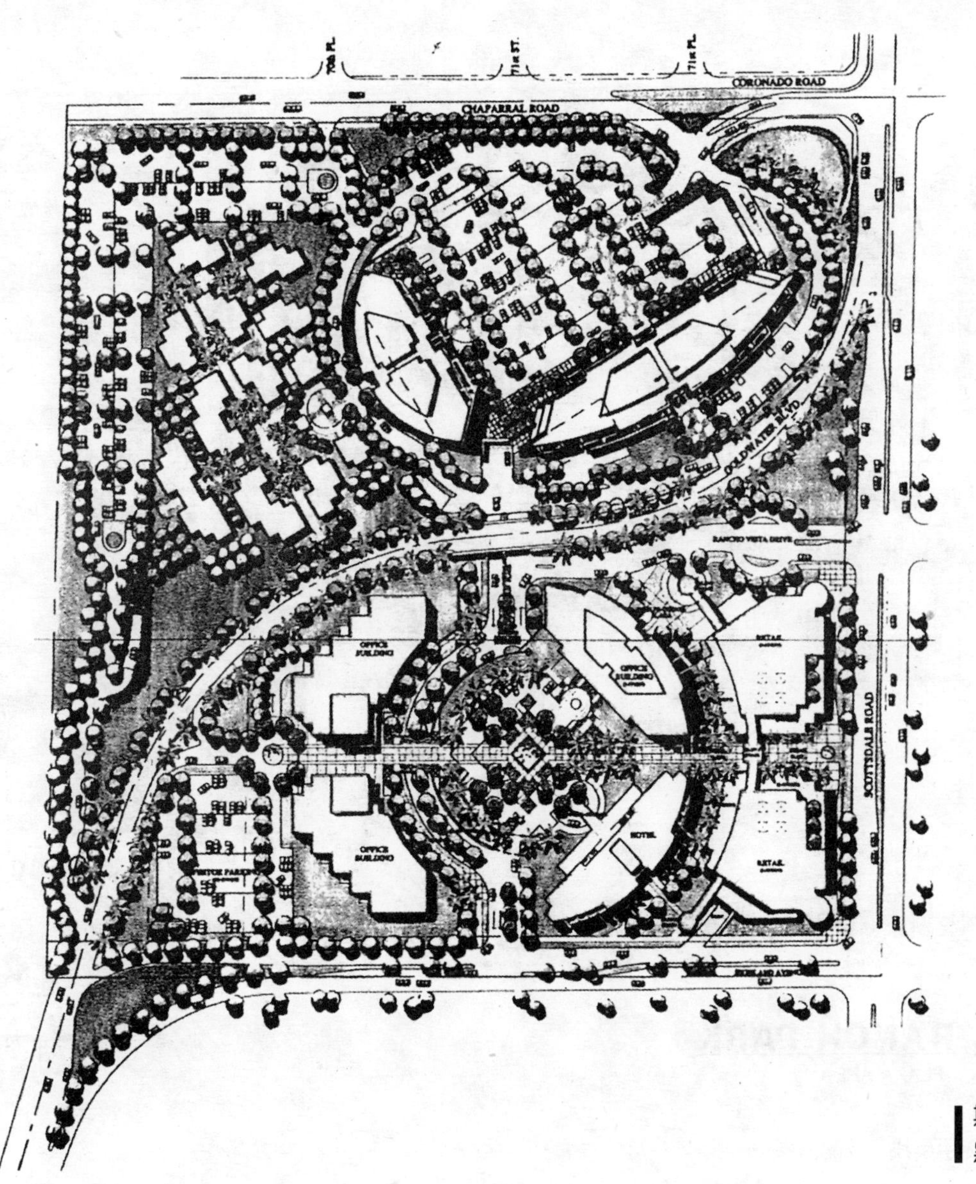

斯科茨代尔(Scottsdale)办公花园。
黑色轮廓线加彩色马克笔渲染

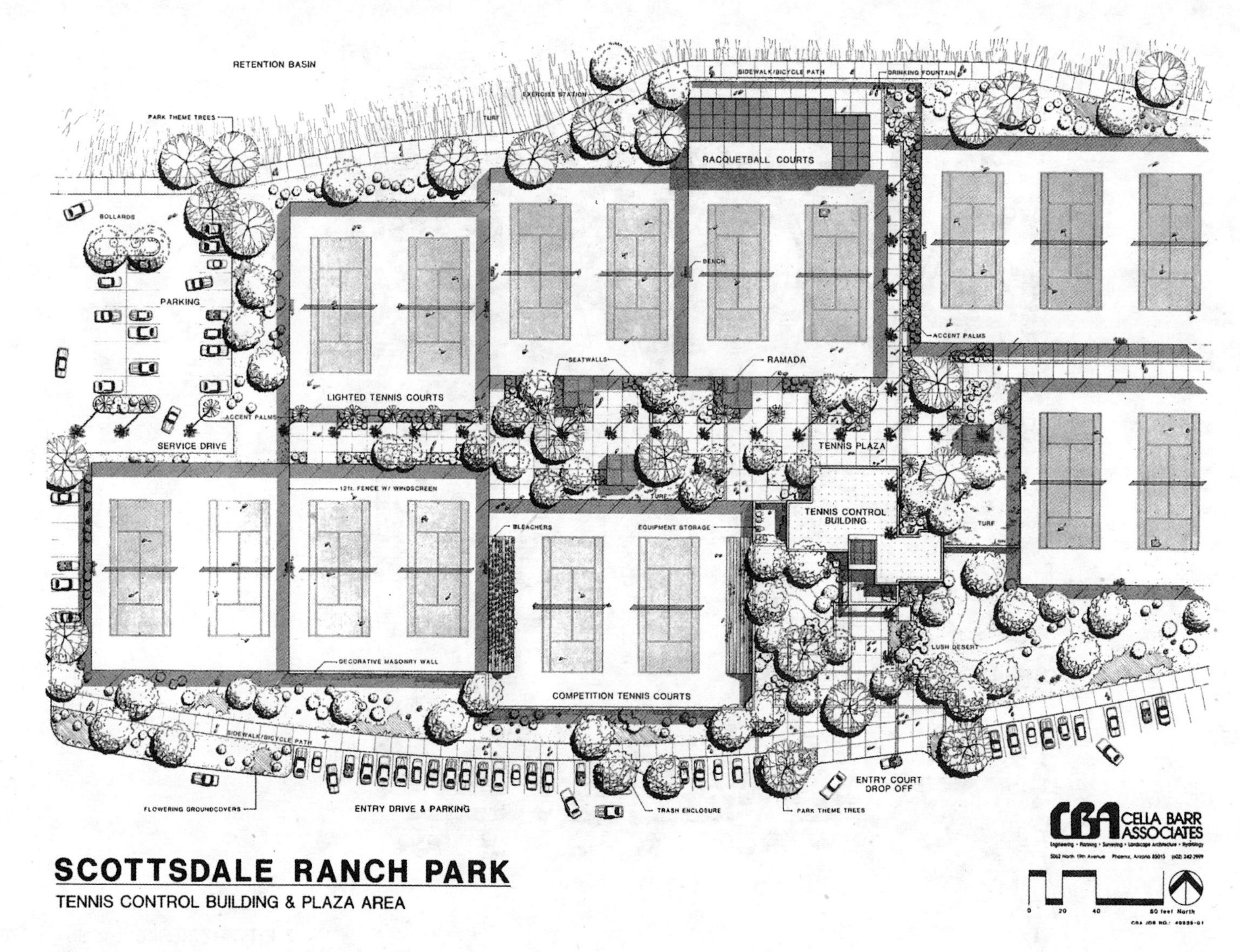

SCOTTSDALE RANCH PARK

TENNIS CONTROL BUILDING & PLAZA AREA

▌斯科茨代尔农场花园。徒手墨线，聚酯薄膜

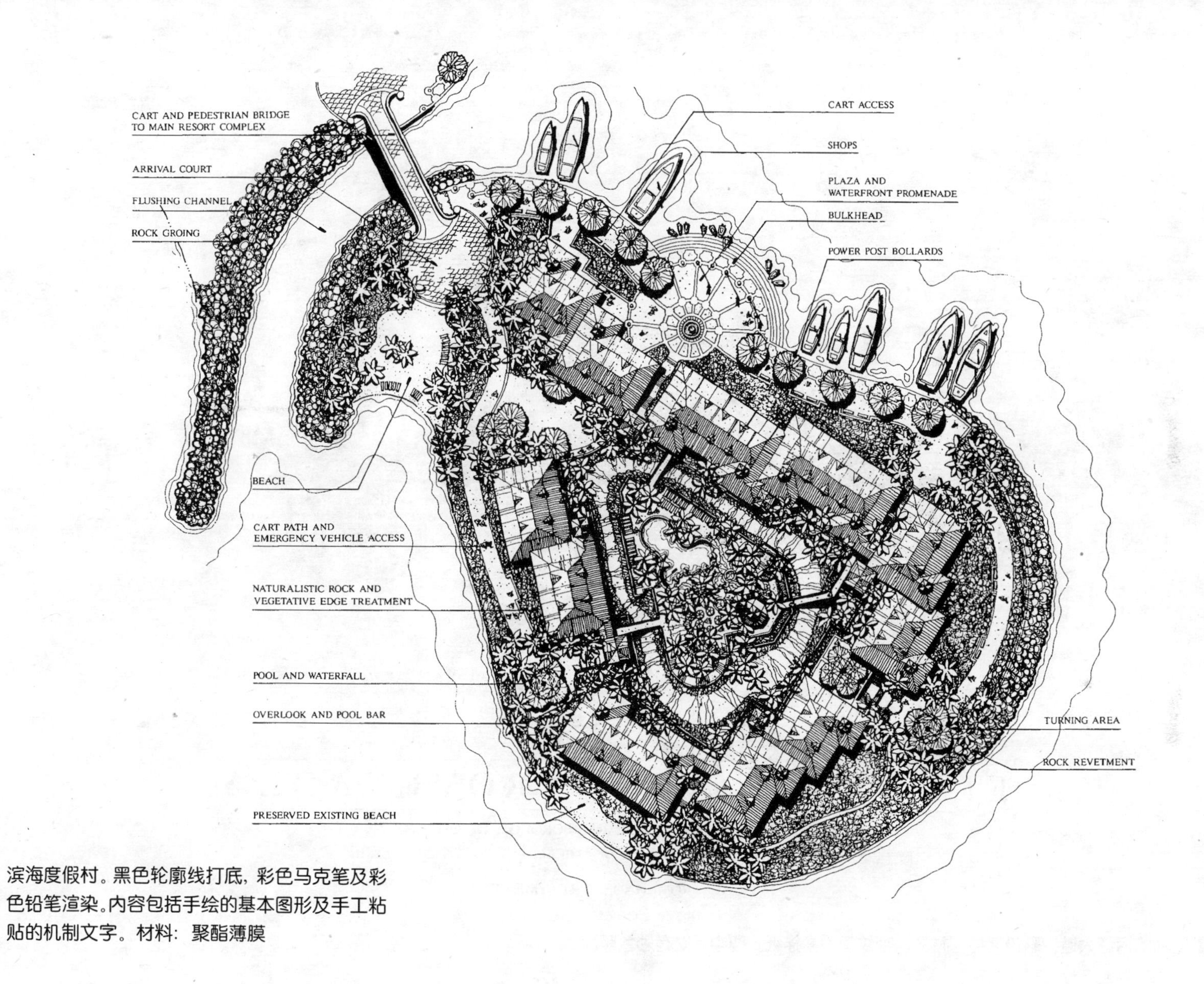

滨海度假村。黑色轮廓线打底，彩色马克笔及彩色铅笔渲染。内容包括手绘的基本图形及手工粘贴的机制文字。材料：聚酯薄膜

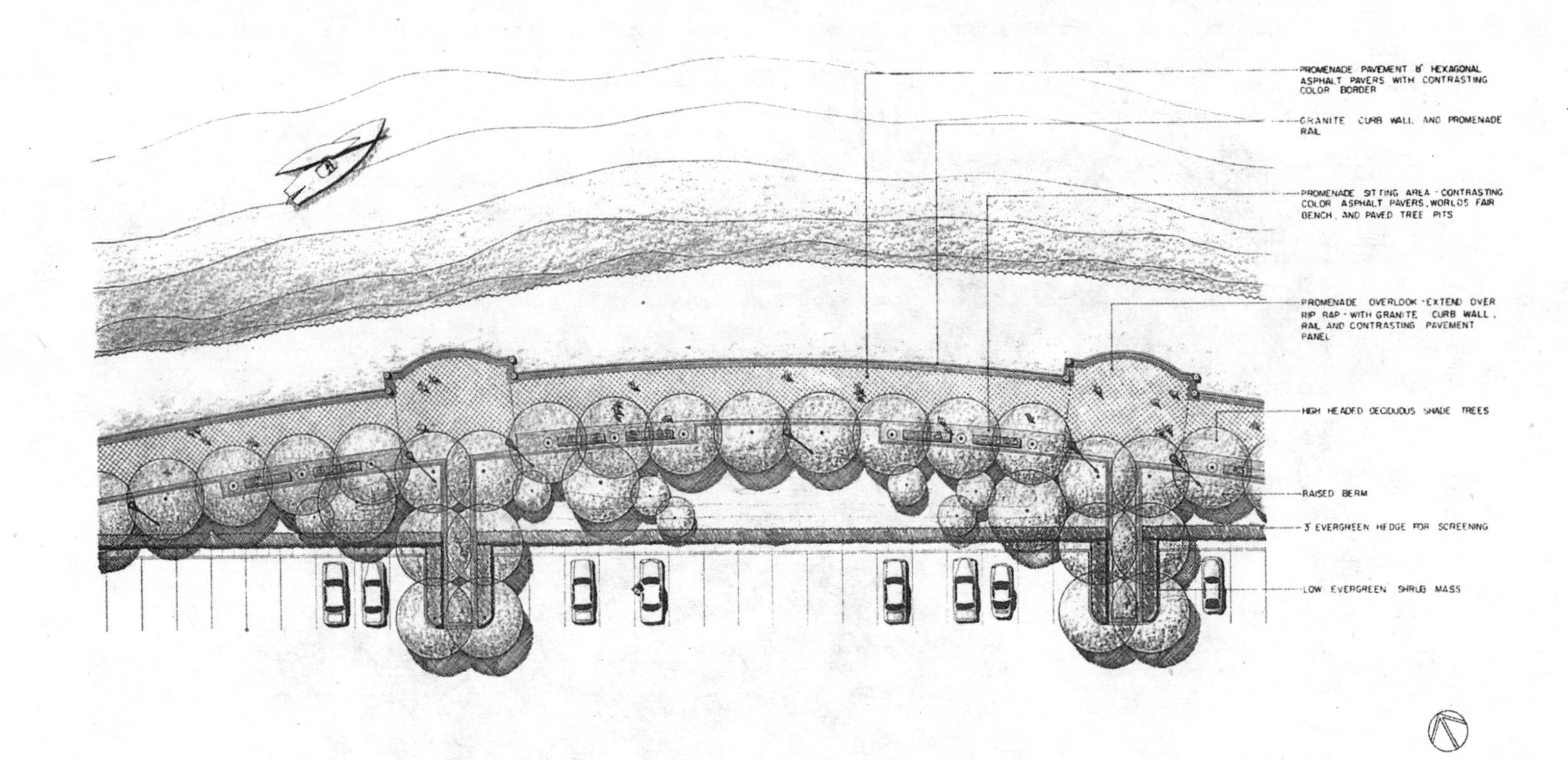

FLUSHING BAY PROMENADE

FLUSHING MEADOWS-CORONA PARK, BOROUGH OF QUEENS

CITY OF NEW YORK PARKS & RECREATION　MICELI KULIK & ASSOCIATES, INC.

TYPICAL PROMENADE TREATMENT

▍流动的海湾大道。彩铅素描。材料：带纹理的素描纸。图中还贴有彩色照片

FLUSHING BAY PROMENADE

FLUSHING MEADOWS-CORONA PARK, BOROUGH OF QUEENS

CITY OF NEW YORK PARKS & RECREATION MICELI KULIK & ASSOCIATES, INC.

TYPICAL PROMENADE ELEVATION

▌流动的海湾大道。彩铅素描。材料：带纹理的素描纸

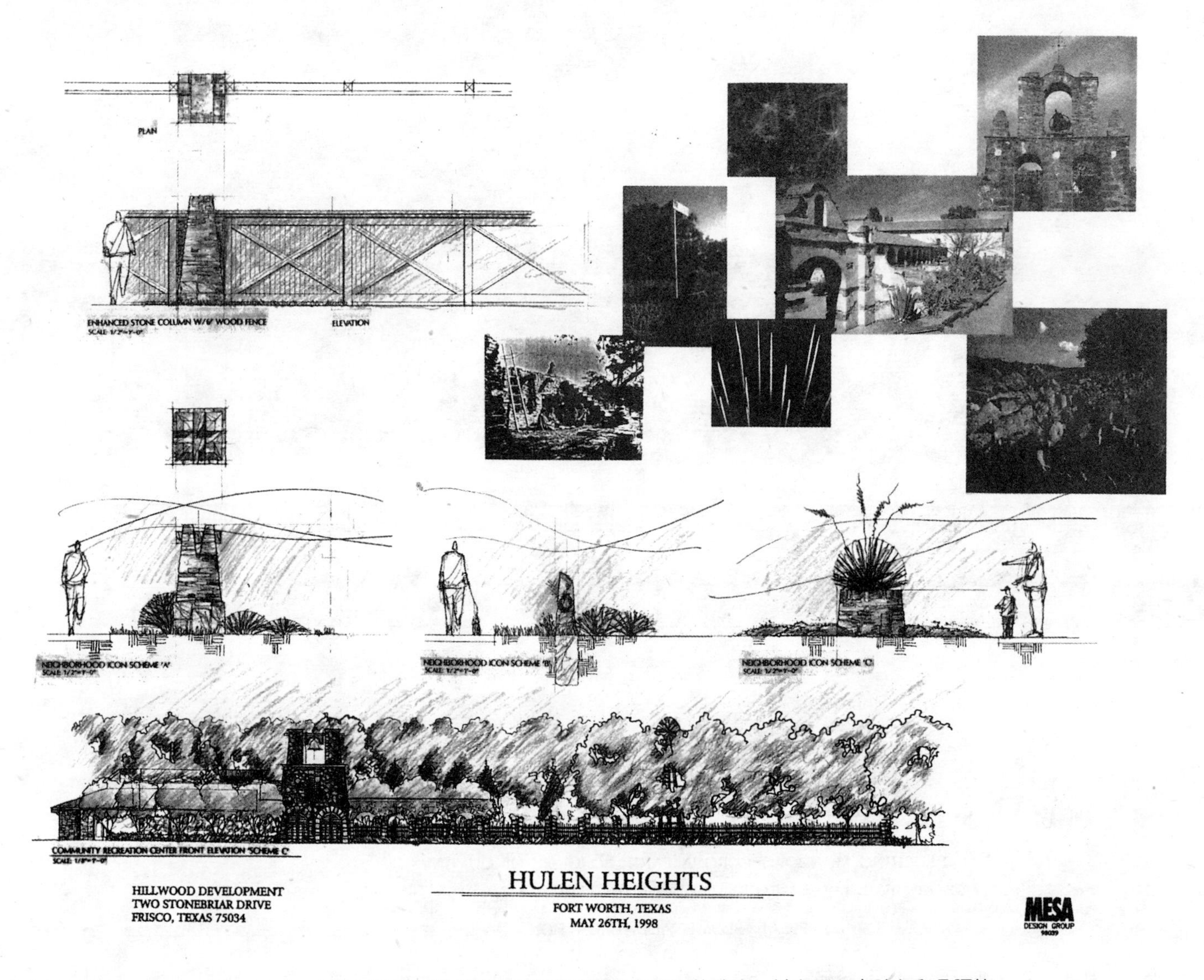

休伦高地（Hulen Heights）。手绘黑色轮廓线打底，彩色马克笔及彩色铅笔渲染。并在画面中贴上彩色照片

特伦北部的四季度假村。材料：牛皮纸及彩色铅笔。由AutoCADD生成的底图精确表现了地形及工程的方方面面。方案设计图则以黑色墨线手绘而成。图中的文字由AutoCADD生成；而引线则是在渲染后由手工添加上去的

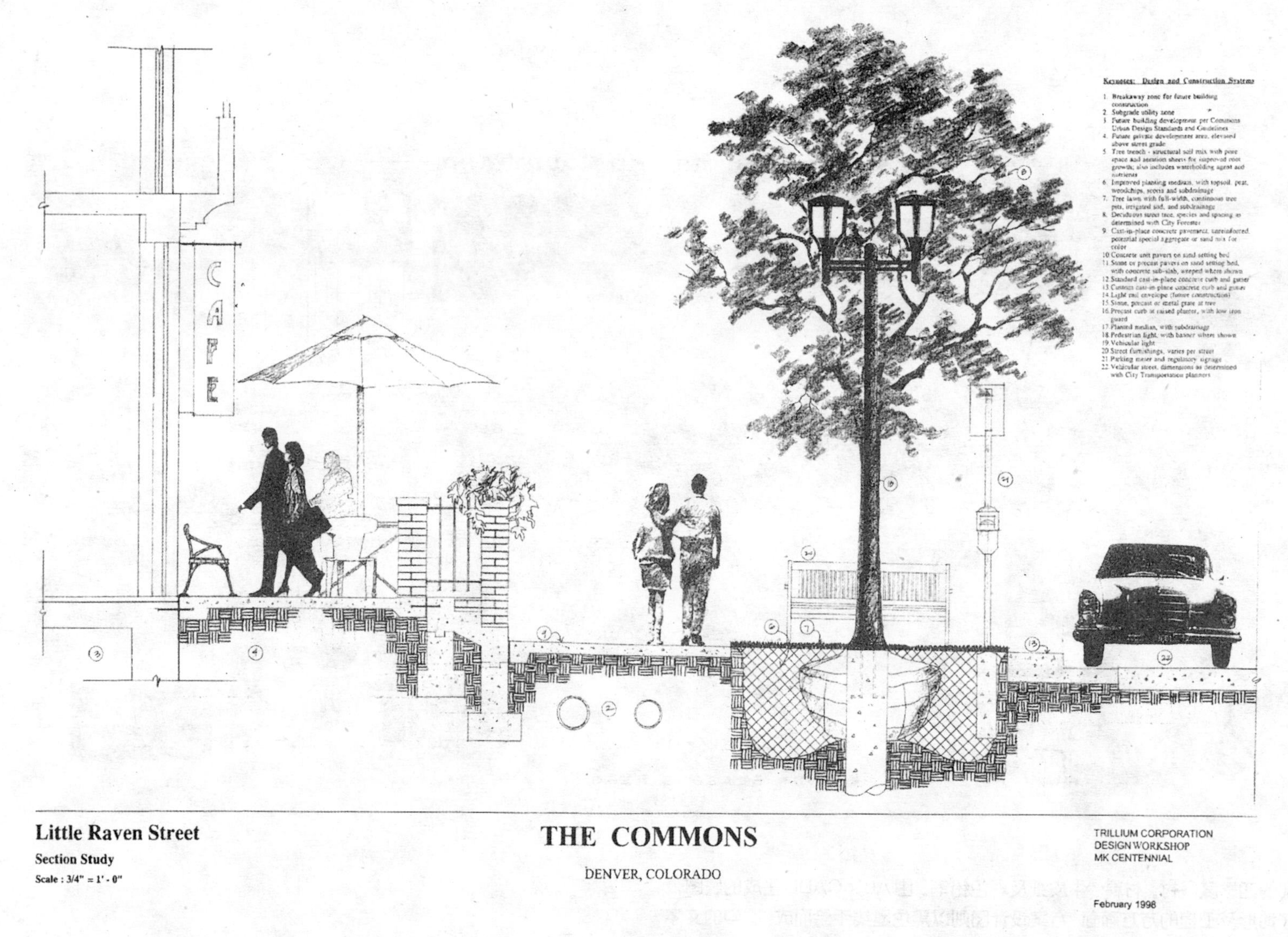

公共空间。黑色墨线、石墨加工，再将印有人物、轿车及街灯的图片粘贴在羊皮纸上。印在文件纸上的图像则以彩色铅笔渲染

▌天堂岛（Paradise Island）旅馆及别墅。徒手黑线打底，彩色马克笔及铅笔渲染

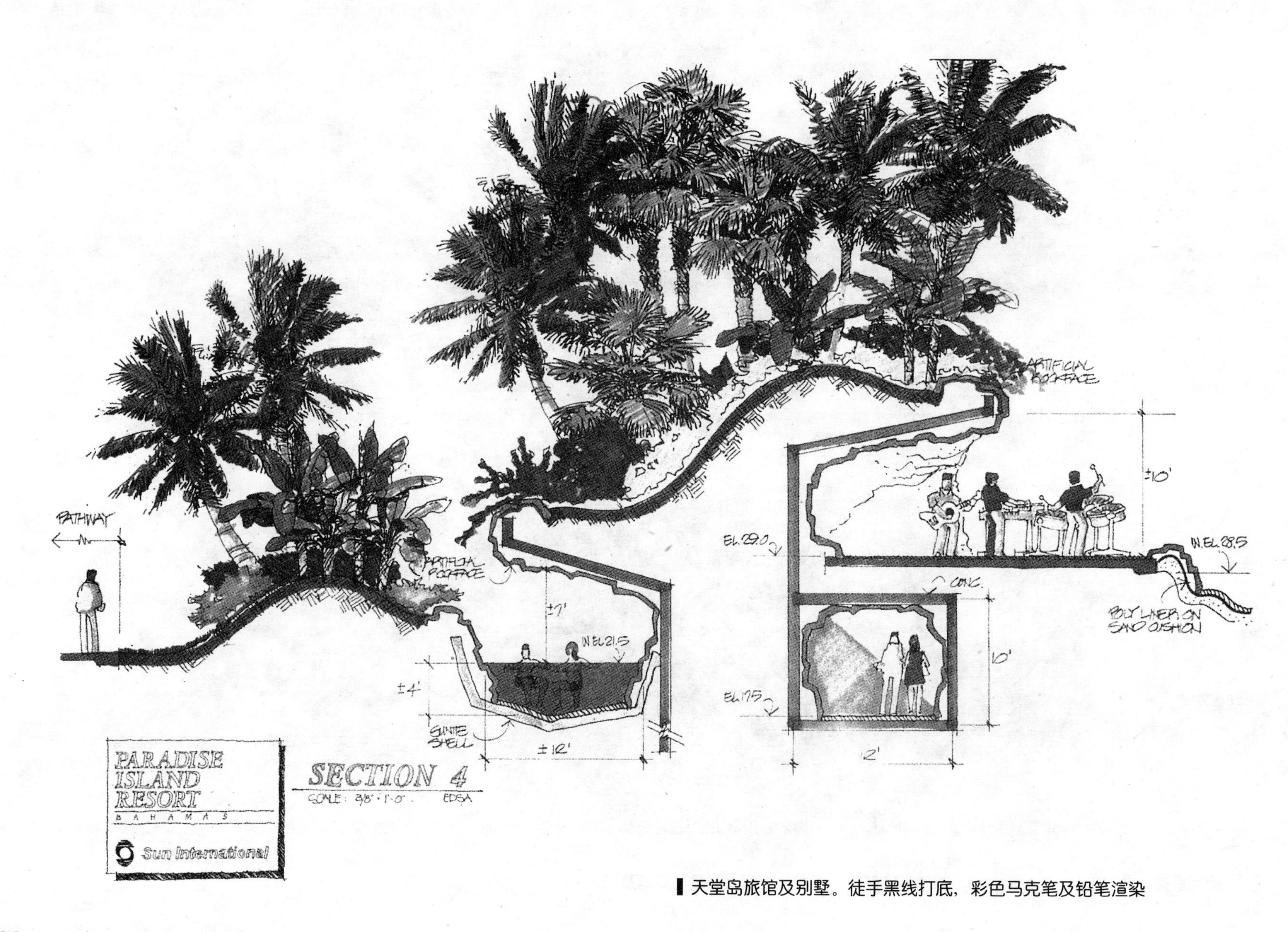

天堂岛旅馆及别墅。徒手黑线打底，彩色马克笔及铅笔渲染

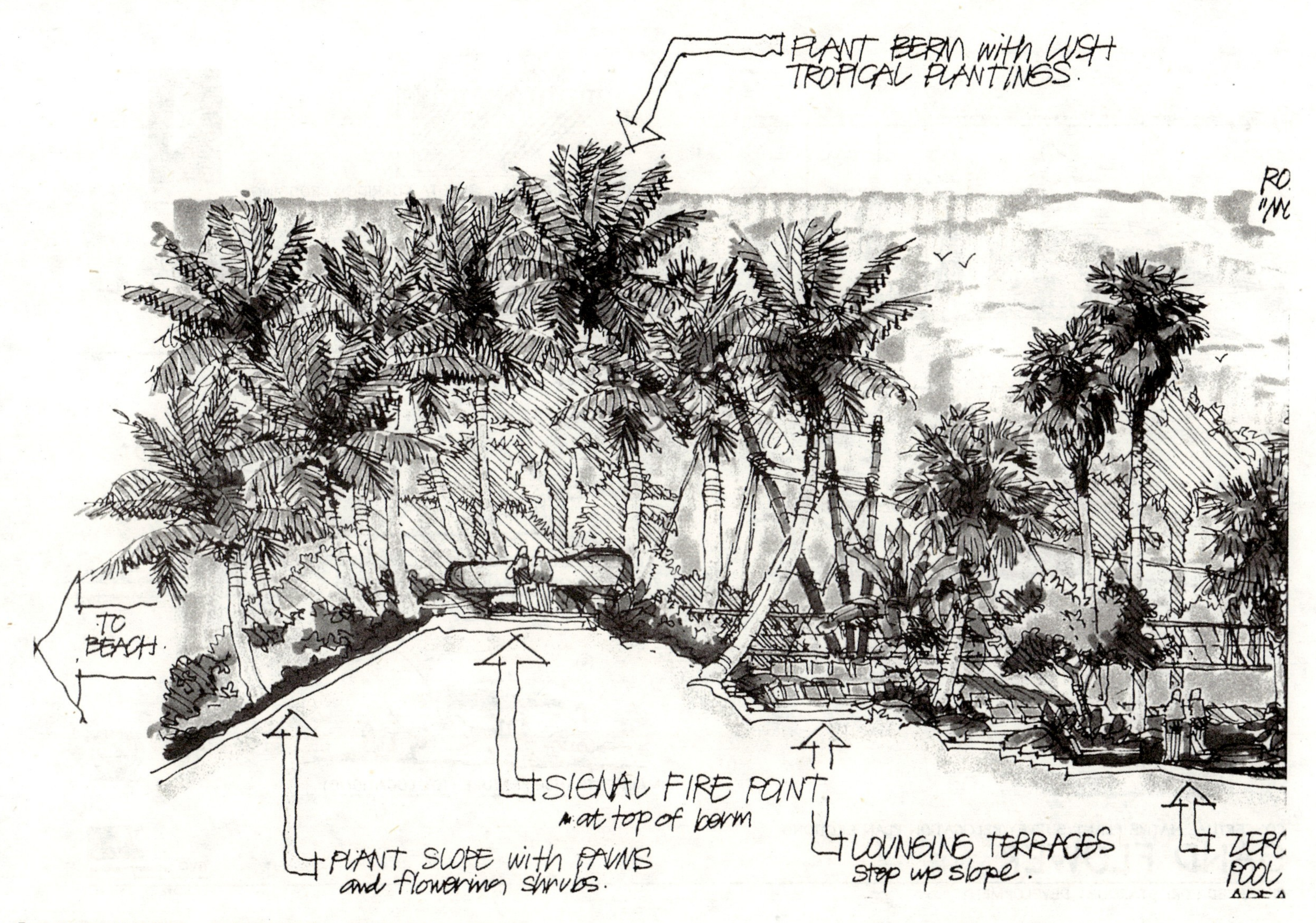

▌天堂岛旅馆及别墅。徒手黑线打底，彩色马克笔及铅笔渲染

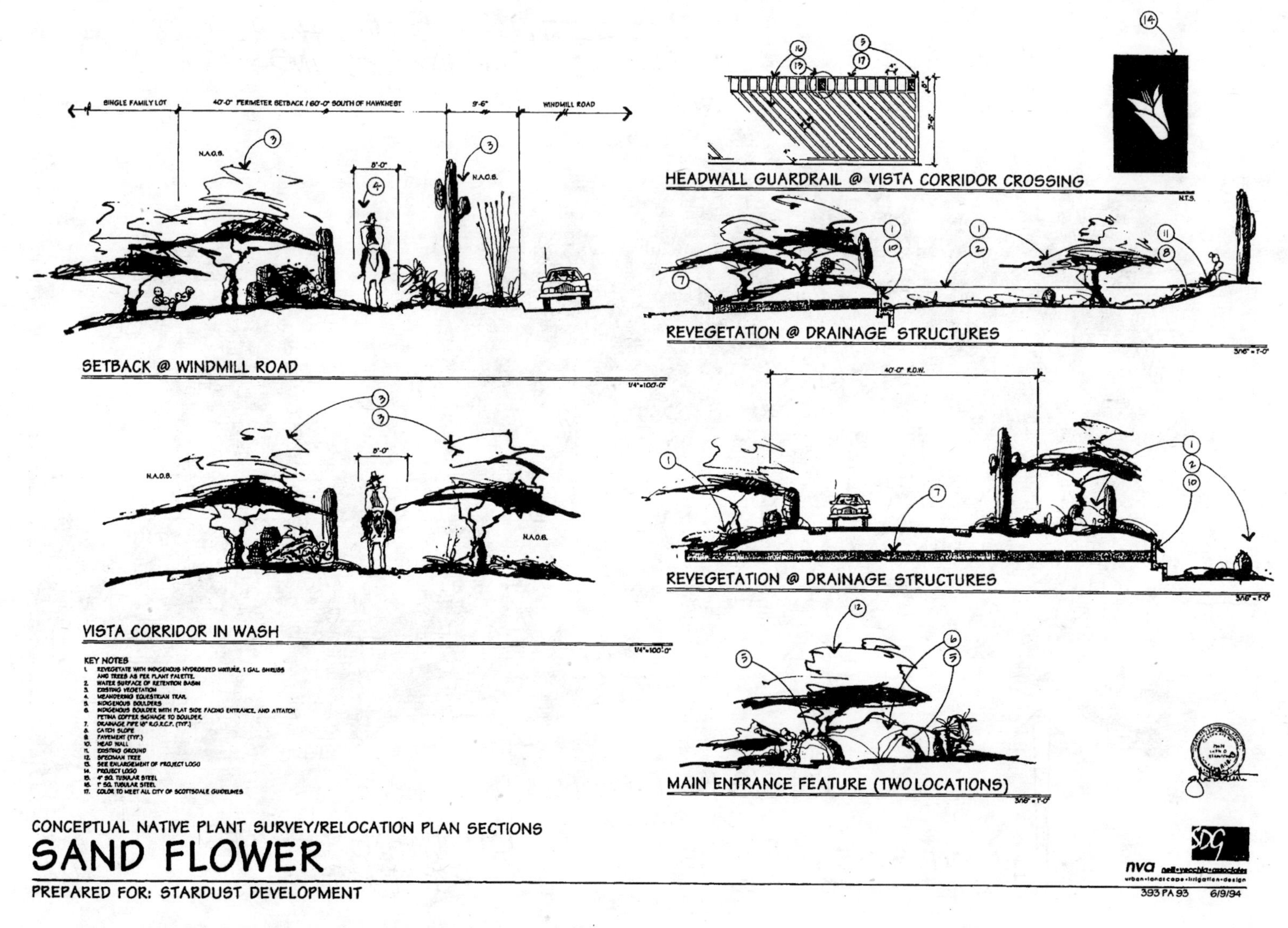

▌沙滩之花。徒手绘制的剖面图，加上 AutoCADD 生成的标题栏及说明

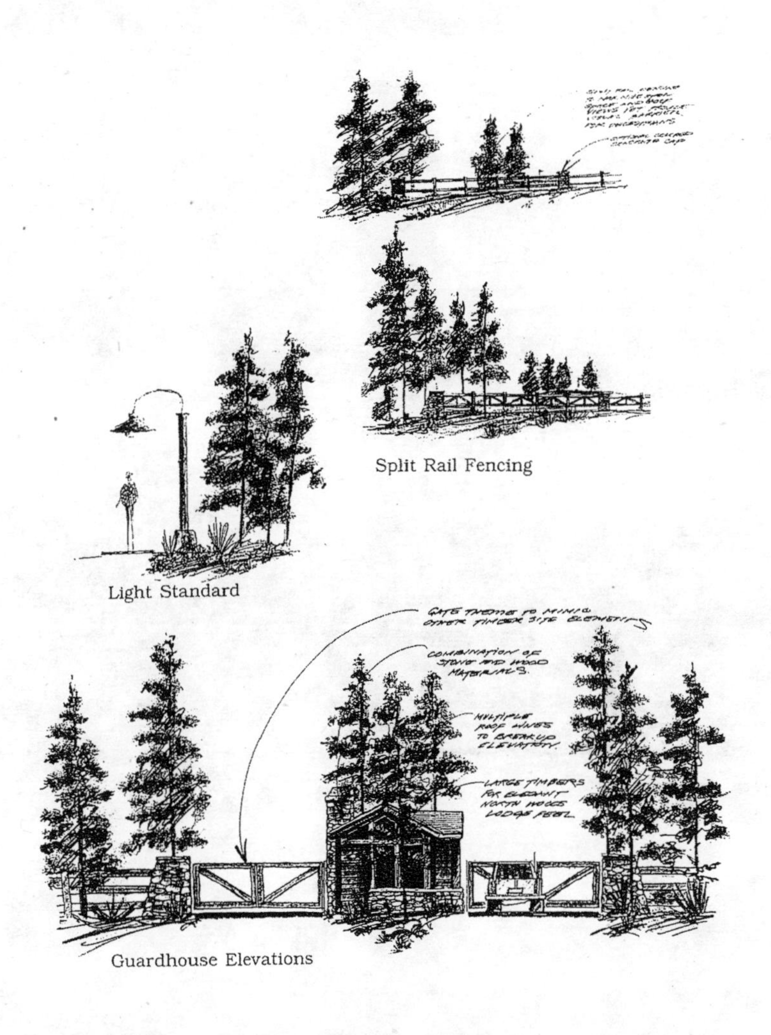

Split Rail Fencing

Light Standard

Guardhouse Elevations

THE SUMMIT

Show Low, Arizona

vollmer & associates

▌山顶。手绘棕色轮廓线打底，彩色铅笔渲染，外加机制的标题

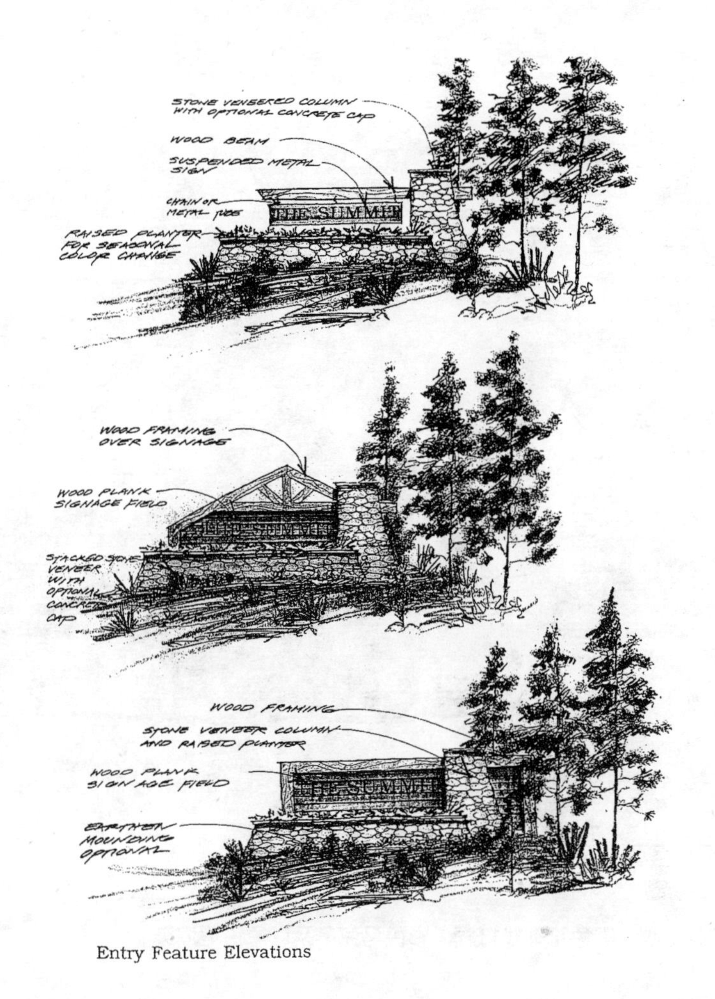

Entry Feature Elevations

THE SUMMIT

Show Low, Arizona

vollmer & associates

▌山顶。手绘棕色轮廓线打底，彩色铅笔渲染，外加机制的标题

▌某疗养中心。黑色轮廓线打底，彩色马克笔及彩色铅笔渲染

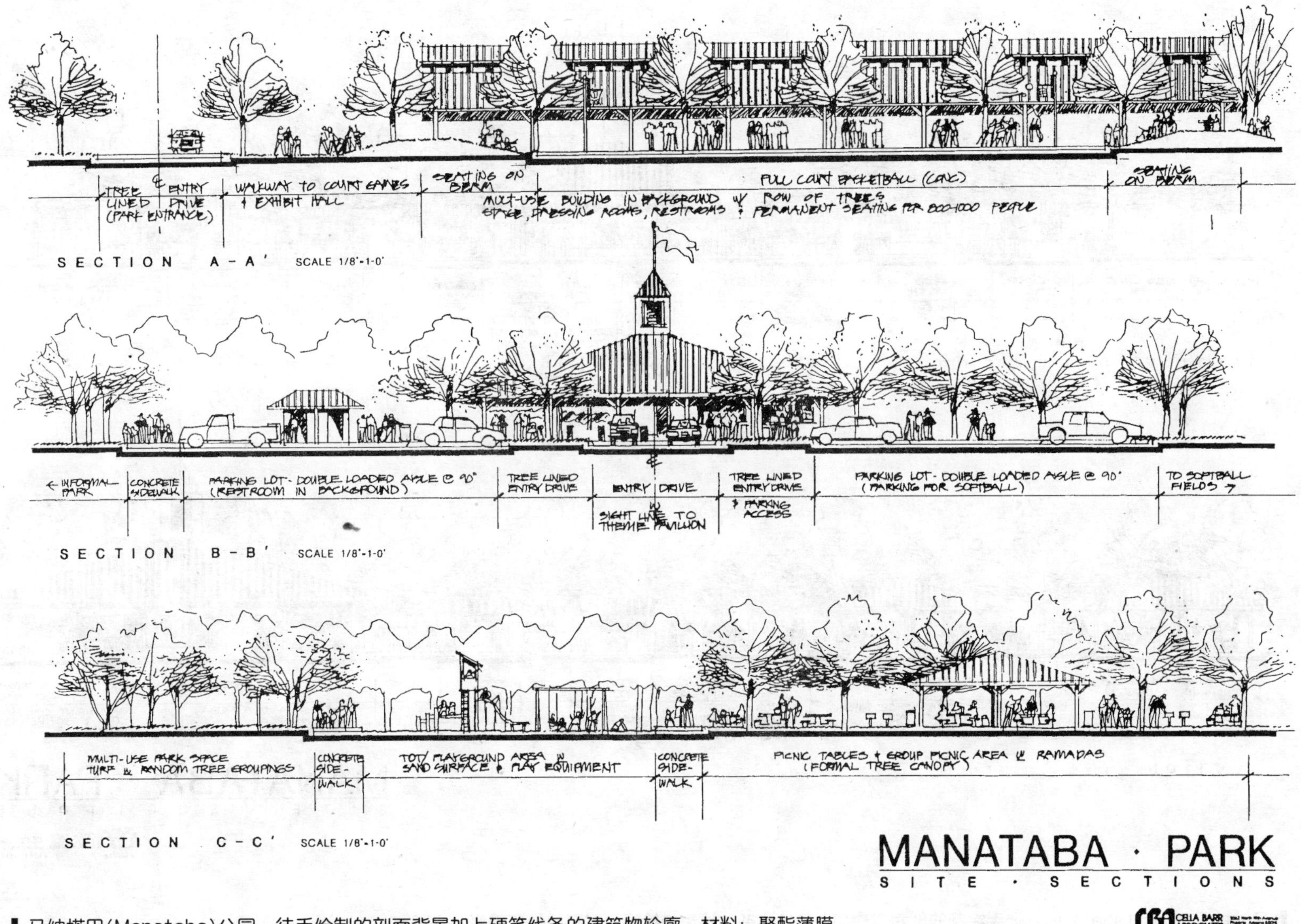

马纳塔巴(Manataba)公园。徒手绘制的剖面背景加上硬笔线条的建筑物轮廓。材料：聚酯薄膜

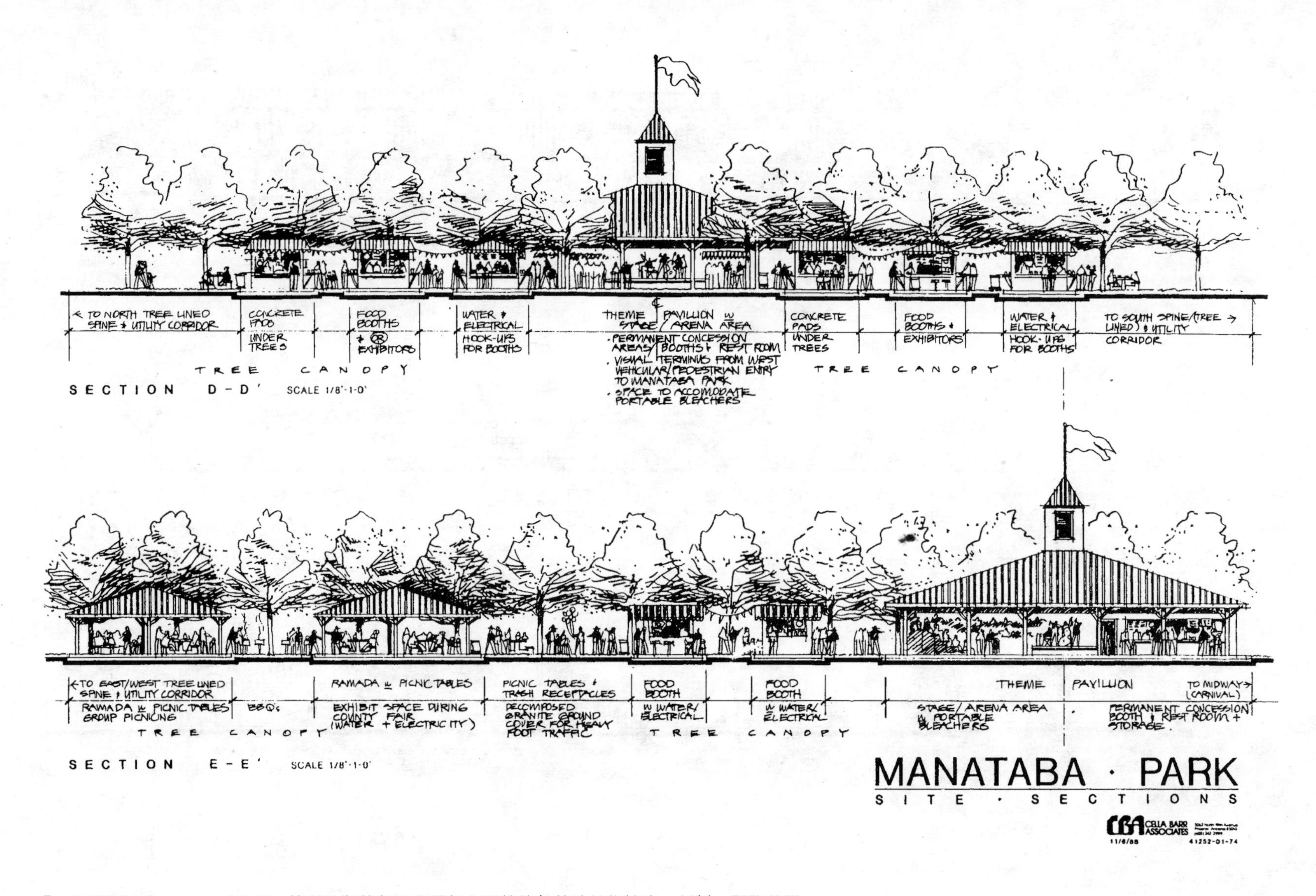

马纳塔巴(Manataba)公园。徒手绘制的剖面背景加上硬笔线条的建筑物轮廓。材料：聚酯薄膜

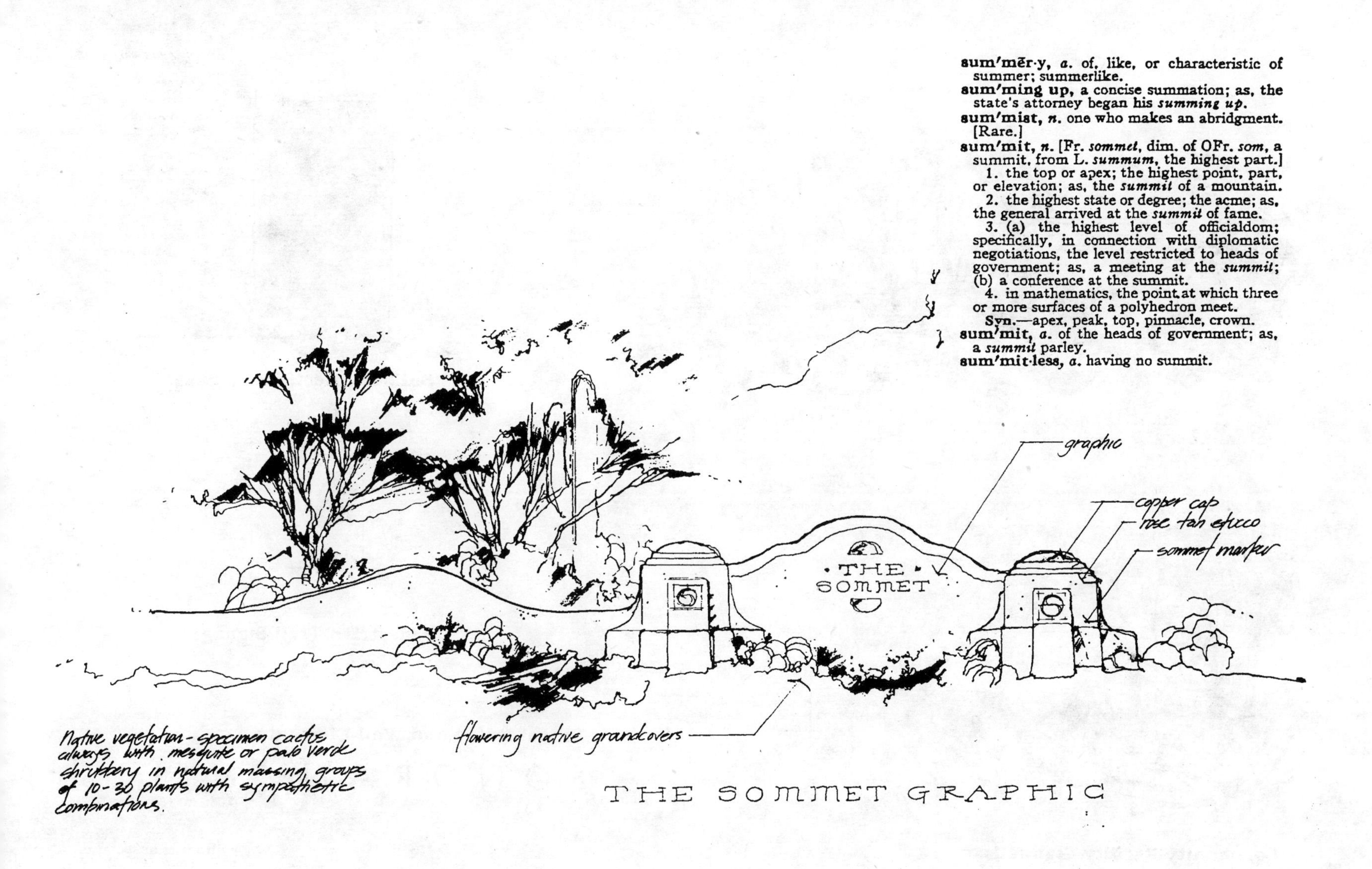

sum′mẽr·y, *a.* of, like, or characteristic of summer; summerlike.
sum′ming up, a concise summation; as, the state's attorney began his ***summing up.***
sum′mist, *n.* one who makes an abridgment. [Rare.]
sum′mit, *n.* [Fr. *sommet*, dim. of OFr. *som*, a summit, from L. ***summum***, the highest part.]
1. the top or apex; the highest point, part, or elevation; as, the *summit* of a mountain.
2. the highest state or degree; the acme; as, the general arrived at the *summit* of fame.
3. (a) the highest level of officialdom; specifically, in connection with diplomatic negotiations, the level restricted to heads of government; as, a meeting at the *summit*; (b) a conference at the summit.
4. in mathematics, the point at which three or more surfaces of a polyhedron meet.
Syn.—apex, peak, top, pinnacle, crown.
sum′mit, *a.* of the heads of government; as, a *summit* parley.
sum′mit·less, *a.* having no summit.

The Sommet。徒手底稿加徒手墨线。材料：羊皮纸

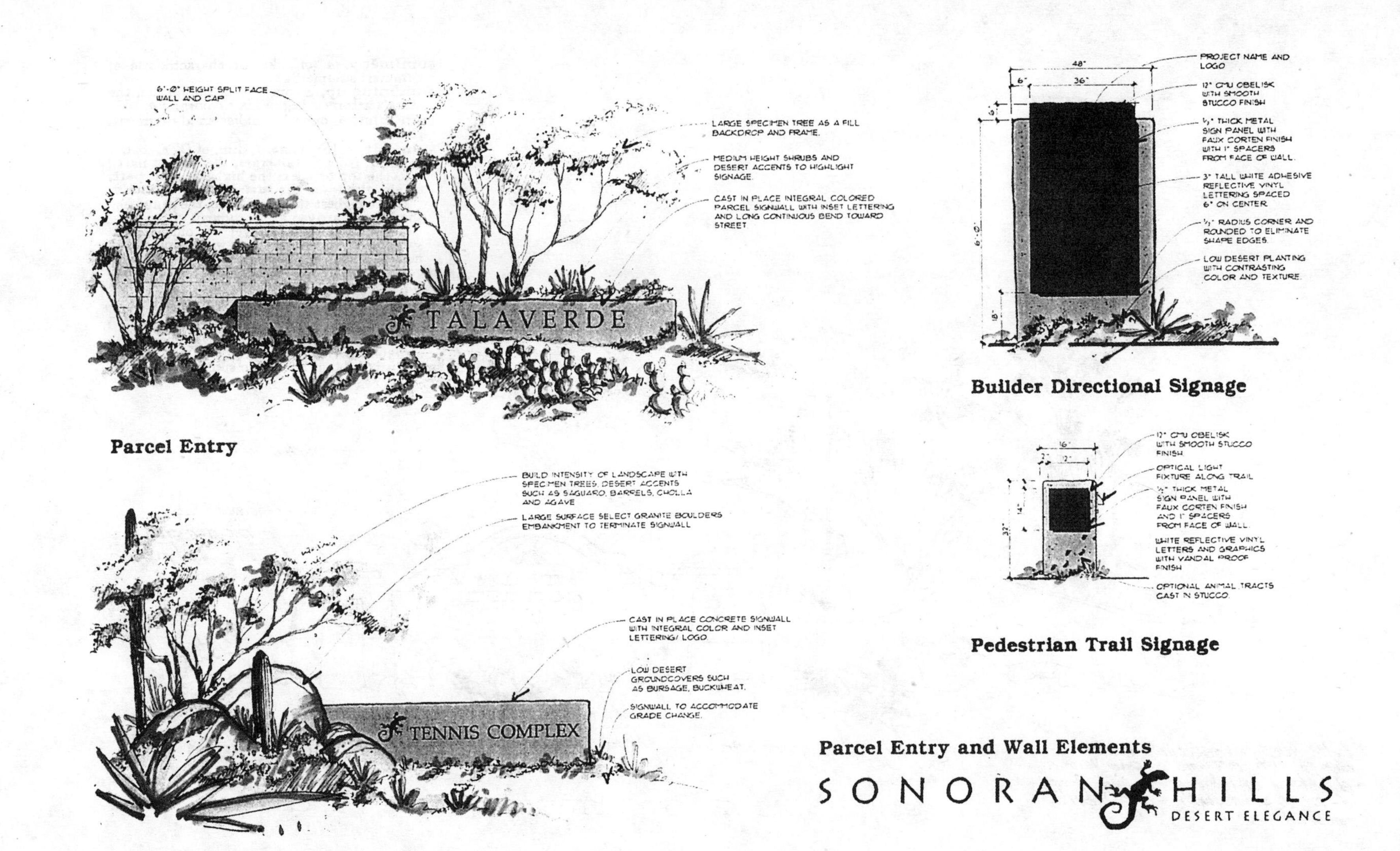

索诺兰山丘。黑色轮廓线加彩色马克笔渲染。基本图形由徒手绘制的剖面图及机制的文字和标题栏组成

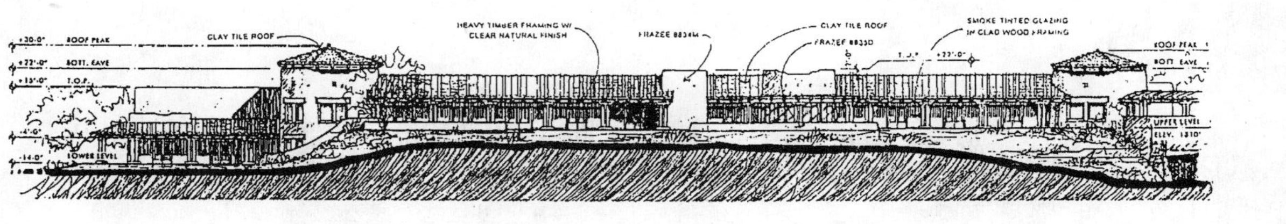

FUNCTION BUILDING
NORTH ELEVATION

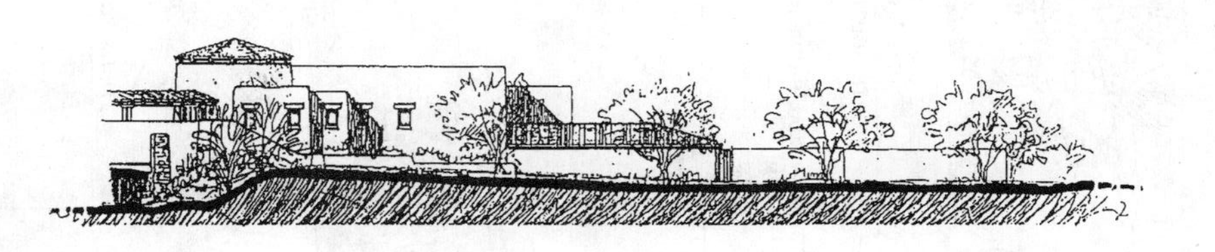

FUNCTION BUILDING
WEST ELEVATION

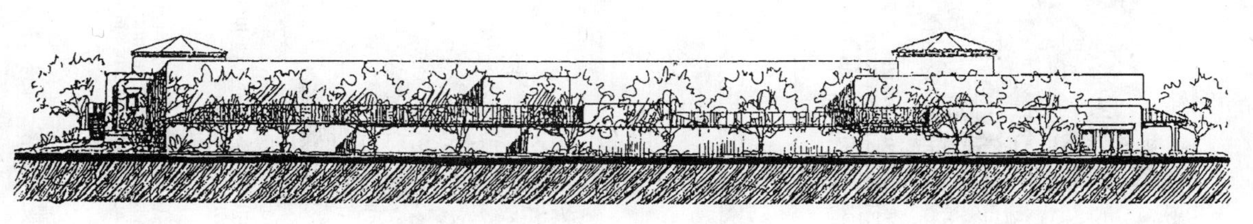

FUNCTION BUILDING
SOUTH ELEVATION

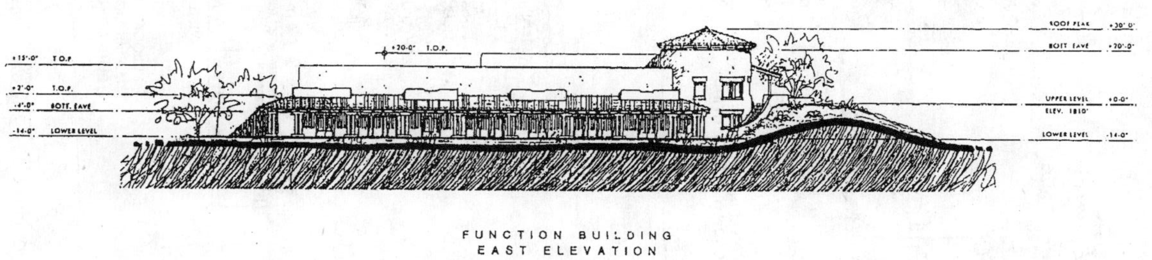

FUNCTION BUILDING
EAST ELEVATION

Grayhawk

THE RESORT AT GRAYHAWK

EXTERIOR ELEVATIONS

DEVELOPMENT REVIEW BOARD SUBMITTAL 4.7.97

ARCHITECTURE ADP FLUOR DANIEL
CIVIL ENGINEERING GILBERTSON ASSOCIATES, INC
LANDSCAPE ARCHITECTURE NEILL/VECCHIA & ASSOCIATES, INC

▌格雷霍克（Grayhawk）度假村。羊皮纸，墨线画

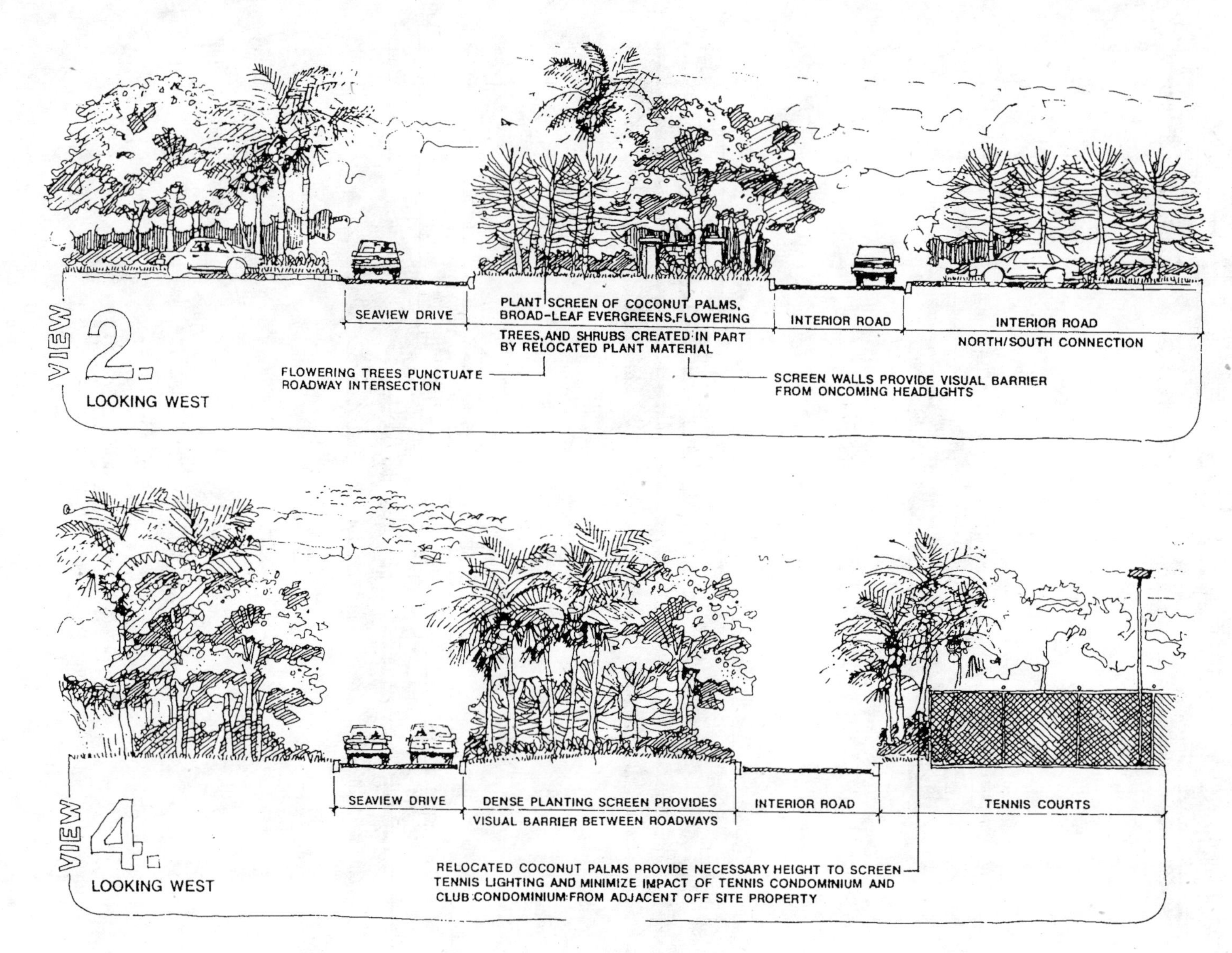

比斯坎饭店（Key Biscayne Hotel）。手绘墨线剖面图加手工粘贴的文字。材料：羊皮纸

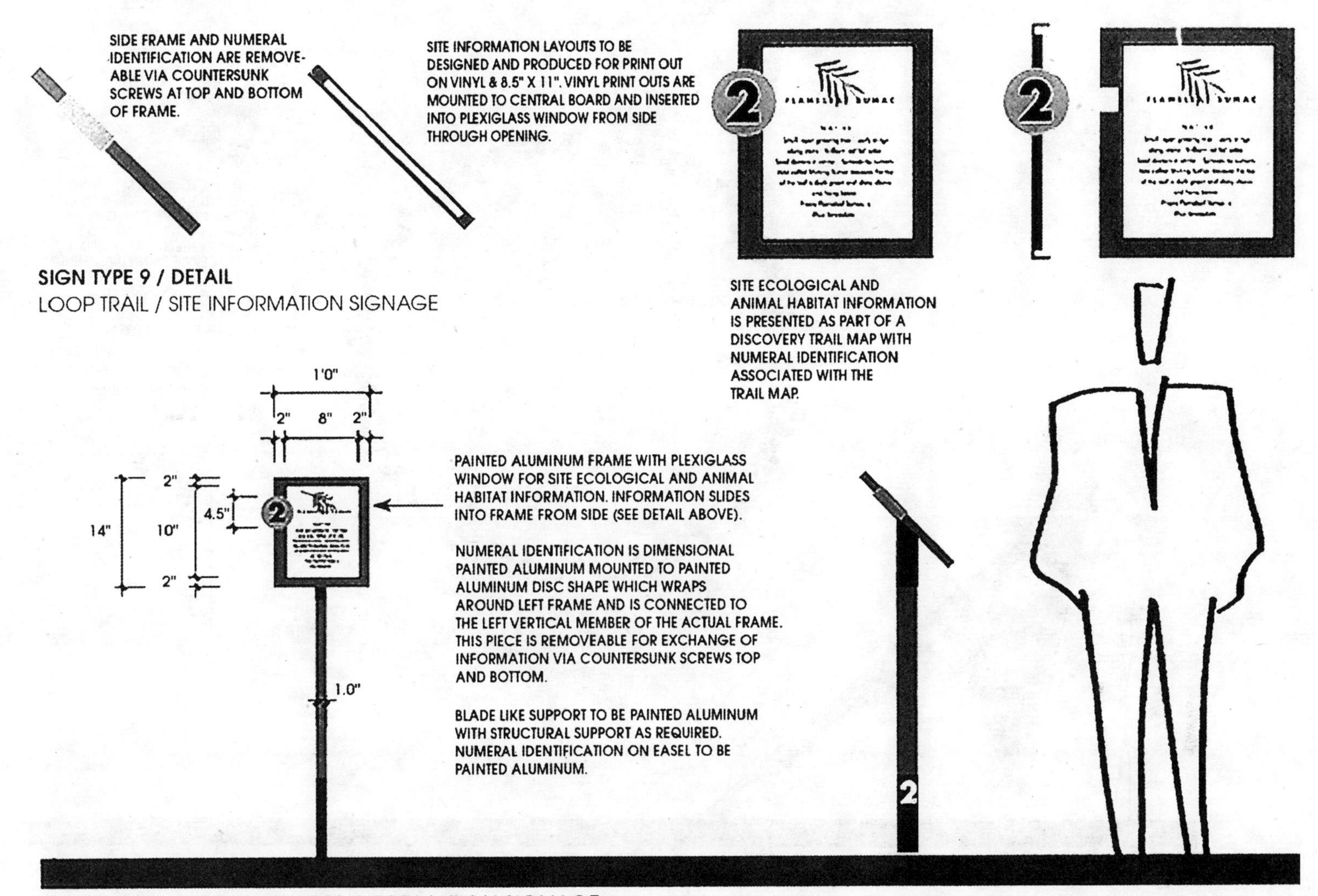

奥本避暑山庄。将基本图形的数字文件输入 Adobe Photoshop 中进行渲染，再将其输入 Quark Express 中添加说明及标题

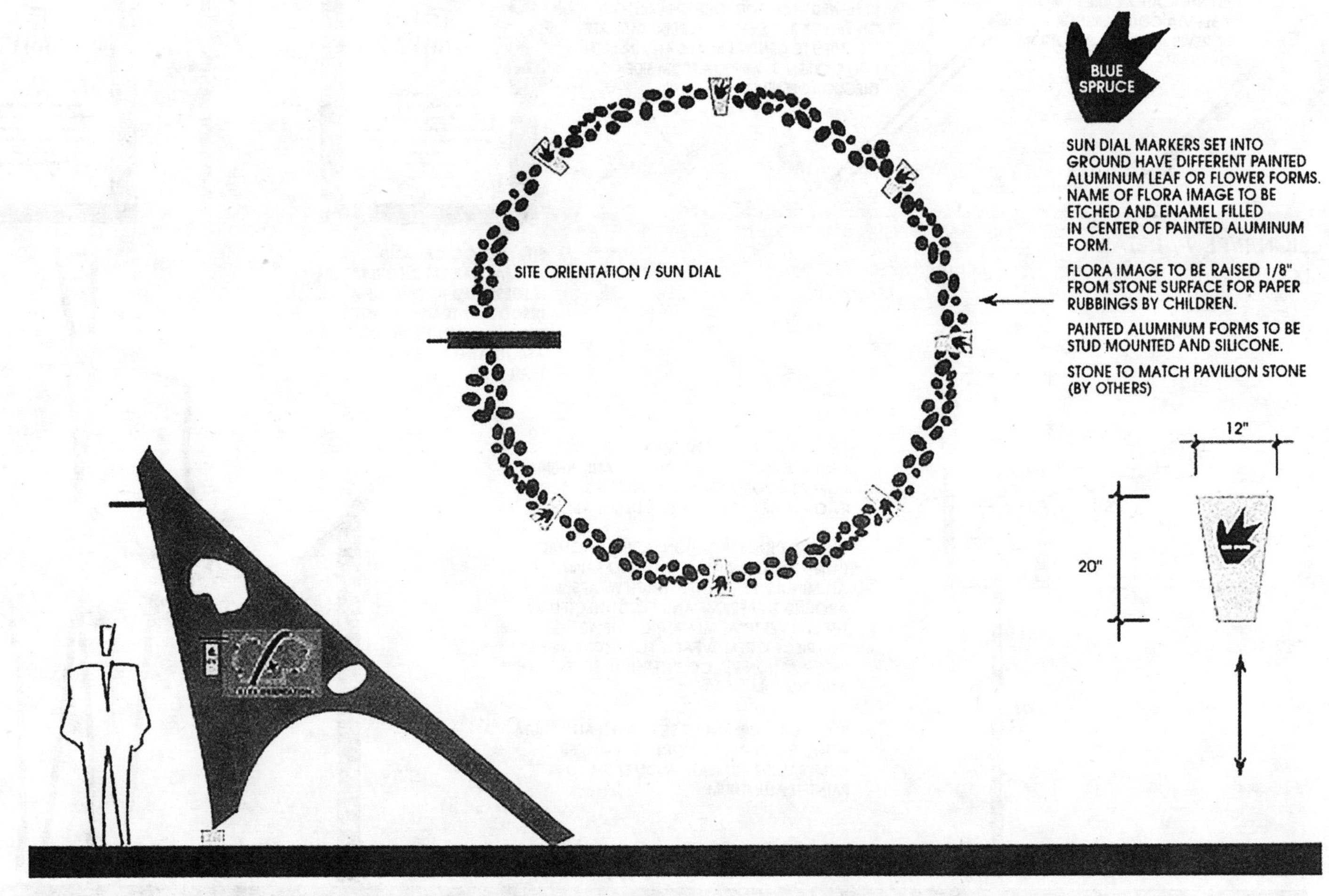

SIGN TYPE 6 SITE ORIENTATION / GNOMEN AND SUN DIAL CONCEPT

奥本避暑山庄。将基本图形的数字文件输入Adobe Photoshop中进行渲染，再将其输入Quark Express中添加说明及标题

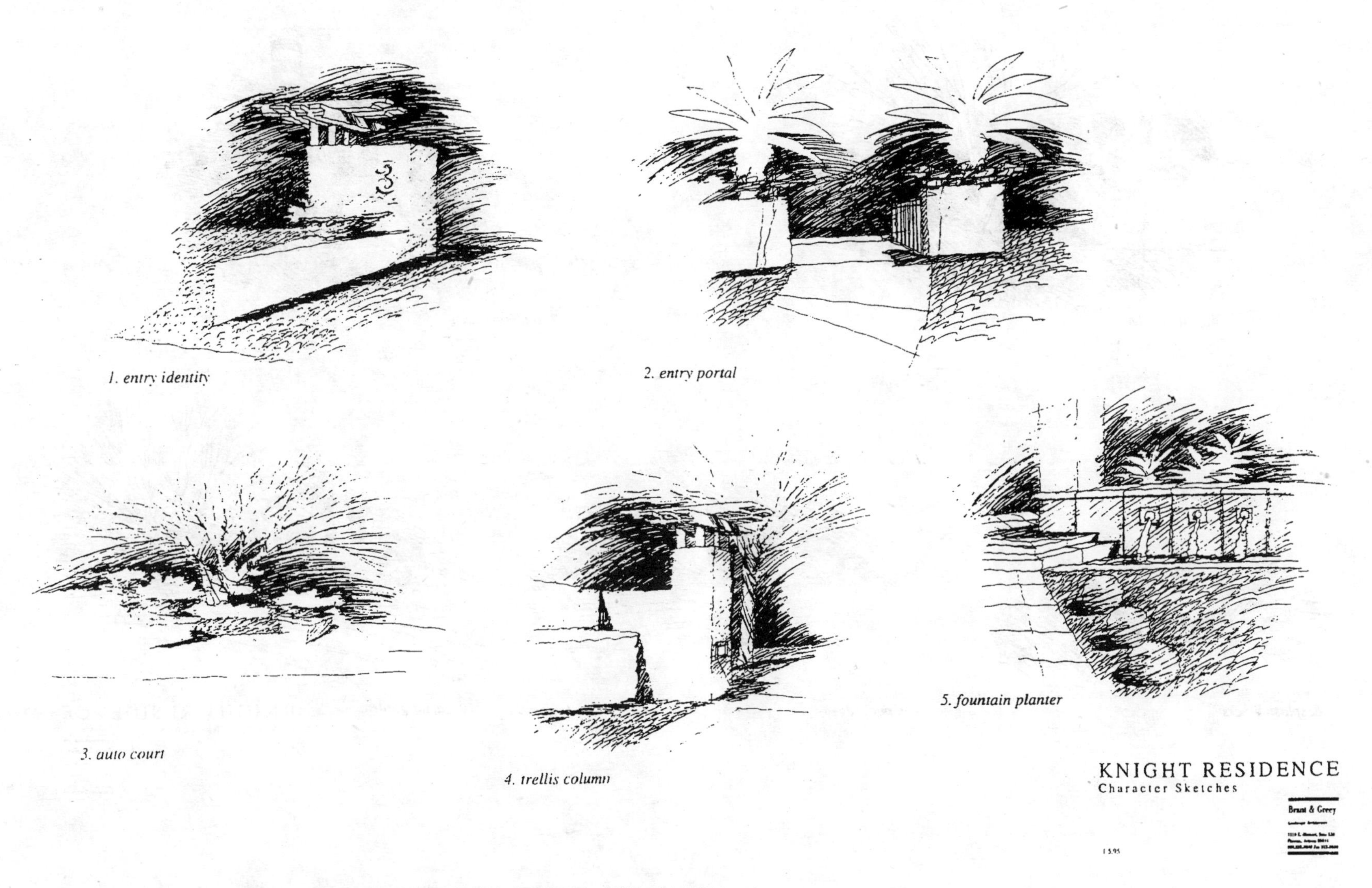

▌骑士住宅（Knight Residence）。徒手墨线加机制的文字及标题。材料：羊皮纸

▍骑士住宅。徒手墨线加机制的文字及标题。材料：羊皮纸

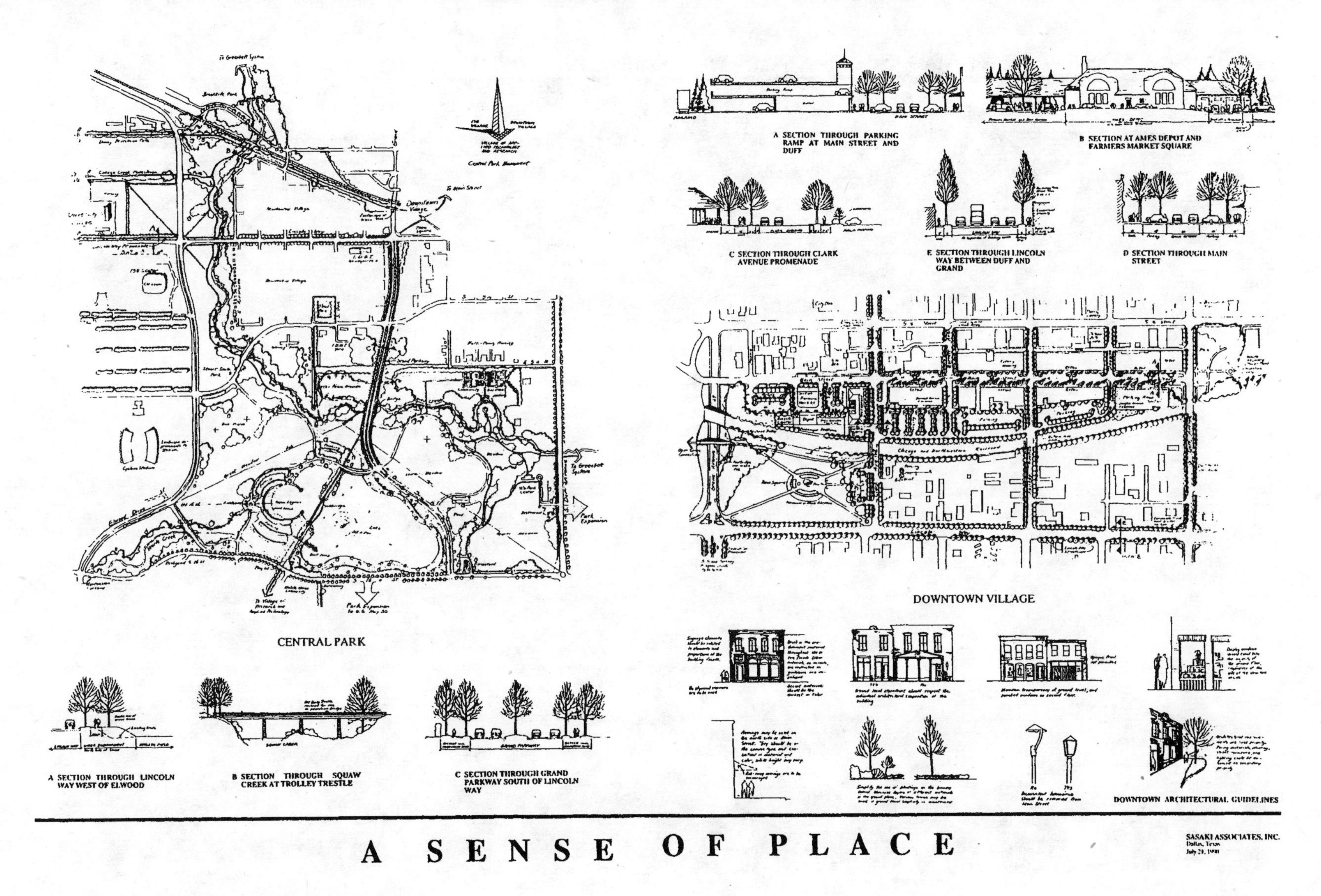

▌徒手墨线加机制的文字及标题。材料：聚酯薄膜

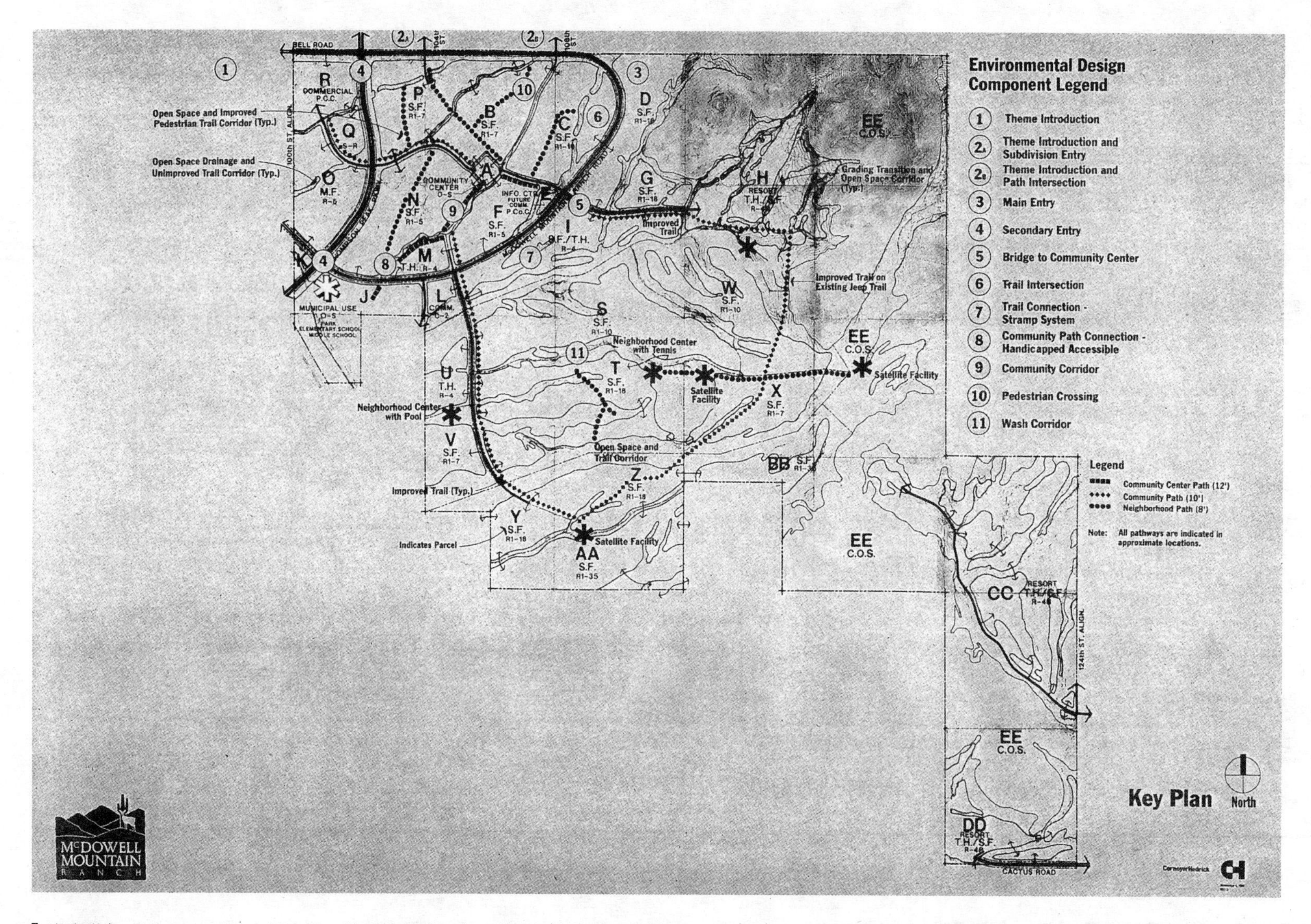

▌麦克道尔（McDowell）山顶农场。徒手轮廓线打底，彩色铅笔渲染；材料为牛皮纸。其中的文字和标题是计算机生成后用双面胶粘上去的

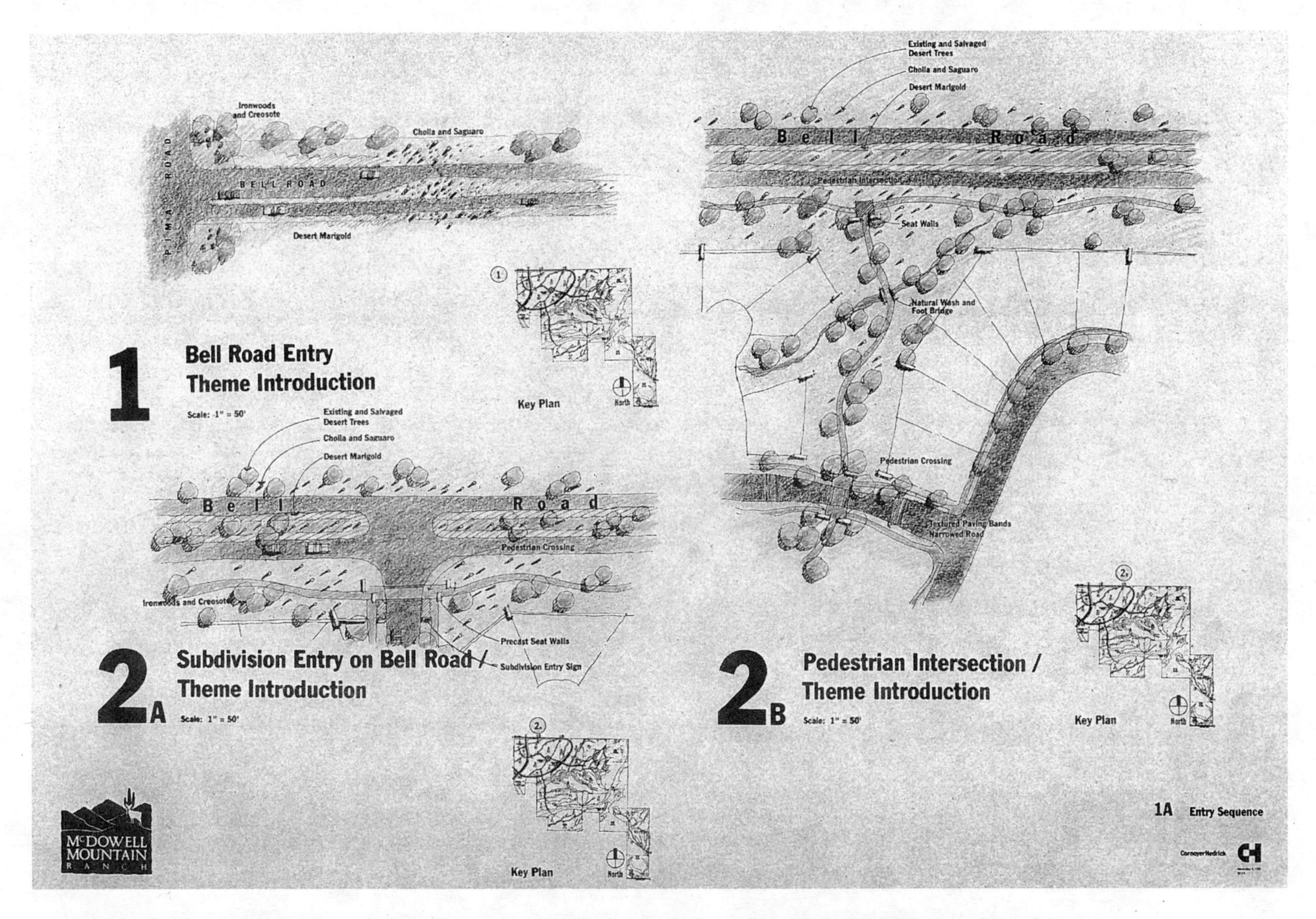

▌麦克道尔山顶农场。徒手轮廓线打底，彩色铅笔渲染；材料为牛皮纸。其中的文字和标题是计算机生成后用双面胶粘上去的

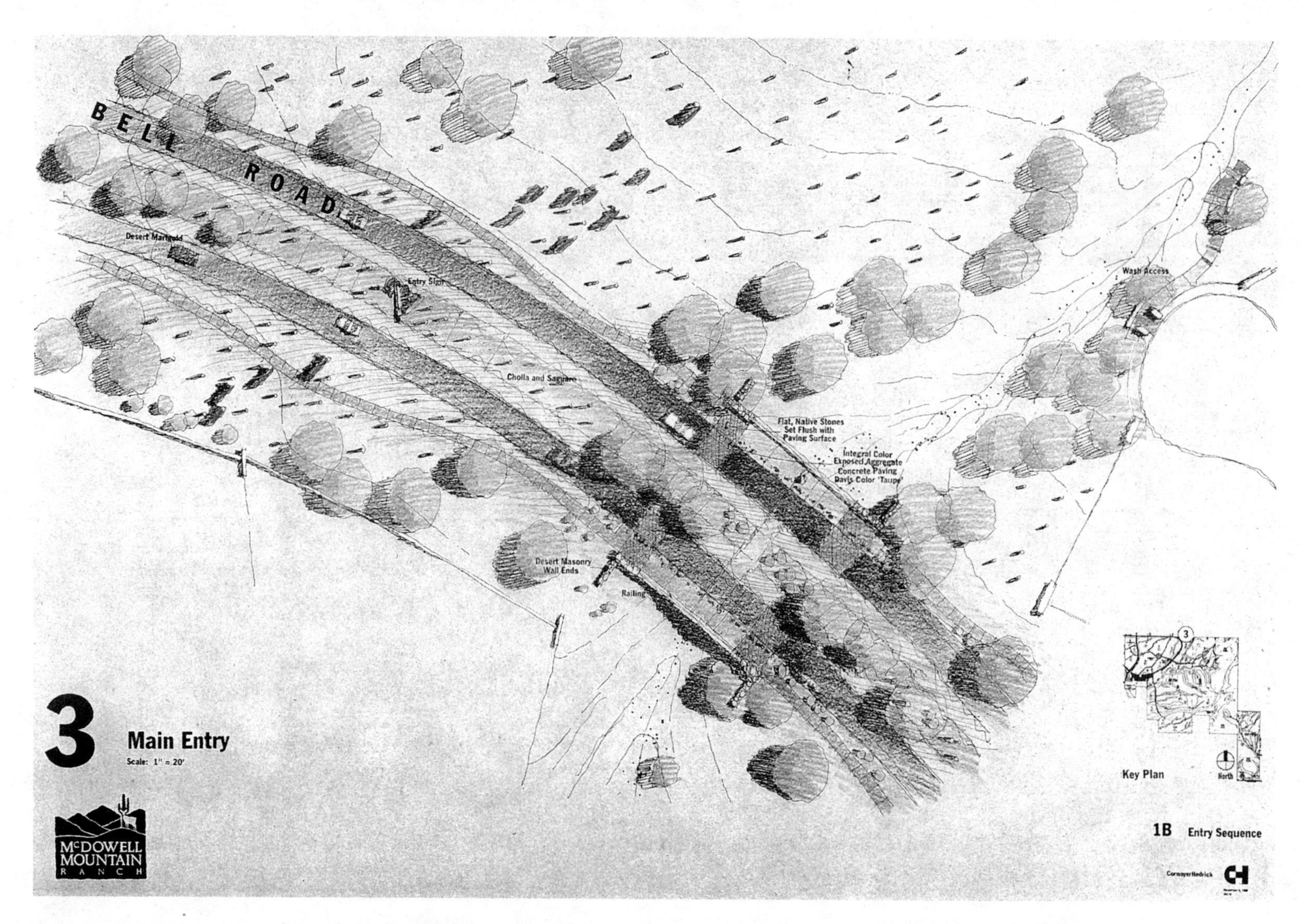

▌麦克道尔山顶农场。徒手轮廓线打底，彩色铅笔渲染；材料为牛皮纸。其中的文字和标题是计算机生成后用双面胶粘上去的

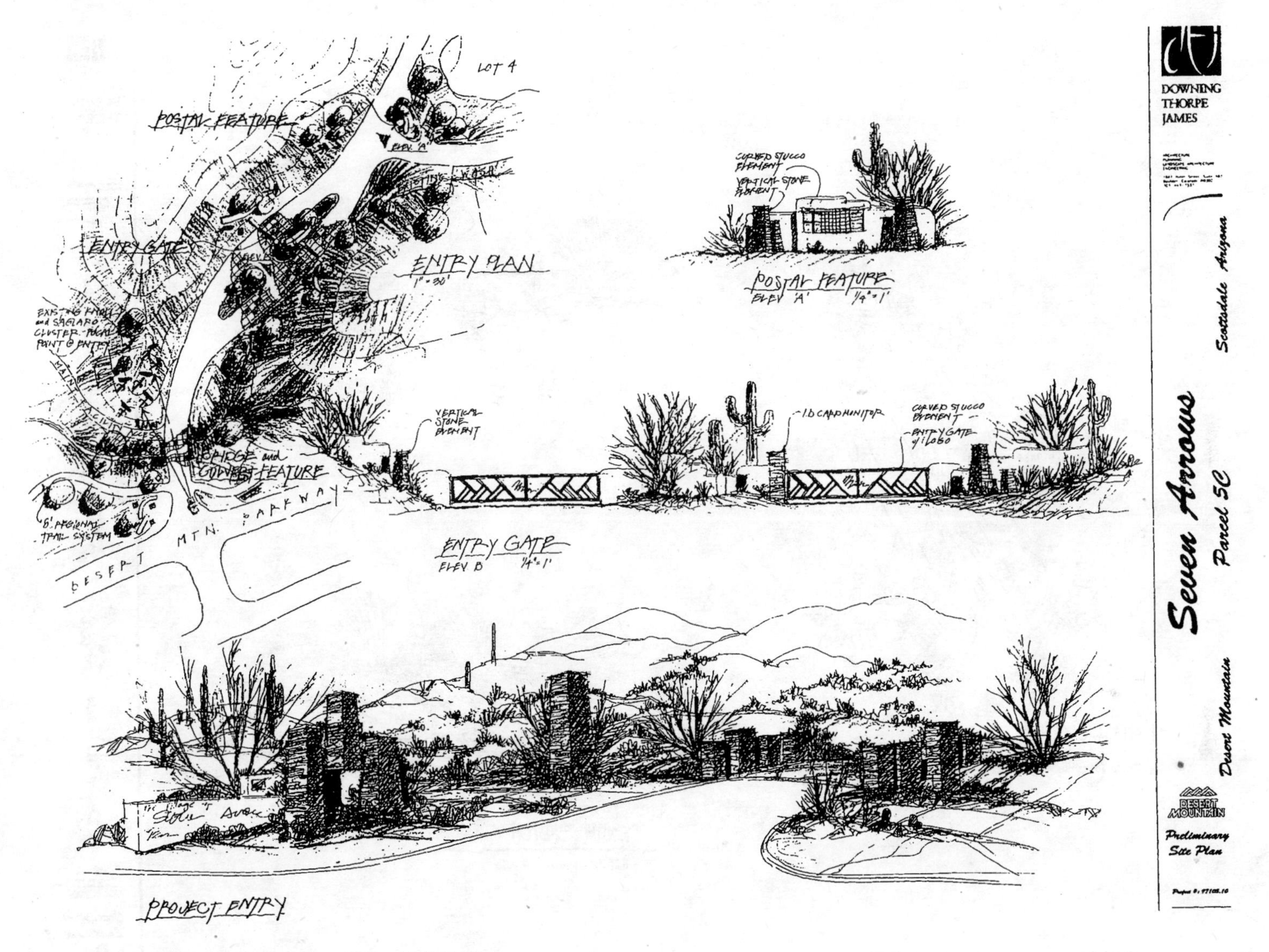

▌七箭公园。徒手底稿加徒手墨线。材料：聚酯薄膜

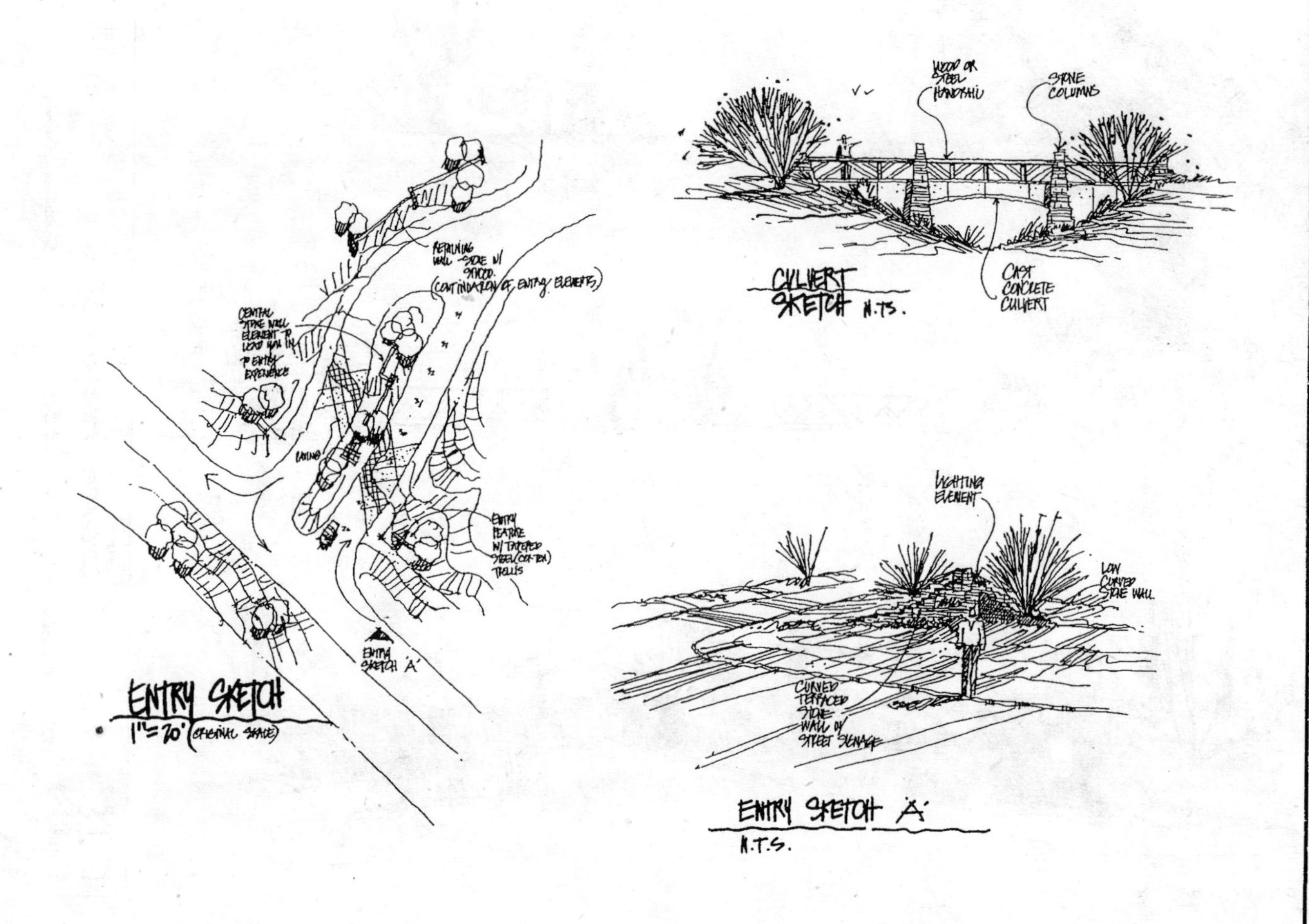

DOWNING
THORPE
JAMES

Desert Mountain Parcel 5E-5G Scottsdale Arizona

Conceptua
Landscape
Plan

▌空旷的山顶。徒手底稿加徒手墨线。材料：聚酯薄膜

▌嬉水乐园透视图。手绘的黑色轮廓线打底，彩色马克笔渲染

▌U.S. 野生公园。徒手墨线。材料：羊皮纸

▍北伊利诺伊大学。徒手透视加硬笔轮廓线打底，水彩及彩铅渲染，材料为水彩纸

徒手透视打底，水彩及彩铅渲染。材料为水彩纸

▌徒手透视加硬笔轮廓线打底，水彩及彩铅渲染，材料为水彩纸

徒手透视加硬笔轮廓线打底，水彩及彩铅渲染，材料为水彩纸

▌徒手透视加硬笔轮廓线打底，水彩及彩铅渲染，材料为水彩纸

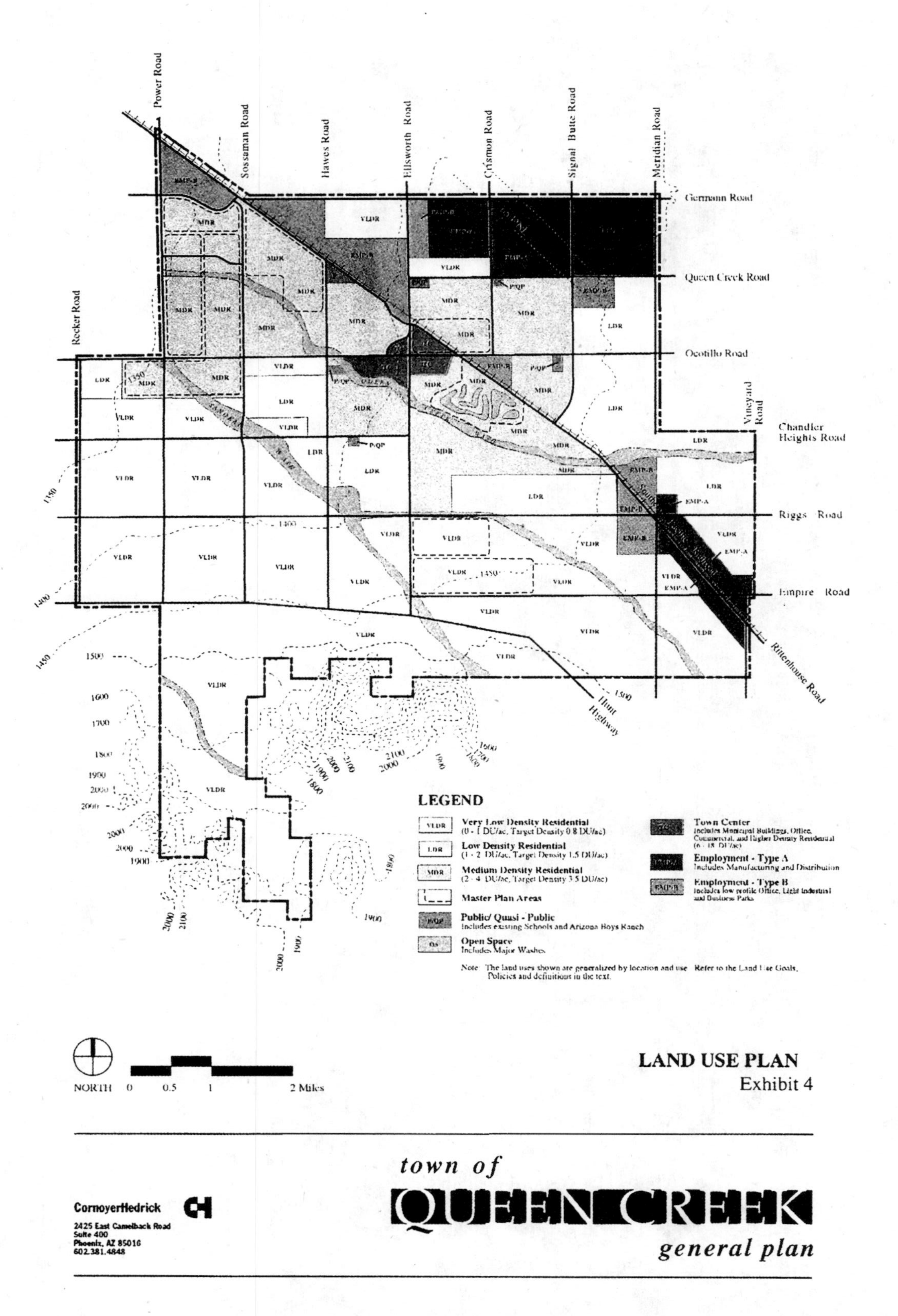

皇后湾（Queen Greek）。AutoCADD 制图，Adobe Illustrator 渲染

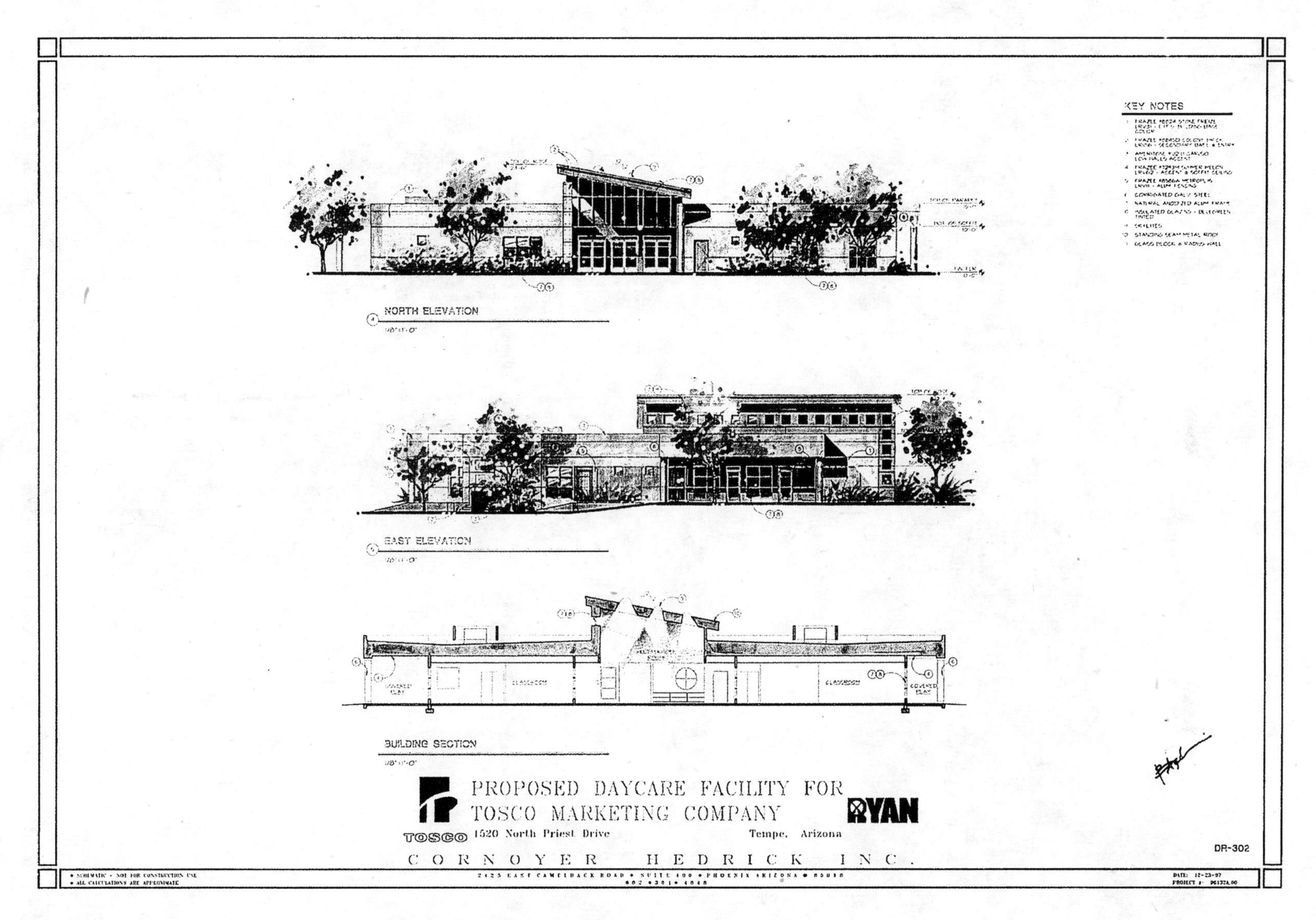

▌托斯科托儿所（Tosco Daycare）。硬笔墨线轮廓，彩色马克笔及铅笔渲染。材料：羊皮纸

某度假村的入口。黑色轮廓线打底，彩铅及水彩渲染

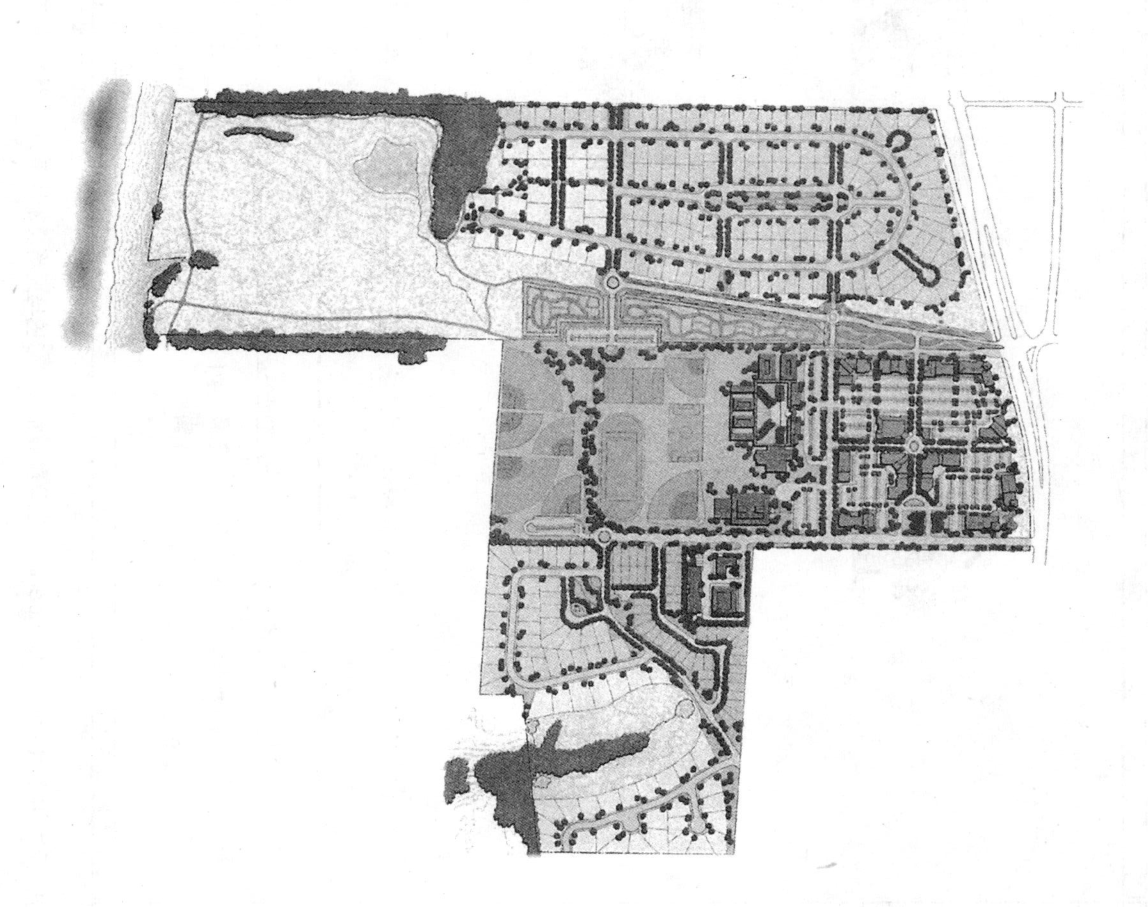

韦夫克雷斯特（Wavecrest）。CorelDraw 的渲染图。先以 CADD 图形为基础，手绘基本轮廓，再将其扫描后进行渲染

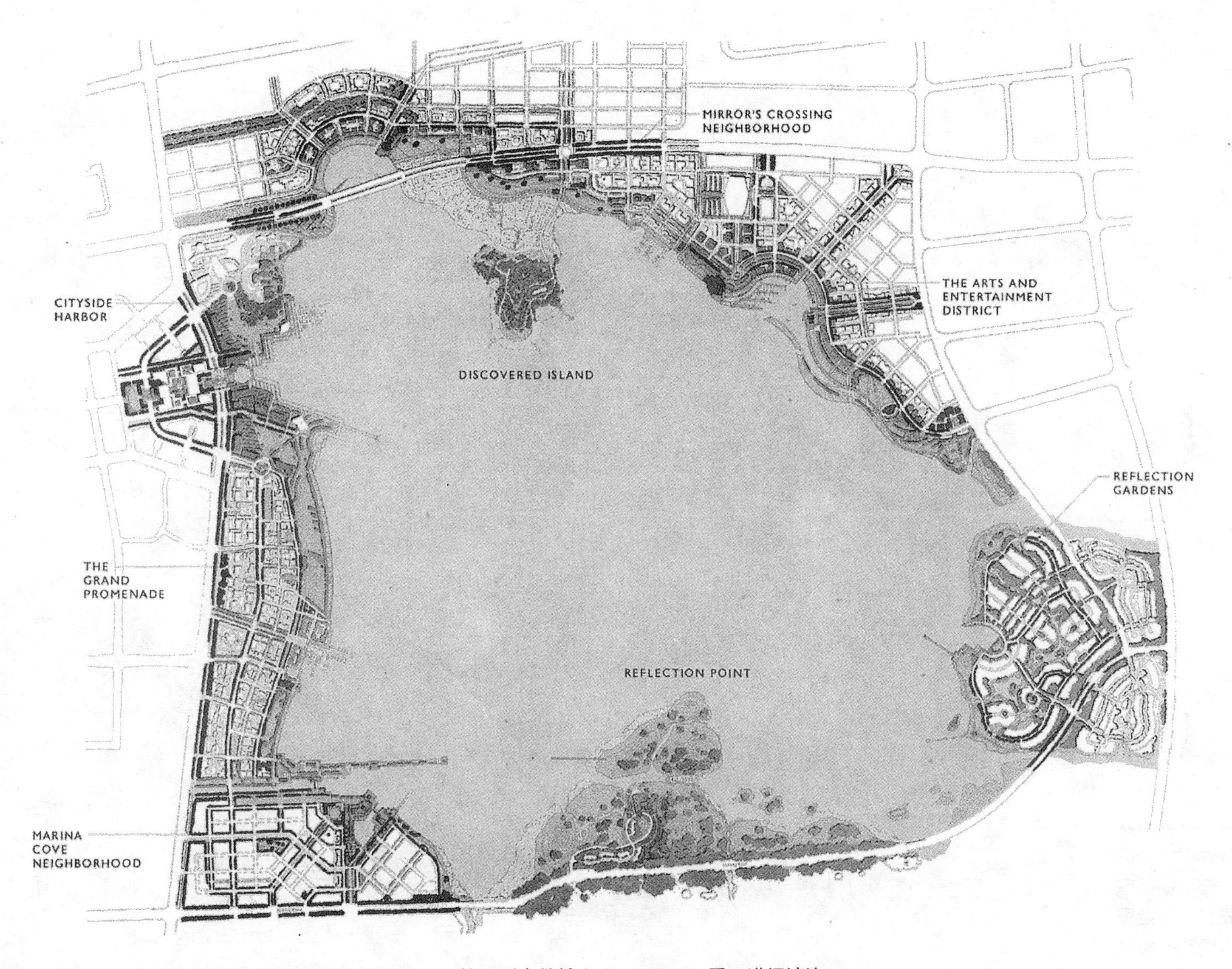

▌金集（Jinji）。CorelDraw 的渲染图。将 CADD 的图形文件输入 CorelDraw 后，进行渲染

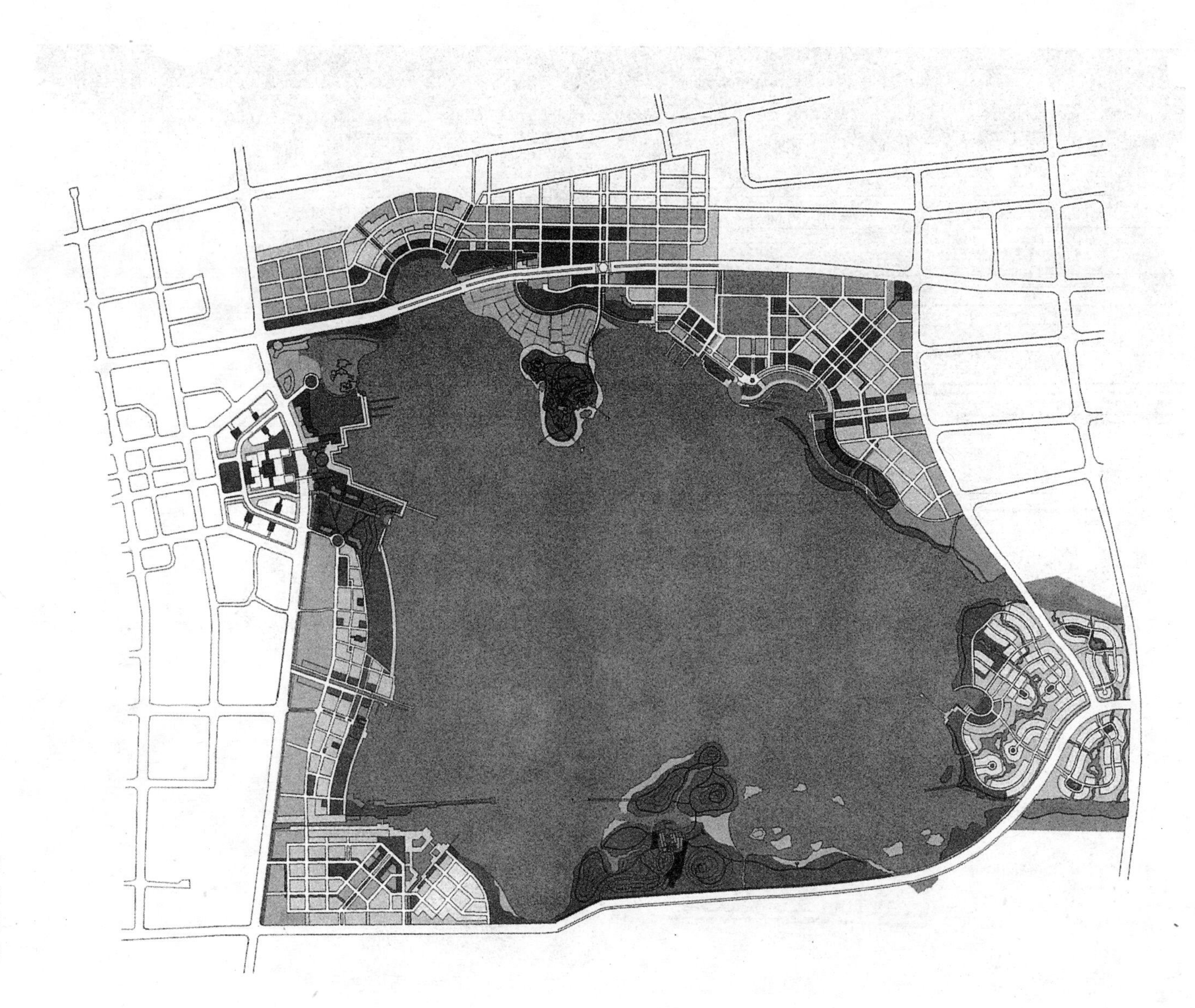

金集。CorelDraw的渲染图。先以CADD图形为底稿，手绘图形的基本轮廓，再将其扫描后进行渲染

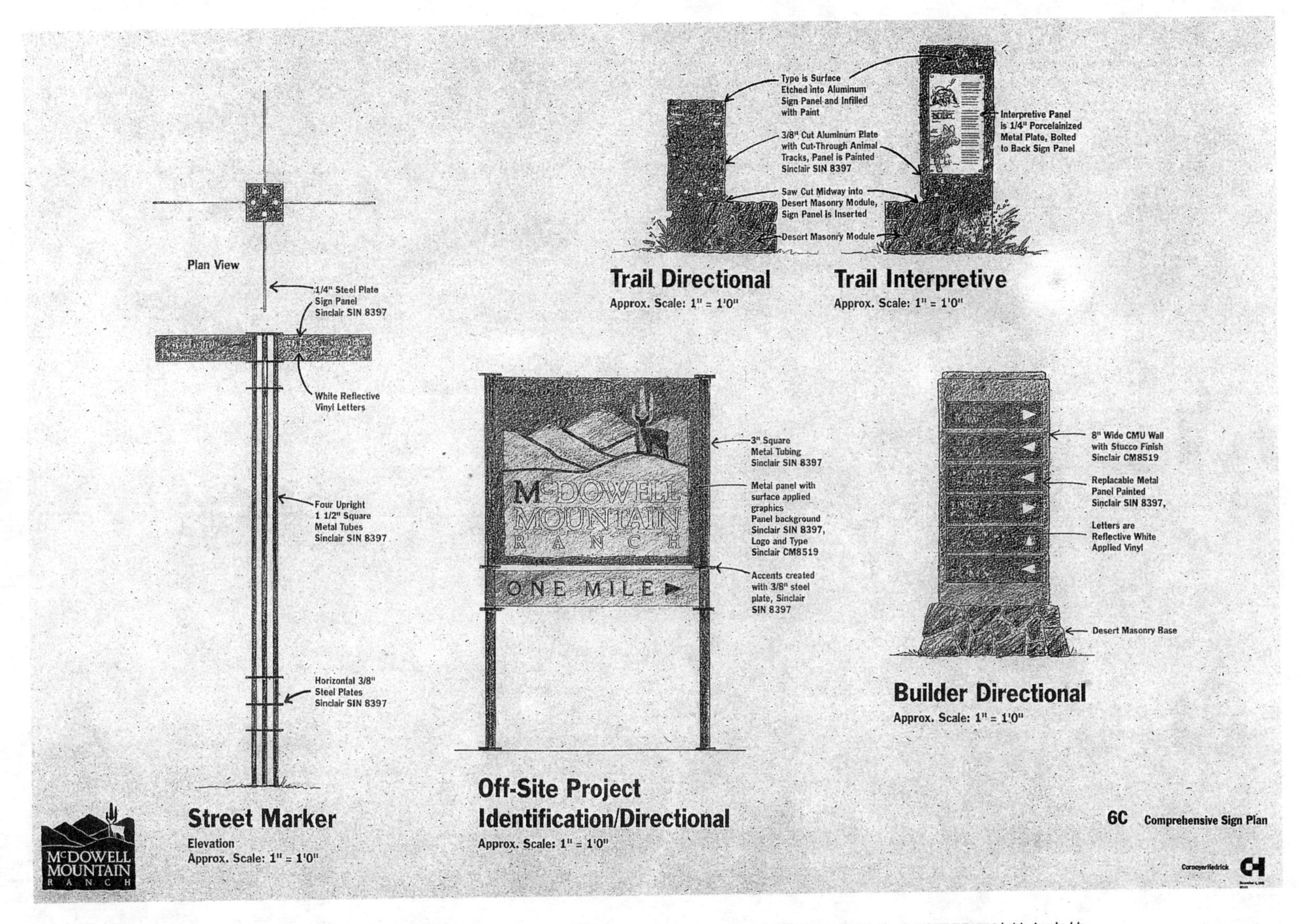

▌麦克道尔山顶农场。徒手轮廓线打底，彩色铅笔渲染；材料为牛皮纸。其中的文字及标题是计算机生成后用双面胶粘上去的

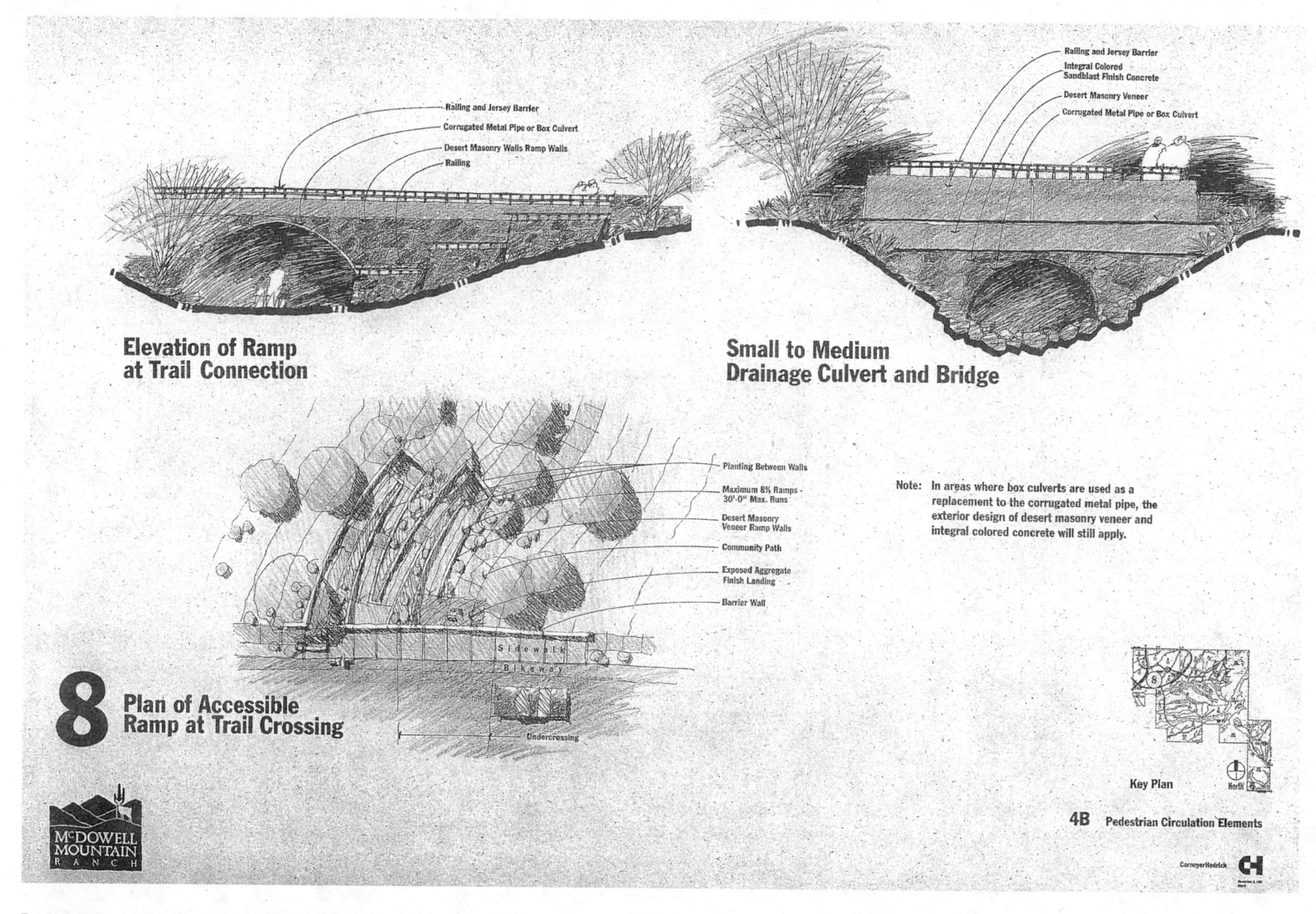

麦克道尔山顶农场。徒手轮廓线打底，彩色铅笔渲染；材料为牛皮纸。其中的文字及标题是计算机生成后用双面胶粘上去的